"十三五"江苏省高等学校重点教材（编号：2018-2-236）

U0149971

智能信息处理与量子计算

李 飞 季 薇 编著

电子工业出版社

Publishing House of Electronics Industry

北京·BEIJING

内 容 简 介

　　本书是有关智能信息处理与量子计算方法及其应用的著作，系统介绍了智能信息处理与量子计算方面的基础理论及各种新技术、新方法，并从 4G 及 5G 移动通信、语音信号处理等角度进行了实例剖析。全书分为两篇，共 12 章。第一篇"智能信息处理及其应用"侧重介绍智能信息处理领域的基本原理与关键技术，第二篇"量子智能信息处理"侧重介绍基于量子计算的智能信息处理技术。本书还提供了电子课件，读者可登录华信教育资源网（www.hxedu.com.cn）免费下载使用。

　　本书被列为"十三五"江苏省高等学校重点教材，可作为高等院校电子信息、计算机、自动化、人工智能、量子信息科学等相关专业研究生和高年级本科生的教材，也可作为相关领域人员的教学、科研、进修参考用书。

图书在版编目（CIP）数据

智能信息处理与量子计算 / 李飞，季薇编著. —北京：电子工业出版社，2022.2
ISBN 978-7-121-42621-6

Ⅰ. ①智… Ⅱ. ①李… ②季… Ⅲ. ①人工智能－信息处理－高等学校－教材②量子计算机－高等学校－教材 Ⅳ. ①TP18②TP385

中国版本图书馆 CIP 数据核字（2022）第 016390 号

责任编辑：杜　军
印　　刷：北京虎彩文化传播有限公司
装　　订：北京虎彩文化传播有限公司
出版发行：电子工业出版社
　　　　　北京市海淀区万寿路 173 信箱　　邮编：100036
开　　本：787×1092　1/16　印张：18.25　字数：467 千字
版　　次：2022 年 2 月第 1 版
印　　次：2023 年 10 月第 4 次印刷
定　　价：59.00 元

凡所购买电子工业出版社图书有缺损问题，请向购买书店调换。若书店售缺，请与本社发行部联系，联系及邮购电话：（010）88254888，88258888。

质量投诉请发邮件至 zlts@phei.com.cn，盗版侵权举报请发邮件至 dbqq@phei.com.cn。

本书咨询联系方式：dujun@phei.com.cn。

序 一

　　智能信息处理是人工智能领域的方法论，体现为信息科学和生命科学的交叉，主要包括模糊系统、神经网络、进化算法三个领域。智能信息处理的算法包括神经网络信息处理、遗传算法、免疫算法等，通过模仿种群、神经等具有生命智慧的行为，表现出对复杂问题的适应能力。

　　近年来，人工智能领域取得了突飞猛进的发展，在自动驾驶、医学诊断、大数据分析等领域中，人工智能展现出强大的生产力，这都依赖于不断进步的智能算法。2016 年，Google 公司开发的 AlphaGo 围棋 AI 击败世界冠军李世石，在此之前，围棋 AI 的最强算法也不过业余四段左右。

　　除了在算法上的改进，不断提升的算力也是这一领域的"加速器"。量子计算是一种利用量子物理特性进行计算的下一代全新计算体系，相对于经典计算，有潜在的指数到多项式级别的加速。近十年内，量子计算在硬件构造、软件、算法等方面都取得了巨大的突破。各国政府以及传统计算机领域的大公司如 IBM、Intel、Google 等，都在量子计算领域中大量投入，中国的 IT 公司如阿里巴巴、百度、腾讯，也有布局；初创企业如本源量子，也在飞速成长之中。在 IBM 最新发布的线路图中，预计 2025 年将发展出一批量子计算机，它们在某些领域将有超越传统计算机的表现。

　　这本《智能信息处理与量子计算》是由南京邮电大学通信与信息工程学院的研究团队编写的，目标是探讨智能信息处理领域中最前沿的算法，不仅深入浅出地介绍了智能信息领域的一些经典算法，还探讨了量子计算在智能信息领域的应用。

　　智能信息处理和量子计算都是下一代科技突破的前沿领域，我们希望能培养出一批这些领域的人才，或者这两个领域的交叉复合型人才。这本书是国内第一本智能信息处理和量子计算方面的教材，衷心希望未来能有更多的人投入到这个领域，培养出更多的人才，让中国在下一次的科技革命中占有一席之地。

2021 年 2 月

序 二

 《智能信息处理与量子计算》是南京邮电大学李飞教授、季薇副教授十余年来从事量子计算与智能信息处理跨学科研究之科研成果的提炼与升华，系统总结了智能信息处理与量子计算的理论与技术方法，并从通信信号处理、语音及图像信号处理等角度进行了实例分析。全书内容分为两篇。第一篇侧重介绍智能信息处理及其应用，第二篇侧重介绍基于量子计算的智能信息处理技术及其应用。

 该书将智能信息处理和智能计算领域的前沿技术与量子计算结合，是目前少有的基于量子计算的智能信息处理类图书。编著者紧紧把握智能信息处理、量子计算发展的方向，使读者在掌握智能信息处理关键技术的同时，能够清晰地了解最新的技术发展动态。该书将理论与通信信号处理实例应用相结合，便于读者将相关理论与实际应用结合学习。

 该书结构体系完整，涵盖了智能信息处理的多个方面；取材先进，反映了本领域最新研究成果；内容层次分明，以简明扼要的推导和结论使读者能够掌握最为核心的知识点；概念清晰、通俗易懂，适合不同专业和层次的读者。同时，为了便于高等院校信息通信、计算机、人工智能等相关专业研究生和高年级本科生作为教材，该书重在介绍智能信息处理与量子计算方法，省略了一些烦琐的理论推衍过程，并用大量的应用实例来阐明其概念和方法，适用于培养智能信息处理领域、量子信息技术领域的人才及这两个领域的交叉复合型人才。

2021 年 2 月

前　言

　　智能信息处理是信号与信息技术领域一个前沿且富有挑战性的研究方向，它以人工智能理论为基础，侧重于信息处理的智能化，包括计算机智能化（文字、图像、语音等信息的智能处理）、通信智能化以及控制信息智能化。随着量子计算时代的到来，量子物理与计算机科学的完美融合，将 20 世纪物理学中一些最令人惊叹的观点融入全新的计算思维方式中。量子计算与传统智能信息处理技术的交融，已经在算法理论和算法性能方面取得了很多突破性的成果，在科学研究和生产实践中发挥了重要作用。

　　本书是有关智能信息处理与量子计算方法及其应用的著作，系统地介绍了智能信息处理与量子计算方面的基础理论及各种新的处理技术，全书分为两篇，共12章。第一篇"智能信息处理及其应用"侧重介绍智能信息处理领域的基本原理与关键技术，包括"绪论""神经网络信息处理""遗传算法""免疫算法""群智能算法""机器学习算法"6 章；第二篇"量子智能信息处理"侧重介绍基于量子计算的智能信息处理技术，包括"量子智能信息处理概述""量子神经网络""量子遗传算法""量子免疫算法""量子群智能算法""量子机器学习"6 章。

　　本书的编撰以读者为核心，既强调原理的严谨性和架构的合理性，又突出技术的先进性和实用性；在对典型技术体系深入剖析的同时，用清晰明确的表述方式给出其技术特点和典型应用；以概念清晰、层次分明、重点突出、以生为本为目标，使读者不仅能够清晰、明确地掌握智能信息处理领域的基本原理和主要技术，而且能够进一步深入了解基于量子计算的智能信息处理技术，清晰准确地了解最新的技术发展动态和应用趋势，对于培养既懂智能信息处理又熟悉量子信息技术的交叉复合型人才，具有重要的理论意义和实用价值。

　　本书是编者及研究团队十余年来从事智能信息处理及量子计算之科研成果的系统总结、提炼与升华，编者十分感谢研究团队的历届研究生参与相关课题的研究，感谢谭思佳、罗文韬、孙晶、赵楷德、王树晨、张博、谢宇辰、吴思凡等同学参与本书的资料收集与整理，感谢朱艳老师和陈珺博士参与校对。

　　本书适合作为高等院校相关专业研究生和高年级本科生的教材，也可供信息通信、计算机、人工智能等领域的大专院校师生、研究工作者、工程技术人员参考使用。为方便读者学习，相关章节均提供了开源代码（扫描二维码下载），以帮助读者快速理解涉及的原理与概念。

　　由于编者水平有限，书中难免存在一些问题和不足，欢迎广大读者批评指正。

编　者

2021 年 11 月

目　录

第一篇　智能信息处理及其应用

第二篇　量子智能信息处理

第一篇　智能信息处理及其应用

第1章　绪　　论

现代科学技术发展的一个显著特点就是信息科学与生命科学的相互交叉、相互渗透和相互促进。人工智能、智能计算或计算智能就是典型示例，其研究与发展反映了当代科学与技术多学科交叉与集成的重要发展趋势。智能信息处理，即用人工的或计算的智能方法进行信息的感知、获取、分析与处理。

1.1　智能计算

智能计算（Intelligent Computation，IC）也称计算智能（Computational Intelligence，CI），是以生物进化的观点认识和模拟智能，基于"从大自然中获取智慧"的理念，通过人们对自然界独特规律的认知，借用自然界、生物界规律的启迪，根据其原理模仿设计求解问题的方法。按照这一观点，智能是在生物的遗传、变异、生长及外部环境的自然选择中产生的。在用进废退、优胜劣汰的过程中，适应度高的（头脑）结构被保存下来，智能水平也随之提高。因此说计算智能就是基于结构演化的智能。

智能计算因其智能性、并行性和健壮性，具有很好的自适应能力和很强的全局搜索能力，不仅为人工智能和认知科学提供了新的科学逻辑和研究方法，而且为信息科学提供了有效的处理技术。目前，智能计算领域的研究已经在算法理论和算法性能方面取得了很多突破性的进展，并且被广泛应用于各种领域，在科学研究和生产实践中发挥着重要的作用。

美国科学家 Bezedk J.C.于 1992 年在 *Approximate Reasoning* 学报上首次给出计算智能或智能计算的定义：计算智能是依据工作者所提供的数值化数据来进行计算处理的。如果一个系统仅处理低层的数值数据，含有模式识别部件，没有使用人工智能意义上的知识，且具有计算适用性、计算容错力、接近人的计算速度和近似于人的误差率四个特性，则它是计算智能的或智能的计算。1994 年，IEEE 神经网络委员会在奥兰多召开了 IEEE 首次国际计算智能大会（World Conference on Computational Intelligence），会议首次将进化计算、人工神经网络和模糊系统三个领域合并在一起，形成了"计算智能"这个统一的技术范畴，智能计算的研究由此被提升到一个前所未有的高度。智能计算的提出对促进人工智能领域中各种理论和方法的集成、推动人工智能的发展起到了非常重要的作用。

智能计算的主要方法包括神经网络、遗传算法、模拟退火算法、禁忌搜索算法、进化算法、启发式算法、蚁群算法、人工鱼群算法、粒子群算法、混合智能算法、免疫算法、机器学习、生物计算、DNA 计算等。这些方法具有以下共同的要素：自适应的结构、随机产生的或指定的初始状态、适应度的评测函数、修改结构的操作、系统状态存储器、终止计算的条件、指示结果的方法、控制过程的参数。智能计算的这些方法具有自学习、自组织、自适应的特征和简单、通用、鲁棒性强、适于并行处理的优点，在并行搜索、联想记忆、模式识别、知识自动获取等方面得到了广泛的应用。

从方法上讲，智能计算主要包括模糊系统（Fuzzy System，FS）、神经网络（Neural Network，NN）和进化算法（Evolutionary Algorithms，EA）三个领域。下面对这三个领域的基本理论进行简单介绍。

1．模糊系统

为了表示和处理现实世界的许多不精确和不确定性，Zedeh 于 1965 年提出了模糊集合理论。在模糊集合中，集合的边界并不清晰，集合成员的资格也不是肯定或否定，它采用隶属函数来描述现象差异的中间过渡，从而突破了古典集合中属于或不属于的绝对关系。在模糊集合中，每个个体被分配一个值以表示它隶属该集合的程度，这个值反映的是该个体与模糊集合所表示的概念的相似程度：隶属度越大，属于该集合的程度也越大；反之，隶属度越小，属于该集合的程度也越小。

模糊系统以模糊集合理论、模糊逻辑推理为基础，试图从一个较高的层次模拟人脑表示和求解不精确知识的能力。在模糊系统中，知识是以规则的形式存储的，它采用一组模糊 IF-THEN 规则来描述对象的特性，并通过模糊逻辑推理来完成对不确定问题的求解。模糊系统善于描述利用学科领域的知识，具有较强的推理能力。近年来，模糊系统已被广泛应用于专家系统、智能控制、故障诊断等领域，并取得了一些令人振奋的成果。但它在模糊规则的自动提取及隶属函数的自动生成等问题上还需要进一步研究。

2．神经网络

人工神经网络简称神经网络，是由网络节点相互连接而构成，并模拟人脑工作的模型。基于理解与抽象人脑内部结构和外界响应机制后，以网络知识为理论基础，神经网络综合外界获取的知识并运用算法处理信息和解决实际问题。在人工神经网络中，计算是通过数据在网络中的流动来完成的。在数据的流动过程中，每个神经元从与其连接的神经元处接收输入数据，对其进行处理后，再将结果以输出数据流的形式传送到与其连接的其他神经元。算法不断调整网络的结构和神经元之间的连接权值，一直到神经网络产生所需要的输出为止。通过这个学习过程，人工神经网络可以不断从环境中自动地获取知识，并将这些知识以网络结构和连接权值的形式存储于网络之中。

神经网络包含输入层、输出层及隐藏层。其中，输入层是网络的入口，即接收信息；而输出层是网络的出口，即输出结果；隐藏层处于网络中间，其功能最为重要。人工神经网络具有非线性处理、自适应性、自我学习及智能处理等特点，它运用训练算法进行调整并得到性能较好的结构，从而模仿人脑处理信息。此外，网络输出取决于网络结构、权值、训练参数、激励函数及训练函数等。

3．进化算法

进化算法，有时也称演化算法，其核心思想是物竞天择，即由于生活环境及竞争对手的存在，大自然的生物往往会向着更适合生存的方向进化，而劣等的个体会逐渐被淘汰。基于此，进化算法的进化操作包含了类似生物体基因交叉、变异的过程，并通过选择操作留下优良基因，而这些操作也成为进化算法解决问题的关键。

智能进化算法在最近的三四十年内备受关注，得到了飞速发展。代表性算法有较为经典的遗传算法（Genetic Algorithm，GA）、利用固体退火现象提出的模拟退火算法（Simulated Annealing，SA）、通过蚂蚁群体觅食分工引出的蚁群算法（Ant Colony

Algorithm，ACA）、学习鸟类群居觅食而提出的粒子群算法（Particle Swarm Optimization，PSO）等。此类算法不仅可用于复杂函数寻优、多策略调控，还能应用到路径规划等新时代的热门研究场合，所以智能进化算法从提出至今一直是学者的重点研究对象。实际工作中，智能进化算法多为优化策略或极值寻优，因此也常被称作智能优化算法（Intelligence Optimization Algorithm，IOA）。

常见的智能进化算法有：

（1）进化遗传算法（Evolutionary Genetic Algorithm，EGA）。顾名思义，它是基于生物的进化遗传现象而提出的。根据侧重点的不同，它主要分为遗传算法、进化策略（Evolutionary Strategy，ES）和进化规划（Evolutionary Programming，EP）。遗传算法是由 Holland 最早提出的，也是第一代模拟遗传现象的算法，它着重基因染色体的交叉操作，而边缘化变异过程、进化规划和进化策略则不同，它们着重变异操作，对交叉操作较为忽视，某些情况下更认为交叉这一过程可以舍去。遗传算法作为学者研究热情最高的进化算法，得到了许多改进，而这种改进主要是根据应用场景、随要求的不同进行相应调整的。

（2）模拟退火算法（Simulated Annealing Algorithm，SAA）。20 世纪 80 年代，借鉴固体退火原理，Kirkpatrick 提出模拟退火算法并将其引入优化寻优板块中。这种算法不是盲目地选择当前群体最优解，而是根据一定的原理设定选择的概率，从而保证某些优秀状态个体不被轻易舍去。凭借较好的局部寻优能力，模拟退火算法得到了广泛的实际应用，尤其是非线性系统的优化模型，往往优于其他智能方法。

（3）群体智能优化（Swarm Intelligence Optimization，SIO）算法。单个生物和群居生物的最大区别在于是否以一定趋势觅食、迁徙等。虽然群体中的个体的生活趋势看似无组织，但从整个群体来讲，往往会按照某一规则或某一趋势进行生活。而对于一个群体，它拥有单个生物不具备的竞争、合作等行为，而这些行为也使得生活、生存更为容易。基于此，学者开始了解生物群体行为细化过程，于 1990 年前后成功研究出群体智能算法。这类算法一经提出便因其简洁、新颖受到好评。最为突出的一种算法是粒子群算法，另一种则是蚁群优化算法。粒子群算法经过一系列的改进精简，成为"国际演化计算会议"（CEC）中被重点关注、研究的一种算法。

（4）差分进化算法（Differential Evolution Algorithm，DEA）。它是由 Storm 和 Price 博士在 1995 年研究提出的，具有随机性和并行性，它的基本步骤与遗传算法相同，但会遵循边界条件的限制。现在已经有很多改进的差分进化算法被提出并得到广泛应用，如自适应差分进化算法、并行差分进化算法、结合单纯形式优化策略的差分进化算法等。

图灵奖获得者约翰·霍普克罗夫特说，计算和通信两个领域的融合开创了智能计算的新天地，现在计算机已经可以更聪明地帮助人们获得和处理信息。

1.2 人工智能

人工智能（Artificial Intelligence，AI），顾名思义，即用人工的方法模拟人类智能，人工智能可以实现对人的意识、思维的信息过程的模拟。

从知识的角度，人工智能是研究、开发用于模拟、延伸和扩展人的智能的理论、方法、技术及应用系统的一门新的技术科学。人工智能是在计算机科学、信息科学、认知科学、控制论、神经心理学、哲学等多学科研究基础上发展起来的。它企图了解智能的实质，并生产出一种新的能以与人类智能相似的方式做出反应的智能机器，该领域的研究包括机器人、语言识别、图像识别、自然语言处理和专家系统等。

试图通过人工方法模拟人类智能已经有悠久的历史了。从公元一世纪亚历山大里亚发明的气动动物装置开始，到冯·诺依曼的第一台具有再生行为和方法的机器，再到维纳的控制论，都是人类人工模拟智能的典型例证。

1950 年，被称为"计算机之父"的阿兰·图灵提出一个举世瞩目的想法——图灵测试。按照图灵的设想：如果一台机器能够与人类开展对话而不能被辨别出机器身份，那么这台机器就具有智能。而就在这一年，图灵还大胆预言了真正具备智能的机器的可行性。

但是半个世纪过去，人工智能的进展远远没有达到图灵测试的标准。直到 20 世纪 90 年代中期，随着人工智能技术的发展，尤其是神经网络技术的逐步发展，以及人们对人工智能的客观理性的认知，人工智能技术开始进入平稳发展时期。1997 年 5 月 11 日，IBM 的计算机系统"深蓝"战胜了国际象棋世界冠军卡斯帕罗夫，这是人工智能发展的一个重要里程碑。2006 年，Hinton 在神经网络的深度学习（Deep Learning，DL）领域取得突破，借助深度学习算法，人类终于找到了解决"抽象概念"这个亘古难题的方法，这也是人工智能领域标志性的技术进步。深度学习提出至今，已经在各个领域取得了巨大的进展。2016 年，基于深度学习的 AlphaGo 系统一举击败韩国围棋高手李世石，再次掀起人工智能研究及应用的热潮。

1．人工智能分类

人工智能按智能水平可以分为弱人工智能、强人工智能、超人工智能三个层次。

（1）弱人工智能，即低于人类智能水平的人工智能。我们现在正处于弱人工智能发展的阶段，像上面提到的"深蓝"、AlphaGo 等，都属于弱人工智能。这些人工智能的主要特点是人类可以很好地控制它们的发展和运行。

（2）强人工智能（通用人工智能），即智力水平与人类的智力水平相当的人工智能。

（3）超人工智能，即超出人类智力水平的人工智能。在机器自主学习的算法指导下，这个层次的人工智能的学习能力远远超过了人类的学习能力，因而这个层次的人工智能能很轻松地解决人类不能解决的问题。

2．人工智能的核心技术

（1）数据挖掘与学习。当需要对大量的数据进行深度挖掘或厘清数据之间的联系时，通常采用的方法是人工智能的一个重要分支——机器学习。机器学习研究如何使用计算机模拟或实现人类的学习活动。基于人工神经网络的深度学习目前已经被广泛应用于机器学习。正是由于神经网络具有多神经元、分布式计算性能、多层深度反馈调整等优势，才能够针对海量数据进行计算和分析，通过数据训练形成模型，其自主学习的特性，非常适用于基于智能关联的海量搜索。

（2）知识和数据智能处理。知识处理使用最多的技术是专家系统。它将人们的思维方式由探讨通用的方法转到运用专门知识求解专门问题上，实现了人工智能从理论研究向实际应用的重大突破。专家系统可看作一类具有专门知识的计算机智能程序系统，能运用特定领域中专家提供的专门知识和经验，并采用人工智能中的推理技术来求解和模拟通常由专家才能解决的各种复杂问题。

（3）人机交互。人机交互中主要应用的技术包括机器人技术和模式识别技术。机器人是模拟人行为的机械，是当前智能化领域发展较为先进的技术。而人工智能所研究的模式识别是指用计算机代替人类或帮助人类感知模式，其主要的研究对象是计算机模式识别系统，也就是让计算机系统能够模拟人类通过感觉器官对外界进行各种感知。

（4）自然语言处理和语义建模。人工智能中一个经久不衰的目标就是开发出可以理解并产生人类语言的程序。自然语言理解是研究能够实现人与计算机之间用自然语言进行通信的理论与方法。自然语言理解自动化的主要问题就是实现以下的目标：①计算机能正确理解人们用自然语言输入的信息，并能正确回答输入信息中的有关问题；②对输入的自然语言信息，计算机能够产生相应的摘要，能用不同词语复述输入信息的内容；③计算机能把用某一种自然语言表示的信息自动翻译为另一种自然语言表示的相同信息。

（5）语音识别。语音识别主要是自动且准确地转录人类语音的技术。该技术必须面对一些与自然语言处理类似的问题，在不同口音的处理、背景噪声、区分同音异形/异义词（"buy"和"by"听起来是一样的）方面存在一些困难，同时还需要具有跟上正常语速的工作速度。语音识别系统使用一些与自然语言处理系统相同的技术，再辅以其他技术，如描述声音和其出现在特定序列与语言中概率的声学模型等。

3．人工智能的主要研究领域

（1）博弈。人工智能研究博弈的目的并不是让计算机与人进行下棋、打牌之类的游戏，而是通过对博弈的研究来检验某些人工智能技术是否能实现对人类智慧的模拟，促进人工智能的发展。

（2）自动推理和定理证明。自动推理和定理证明是人工智能最古老的分支，其根源可从 Newell 和 Simon 的"逻辑理论家"及"通用问题求解器"追溯到罗素和怀海德关于"可以把数学看成从基本公理推导出定理的纯形式化过程"的努力。海博伦与鲁宾逊先后进行了卓越有效的研究，提出相应的理论及方法，为自动定理证明奠定基础。我国吴文俊院士提出并实现的几何定理机器证明"吴氏方法"，是机器定理证明领域的一项标志性成果。

（3）对人类表现建模。设计可以显示的模拟人类表现的某些特征的系统，一直是人工智能和心理学中的重要研究领域。

（4）规划和机器人。对规划的研究起始于设计机器人的努力，也就是设计出具有一定灵活性并对外界具有响应性的机器人。很多原因导致规划成为一种复杂的问题，如让一个机器人在充满障碍的房间里移动，可能产生大量的移动序列，在这些序列中智能地发现最佳路径，而不被强大的可能性所湮没。

人类在规划中使用到的一种方法是层次化的问题分解。如规划一段旅行，将分别处理准备机票、到达机场、转机等问题，每个步骤都是整体计划的一部分，也需要进行分别处理。这些步骤还可被分解为更小的子问题。这种方法不仅有效地限制了必要的搜索空间的大小，也可把经常使用的子规划保存起来以备将来使用。

（5）人工智能的语言和环境。人工智能研究的最重要副产品就是促进编程语言和软件开发环境的发展。很多原因迫使人工智能程序员去开发一组强大的编程语言，编程环境包括各种组织知识的技术，如面向对象编程和专家系统框架。

（6）神经网络。神经结构是实现智能的一种有力机制，传统人工智能程序比较脆弱，而且对噪声过于敏感。人类智能则要灵活得多，而且善于解释有干扰的输入，如光线很暗的房间里的面容或者嘈杂聚会中的对话。因为神经网络使用分布在网络中精密组织的大量神经元来捕捉信息，所以它似乎更善于模糊地匹配带有干扰和不完整的数据。

4. 人工智能的应用现状与发展前景

目前，全球的人工智能技术正在被科研人员大力开发与研究。人工智能的本质就是对人的思维进行模仿，以此代替人类工作。人工智能技术与基因工程、纳米科学并列为 21 世纪的三大尖端技术。人工智能技术所包含的科学知识较多，理解上也较为复杂。通过人工智能技术的覆盖，计算机可以熟练完成只有人类才能完成的工作，减少人类的工作量，同时提升整体的工作效率。人工智能技术应用广泛，如指纹识别、人脸识别、视网膜识别、虹膜识别、专家系统、智能搜索等，在某些程度上极大地方便了人类的正常生活与工作。因技术本身的局限性，目前的人工智能多为弱人工智能，还不能完全像人类一样行动和思考，只能代替人类进行简单的工作。但随着科学技术的飞速发展，未来的人工智能水平将会达到一个新的高度。

随着科技的不断发展和进步，人工智能技术将主要以 AI+X（为某一具体产业或行业）的形态呈现。在不远的未来，智能客服（导购、导医）、智能医疗诊断、智能教师、智慧物流、智能金融系统等都有望广泛出现在我们的生活中。需要指出的是，所有这些智能系统的出现，并不意味着对应行业或职业的消亡，而仅仅意味着职业模式的部分改变（如减少教师教授书本知识的时间），即由以往的只由人类完成，变为人机协同完成。

1.3 最优化方法

智能信息处理中常常要用到最优化方法。所谓最优化方法，是指解决最优化问题的方法。所谓最优化问题，指在某些约束条件下，决定某些可选择的变量应该取何值，使所选定的目标函数达到最优的问题。

最优化问题的一般形式为

$$\min f(x) \ \text{or} \ \max f(x) \ \text{s.t.} \ x \in X \tag{1.3.1}$$

式中，$f(x)$ 为目标函数；X 为约束集或可行域，特别地，如果约束集 $X = R^n$，则问题（1.3.1）变为无约束最优化问题

$$\min_{x \in R^n} f(x) \ \text{or} \ \max_{x \in R^n} f(x) \tag{1.3.2}$$

根据变量的取值是否连续，最优化问题可分为连续最优化问题和离散最优化问题；根据连续最优化问题中函数是否可微，连续最优化问题又可分为光滑最优化问题（所有函数包括目标函数和约束函数均连续可微）和非光滑最优化问题（只要有一个函数不是连续可微，该问题即非光滑最优化问题）。与此同时，约束最优化问题又可被分为目标函数和约束函数均为线性函数的线性规划问题和目标函数或约束函数中至少有一个是非线

性函数的非线性规划问题。

综上，最优化方法是指用科学计算的方法求解问题（1.3.1）和问题（1.3.2）的方法。从数学意义上说，最优化方法是一种求极值的方法，即在一组约束为等式或不等式的条件下，使系统的目标函数达到极值，即最大值或最小值。值得注意的是，一般来说通过最优化方法计算得到的解为近似解而非问题的精确解。

最优化方法的提出可以追溯到公元前 500 年，古希腊在讨论建筑美学时就已发现了长方形长与宽的最佳比例为 0.618，称为黄金分割比，其倒数至今在优选法中仍得到广泛应用。在微积分出现以前，已有许多学者开始研究用数学方法解决最优化问题。例如，阿基米德证明：给定周长，圆所包围的面积为最大。这就是欧洲古代城堡几乎都建成圆形的原因。但是最优化方法真正成为科学方法则在 17 世纪以后。17 世纪，I.牛顿和 G.W.莱布尼茨在他们所创建的微积分中，提出求解具有多个自变量的实值函数的最大值和最小值的方法。以后又进一步讨论具有未知数的函数极值，从而形成变分法。这一时期的最优化方法可以称为古典最优化方法。第二次世界大战前后，由于军事上的需要和科学技术和生产的迅速发展，许多实际的最优化问题已经无法用古典方法来解决，这就促进了近代最优化方法的产生。

近代最优化方法的形成和发展过程中最重要的事件有：以前苏联康托罗维奇和美国丹齐克为代表的线性规划；以美国库恩和塔克尔为代表的非线性规划；以美国 R.贝尔曼为代表的动态规划；以前苏联庞特里亚金为代表的极大值原理等。这些方法后来都形成体系，成为近代很活跃的学科，对促进运筹学、管理科学、信息科学、控制论和系统工程等学科的发展起到了重要作用。

最优化方法根据最优化问题的类型可以分为：无约束最优化方法和约束最优化方法。

1．无约束最优化方法

无约束最优化方法主要有最速下降法、牛顿法、信赖域方法、不精确牛顿法、共轭方向法、拟牛顿法、非二次模型最优化方法等。

（1）最速下降法。最速下降法以负梯度方向作为极小化算法的下降方向，又称梯度法，是无约束最优化中最简单的方法。该算法在最优化中具有重要的理论意义。遗憾的是，对于许多问题最速下降法并非"最速下降"，而是下降十分缓慢。实验表明，当目标函数的等值线接近于一个圆时，最速下降法下降较快；而当目标函数的等值线是一个扁长的椭球时，最速下降法会出现锯齿现象，下降十分缓慢。

（2）牛顿法。牛顿法是基于最速下降法对于某些问题下降缓慢的缺点提出的改进方法，其基本思想是利用目标函数的二次泰勒展开，并将其极小化。理论上，牛顿法可被看成在椭球范数下的最速下降法。若目标函数为正定二次函数，牛顿法一步即可达到最优解，但对于非二次函数，牛顿法并不能保证经有限次迭代得到最优解，但由于目标函数在极小点附近近似于二次函数，故当初始点靠近极小点时，牛顿法的收敛速度一般是快的。针对牛顿法 Hesse 矩阵不正定的问题，此时二次模型不一定有极小点，甚至没有平稳点，当 Hesse 矩阵不正定时，二次模型无界，针对这一问题有学者提出修正牛顿法、有限差分牛顿法、负曲率方向法、Gill-Murray 稳定牛顿法、Fiacco-MaCormick 方法、Fletcher-Freeman 方法、McCormick 方法、Goldfarb 方法、More-Sorensen 方法等修正方法。

（3）信赖域方法。不同于牛顿法，信赖域方法是一种新的保证算法总体收敛的方法。牛顿法只能保证算法的局部收敛性，而信赖域方法则在保留了牛顿法的快速局部收敛性的同时，还具有理想的总体收敛性，不仅可以用来替代一维搜索，也可以解决 Hessse 矩阵不正定和 x_k 为鞍点等困难。信赖域方法也称有限步长法。

（4）不精确牛顿法。不精确牛顿法是针对牛顿法在每次迭代中所需的计算量较大，尤其是对维数很大的问题提出的改进方法。这类方法在每次迭代中只是近似地求解牛顿方程。不精确牛顿法可以应用于各种牛顿法的应用领域，对于大型问题也能收到很好的效果。

（5）共轭方向法。共轭方向法是介于最速下降法和牛顿法之间的一个方法，它仅需利用一阶导数信息，不仅克服了最速下降法收敛慢的缺点，又避免了存储和计算牛顿法所需的二阶导数信息。共轭方向法是研究二次函数的极小化时产生的，也可以推广到处理非二次函数的极小化问题。

共轭梯度法是最典型、最著名的共轭方向法，基本思想是使最速下降方向具有共轭性，从而提高算法的有效性和可靠性。共轭梯度法仅仅比最速下降法稍微复杂一点，但具有二次终止性（对于二次函数，算法在有限步终止）。采用精确线性搜索的共轭梯度法至多迭代 n 步可求得二次凸函数的极小点，相当于牛顿法执行一步，因此，若将 n 次迭代看作一次大的迭代，则共轭梯度法应具有与牛顿法类似的收敛速度。根据共轭梯度法存在的一些不足，相关学者又提出了 Beale 三项共轭梯度法、Beal-PRP 共轭梯度法、预条件共轭梯度法等改进方法。

（6）拟牛顿法。牛顿法成功的关键在于利用了 Hesse 矩阵提供的曲率信息，但是计算 Hesse 矩阵的工作量很大，并且有的目标函数的 Hesse 矩阵很难计算，甚至不好求出，因而催生了仅利用目标函数值和一阶导数信息构造出目标函数的曲率近似的拟牛顿法，该方法不需要明显形成 Hesse 矩阵，同时具有算法复杂度降低和收敛速度快的优点。该方法也称变尺度法。根据拟牛顿法存在的问题，人们又提出了自调比变尺度拟牛顿法、稀疏拟牛顿法等方法。

（7）非二次模型最优化方法。最优化方法通常基于二次函数模型，这是因为二次函数模型在极小化计算中最简单，而且一般函数在极小点附近的等高线近似于一组共心椭球。但对于一些非二次性态强、曲率变化剧烈的函数，用二次函数模型去逼近效果会比较差。另外，以二次函数作为插值模型在插值过程中未能充分利用以前迭代中的函数值信息，为此，20 世纪 70 年代人们开始研究各种非二次性模型方法，期望这些方法能够在迭代过程中收集到更丰富的信息，以改善最优化方法的性能。这些模型方法包括齐次函数模型、张量模型和锥模型等非二次模型最优化方法。

2. 约束最优化方法

约束最优化方法一般分为线性规划方法和非线性规划方法。线性规划方法主要有单纯形法、Karmarkar 法、路径跟踪法等，非线性规划方法主要有消元法、罚函数法和拉格朗日乘子法等。

（1）单纯形法。单纯形法是目前应用最广的求解线性规划问题的方法，其基本思想是从一个基本可行解出发，求一个使目标函数值有所改善的基本可行解，通过不断改善基本可行解，力图达到最优基本可行解。单纯形法根据求解基本可行解的不同又可被分为两阶段法和大 M 法。线性规划中普遍存在配对现象，即对每一个线性规划问题，都存在另一个与它有着密切关系的线性规划问题，称之为对偶问题，解决这一问题的方法称为对偶单纯形法。

特殊地，在数学规划中，根据实际问题建立的数学模型，往往除要求目标函数和约束函数为线性函数外，还要求决策变量取整数值，这类问题称为线性整数规划。求解整数规划广泛使用的方法主要有分支定界法和割平面法。

（2）罚函数法。罚函数法又分为外罚函数法和内罚函数法，这类方法的基本思想是借助罚函数把约束问题转化为无约束问题，进而用无约束最优化方法求解。

（3）拉格朗日乘子法。拉格朗日乘子法是求解等式约束二次规划问题的方法，二次规划是非线性规划中的一种特殊情形，它的目标函数是二次实函数，约束是线性的，由于二次规划比较简单，便于求解，因此二次规划算法成为求解非线性规划的一个重要途径。

随着科学与技术的发展，现代的最优化问题具有维数高、规模大、问题复杂、非线性等特点。在构造最优化算法时，需要考虑两个问题：①一个好的算法要尽可能地使用尽量少的计算机时间和计算机空间，即有效性；②计算机本身的属性和计算机的舍入误差都会对计算解的精确程度产生影响，要对计算解进行灵敏度分析，建立数值稳定的算法，即精确性。

用最优化方法解决实际问题，一般可经过下列步骤：①提出最优化问题，收集有关数据和资料；②建立最优化问题的数学模型，确定变量，列出目标函数和约束条件；③分析模型，选择合适的最优化方法；④求解，一般通过编制程序，用计算机求最优解；⑤最优解的检验和实施。上述 5 个步骤中的工作相互支持和相互制约，在实践中常常反复交叉进行。

1.4　智能信息处理方法

智能信息处理是信息的智能化处理，即用人工的或计算的智能方法进行信息的感知、获取、分析与处理。它以人工智能、计算智能（智能计算）理论为基础，研究一些优化模型及算法来处理信息，从而实现信息的智能化处理。

智能信息处理包括海量多媒体信息检索与处理、大数据挖掘与集成、机器翻译、生物信息处理、量子计算、智能化数据处理等。

智能信息处理综合应用的理论和方法主要有人工神经网络、模糊理论、进化算法、人工智能以及现代信号处理等。

智能信息处理技术有效融合了计算机技术、通信技术等多种先进技术。智能信息处理技术模拟人的智能，从信息的载体到信息处理的各个环节进行智能化处理，具有处理信息量大、处理信息复杂度高等优势，自学习、自组织、自适应等特征和通用、鲁棒性强、易并行处理等特点，被广泛应用于信息通信、信息安全、模式识别、数据分类与挖掘、优化设计、故障诊断、联想记忆和控制等领域。在经济社会中，智能信息处理技术的主要应用领域如下。

1．在日常生活中的应用

现代智能信息处理技术在日常生活中的应用主要体现在电子设备中，提高了这些设备信息处理的智能化和自动化，便捷了人们的日常生活，促进了社会整体经济效益的有效提升。例如，在医学领域中，核磁共振、CT 等就是智能信息处理技术与探测技术有效结合的产物，核磁共振、CT 的高效利用，极大地提高了对患者的诊断效率，同时也有效地推进了医疗事业的发展。

2．在灾害防治和安防工作中的应用

灾害防治和安防需要监控的图像范围较为广泛，将智能信息处理技术和遥感等技术应用到灾害防治和安防工作中，能够有效采集如指纹、人脸等生物特征信息，以便在出现异常或非法入侵情况时及时做出警报和动作，主要应用在安保门禁、各种自然灾害的监控等方面，对所监测的各种具体情况进行实时掌握和控制。

3．在农业生产中的应用

在农业生产中的应用主要是利用智能数据挖掘、专家系统等技术有效帮助农民优选农作物种子，并进行病虫害防治。通过遥感技术能够实时掌握和了解农作物的生产状况、含水量等，为农民提供可靠、实时的数据，从而估算产量。

4．在商务、金融以及保险领域中的应用

智能信息处理技术在商务、金融及保险领域中的应用主要是通过数据挖掘技术实时掌握市场信息和发展趋势，并对其进行有效的分析和统计，为企业的投资决策提供有力的数据支撑和帮助，提高企业决策的科学性和合理性。

第 2 章　神经网络信息处理

神经网络（Neural Networks）起源于 1943 年，Warren McCulloch 和 Walter Pitts 首次建立了神经网络模型。他们的模型完全基于数学和算法，由于缺乏计算资源，模型无法测试。

1958 年，Frank Rosenblatt 创建了第一个可以进行模式识别的模型，即感知器。但是，他只提出了定义和模型，实际的神经网络模型仍然无法测试。

1965 年，Alexey Ivakhnenko 和 Lapa 创建了第一批可以测试并具有多个层的神经网络。

1969 年，Marvin Minsky 和 Seymour Papert 完成《感知机》（*Perceptrons*）一书，其中提出了多层感知器模型。

1975 年，Paul Werbos 提出反向传播（Back Propagation，BP）算法，解决了异或问题，使神经网络的学习效率更高。BP 算法是前馈神经网络的核心算法。

1992 年，最大池化（max-pooling）的提出进一步减少了参数和特征的数量，同时可有效防止过拟合。因为参数数量的减少，使它保持了某种不变性（旋转、平移、伸缩等），对变形具备一定鲁棒性，有助于 3D 目标识别。

2009 年至 2012 年，Jürgen Schmidhuber 研究小组创建循环神经网络（Recurrent Neural Network，RNN）和深度前馈神经网络，获得了模式识别和机器学习领域 8 项国际竞赛的冠军。

2011 年，深度学习神经网络开始将卷积层与最大池化层合并，并将其输出传递给几个全连接层，再传递给输出层。

2.1　神经网络信息处理基础

2.1.1　人工神经元

人工神经元是构成人工神经网络的最基本单元。一个神经元可以接受一组来自系统中其他神经元的输入信号，并且每个输入信号对应一个相应的权值，所有输入的加权和决定了该神经元的激活状态。

神经元模型包括三个基本元素。

（1）连接权值。各个神经元之间的连接强弱由连接权的权值表示，此部分类似生物神经元的突触，权值就相当于突触"连接强度"。权值为正时，表示激活状态；权值为负时，表示抑制状态。

（2）求和单元。用于求取各输入信号与相应连接权值的加权求和，此操作构成一个线性组合。

（3）激活函数。一般多为非线性形式，具有非线性映射的作用，用来限制神经元的输出振幅，将输出振幅限制在一定的允许范围之内。一般情况下，正常的幅度为[0,1]或者[-1,1]。

除以上三个元素外，还存在一个阈值 θ，可根据阈值 θ 的正负来相应地增加或者减少激活函数的网络输入。

一个简化的人工神经元结构模型如图 2.1.1 所示。

设一个神经元包含 N 个输入，一个输出。神经元所有的输入构成的输入向量表示为 $\boldsymbol{u} = (u_1, u_2, \cdots, u_N)^{\mathrm{T}} \in R^N$，对应的权值向量表示为 $\boldsymbol{w} = (w_1, w_2, \cdots, w_N)^{\mathrm{T}} \in R^N$。$\sum$ 表示求和单元，θ 表示阈值，$f(\cdot)$ 表示激活函数，y 为输出信号。

神经元输入信号加权求和后，得到输出 v，可表示为

$$v_i = \sum_{j=1}^{N}(w_j u_j) - \theta; \quad i = 1, 2, \cdots, N \tag{2.1.1}$$

则其对应的输出信号 y 可表示为

$$y_i = f(v_i); \quad i = 1, 2, \cdots, N \tag{2.1.2}$$

常见的激活函数有如下几种。

（1）sigmoid 激活函数。sigmoid 激活函数是一种非线性激活函数，其公式如下：

$$f(x) = \frac{1}{1 + \mathrm{e}^{-x}} \tag{2.1.3}$$

sigmoid 激活函数如图 2.1.2 所示。

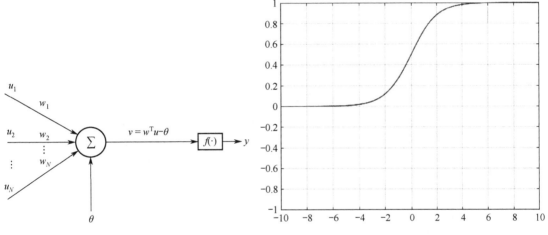

图 2.1.1　人工神经元结构模型　　　　　图 2.1.2　sigmoid 激活函数

然而，在实际中，sigmoid 激活函数并不被经常使用。它具有以下几个缺点。

首先，当 x 值非常大或者非常小时，sigmoid 激活函数的导数将接近于 0。这会导致权重 $\boldsymbol{w}$ 的梯度将接近于 0，使得梯度更新十分缓慢，即产生梯度消失。

其次，函数的输出不是以 0 为均值，不便于下层的计算。

（2）tanh 激活函数。tanh 激活函数相较于 sigmoid 激活函数要常见一些，该函数将取值为 $(-\infty, +\infty)$ 的数映射到 $(-1, +1)$，其公式为

$$f(x) = \frac{\mathrm{e}^x - \mathrm{e}^{-x}}{\mathrm{e}^x + \mathrm{e}^{-x}} \tag{2.1.4}$$

tanh 激活函数如图 2.1.3 所示，其均值为 0，这一特点有力地弥补了 sigmoid 激活函数均值不为 0 的缺点。tanh 激活函数在 0 附近很短一段区域内可看作线性的。然而，同 sigmoid 激活函数的第一个缺点一样，当 x 很大或很小时，$f(x)$ 的导数接近于 0，这将导致梯度很小，权值更新非常缓慢，即产生梯度消失。

（3）ReLU 激活函数。ReLU 激活函数又称修正线性单元（Rectified Linear Unit，

RLU），是一种分段线性函数，可有效弥补 sigmoid 激活函数和 tanh 激活函数的梯度消失问题，其公式为：

$$f(x) = \begin{cases} 0, & x < 0 \\ x, & x \geqslant 0 \end{cases} \tag{2.1.5}$$

ReLU 激活函数如图 2.1.4 所示。

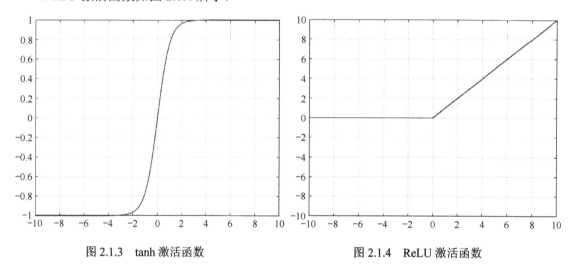

图 2.1.3   tanh 激活函数   图 2.1.4   ReLU 激活函数

ReLU 激活函数具有诸多优点：首先，在输入为正数的时候，不存在梯度消失问题；其次，计算速度要快很多。sigmoid 激活函数和 tanh 激活函数要进行指数计算，因此，计算速度会比较慢。而 ReLU 激活函数只有线性关系，无论是前向传播还是反向传播，都比 sigmoid 激活函数和 tanh 激活函数的计算速度快得多。

ReLU 激活函数的缺点也很明显，当输入为负时，梯度为 0，会产生梯度消失问题。

2.1.2   神经网络拓扑结构

神经元之间的连接形式可以是任意的，按照不同的形式构成的网络模型具有不同的特性。对于不同的神经网络的模型，可以从不同的角度按照不同的方法对其进行分类。单论其主要连接形式，至今有数十种不同的网络模型，其中两种经典网络拓扑结构类型为前馈神经网络和反馈神经网络。

1. 前馈神经网络

前馈神经网络（Feedforward Neural Networks，FNN）也称前向神经网络，是指网络中信息处理的方向是从输入层到输出层，逐层进行。这里说的"层"定义为网络中具有相同拓扑结构地位的神经元构成的一个子集，具有相同作用的节点处于同一行或同一列上。在前馈神经网络中，各神经元接收前一层的输入，并将结果输出给下一层，无反馈过程。

前馈神经网络还可以细分为单层前馈神经网络和多层前馈神经网络。如果网络中只有输入层和输出层，并且输入层的输入节点向量直接投射到输出层，没有反向作用或反馈作用，此类型的网络可以被称为单层前馈神经网络，图 2.1.5（a）为包含 N 个输入节点和 M 个输出节点的单层前馈神经网络。

如果在网络中除了输入层和输出层外，还有一个或多个隐藏层存在，那么这样的网络称为多层前馈神经网络，图 2.1.5（b）为一个包括 N 个输入节点和 M 个输出节点且具有一个或多个隐藏层的多层前馈神经网络。这里，隐藏层的作用相当于特征检测器，可以提取输入信号中包含的有效特征信息，使输出单元所处理的信息是线性可分的。

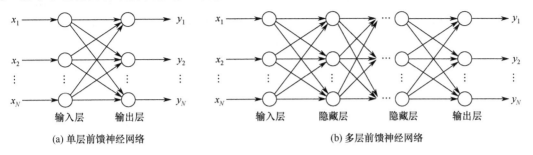

(a) 单层前馈神经网络   (b) 多层前馈神经网络

图 2.1.5 前馈神经网络拓扑结构

从学习的角度来看，前馈神经网络是一种强有力的学习系统，其结构简单且容易编程实现。从系统的角度来看，前馈神经网络是一种静态非线性映射，只要经过简单的非线性复合映射处理，就可拥有处理复杂非线性问题的能力。从计算的角度来看，前馈神经网络缺少丰富的动力学行为。当今，前馈神经网络的大部分都属于学习网络，前馈神经网络在分类能力和模式识别能力上一般都比反馈神经网络强，经典的前馈神经网络有感知器网络、误差反向传播（BP）神经网络等。

2．反馈神经网络

反馈神经网络（Feedback Neural Networks）又称递归神经网络，是一种反馈动力学系统。同时，它也是一种输出到输入有反馈连接的神经网络，这种神经网络需经一段时间才能够使自己达到稳定状态。图 2.1.6 给出了一般的反馈神经网络拓扑结构图。

在反馈神经网络中，信息处理能力是所有节点均拥有的功能，而且每个节点既能够接收外界信息，又能够向外界输出信息。最著名且应用最广泛的此类型的反馈神经网络模式是 Hopfield 神经网络。

另外，在某些反馈网络中，各个神经元除了接收外加输入与其他节点反馈的输入，还包括一个自反馈环的输入。自反馈环表示神经元的输出反馈到它自己的输入上去，此形式的神经网络拓扑结构图如图 2.1.7 所示。

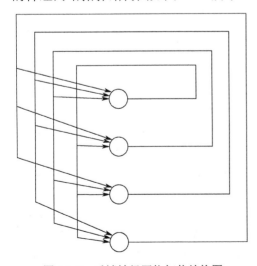 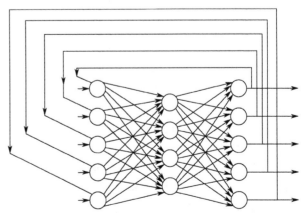

图 2.1.6 反馈神经网络拓扑结构图   图 2.1.7 有自反馈环的反馈神经网络拓扑结构图

2.1.3　神经网络模型

目前为止，神经网络的模型已有几十种，其中典型的网络模型有 BP 神经网络、径向基函数（Radial Basis Function，RBF）神经网络、Hopfield 网络、卷积神经网络、贝叶斯神经网络等。这些网络模型具有函数逼近、数据聚类、模式分类、优化计算等能力。下面对上述几种典型的神经网络模型做简单介绍，以便读者有一个初步印象，在之后的章节中，将会对这些模型做详细介绍。

（1）BP 神经网络。网络模型又称误差反向传播神经网络模型 BP 神经，属于前馈神经网络。该神经网络模型是 1986 年由美国认知心理学家 D. E. Rumelhart 和 D. C. McCelland 等提出的，是神经网络中的重要模型之一。该网络模型通常采用基于 BP 神经元的多层前向神经网络的结构形式。它由输入层、隐藏层和输出层组成，隐藏层可以是一层或多层。

BP 神经网络的学习过程分为两部分：正向传播和反向传播。正向传播即信息从输入层经隐藏层处理后传向输出层，每一层神经元的状态只能够对下一层的神经元状态造成影响。如果在输出层得到的输出不是期望值，则传播转入反向传播，误差信号会通过传播过来的原神经元连接通路返回。在返回的同时，也会同步修改各层神经元连接的权值。这种过程不断迭代，最后使误差信号在允许的范围之内。误差反向传播神经网络模型采用最小均方误差的学习方式，是应用最广泛的网络，可用于语言识别、自适应控制等。它的缺点是仅为有教师学习，学习时间长，易于陷入局部极小。

（2）径向基函数神经网络。径向基函数神经网络属于前馈神经网络，是由英国 D. bRoomhead 和 D. Lowe 教授于 20 世纪 80 年代末提出的，以函数逼近为理论基础。这类网络的学习等同于在多维空间内找出能够训练数据最优拟合面。该网络中的各隐藏层神经元激活函数组成拟合面的基函数。径向基函数网络是一种局部逼近网络，也就是说，存在于输入空间的某一个局部区域的少量神经元被用来决定网络的输出。BP 神经网络则是典型的全局逼近网络，径向基函数网络通常比 BP 神经网络规模大些，而学习的速度也比较快，并且网络的函数逼近能力、模式识别与分类能力都优于 BP 神经网络。径向基函数神经网络的神经元基函数具有仅在微小局部范围内才可产生有效的非零响应的局部特性，可以在学习过程中获得高速化。由于高斯函数的特性，径向基函数神经网络的缺点是难以学习映射的高频部分。

（3）Hopfield 神经网络。Hopfield 神经网络模型属于反馈神经网络，是由美国加州理工学院物理教授 J. J. Hopfield 在 1982 年提出的一种单层全互连反馈型神经网络。J. J. Hopfield 教授在能量函数的基础上开创了一种新的计算方法，对神经网络与动力学之间的关联进行了描述。该方法从非线性动力学对该类神经网络的特性进行了探究，寻找到了神经网络稳定判断的依据，并指出将信息储存于网络内神经元之间的连接上，形成了当时的 Hopfield 网络，即离散 Hopfield 网络。1984 年，J. J. Hopfield 开发出 Hopfield 网络模型的电路，并提出通过运算放大器来实现神经元，通过电子线路模拟神经元的连接，这种模型之后被称为连续 Hopfield 网络。Hopfield 网络是最典型的反馈网络模型，是目前人们研究的比较多的模型之一。它是由相同的神经元构成的单层网络，其最著名的用途就是联想记忆和最优化计算。

（4）卷积神经网络。卷积神经网络（Convolutional Neural Networks，CNN）是一类包含卷积计算且具有深度结构的前馈神经网络，是深度学习的代表算法之一。卷积神经网络具有表征学习（Representation Learning）能力，能够按其阶层结构对输入信息进行平移不变分类（Shift-Invariant Classification），因此也称"平移不变人工神经网络（Shift-Invariant Artificial Neural

Networks，SIANN）"。进入 21 世纪，随着深度学习理论的提出和数值计算设备的改进，卷积神经网络得到了快速发展，并被应用于计算机视觉、自然语言处理等领域。

（5）贝叶斯神经网络（Bayesian Neural Networks）。数据集较小的情况下的预测以及不确定性研究在各个学科领域都受到密切关注。然而，神经网络模型通常依赖大规模数据，且不能很好地刻画参数估计和预测的不确定性。贝叶斯神经网络模型可通过参数后验分布和预测分布的形式对估计和预测的不确定性进行刻画。

在此背景之下，贝叶斯神经网络模型发展起来，通过引入零均值正态先验分布，该模型可达到与在神经网络模型误差函数上添加正则项相同的效果，从而规避对小型数据集建模时的过拟合问题。贝叶斯神经网络模型还可通过参数后验分布和预测分布的形式对模型估计和预测的不确定性进行评估，从而使模型结果更加丰富。

除以上介绍的集中网络模型外，还有许多发展完善、实用性较强的网络模型，如支持向量机、Boltzmann 机、储存池网络等，有兴趣的读者可以自行查阅资料加以了解。

2.1.4　神经网络学习规则及算法

神经元按照一定的拓扑结构连接成神经网络后，还需根据一定的学习规则或算法来更新和修正神经元之间的连接权值和阈值。权值改变的规则即学习规则或学习算法。一种应用比较广泛的分类方式就是根据教师信号的有无，将神经网络分为有教师（导师）学习和无教师（导师）学习两种类型。

1．有教师学习

有教师学习也称有监督学习。顾名思义，这种学习模式是指在网络系统的学习过程中，有一个相当于"教师"的机能存在，学习框图如图 2.1.8 所示。

假设教师和神经网络同时对那些从周围环境中获取的训练向量（例子）进行判断，教师可以根据自身掌握的知识对神经网络进行期望响应。期望响应通常为神经网络完成的最佳动作。神经网络的参数则可以通过训练向量和误差信号的综合影响进行调整。这里，误差信号是指神经网络实际响应与预期响应之间的差。参数的调整可以逐步并且反复地进行，直到神经网络可以模拟教师信号。通过训练，神经网络可以最大化地接收教师对环境掌握的知识。一旦条件允许，就可以排除教师信号，使网络能够完全自主地应对环境。

有教师学习网络的特点是学习过程和工作过程完全分开。完成上述学习过程后，训练样本集和检验样本集、"教师"功能、误差信号统统撤销。面对所有从外界环境输入的、属性完全未知的样本，如果确实有一个合格的"学生"，网络就会以很高的概率按照期望的功能完成输入向量到输出向量的映射或演化。

2．无教师学习

无教师学习也称无监督学习。网络系统在没有教师监督的过程中进行学习，即神经网络没有任何例子可以学习，学习框图如图 2.1.9 所示。

无教师学习又可以分为两类：强化学习和无监督学习（也称为自组织学习）。在强化学习中，采用和外界环境持续作用最小化性能的标量索引来完成对输入输出映射的学习。在无监督学习中，网络的学习过程完全是一种自我学习的过程，没有来自外部教师的示教，也没有来自外部环境的反馈，即不能告知网络应该如何输出或正确与否。在该学习过程中，依据特定的内部结构和学习规则，网络反复地调整连接权值，这样做的目的是激励响应输入模式，持续至最后形成某种有序状态。换句话说，无监督学习依靠神经元本身来持续适应输入模式，从中获得输入信号的规律。若网络显现出了输入数据的统计特征，那么对输入特征的编码就由网络完成并实现。也就是说，输入特征被"记忆"了下来，一旦输入特征再次出现，网络便能够将其识别出来。该学习模式保证了外界教师信号不会影响到网络中权值的调整。换句话说，评价网络的学习标准被隐含在了网络的内部。

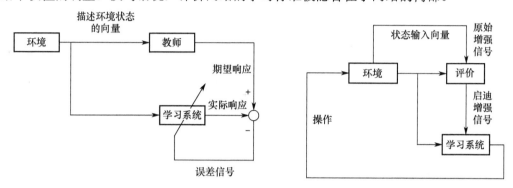

图 2.1.8　有教师学习框图　　　　图 2.1.9　无教师学习框图

在有教师学习模式中，随着外界对神经网络学习指导信息的增多，神经网络掌握的知识也会增多，解决问题的能力也会增强。在有些情况下，如仅获得所要解决的问题的少量先验信息，无教师学习就显得更加有实际意义。

通过以上内容的介绍，神经网络的学习规则在整个学习过程中的重要性已经凸显出来。在神经网络应用时，常常采取以下几种规则。

（1）Hebb 学习规则（纯前馈、无教师学习）。

（2）误差修正法学习规则（有教师学习）。它包括δ学习规则、Widrow-Hoff 学习规则、感知器学习规则和误差反向传播的 BP（Back Propagation）学习规则等。

（3）胜者为王（Winner-Take-All）学习规则（无教师学习）。

表 2.1.1 对上述学习规则进行了总结。

表 2.1.1　学习规则框图

学　习　规　则	权值初始化	学　习　方　式	功　能　函　数
Hebb 规则	0	无教师	任意
离散感知器规则	任意	有教师	二进制
δ规则	任意	有教师	连续
Widrow-Hoff 规则	任意	有教师	任意
Winner-Take-All 规则	随机，归一化	无教师	连续

2.1.5　神经网络计算的特点

神经网络是一种旨在模仿人脑结构及其功能的信息处理系统。因此，它在功能上具有某些智能特点。

（1）人工神经网络具有自适应与自组织能力。神经网络在学习或训练过程中改变突触权重值，以适应周围环境的要求。同一网络因学习方式及内容不同可具有不同的功能。神经网络是一个具有学习能力的系统，可以发展知识，以致超过设计者原有的知识水平。

（2）并行性。传统的计算方法是基于串行处理的思想发展起来的，计算和存储是完全独立的两个部分。计算速度取决于存储器和运算器之间的连接通道，大大限制了它的运算能力。而神经网络中的神经元之间存在大量的相互连接，所以信息输入之后可以很快地传递到各个神经元进行并行处理，在值传递的过程中同时完成网络的计算和存储功能，将输入与输出的映射关系以神经元间连接强度（权值）的方式存储下来，其运算效率非常高。

（3）联想记忆功能。在神经网络的训练过程中，输入端给出要记忆的模式。通过学习合理地调节网络中的权值系数，网络就能记住所有的输入信息。在执行时，若网络的输入端输入被噪声污染的信息或是不完整、不准确的片段，经过网络的处理，在输出端可得到恢复了的完整而准确的信息。

（4）泛化能力。神经网络的泛化（Generalization）能力也称推广能力，是指网络对于同一样本集中的非训练样本，总能给出正确的输入与输出关系的能力。网络学习时必须赋予它足够多个训练样本。但是，无论训练样本的数量有多大，在神经网络实际投入工作时，总会遇到大量与训练样本不同但来自同一分布的输入矢量，好的泛化能力可以保证神经网络在这种情况下通过学习也能够可靠地完成其功能。学习不是单纯地记忆已学过的输入，而是通过训练样本的学习，得到隐含在样本中的有关环境本身的内在规律性，从而对未出现过的输入也能给出正确的反应，这就是网络泛化能力的体现。

可以认为：网络的泛化能力即网络系统的拟合能力。拟合程度越高，网络就能越精确地反映出系统中未训练样本的输入与输出关系；反之，若网络的泛化能力强，也就是说网络反映样本集中以及在未训练样本中的输入与输出关系的准确度较高，那么对系统的拟合程度就会较高。在现实应用中，人们通常不能提前知晓系统的输入与输出的函数关系，故只能拟合已知的有限样本的输入与输出关系，从而替代对未知数据的拟合。因此，可以说，如果神经网络失去了泛化能力，那么它便失去了使用价值，由此也可以看出一个网络泛化能力的重要性。

（5）非线性映射能力。在许多实际问题中，如过程控制、系统辨识、故障诊断、机器人控制等，系统的输入与输出之间存在复杂的非线性关系。对于这类系统，往往难以用传统的数理方程建立其数学模型。而神经网络在这方面却有独到的优势，设计合理的神经网络通过对系统输入与输出样本进行训练学习，从理论上讲，能够以任意精度逼近任意复杂的非线性函数。神经网络的这一优良性能使其可以作为多维非线性函数的通用数学模型。

当系统对于设计人员来说很透彻或很清楚时，一般利用数值分析、偏微分方程等数学工具建立精确的数学模型。但是，当系统很复杂，或者系统未知、系统信息量很少时，建立精确的数学模型很困难，神经网络的非线性映射能力就会表现出优势。它不需要对系统进行透彻的了解，就能反映输入与输出的映射关系，大大简化设计的难度。

2.2　BP 神经网络模型

2.2.1　BP 神经网络结构

BP 神经网络是 1986 年由以 D. Rumelhart 和 J. McCelland 为首的科学家小组提出的，是一种根据误差反向传播算法训练的多层前馈神经网络，是目前应用最广泛的神经网络模型之一。BP 神经网络能够学习和存储大量的输入—输出模式，而不需要确定描述这种关系的数学方程。BP 神经网络在模式识别、函数拟合、优化计算、系统辨识、最优预测和自适应控制等领域有着较为广泛的应用。

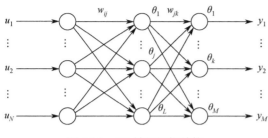

图 2.2.1　BP 神经网络结构

误差反向传播算法由信号的正向传播与误差的反向传播两个过程构成。信号正向传播时，由输入层输入，经过隐藏层，在输出层输出。前一层的神经元只会影响到下一层神经元的状态。若输出层的输出与期望输出之间存在误差，得到的误差信号反向传播，通过梯度下降法迭代来更新网络每一层的权值向量，最终使误差函数最小。

图 2.2.1 是标准的 BP 神经网络结构，包含输入层、隐藏层和输出层。其中，输入层包含 N 个神经元节点 $(i=1,2,\cdots,N)$，输入向量为 $\boldsymbol{u}=(u_1,u_2,\cdots,u_N)^{\mathrm{T}}\in R^N$；隐藏层包含 L 个神经元节点 $(J=1,2,\cdots,L)$，θ_j 表示隐藏层神经元的阈值；输出层包含 M 个神经元节点 $(K=1,2,\cdots,M)$，输出向量为 $\boldsymbol{y}=(y_1,y_2,\cdots,y_M)^{\mathrm{T}}\in R^M$，$\theta_k$ 表示输出层神经元的阈值。w_{ij} 表示输入层神经元到隐藏层神经元之间的连接权值；w_{jk} 表示隐藏层神经元到输出层神经元之间的连接权值。

2.2.2　BP 算法的基本思想和基本流程

BP 算法的主要思想就是信号的前向传播过程和误差反向传播过程，信号在输入神经网络得到输出后，网络会从输出层开始反向逐步计算每一层的误差，通过某些更新算法（如梯度下降法）来更新每一层的连接权值，最后达到实际输出尽可能接近期望输出的目的。

BP 算法的流程图如图 2.2.2 所示，标准的 BP 算法基本步骤如下。

（1）参数初始化，随机初始化网络的权值矩阵以及阈值；初始化训练误差 $E=0$，最小训练误差 $E_{\min}$ 为一个小的正数；设置训练样本数为 $\boldsymbol{P}$，学习率 $0<\eta<1$。

（2）输入训练样本，计算神经网络各层的输出向量。

（3）计算网络的输出误差，根据误差函数（如均方误差）来计算总体输出误差。

（4）计算各层的误差信号。

（5）调整各层的权值矩阵，根据梯度下降法来更新权值矩阵。

（6）检查是否完成一次训练，若 $p<P$，则返回步骤（2）；否则，转向步骤（7）。

（7）检查网络总体输出误差是否满足精度要求，若满足 $E<E_{\min}$，则训练结束；否则，置 E 为 "0"，p 为 "1"，返回步骤（2）。

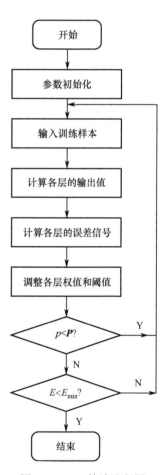

图 2.2.2　BP 算法流程图

2.2.3　BP 神经网络设计

相较于早期的人工神经网络，BP 神经网络具有坚实的数学理论基础和严谨的证明推导过程以及清晰的动态运行算法流程，是最普遍的神经网络之一。它突出的优点是具有很强的通用性和非线性映射能力。但是，通过非线性函数的拟合实验，再结合误差函数曲线图和在不同的学习速率下的实验结果，明显发现 BP 神经网络存在许多不足之处，如学习算法收敛速度慢、容易陷入局部极小值、BP 神经网络结构的确定缺乏充分的理论根据等。之后，针对 BP 神经网络存在的这些问题，国内外学者提出了许多的优化改进方案，如自适应学习速率法、LM 算法、共轭梯度法、附加动量法等，有兴趣的读者可以自行查阅资料。

通常，我们在设计 BP 神经网络时，并没有充足的理论依据和指导。在大量的实验之后，我们最终选择一种性能较好的设计方案。在这里，介绍一些设计的基本方法，可用作神经网络实际设计时的参考。

（1）网络的层数设定。数学上已证明：具有一个输入层、具有 sigmoid 激活函数的一个（或多个）隐藏层和一个输出层的神经网络，能够以任意精度逼近所有连续函数。只含有一层隐藏层的网络是通用的函数逼近器，可以实现 BP 神经网络的一些基本功能。但是，只有一层隐藏层的神经网络并不是 BP 神经网络最优结构，有时采用多个隐藏层会更好地解决问题。在设计 BP 神经网络时，一般先考虑设置一个隐藏层，当一个隐藏层的节点数很多仍不能改善网络的性能时，可以考虑再增加一个隐藏层。增加隐藏层个数可以提高网络的非线性映射能力，进一步降低误差。提高训练精度，但是加大隐藏层个数必将使训练过程更为复杂、训练时间延长。

（2）网络的神经元个数选择。增加神经元个数可以有效提高 BP 神经网络的训练精度，其学习效果比增加网络层数更易调整和观察。在结构实现上，增加隐藏层节点个数比增加隐藏层个数要简单得多，比较常用的方法是对不同神经元数的 BP 神经网络进行对比，然后选择训练精度较高的网络。在 BP 神经网络中，隐藏层节点数的多少对神经网络性能的影响很大，因此选择恰当的节点数是非常重要的工作。

输入层是外界环境与网络连接的纽带，其节点数目取决于输入数据的维数和特征向量的选取。选择恰当的特征向量，必须考虑该特征是否能准确而完全地描述事物自身的本质特征，如果所选特征不能很好地表达事物本身的这些特征，那么，网络经学习和训练后得到的输出可能与期望输出有很大的误差。因此，在进行网络训练之前，应该全面收集要进行仿真的系统的样本数据，并且在处理数据之前进行必要的相关性分析，以剔除无关特征和冗余特征，确定特征向量的维度。

对输出层节点数的选取，通常需要根据实际情况确定。当 BP 神经网络用于模式识别时，模式自身的特性往往就已经决定了网络输出的个数。当神经网络作为分类器时，输出层数就等于所需信息类别数。

如果隐藏层节点数太少，则神经网络从训练样本中学习的能力就不足，网络很容易陷入局部极小值点，有时甚至可能得不到稳定的结果。而如果隐藏层节点数太多，则网络会拟合存在于样本中的非规律性信息，出现"过拟合"的现象，这样会导致训练时间延长，而且误差也不一定最小。虽然隐藏层节点数存在最优值，但精确地找到最优值难度很大。

（3）初始权值的选取。由于系统是非线性的，初始权值的选取对于学习是否达到全局最优、是否能够收敛及训练时间的长短影响很大。如果初始值太大，使得加权后的输入落在 sigmoid 激活函数的饱和区，从而导致其导数 $f'(\text{net})$ 非常小。而在计算权值修正公式中，$\delta \propto f'(\text{net})$，因此当 $f'(\text{net}) \to 0$ 时，则有 $\delta \to 0$，$\Delta w_{ij} \to 0$，从而使得网络的权值调整过程停滞。所以，一般希望每个神经元通过初始设定权值后的输出值接近于零，以保证神经元权值能够在激活函数最大变化处调整。因此，通常初始权值在（-1,1）选取。

（4）学习速率的确定。标准 BP 神经网络在学习过程中，学习速率始终保持不变。学习速率过小，则网络权值每次的调整幅度小，收敛速度慢；学习速率过大，则网络权值每次的调整幅度大。而较大幅度的调整网络权值，可能导致神经网络在更新迭代过程中围绕误差最小值来回跳动，从而产生震荡，网络会变得发散而不能收敛到稳定值。对于标准 BP 神经网络，学习速率的初始值贯穿整个网络学习过程，决定每一次循环训练中所产生的权值变化量。大的学习速率可能导致系统的不稳定；小的学习速率会导致训练时间较长、收敛很慢，但是能保证网络的误差值不跳出误差表面的低谷而最终趋于最小误差值。因此，在 BP 神经网络设计中，倾向于选取较小的学习速率以保证系统的稳定性，取值范围在 0.01～0.80。

2.3 Hopfield 神经网络

2.3.1 Hopfield 神经网络模型

Hopfield 递归网络是美国加州理工学院物理学家 J. J. Hopfield 教授 1983 年提出的，是一种无层次的全连接型递归神经网络，是递归神经网络中最简单且应用最广的模型。Hopfield 神经网络在人工神经网络的发展历程中起到了至关重要的作用，它的学习方法和结构特征与之前的层次型神经网络完全不同，能够较好地完成具有记忆机制的生物神经网络的模拟。

Hopfield 神经网络模型的计算能力很强，具有从初始动态收敛到稳定状态的能力。基于此，Hopfield 神经网络可以用来解决联想记忆和优化计算的问题。根据网络结构的差异性，Hopfield 网络模型又可以分为两类：离散型 Hopfield 神经网络和连续型 Hopfield 神经网络。一般情况下，离散型 Hopfield 神经网络主要用于联想记忆，连续型 Hopfield 神经网络则主要用于优化计算。离散型 Hopfield 神经网络结构和连续型 Hopfield 神经网络结构如图 2.3.1 和图 2.3.2 所示。

下面将对两种模型的网络结构和实现算法进行详细介绍。

2.3.2 离散型 Hopfield 神经网络

对于前向神经网络来说，离散型 Hopfield 神经网络在网络拓扑、学习算法和运行规则方面都有许多不同之处。

离散型 Hopfield 神经网络中神经元的取值为（0/1）或（-1/1），输入向量为 $U = (u_1, u_2, \cdots, u_N)^T \in \{-1, +1\}^N$，输出向量为 $Y = (y_1, y_2, \cdots, y_N)^T \in \{-1, +1\}^N$。网络在时刻 t 的状态向量 $V(t) = (v_1(t), v_2(t), \cdots, v_N(t))^T \in \{-1, +1\}^{w_{ij}}$。从图 2.3.1 可以看出，各状态变量 $v_i(t)$ 通常是各神经元在 t 时刻的输出量，同时也是下一时刻 $(t+1)$ 各神经元的输入量。定义神经元 i 与神经元 j 间的突触权值为 w_{ij}。若单个神经元对其自身没有连接，则有 $w_{ii} = 0$；若一对神经元之间的连接是对称的，则有 $w_{ij} = w_{ji}$。

由于神经元之间是相互连接的，神经元间的信息可以通过突触权值相互传递，因此，任何一个神经元的输出信号都有可能经过一系列的传递而反馈到自身，所以，Hopfield 神经网络是一种反馈型神经网络。

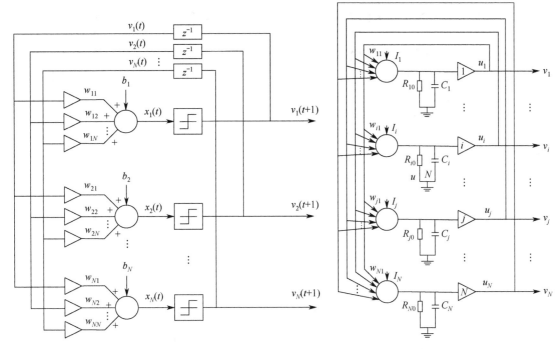

图 2.3.1　离散型 Hopfield 神经网络结构　　　　图 2.3.2　连续型 Hopfield 神经网络结构

假设 Hopfield 神经网络中存在 N 个神经元，定义神经元 i 在时刻 t 的输入为 $u_i(t)$，输出为 $y_i(t)$，它们都是与时间有关的函数，其中神经元 i 在时刻 t 的输入总和 $x_i(t)$ 为

$$x_i(t) = \sum_{j=1}^{N} w_{ij} v_j(t) + b_i \tag{2.3.1}$$

式中，b_i 为神经元 i 的偏差；$i, j = 1, 2, \cdots, N$。对应的神经元 i 的输出为

$$y_i(t+1) = f(x_i(t)) \tag{2.3.2}$$

式中，激活函数 $f(\cdot)$ 可取符号函数或阶跃函数。

神经元 i 的能量函数

$$E_i = -\frac{1}{2} \sum_{j=1}^{N} w_{ij} v_i v_j + b_i v_i \tag{2.3.3}$$

Hopfield 神经网络可以看作状态演化的过程，经证明其演化方向为 "能量" 减小的方向，从初始状态开始按递减方向进行演化，当网络到达稳定状态时将结果输出。

Hopfield 神经网络主要有两种工作方式：串行工作方式和并行工作方式。

（1）串行工作方式。同一时刻，只有一个神经元按某种规则变化状态，而其他神经元的状态不改变。

（2）并行工作方式。同一时刻，不止一个，甚至可以是所有神经元同时按某种规则变化状态。

下面以串行工作方式为例，介绍 Hopfield 网络具体的运行步骤。

（1）初始化 Hopfield 网络。

（2）随机选取 Hopfield 网络中的一个神经元 i。

（3）按照式（2.3.2）计算出神经元 i 的输出。

（4）按照激活函数对神经元的输出进行处理，此时，其他神经元的输出没有变化。

（5）若此时的状态能够满足给定条件或达到稳定状态则结束；否则，返回步骤（2）继续执行。

在 Hopfield 神经网络参数选择合适的情况下，网络状态的演化应该向着能量函数减小的方向。同时，能量函数是有一定下限的，所以系统定会在某一时刻到达稳定状态，该稳定状态也就是 Hopfield 神经网络的输出。

离散型 Hopfield 神经网络可被用来解决联想问题。传统的计算机需要存储各输入输出模式，而神经网络的联想记忆只需存储输入、输出模式间的转换机制。神经网络中的权值矩阵相当于一种转换机制，其作用是将输入模式转换为输出模式，转换过程是对网络的整体而言的。对于输入和输出的单个元素之间，并不存在一对一的转换关系，并且输入和输出的维数可以不相同。

在离散型 Hopfield 神经网络中，只需要给出输入模式的部分信息，网络就可以根据形成的转换机制正确地给出完整的输出模式。这主要是由于在分布式存储方式中，有一些错误信息只是少量且分散地存在于输入模式或者权值矩阵中，而这些错误信息对全局的转换结果来说没有影响。由于具有容错性，神经网络能够识别含残缺、畸变或噪声等的模式。

2.3.3 连续型 Hopfield 神经网络

J. J. Hopfield 教授在离散型 Hopfield 神经网络的基础上，于 1984 年首次利用模拟电子线路成功搭建了连续型 Hopfield 神经网络。该网络中神经元的激活函数是连续的，所以该类型的网络被称为连续型 Hopfield 神经网络。连续型 Hopfield 神经网络的主要特征为：网络的输入与输出都是模拟量，且所有神经元并行（同步）工作。

图 2.3.2 是连续型 Hopfield 神经网络结构图，包含输入输出节点、运算放大器和 RC 振荡电路，这些共同组成了连续型 Hopfield 网络的硬件结构。从图中不难发现，任意一个运算放大器 i 都对应两组输入：

（1）由恒定的放大器产生的电流输入 I_i。

（2）神经元 i 与 j 之间的连接权值 $w_{ij}(i,j=1,2,\cdots,N)$ ，这一权值来自运算放大器的反馈。

u_i 为运算放大器 i 的输入电压，v_i 为运算放大器 i 的输出电压，它们之间的关系为

$$v_i = f(u_i) \tag{2.3.4}$$

在这里，激活函数 $f(\cdot)$ 通常取 sigmoid 型函数中的双曲正切函数

$$v_i = f(u_i) = \tanh\left(\frac{a_i u_i}{2}\right) = \frac{1-\mathrm{e}^{-a_i u_i}}{1+\mathrm{e}^{-a_i u_i}} \tag{2.3.5}$$

式中，$\dfrac{a_i}{2}$ 表示在原点处曲线的斜率，即

$$\frac{a_i}{2} = \frac{\mathrm{d}f(u_i)}{\mathrm{d}u_i} u_i \tag{2.3.6}$$

式中，a_i 为运算放大器 i 的增益。激活函数 $f(\cdot)$ 的反函数 $f^{-1}(\cdot)$

$$u_i = f^{-1}(v_i) = -\frac{1}{a_i}\log\left(\frac{1-v_i}{1+v_i}\right) \tag{2.3.7}$$

观察图 2.3.2，通过基尔霍夫电流定律有

$$C_i \frac{\mathrm{d}u_i}{\mathrm{d}t} + \frac{u_i}{R_{i0}} = \sum_{j=1}^{N} \frac{1}{R}(v_j - u_i) + I_i \tag{2.3.8}$$

$$C_i \frac{\mathrm{d}u_i}{\mathrm{d}t} = \sum_{j=1}^{N} w_{ij}(v_j - u_i) + I_i - \frac{u_i}{R_{i0}} \tag{2.3.9}$$

设 $\dfrac{1}{R} = \dfrac{1}{R_{i0}} + \displaystyle\sum_{j=i}^{N} w_{ij}$，则上式可改成

$$C_i \frac{\mathrm{d}u_i}{\mathrm{d}t} = \sum_{j=1}^{N} w_{ij} v_j + I_i - \frac{u_i}{R} \tag{2.3.10}$$

连续型 Hopfield 神经网络的突触权值与离散型 Hopfield 神经网络类似，是对称且自身无反馈的，即 $w_{ij} = w_{ji}$，$w_{ii} = 0$。对于连续型 Hopfield 神经函数来说，它的能量函数定义为

$$E = -\frac{1}{2} \sum_{i=1}^{N} \sum_{j=1}^{N} w_{ij} v_i v_j + \sum_{i=1}^{N} \frac{1}{R} \int_{1}^{v_i} f^{-1}(v_i) \mathrm{d}v_i - \sum_{i=1}^{N} I_i v_i \tag{2.3.11}$$

已有证明表示：连续型 Hopfield 神经函数的能量函数是单调递减且有界的函数，所以连续型 Hopfield 神经函数是稳定的。

连续型 Hopfield 神经网络大量简化了生物神经元模型，但仍具有生物神经系统计算的主要特性，这体现在如下 4 个方面：

（1）连续型 Hopfield 神经网络的神经元作为 I / O 转换，其传输特性具有 sigmoid 特性。

（2）具有非线性动力学特性。

（3）在神经元之间存在着大量的通过反馈实现的具有兴奋性和抑制性的连接。

（4）具有按渐进方式工作和产生动作电位的神经元，即保留了动态和非线性两个最重要的计算特性。

连续型 Hopfield 神经网络解决优化问题的具体步骤如下：

（1）对于某些特定的问题，为使问题的解与神经网络的输出相对应，恰当合理地选择一种表示方法。

（2）使网络能量函数达到最小值的解对应于问题的最优解。

（3）与能量函数的标准形式进行比较，得出神经网络的权值与偏置的表达式，并进一步确定网络的结构。

（4）利用确定的网络结构构建网络的电子线路，构建的网络在运行后达到稳态，此状态就是一定条件下问题的优化解。此外，也可以通过编程模拟网络的运行方式，在计算机上实现。

2.4　RBF 神经网络

2.4.1　RBF 神经元模型

径向基神经元模型如图 2.4.1 所示。由图可见，RBF 网络传递函数 radbas 是以权值向量和阈值向量之间的距离函数 ‖dist‖ 作为自变量的，其中，‖dist‖ 是通过输入向量和加权矩阵的行向量的乘积得到的。

其输出表达式为

$$a = f(\boldsymbol{w} - \boldsymbol{p} \cdot b) = \mathrm{radbas}(\boldsymbol{w} - \boldsymbol{p} \cdot b) \qquad (2.4.1)$$

RBF 网络传递函数的原型函数为

$$\mathrm{radbas}(n) = \mathrm{e}^{-n^2} \qquad (2.4.2)$$

当输入自变量为 0 时，传递函数取得最大值为 1。随着权值和输入向量之间距离的减少，网络输出是递增的。所以，径向基神经元可以作为一个探测器，当输入向量和加权向量一致时，神经元输出 1。$p_1, p_2, \cdots, p_R$ 为输入向量，$w_{11}, \cdots, w_{1R}$ 为权值，b 为阈值，用于调整神经元的灵敏度。

图 2.4.2 是径向传递函数。

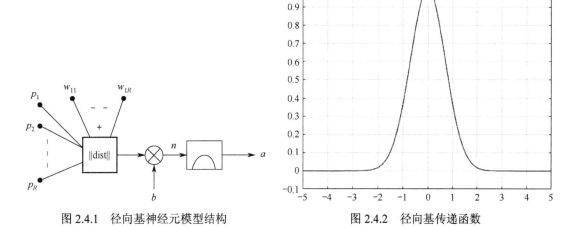

图 2.4.1　径向基神经元模型结构　　　　图 2.4.2　径向基传递函数

2.4.2　RBF 神经网络模型

RBF 神经网络是在借鉴生物局部调节和交叠接受区域知识的基础上，提出的一种采用局部接受域来执行函数映射的人工神经网络。最基本的径向基函数神经网络（RBF）的构成包括三层，其中每一层都有着完全不同的作用。输入层由一些感知单元组成，它们将网络与外界环境连接起来；第二层是网络中仅有的一个隐藏层，它的作用是在输入空间到隐藏层空间之间进行非线性变换，在大多数情况下，隐藏层空间有较高的维数；输出层是线性的，它为作用于输入层的激活模式提供响应。图 2.4.3 所示给出了一个基本的径向基函数 RBF 网络，该网络是一个具有单隐藏层的三层前馈反向传播网络。

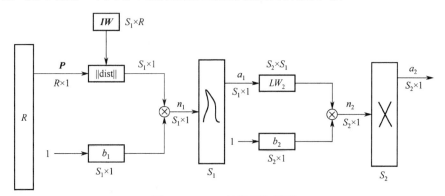

图 2.4.3　RBF 神经网络模型

在图 2.4.3 中，R 表示网络输入的维数，S_1 表示隐藏层的神经元个数，S_2 表示输出层的神经元个数。

网络的输出为

$$a_2 = \text{purelin}(LW_2 a_1 + b_2) \tag{2.4.3}$$

$$a_1 = \text{radbas}(n_1) \tag{2.4.4}$$

$$n_1 = \boldsymbol{IW} - \boldsymbol{P} \cdot^* b_1 = (\text{diag}(\boldsymbol{IW} - \text{ones}(S_1,1)^* \boldsymbol{P}')(\boldsymbol{IW} - \text{ones}(S_1,1)^* \boldsymbol{P}')\hat{}\,0.5 \cdot^* b_1) \tag{2.4.5}$$

式中，diag(x)表示取矩阵向量主对角线上的元素组成的列向量；"$\cdot\hat{}$"和"$\cdot^*$"分别表示数量乘方和数量乘积（矩阵中各对应元素的乘方和乘积）。

从图 2.4.2 所示的径向基传输函数可以看出，只有在距离为 0 时，其输出为 1；而在距离为 0.833 时，输出仅为 0.5。假定给定一个输入向量，径向基神经元将根据输入向量与每个神经元权值的距离输出一个值。那些与神经元权值相差很远（距离大）的输入向量产生的输出值趋于 0，这些很小的输出值对线性神经元输出的影响可以忽略。相反，那些与神经元权值相差较小（距离小）的输入向量产生的输出值趋于 1，从而激活第二层线性神经元的输出值。换句话说，径向基网络只对那些靠近（距离接近于 0 的中央位置）权值向量的输入产生响应。由于隐藏层对输入信号的响应只在函数的中央位置产生较大的输出，即局部响应，因此该网络具有很好的局部逼近能力。

可以从两个方面理解径向基网络的工作原理。

（1）从函数逼近的观点看。若把网络看成对未知函数的逼近，则任何函数都可以表示成一组基函数的加权和。在径向基网络中，相当于选择各隐藏层神经元的传输函数，使之构成一组基函数逼近未知函数。

（2）从模式识别的观点看。总可以将低维空间非线性可分的问题映射到高维空间，使其在高维空间线性可分。在径向基网络中，隐藏层的神经元数目一般比标准的 BP 网络的要多，构成高维的隐单元空间，同时，隐藏层神经元的传输函数为非线性函数，从而完成从输入空间到隐单元空间的非线性变换。只要隐藏层神经元的数目足够多，就可以使输入模式在隐藏层的高维输出空间线性可分。在径向基网络中，输出层为线性层，完成对隐藏层空间模式的线性分类，即提供从隐单元空间到输出空间的一种线性变换。

2.4.3 RBF 神经网络的创建与学习

当 RBF 神经网络的径向基层采用高斯函数时，网络的训练从理论上说应确定高斯函数的数学期望、方差及隐藏层和输出层神经元的权值与阈值。但从图 2.4.3 所示径向基网络的结构上看，当隐藏层和输出层神经元的权值与阈值确定后，网络的输出也就确定了。所以径向基网络的学习，仍然是各网络层权值和阈值的修正过程。

创建径向基网络的设计函数有 newrbe 和 newrb，它们在创建径向基函数网络的过程中用不同的方式完成了权值和阈值的选择和修正，所以径向基网络没有专门的训练和学习。

1．精确设计函数（newrbe）

功能：设计一个高精度 RBF 网络。

指令格式：net=newrbe

net=newrbe($\boldsymbol{P}$，$\boldsymbol{T}$,SPREAD)

参数意义：$\boldsymbol{P}$ 为输入向量；$\boldsymbol{T}$ 为目标向量；SPREAD 为径向基函数的分布系数，默认值为 1.0。

执行的结果是创建径向基神经网络，具有 P 个径向基神经元，与输入的个数一样，而且将第一层网络的权值设置为 P'。第一层网络阈值的大小设置为 0.8236/SPREAD，这样的径向基函数在网络输入与相应权值的距离小于 SPREAD 时，具有大于 0.5 的输出，所以增大 SPREAD 的值可以扩大网络输入的有效范围。第二层网络的权值 $IW\{2,1\}$ 和阈值 $b\{2\}$ 是利用第一网络层仿真的结果，并通过解如下线性方程得到，即

$$[IW\{2,1\}b\{2\}] \cdot [A\{1\}; \text{ones}] = T \qquad (2.4.6)$$

在使用函数 newrbe 创建径向基网络时，要选择尽量大的 SPREAD 值，以保证径向基函数的输入范围足够大，从而使它的输出尽量具有较大的值。SPREAD 值越大，网络的输出就越平滑，网络的泛化能力也越强。但是太大的 SPREAD 值，会导致数学计算上的问题。可以看出，上述过程只进行一次就可以得到一个零误差的径向基函数网络，因此以 newrbe 创建径向基网络的速度是非常快的。但由于径向基神经元数等于输入样本数，当输入向量数目很大时，将导致网络的规模也很大，所以更有效的方法是采用 newrb 创建径向基网络。

2．普通设计函数（newrb）

功能：设计一个 RBF 网络。

指令格式：net=newrb

　　　　　　[net,tr]=newrb(**P** , **T** ,GOAL,SPREAD)

参数意义： **P** 为输入向量； **T** 为目标输出向量；GOAL 为网络均方误差目标值，默认值为 0；SPREAD 为径向基函数的分布系数，默认值为 1.0。

执行结果是创建一个径向基神经网络。当以 newrb 创建径向基网络时，开始是没有径向基神经元的，可通过以下步骤，逐渐增加径向基神经元的数目。

（1）以所有的输入样本对网络进行仿真。

（2）找到误差最大的一个输入样本。

（3）增加一个径向基神经元，其权值等于该样本输入向量的转置；阈值 $b = \dfrac{0.836}{\text{SPREAD}}$，SPREAD 的选择与 newrbe 一样。

（4）以径向基神经元输出的点积作为线性网络层神经元的输入，重新设计线性网络层，使其误差最小。

（5）当均方误差未达到规定的误差性能指标且神经元的数目未达到规定的上限值时，重复以上步骤，直到网络的均方误差达到规定的误差性能指标，或神经元的数目达到规定的上限值为止。

可以看出，创建径向基网络时，newrb 是逐渐增加径向基神经元数的，所以可以获得比 newrbe 更小规模的径向基函数网络。

2.5　贝叶斯神经网络

前几个小节已经给出传统神经网络的原理模型介绍，神经网络建模实质是找出蕴含在有限样本数据中的输入和输出的本质联系，从而对未经训练的输入数据也能有合适的输出，即上文提到的泛化能力，它是衡量神经网络性能好坏的重要标志。在传统的神经网络中，通常

使用正则化方法，通过修正神经网络的训练性能函数来提高神经网络的泛化能力。

但是神经网络模型训练通常依赖大规模数据，且不能很好地刻画参数估计和预测的不确定性。在此背景下，数据集较小情况下的预测以及不确定性研究在各个学科领域受到密切关注，而贝叶斯神经网络模型可通过参数后验分布和预测分布的形式对估计和预测的不确定性进行刻画。

因此，贝叶斯神经网络模型发展起来，该模型通过引入零均值正态先验分布达到与在神经网络模型误差函数上添加正则项相同的效果，从而规避对小型数据集建模时的过拟合问题，而且还可通过参数后验分布和预测分布的形式对模型估计和预测的不确定性进行评估，从而使模型结果更加丰富。

2.5.1 贝叶斯方法

对确定性事物的推理，人们一般采用演绎的方法；对不确定性事物的推理，一般采用的是归纳、推断的推理方法。贝叶斯理论来源于人们对事物的推理方法。

贝叶斯理论能充分利用现有的所有信息，包括总体信息、经验信息、样本信息等，将统计推断建立在后验分布的基础上。因此，不但可以减少因样本少导致的统计误差，在没有测量数据样本的条件下，也可以对测量不确定度进行评定。

贝叶斯学派认为，先验分布反映了试验前对总体参数分布的认识，在获得样本信息后，对这个认识有了改变，其结果就反映在后验分布中，即后验分布综合了先验分布和样本的信息。另外，贝叶斯理论将一切的统计和推断建立在后验分布的基础上，也就是说，在获得后验分布后，即使将样本和原来的统计模型都丢掉，也不会影响将来的推断。在将来做推断时，便把现在得到的后验分布作为先验信息，每次取得的样本便是对以前所得的分布结果的修正。因此，对参数的估计越来越准确。

在贝叶斯统计学派看来，任何一个未知量都可以看成一个随机变量，都具有不确定性，而概率或概率分布是描述不确定性的最好语言。在获得任何数据前，用于描述一个变量 θ 的未知情况的概率分布称作先验分布。贝叶斯公式表示为

$$P(\theta \mid x) = \frac{P(x \mid \theta)P(\theta)}{\int P(x \mid \theta)P(\theta)\mathrm{d}\theta} \tag{2.5.1}$$

其中，后验分布 $P(\theta \mid x)$ 是反映人们在抽样后对 θ 的认识，是样本 x 出现后人们对 θ 认识的一种调整。所以，后验分布 $P(\theta \mid x)$ 可看作人们抽样信息（总体信息和样本信息的综合）对先验分布 $P(\theta)$ 做调整的结果。

2.5.2 神经网络的贝叶斯学习

在神经网络中，单个神经元的结构如图 2.1.1 所示，无论是经过训练还是未经过训练，这个神经元的连接权值和偏差都是一个确定的值，例如，$w = 0.3$，$b = 0.2$。而贝叶斯神经网络中的参数，如权值、偏差等，都被认为是一个分布，而不是一个确定的值。

在贝叶斯神经网络中，贝叶斯公式可表示为

$$P(\boldsymbol{W} \mid \boldsymbol{X}, \boldsymbol{Y}) = \frac{P(\boldsymbol{Y} \mid \boldsymbol{X}, \boldsymbol{W})P(\boldsymbol{W})}{P(\boldsymbol{Y} \mid \boldsymbol{X})} \tag{2.5.2}$$

式中，$(\boldsymbol{X}, \boldsymbol{Y})$ 是训练集的数据；因为训练集是给定的，所以 $P(\boldsymbol{Y} \mid \boldsymbol{X})$ 为常数；$P(\boldsymbol{W})$ 是 $\boldsymbol{W}$ 的先验概率；$P(\boldsymbol{Y} \mid \boldsymbol{X}, \boldsymbol{W})$ 是在给定参数 $\boldsymbol{W}$ 和 $\boldsymbol{X}$ 的情况下，网络输出 $\boldsymbol{Y}$ 的概率。

贝叶斯方法可以综合先验知识和观测样本的数据信息，产生未知变量的后验分布。所以，贝叶斯神经网络与传统神经网络的不同就是网络的权重和偏置是一个后验分布，当网络通过训练后，我们对它的权重和偏置进行采样，得到一组参数，这时的贝叶斯神经网络就像传统的神经网络一样了。

当然，仅仅采样一次是远远不够的，我们可以对权重和偏置的分布进行多次采样，得到多个参数组合，参数的细微改变对模型结果的影响在这里就能很好地体现出来。这是贝叶斯神经网络的优势之一，鲁棒性更强。

贝叶斯神经网络相较于传统网络还有一个优点，那就是它能提供不确定性，在安全至上的实际应用中，能提供很大的帮助。

2.5.3 贝叶斯神经网络算法

贝叶斯神经网络在进行训练时，就能很清楚地认识到它与传统神经网络的不同之处。在传统神经网络训练时，如 BP 神经网络，通过误差反向传播，利用梯度下降法来更新权值。在贝叶斯神经网络中，我们训练得到的是权重和偏置的后验分布。

$$P(W \mid X,Y) = \frac{P(Y \mid X,W)P(W)}{\int P(Y \mid X,W)p(W)\mathrm{d}W} \qquad (2.5.3)$$

其中，我们想要得到的是后验概率 $P(W \mid X,Y)$，先验概率 $P(W)$ 可以是根据以往经验已知的，$P(Y \mid X,W)$ 是 W 的函数。在 $P(W)$ 已知的情况下，$P(Y \mid X,W)$ 也能通过计算得到。但是神经网络中权值 W 数量较大，并且因为 W 的取值空间很大，积分很难进行，所以其重点在于上式分母的计算。

贝叶斯神经网络的训练方法目前有以下几种。

（1）通过使用马尔可夫链蒙特卡罗方法（Markov Chain Monte Carlo，MCMC）采样去接近分母的积分。

（2）通过构建一个简单的分布（如高斯分布）来建立一个 q 函数用于逼近 $P(W \mid X,Y)$ 函数（以下简称 p 函数），而我们需要调整的仅仅是高斯分布的均值和方差。

如何判断 q 函数足够逼近 p 函数？判断依据通常选取两种分布的 KL 散度（Kullback-Leibler Divergence），在一定程度上，KL 散度可以度量两个随机变量的距离。KL 散度是两个概率分布 p 和 q 差别的非对称性的度量，用于度量使用基于 q 的编码来编码来自 p 的样本平均所需的额外的位元数。在典型情况下，p 表示数据的真实分布，q 表示数据的模型分布，即 p 的近似分布。

2.6 卷积神经网络

2.6.1 卷积神经网络结构

近年来，卷积神经网络（Convolutional Neural Networks，CNN）在计算机视觉、图像识别和分类领域内已被证明非常有效。图 2.6.1 给出了 CNN 的一个简单模型示意图。

卷积神经网络一般包含以下几层。

（1）卷积层（Convolutional layer），卷积神经网络中的每层卷积层由若干卷积单元组成，每个卷积单元的参数都是通过反向传播算法优化得到的。卷积运算的目的是提取输入的不同特征，第一层卷积层可能只提取一些低级的特征，如边缘、线条和角等层级，更多层的网络能从低级特征中迭代提取更复杂的特征。

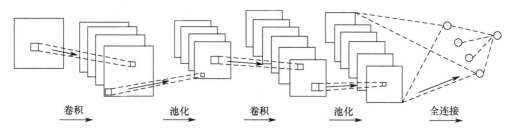

图 2.6.1　卷积神经网络示意图

（2）线性整流层（Rectified Linear Units layer，ReLU layer），这一层神经的激活函数使用线性整流。

（3）池化层（Pooling layer），或称下采样，通常在卷积层之后会得到维度很大的特征，将特征切成几个区域，取其最大值或平均值，得到新的、维度较小的特征。

（4）全连接层（Fully-Connected layer），把所有局部特征结合变成全局特征，用于计算最后每一类的得分。

从图 2.6.1 中可以看出，CNN 与普通神经网络的区别在于：卷积神经网络包含了一个由卷积层和子采样层（池化层）构成的特征抽取器。

在 CNN 的卷积层中，一个神经元只与部分邻层神经元连接。在 CNN 的一个卷积层中，通常包含若干个特征图（Feature Map），每个特征图都由一些矩形排列的神经元组成，同一特征图的神经元共享权值，这里共享的权值就是卷积核。卷积核一般以随机小数矩阵的形式初始化，在网络的训练过程中卷积核将学习得到合理的权值。共享权值（卷积核）带来的直接好处是减少网络各层之间的连接，同时又降低过拟合的风险。子采样也称池化（Pooling），通常有均值子采样（Mean Pooling）和最大值子采样（Max Pooling）两种形式。子采样可以看作一种特殊的卷积过程。卷积和子采样大大简化了模型的复杂度、减少了模型的参数。

2.6.2　多卷积核

在卷积层，对于普通神经网络来说，是把输入层和隐藏层进行"全连接"（Full Connected）的设计。从计算的角度来讲，相对较小的图像从整幅图像中计算特征是可行的。但是，如果是更大的图像（如 100 像素×100 像素），要通过这种全连接的网络方法来学习整幅图像上的特征，将变得非常耗时。设计 10^4 个输入单元，假设要学习 100 个特征，那么就有 10^6 个参数需要学习。与 28 像素×28 像素的小块图像相比，100 像素×100 像素的图像使用前向输送或者后向传导的计算方式，计算时间也会增加 100 倍。

卷积层解决这类问题的一种简单方法是对隐含单元和输入单元间的连接加以限制：每个隐含单元只能连接输入单元的一部分。例如，每个隐含单元仅仅连接输入图像的一小片相邻区域，如图 2.6.2 所示。每个隐含单元连接的输入区域大

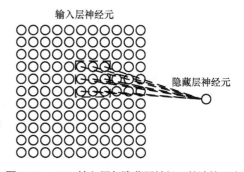

图 2.6.2　CNN 输入层与隐藏层神经元的连接示意

小叫神经元的感受野（Receptive Field）。

虽然每个输出单元只连接输入的一部分，但值的计算方法是没有变的，都是权重和输入的点积，然后加上偏置，这点与普通神经网络是一样的。在进行卷积操作前，我们先定义几个量。

（1）深度（Depth）。顾名思义，它控制输出单元的深度，也就是滤波器的个数，连接同一块区域的神经元个数。

（2）步幅（Stride）。它控制在同一深度的两个相邻隐含单元与它们相连接的输入区域的距离。如果步幅很小，则相邻隐含单元的输入区域的重叠部分会很多；如果步幅很大，则区域的重叠部分变少。这就相当于滤波器每次特征提取所移动的距离。

（3）补零（Zero-Padding）。我们可以通过在输入单元周围补零来改变输入单元整体大小，从而控制输出单元的空间大小。

此外，CNN 网络还具有参数共享（Parameter Sharing）的特点，应用参数共享可以大量减少参数数量。该特点基于一个假设：如果图像中的一点 (x_1, y_1) 包含的特征很重要，那么它应该和图像中的另一点 (x_2, y_2) 一样重要。换种说法，我们把同一深度的平面叫作深度切片（Depth Slice），那么同一个切片应该共享同一组权重和偏置。我们仍然可以使用梯度下降的方法来学习这些权值，只需对原始算法做一些小的改动，这里共享权值的梯度是所有共享参数的梯度的总和。

我们不禁会问：为什么要权重共享呢？一方面，重复单元能够对特征进行识别，而不考虑它在可视域中的位置。另一方面，权值共享使我们能更有效地进行特征抽取，因为它极大地减少了需要学习的自由变量的个数。通过控制模型的规模，卷积网络对视觉问题可以具有很好的泛化能力。

应用参数共享后，实际上每一层计算的操作就是输入层和权重的卷积，这也正是卷积神经网络名字的由来。具体操作如图 2.6.3 和图 2.6.4 所示。

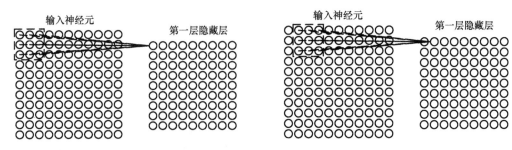

图 2.6.3　第一次卷积得到第一个神经元输出　　　　图 2.6.4　第二次卷积得到第二个神经元输出

依此类推，当卷积核（滤波器）卷积计算完整幅图像之后，我们得到了小一号的特征图，有几个卷积核就能对应卷积出几幅特征图。

2.6.3　池化

池化（Pooling）也称下采样（Down Samples），目的是减少特征图。池化操作对每个深度切片独立，规模一般为 2×2，相对于卷积层进行卷积运算，池化层进行的运算一般有以下几种。

（1）最大池化（Max Pooling）。取 4 个点的最大值。这是最常用的池化方法。

（2）均值池化（Mean Pooling）。取 4 个点的均值。

（3）高斯池化。借鉴高斯模糊的方法，不常用。

举个例子，我们的输入经过滤波器卷积后得到一个特征图，采用最大池化方法，不重叠的取 4(2×2) 个点的最大值按原来特征图的顺序重新构成一幅特征图。在这里，如果尺寸不能够被 2 整除，在池化层中是向上取整的，如图 2.6.5 所示。

如图 2.6.1 所示，数据经过池化层

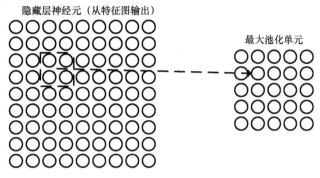

隐藏层神经元（从特征图输出）

最大池化单元

图 2.6.5　CNN 的池化过程

之后，在通过一个全连接层之后输出。全连接层的操作与传统的神经网络操作相同，不再赘述。

2.6.4　卷积神经网络的训练

卷积神经网络的训练过程分为两个阶段：一个阶段是数据由低层次向高层次传播的阶段，即前向传播阶段；另外一个阶段是当前向传播得出的结果与预期不相符时，将误差从高层次向低层次进行传播训练的阶段，即反向传播阶段。练过程为：

（1）网络进行权值的初始化。

（2）输入数据经过卷积层、下采样层、全连接层向前传播然后得到输出值。

（3）求出网络的输出值与目标值之间的误差。

（4）当误差大于我们的期望值时，将误差传回网络中，依次求得全连接层、下采样层、卷积层的误差。各层的误差可以理解为对于网络的总误差，网络应各承担多少；当误差小于或等于我们的期望值时，结束训练。

根据求得的误差进行权值更新。然后再进入第二步，循环直到误差最小或达到限定误差。

当卷积神经网络输出的结果与我们的期望值不相符时，则进行反向传播过程。求出结果与期望值的误差，再将误差一层一层地返回，计算出每一层的误差，然后进行权值更新。该过程的主要目的是通过训练样本和期望值来调整网络权值。误差的传递过程可以这样来理解，首先，数据从输入层到输出层，其间经过了卷积层、下采样层、全连接层，而数据在各层之间传递的过程中难免会造成损失，这也就导致了误差的产生。而每一层造成的误差值是不一样的，因此在我们求出网络的总误差后，需要将误差传入网络中，求得各层对于总误差应该承担多少比重。

反向传播的训练过程的第一步为计算出网络的总误差。求出网络的总误差之后，进行反向传播过程，将误差传入输出层的上一层——全连接层，求出在该层中产生了多少误差。而网络的误差又是由组成该网络的神经元所造成的，所以我们要求出每个神经元在网络中的误差。求上一层的误差，需要找出上一层中哪些节点与该输出层连接，然后用误差乘以节点的权值，求得每个节点的误差，在下采样层中，根据采用的池化方法，把误差传入上一层。

下采样层的更新过程如下。

如果池化层采用的是最大池化（Max-Pooling）的方法，则直接把误差传到上一层连接的节点中。如果采用的是均值池化（Mean Pooling）的方法，则误差均匀地分布到上一层的网络中。另外，在下采样层中是不需要进行权值更新的，只需正确地传递所有的误差到上一层。

卷积层的更新过程如下。

卷积层中采用的是局部连接的方式，与全连接层的误差传递方式不同，在卷积层中，误差的传递也是依靠卷积核进行传递的。在误差传递的过程中，我们需要通过卷积核找到卷积层和上一层的连接节点。求卷积层的上一层的误差的过程为：先对卷积层误差进行一层全零填充，然后将卷积层进行 180°旋转，再用旋转后的卷积核卷积填充过程的误差矩阵，并得到上一层的误差。

将误差矩阵当作卷积核，卷积输入的特征图，得到权值的偏差矩阵，然后与原先的卷积核的权值相加，得到更新后的卷积核。

全连接层中的权值更新过程如下。

（1）求出权值的偏导数值：学习速率乘以激励函数的倒数乘以输入值。

（2）原先的权值加上偏导值，得到新的权值矩阵。

2.7 应用实例

2.7.1 基于 RBF 神经网络的语音增强

2.7.1.1 RBF 网络训练

（1）前期准备。本实验中，纯净语音信号来自 863 项目中的语音库，分别取了两组消音室里录制的语音段，大概都为五分钟的长度。一组用来训练神经网络，另一组用来仿真网络。

就其中一组数据来说，对纯净语音信号经过预处理后，得到每帧帧长为 256 个采样点的数据向量，作为神经网络的期望输出；同样对加入各种类型噪声的语音信号进行预处理后，得到每帧帧长为 256 个采样点的数据向量，这些带有噪声成分的数据作为 RBF 神经网络的输入训练数据。

而另一组数据加入各种类型噪声，得到仿真信号，在训练以后进行仿真处理得出消噪信号。

（2）RBF 网络的设计。构建一个径向基函数网络，网络有两层，隐藏层为径向基神经元，输出层为线性神经元。

每一个隐藏层神经元的权值和阈值都与径向基函数的位置和宽度有关，输出层的线性神经元将这些径向基函数的权值相加。如果隐藏层神经元的数目足够多，每一层的权值和阈值正确，那么 RBF 网络就完全能够精确地逼近任意函数。

本节利用 newrb( )函数创建径向基网络，应用 newrb()函数可以快速构建一个径向基函数网络，并且网络自动根据输入向量和期望值进行调整，从而进行函数逼近。newrb()函数可以非常有效地进行网络设计。

newrb()函数可以自动增加网络的隐藏层神经元数目，直到满足精度或者神经元数目达到最大为止。调用的方式为

$$\text{net=newrb}(\textbf{\textit{P}},\textbf{\textit{T}}, \text{GOAL,SPREAD})$$

其中，$\textbf{\textit{P}}$ 为输入向量；$\textbf{\textit{T}}$ 为期望输出值；GOAL 为训练精度；SPREAD 为径向基层的散布常数，默认值为 1.0。散布常数是建立以及训练 RBF 网络最重要的参数，在很大程度上决

定着 RBF 网络的性能。

（3）训练 RBF 网络。训练神经网络的过程就是不断反复调整神经元的权值和阈值的过程，直到调整到满足网络输出值与期望值之间的最小均方误差或者达到最大神经元数目。图 2.7.1 就是训练神经网络的算法流程图。调整权值和阈值是通过网络的散布常数最小化均方预测误差来实现的。径向基函数的散布常数 SPREAD 可对网络的性能产生非常重要的影响：散布常数 SPREAD 的大小对网络的最终逼近精度有着很大的影响，因此，在网络设计中需要调整 SPREAD 值，这是一个反复尝试的过程，直到达到比较理想的精度。

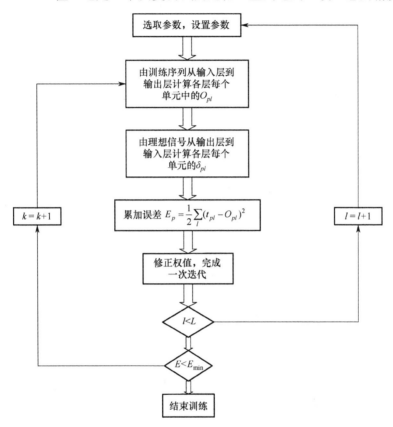

图 2.7.1　训练 RBF 网络的算法流程

经过对每一帧数据不断的反复试验，比较其 RBF 网络的性能，综合收敛速度和计算等方面的因素，可将散布常数 SPREAD 的最佳数值设置为 0.01。（当然，对于不同的试验数据，最佳的散布常数数值是不一样的。）

一旦神经网络训练好了，神经元的权值和阈值就固定了。我们就可以利用已经训练好的 RBF 网络逼近纯净语音信号，从而达到消除噪声成分的目的。

（4）网络测试与输出。将网络输出和期望值随输入向量的变化曲线绘制在一张图上，就可以看出网络设计是否能够做到函数逼近，对比图 2.7.2 中的纯净语音和增强语音的短时傅里叶的幅度值，发现两者之间的误差数量级为 10^{-5} 甚至达到 10^{-9}。这说明经过反复训练，该 RBF 网络的性能非常好。因此可以得出如下的结论：经过神经网络非线性滤波处理后，函数逼近的效果很好，较好地实现了非线性滤出噪声的功能。

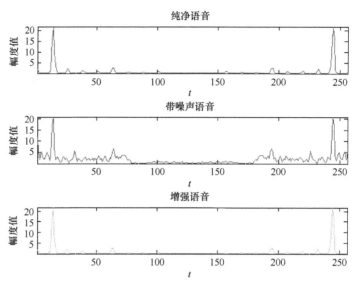

图 2.7.2　网络输出与期望值比较

2.7.1.2　重建语音

（1）从频域恢复时域信号。对包络图进行逆变换，叠加上语音信号的相位信息，恢复成增强处理后的语音信号。在这个处理过程中，快速离散傅里叶变换的逆过程（即 IDFT）需要借助相位谱来恢复增强后的语音时域信号。依据人耳对相位变化不敏感这一特点，这时可以用原来含有噪声的语音信号的相位谱来代替增强之后的语音信号的相位谱来恢复降噪后的语音时域信号，这些数据还要经过汉明窗函数，然后就得到每一帧含有 256 个数据点的向量矩阵。

（2）重叠相加。为了把这些语音数据的向量矩阵转化成为按时间排列的语音序列，需要把这些向量按照时间的先后顺序叠加成一个列向量。因为在增强处理前对语音信号分帧时每一帧的语音信号重复率为 50%，因此，需要对重叠部分进行重叠相加处理，即把前一帧的后 128 个数据和后一帧的前 128 个数据分别相应地相加求和取平均值；对于语音信号的最初的前 128 个数据只需取第一帧数据的前 128 个数据即可，同样，对于最后的 128 个数据只需取最后一帧数据的后 128 个数据就可以了。

（3）去加重和上采样。为了恢复语音信号，需要对做过预加重的信号进行去加重处理（de-emphasis），即加上 6dB/倍频的下降的频率特性来还原成原来的特性。

由于在前面是对数据降低采样频率 1 倍，所以这里需要对频率提升一倍。采用 MATLAB 语言中的 resample 指令来实现，即

enhanced-datas=resample(enhanced-data,2,1)

经过上述处理就完成了语音信号的重建过程。

2.7.1.3　实验及结果分析

图 2.7.3 给出了神经网络训练时间图，而图 2.7.4 和图 2.7.5 分别给出了纯净语音、带噪语音以及增强语音时域波形和语谱对比实验结果。实验中的噪声是混合噪声，加入的信噪比为 3.7698dB，取得纯净语音数据量较大，这样有利于更好地训练神经网络。

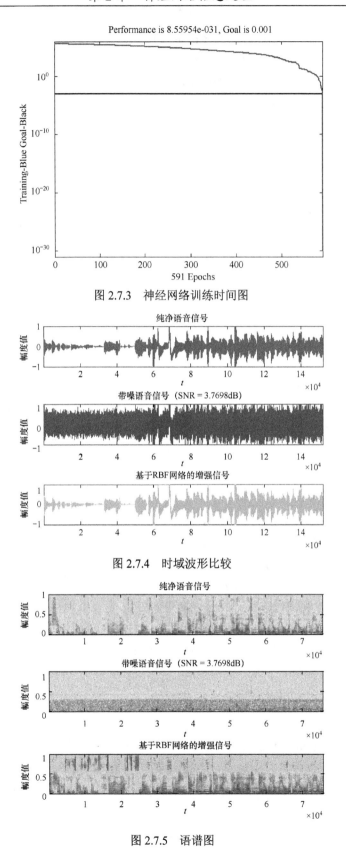

图 2.7.3　神经网络训练时间图

图 2.7.4　时域波形比较

图 2.7.5　语谱图

实验结果表明：基于 RBF 神经网络的语音增强信号非常逼近纯净语音信号，时域波形图拟合得好，说明基于 RBF 神经网络的语音增强方法有很好的去噪能力。这是由于神经网络有很强的自学习能力、高度鲁棒性和容错能力，因此该方法有很好的智能性，尤其对大数据量的语音信号去噪效果较好。

2.7.2　基于卷积神经网络的情绪识别

2.7.2.1　卷积网络训练

（1）数据集介绍。在实验中，我们选择了广泛应用于语音情感识别的交互式情绪二进运动捕获 IEMOCAP 数据集。IEMOCAP 数据集包含了 10 个演员在 5 次会议上的录音。每次会议包括男女之间的对话。不同会话之间没有说话人重叠，因此我们使用此设置运行 5 次交叉验证。在每个折叠中，来自 4 个会话的数据用于训练模型，而来自剩余会话的数据被分成两部分：一部分用于验证，一部分用于测试。

我们使用了两个常见的评估标准：加权精度（WA）和未加权精度（UA）。

加权精度（WA）：数据集中的每个句子权重相同。

未加权精度（UA）：先计算每个情绪的精度，再取平均值。

（2）卷积网络的设计。如图 2.7.6 所示，采用了 CNN+LSTM 网络的形式，输入的数据经过了三层卷积神经网络，一个 LSTM 网络层和两个全连接层，最后通过一个 Softmax 层进行分类。

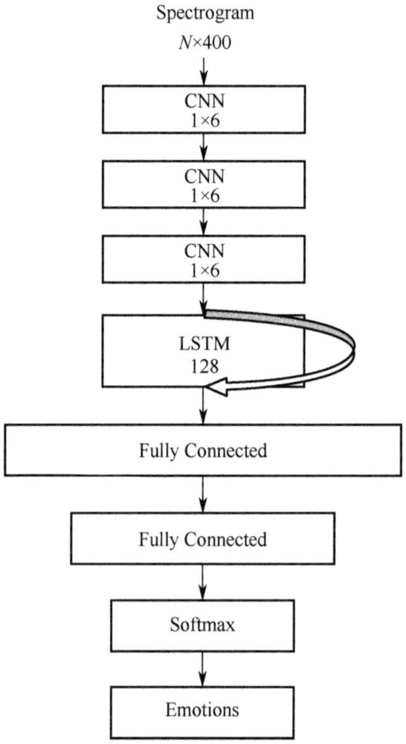

（3）数据准备。利用帧长为 40ms、帧步距为 10ms 的 Hamming 窗口，将原始语音分成 N 个部分，其中 N 个部分根据句子长度的不同而变化。然后为每个段计算长度为 1600 的离散傅里叶变换（10Hz 的网格分辨率）。在对短时谱进行聚合后，得到一个 $N \times M$ 的矩阵，其中 $M = 400$ 为所选的频率网格分辨率。然后将 DFT 数据转换为对数功率谱。

图 2.7.6　网络结构

2.7.2.2　实验及结果分析

图 2.7.7 中，对角线为预测正确的概率，即预测成功率，其他元素是将结果预测成其他情绪的误判概率。可以看出，Neutral、Angry、Sad 三种情绪的预测成功率都较为理想，唯独 Happy 这种情绪预测成功率不高，后续还有许多前沿文章提出了改进的方法，有兴趣的读者可以去查找相关论文。

图 2.7.8 所示的是 WA 与 UA 的预测准确率。

Class Labels	Prediction			
	Neutral	Angry	Happy	Sad
Neutral	65.31%	8.16%	24.49%	2.04%
Angry	0%	76.92%	23.08%	0%
Happy	24.24%	33.34%	39.39%	3.03%
Sad	13.43%	0%	0%	86.57%

图 2.7.7 混淆矩阵

Baseline	68.72%	67.04%

图 2.7.8 WA 和 UA 的预测准确率

思 考 题

1. 请介绍人工神经网络的特征与功能。
2. 请简要介绍常见的四种神经网络激活函数。
3. BP 神经网络有哪些优点和不足？试各列出三条。
4. Hopfield 神经网络与 BP 神经网络相比，在学习方式和工作原理上有何不同？
5. 介绍径向基函数 RBF 神经网络的基本构造及工作原理。
6. 卷积神经网络的优点有哪些？

参 考 文 献

[1] MCCLLOCH W S, PITTS W. A Logical Calculus of the Ideas Immanent in Nervous Activity. Bulletin of Mathematical Biophysics, 1943, 10(5):115-133.

[2] NILSSON N J. Learning Machines: Foundations of Trainable Pattern Classifying Systems. New York: McGraw-hill, 1965.

[3] 胡守仁. 神经网络导论[M]. 长沙：国防科技大学出版社，1993.

[4] HOPFIELD J. Computing with neural circuits: A Model. Science, 1986, 233:625-633.

[5] HINTON G E, SEJUOWSHI T J, ACKLEY D H. Boltzmann Machines: Cotraint Satisfaction Networks that Learn. Carnegiemellon University, Tech, Report CMU-CS-84-119,1984.

[6] MILLER W T. Real-time Application of Neural Networks for Sensor—based Control of Robbts, With Vision. IEEE, Transactions on Man, System and Cybernitics, 1989, 27(19):825-831.

[7] HOPFIELD J.J. Neural networks and physical systems with emergent collective computational properties. Proceedings of the National Academy of Sciences, 1982, 79(8):2554-2558.

[8] HOPFIELD J.J. Neurons with graded response have collective computational properties like those of two-state neurons, Proceedings of the National Academy of Sciences, 1984, 81(11):3088-3092.

[9] HOPFIELD J.J. Tank D.W.. Neural computation of decisions in optimization problems. Biological Cybernetics, 1985,52(3):141-154.

[10] BROOMHEAD D.S, LOWE D. Multivariable functional interpolation and adaptive networks. Complex Systems, 1988, 2(2):321-355.

[11] ZHU DAQI, YU SHENGLIN, SHI YU. The Studies of Analog Circuit Fault Diagnosis Based Multi-Sensors Neural Network Data Fusion Technology, DCDIS Proceedings 1(2003)73-77, Intelligent and Complex Systems, Watam Press.

[12] SIMON H. 神经网络原理[M]. 叶世伟，史忠植，译. 北京：机械工业出版社，2004.

[13] 张立明. 人工神经网络的模型及其应用[M]. 上海：复旦大学出版社, 1993.

[14] 吴微. 神经网络计算[M]. 北京：高等教育出版社，2003.

[15] 郑宝玉，赵生妹. 量子神经网络及其应用[J]. 电子与信息学报, 2004, 26(8):1332-1339.

第3章　遗传算法

遗传算法（Genetic Algorithm，GA）起源于对生物系统进行的计算机模拟研究。它是模仿自然界生物进化机制发展起来的随机全局搜索和优化方法，借鉴了达尔文的进化论和孟德尔的遗传学说。它的本质是一种高效、并行、全局搜索的方法，能在搜索过程中自动获取和积累有关搜索空间的知识，并自适应地控制搜索过程以求得最佳解。

3.1　遗传算法基础

3.1.1　进化计算

进化计算是模拟生物进化与遗传原理的一类随机搜索的优化算法（适者生存，优胜劣汰），整个群体的进化过程可以看作一个优化过程，但单个个体的进化轨迹未必是一个优化过程。考虑如下最优化问题

$$\min_{x \in R^n} f(x) \tag{3.1.1}$$

传统的求解方法有牛顿法、最速下降法、拟牛顿法、共轭梯度法等。由于传统优化方法通常要用相关系数的导数信息，而这些导数信息是由极限确定的，只能反映相关函数的局部特征，不能反映距离当前解较远处函数的特征，因此其往往只能求局部最优点。进化计算就是用来解决全局最优化问题的一种新型算法。它采用迭代的方法，从选定的初始解出发，通过不断迭代逐步改进当前解，直至最后搜索到最合适的解。在进化计算中，用迭代计算来模拟生物体的进化机制，从一组解（群体）出发，采用类似于自然选择和有性繁殖的方式，在继承原有优良基因的基础上，生成具有更好性能指标的下一代解的群体。进化计算的主要分支有遗传算法 GA、遗传编程 GP、进化策略 ES、进化编程 EP。进化计算有着极为广泛的应用，在模式识别、图像处理、人工智能、经济管理、机械工程、电气工程、通信、生物学等众多领域都获得了较为成功的应用，如利用进化算法研究小生境理论和生物物种的形成、通信网络的优化设计、超大规模集成电路的布线、飞机外形的设计、人类行为规范进化过程的模拟。

3.1.2　生物遗传概念与遗传算法

一个种群由经过基因（Gene）编码的一定数目的个体（Individual）组成。每个个体实际上是染色体（Chromosome）带有特征的实体。染色体作为遗传物质的主要载体，即多个基因的集合，其内部表现（基因型）是某种基因组合，它决定了个体形状的外部表现。遗传作为一种指令遗传码封装在每个细胞中，并以基因的形式包含在染色体中，每一基因有特殊的位置并控制某个特殊的性质，达尔文的生物进化论认为，自然选择是生物进化的动力，生物"为生存而斗争"，在同一种群中的个体存在变异，那些具有能适应环境的有利变异的个体将存活下来，即"适者生存，优胜劣汰"。遗传算法（Genetic Algorithm，GA）就是模拟达尔文生物进化论的自然选择和遗传学机制的生物进化过程的计算模型，是一种通

过模拟自然进化过程搜索最优解的方法。遗传算法采用比较简单的编码来仿照基因编码，如二进制编码，初代种群产生之后，按照"适者生存，优胜劣汰"的原理，逐代（Generation）演化产生越来越好的近似解，在每一代，根据问题域中个体的适应度（Fitness）大小选择（Selection）个体，并借助自然遗传学的遗传算子（Genetic Operators）进行组合交叉（Crossover）和变异（Mutation），产生代表新的解集的种群。这个过程将导致种群像自然进化一样的后生代种群比前代更加适应于环境，末代种群中的最优个体经过解码（Decoding），可以作为问题近似最优解。自然界中生物的生存进化都充分揭示了它们对周围环境良好的适应能力。按照这种启示，开始钻研生物各种生存特点的机制并对其行为进行模拟，为遗传算法的发展开拓出一条光明的道路。

3.1.3 遗传算法发展概况

进入 20 世纪 90 年代，遗传算法迎来了兴盛发展时期，无论是理论研究还是应用研究都成为十分热门的课题。遗传算法的应用研究显得尤其活跃，不但应用领域扩大，而且利用遗传算法进行优化和规则学习的能力也显著提高，同时产业应用方面的研究也在摸索之中。此外一些新的理论和方法在应用研究中亦得到了迅速的发展，这些无疑均给遗传算法增添了新的活力。遗传算法的应用研究已从初期的组合优化求解扩展到了许多更新、更工程化的应用方面。

随着应用领域的扩展，遗传算法的研究出现了几个引人注目的新动向：一是基于遗传算法的机器学习，这一新的研究课题把遗传算法从历来离散的搜索空间的优化搜索算法扩展到具有独特的规则生成功能的崭新的机器学习算法。这一新的学习机制为解决人工智能中知识获取和知识优化精练的瓶颈难题带来了希望；二是遗传算法正日益和神经网络、模糊推理以及混沌理论等其他智能计算方法相互渗透和结合，这对开拓 21 世纪中新的智能计算技术将具有重要的意义；三是并行处理的遗传算法的研究十分活跃，这不仅对遗传算法本身的发展，而且对于新一代智能计算机体系结构的研究都是十分重要的；四是遗传算法和另一个称为人工生命的崭新研究领域正不断渗透。所谓人工生命，即用计算机模拟自然界丰富多彩的生命现象，其中生物的自适应、进化和免疫等现象是人工生命的重要研究对象，而遗传算法在这方面将会发挥一定的作用。

3.2 遗传算法的基本原理

3.2.1 遗传算法结构和主要参数

遗传算法是一种基于自然选择和群体遗传机制的搜索算法，它模拟了自然选择和自然遗传过程中的繁殖、杂交和突变现象。在利用遗传算法求解问题时，问题的每一个可能解都被编码成一个"染色体"，即个体，若干个个体构成了群体（所有可能解）。在遗传算法开始时，总是随机地产生一些个体（初始解），根据预定的目标函数对每一个个体进行评估，给出一个适应度值，基于此适应度值，选择一些个体用来产生下一代，选择操作体现了"适者生存"的原理，"好"的个体被用来产生下一代，"坏"的个体则被淘汰，然后选择出来的个体经过交叉和变异算子进行再组合生成新的一代，这一代的个体由于继承了上一代的一些优良性状，因此在性能上要优于上一代，这样逐步朝着最优解的方向进化。遗传算法可以看成一个由可行解组成的群体初步进化的过程。在科学和生产实践中表现为在所有可能的解决方法中找出最符合该问题所要求的条件的解决方法，即找出一个最优解。遗传算法的基本运行过程如下。

（1）种群初始化。对控制变量进行编码，随机生成 M 个个体组成初始群体，每个个体代表一个候选解。

（2）构造适应函数。GA 以个体适应度的大小评价个体的好坏程度，从而确定其是不是被选择遗传下来，适应度值大的个体被选择遗传下来的概率也较大。适应度函数构造方法是根据特定问题制定的，在函数优化问题时，利用目标函数作为适应度函数。

（3）选择运算。选择运算按照个体适应度函数值大小，选取适应度值高的个体按照某种规则被复制遗传到下一代，适应度值低的个体被淘汰。

（4）交叉运算。在 GA 中，交叉运算的结果是形成新个体，换句话说，就是指某两个个体中的部分染色体以某种概率彼此交换，交叉运算完成了 GA 搜索空间的全局搜索。经过交叉运算后得到的新个体的适应度比原来两个个体的适应度都要高，所以优良的个体基因被继承了下来，最终能够得到问题的最优解。

（5）变异运算。变异运算是指按某种很小概率对某个或者某些基因值进行改变。虽然它不是新个体产生的主要因素，但是在遗传操作当中却很重要，它实现了对搜索空间的局部搜索。在 GA 中使用变异算子的目的主要是保持群体种类繁多，防止不成熟现象，提高搜索空间的局部搜索能力。

（6）终止条件。遗传算法的结构流程如图 3.2.1 所示。

遗传算法中主要的参数包括群体规模、收敛判据、杂交概率和变异概率等，具体参数设计见 3.2.3 节。

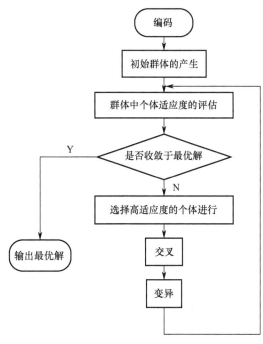

图 3.2.1 遗传算法的结构流程

3.2.2 常见编码方法和基本遗传操作

如何将问题的解编码成为染色体是遗传算法使用中的关键问题。在遗传算法执行过程中，对不同的具体问题进行编码，编码的好坏直接影响选择、交叉和变异等遗传算法基本操作。在遗传算法中，描述问题的可行解，即把一个问题的可行解从其解空间转换到遗传算法所能处理的搜索空间，这种转换方法就称为编码。而由遗传算法可行解空间向问题可行解空间的转换称为解码（或称译码，Decoding）。遗传算法的编码方法有很多，常见的有二进制编码、格雷码编码、浮点数编码和符号编码等方法。

1．二进制编码方法

二进制编码是由二进制符号 0 和 1 所组成的二值符号集，具有以下一些优点。

（1）编码、解码操作简单易行。

（2）交叉、变异等遗传操作便于实现。

（3）符合最小字符集编码原则。

（4）利用模式定理对算法进行理论分析。

二进制编码的缺点是：对于一些连续函数的优化问题，由于其随机性使其局部搜索能力较差，如对于一些高精度的问题，当解迫近于最优解后，由于其变异后表现型变化很大、不连续，因此会远离最优解，达不到稳定。而格雷码能有效地防止这类现象。

2．格雷码编码方法

格雷码的特点是连续两个整数所对应的编码值之间只有一个码位是不同的。具体编码规则见表 3.2.1。

表 3.2.1　格雷码编码规则

十进制	二进制	格雷码	十进制	二进制	格雷码
0	0000	0000	8	1000	1100
1	0001	0001	9	1001	1101
2	0010	0011	10	1010	1111
3	0011	0010	11	1011	1110
4	0100	0110	12	1100	1010
5	0101	0111	13	1101	1011
6	0110	0101	14	1110	1001
7	0111	0100	15	1111	1000

假设有一个二进制编码 $B=b_m b_{m-1} \cdots b_2 b_1$，其对应的格雷码为 $G=g_m g_{m-1} \cdots g_2 g_1$，由二进制编码转格雷码的转换公式为：$g_m = b_m, g_i = b_{i+1} \oplus b_i, i=m-1, m-2, \cdots, 2, 1$，由格雷码转二进制编码的转换公式为：$b_m = g_m, b_i = b_{i+1} \oplus g_i, i=m-1, m-2, \cdots, 2, 1$，格雷码编码的主要优点如下。

（1）便于提高遗传算法的局部搜索能力。

（2）交叉、变异等遗传操作便于实现。

（3）符合最小字符集编码原则。

（4）便于利用模式定理对算法进行理论分析。

3．浮点数编码方法

对于一些多维、高精度要求的连续函数优化问题，使用二进制编码来表示个体时将会有一些不利之处。二进制编码存在连续函数离散化时的映射误差。个体长度较短时，可能达不到精度要求；而个体编码长度较长时，虽然能提高精度，但却使遗传算法的搜索空间急剧扩大。所谓浮点数编码，是指个体的每个基因值用某一范围内的一个浮点数来表示。在浮点数编码方法中，必须保证基因值在给定的区间限制范围内，遗传算法中所使用的交叉、变异等遗传算子也必须保证其运算结果所产生的新个体的基因值在这个区间限制范围内。

浮点数编码方法有下面几个优点。

（1）适用于在遗传算法中表示范围较大的数。

（2）适用于精度要求较高的遗传算法。

（3）便于较大空间的遗传搜索。

（4）改善了遗传算法的计算复杂性，提高了运算效率。

（5）便于遗传算法与经典优化方法的混合使用。

（6）便于设计针对问题的专门知识的知识型遗传算子。

（7）便于处理复杂的决策变量约束条件。

4. 符号编码方法

符号编码方法是指个体染色体编码串中的基因值取自一个无数值含义而只有代码含义的符号集，如｛A,B,C,…｝。

符号编码的主要优点如下。

（1）符合有意义积术块编码原则。

（2）便于在遗传算法中利用所求解问题的专门知识。

（3）便于遗传算法与相关近似算法之间的混合使用。

但对于使用符号编码方法的遗传算法，一般需要认真设计交叉、变异等遗传运算的操作方法，以满足问题的各种约束要求，这样才能提高算法的搜索性能。

遗传算法的基本操作分为选择、交叉和变异。

（1）选择。选择操作通过适应度选择优质个体而抛弃劣质个体，体现了"适者生存"的原理。Potts 等概括了 23 种选择方法。常见的选择操作主要有以下几种。

① 轮盘选择。选择某假设的概率是通过这个假设的适应度与当前群体中其他成员的适应度的比值而得到的。此方法是基于概率选择的，存在统计误差，因此可以结合最优保存策略以保证当前适应度最优的个体能够进化到下一代而不被遗传操作的随机性破坏，保证算法的收敛性。

② 排序选择。对个体适应度值取正值或负值以及个体适应度之间的数值差异程度无特殊要求，对群体中的所有个体按其适应度大小进行排序，根据排序来分配各个体被选中的概率。

③ 最优个体保存。父代群体中的最优个体直接进入子代群体中。该方法可保证在遗传过程中所得到的个体不会被交叉和变异操作所破坏，它是遗传算法收敛性的一个重要保证条件；它也容易使得局部最优个体不易被淘汰，从而使算法的全局搜索能力变强。

④ 随机联赛选择。每次选取 N 个个体中适应度最高的个体遗传到下一代群体中。具体操作如下：从群体中随机选取 N 个个体进行适应度大小比较，将其中适应度最高的个体遗传到下一代群体中；将上述过程重复执行 M（为群体大小）次，则可得到下一代群体。

（2）交叉。交叉是指对两个相互交叉的染色体按某种方式相互交换其部分基因，从而形成两个新的个体。它是产生新个体的主要方法，决定了遗传算法的全局搜索能力，在遗传算法中起关键作用。Potts 等概括了 17 种交叉方法。几种常用的适用于二进制编码或实数编码方式的交叉算子如下。

① 单点交叉。在个体编码串中随机设置一个交叉点后在该点相互交换两个配对个体的部分基因。

② 两点交叉。在相互配对的两个个体编码串中随机设置两个交叉点，并交换两个交叉点之间的部分基因。

③ 均匀交叉。两个相互配对个体的每一位基因都以相同的概率进行交换，从而形成两个新个体。

④ 算术交叉。由两个个体的线性组合而产生出新的个体。

（3）变异。变异是指将个体染色体编码串中的某些基因座上的基因值用该基因座的其他等位基因来替换，从而形成一个新的个体。它是产生新个体的辅助方法，决定了遗传算法的局部搜索能力。变异算子与交叉算子相互配合，可以共同完成对搜索空间的全局搜索和局部搜索，从而使遗传算法以良好的搜索性能完成最优化问题的寻优过程。在遗传算法中使用变异算子主要有改善遗传算法的局部搜索能力和维持群体的多样性，防止出现早熟现象的两个目的。下面是几种常用的变异操作：

① 基本位变异。对个体编码串以变异概率 P_m 随机指定某一位或某几位基因进行变异操作。

② 均匀变异（一致变异）。分别用符合某一范围内均匀分布的随机数以某一较小的概率来替换个体编码串中各个基因座上的原有基因值。均匀变异操作特别适用于遗传算法的初期运行阶段，它使搜索点可以在整个搜索空间内自由地移动，从而可以增加群体的多样性，使算法能够应用于更多的模式。

③ 二元变异。需要两条染色体参与，通过二元变异操作后生成两条新个体中的各个基因分别取原染色体对应基因值的同或、异或。它改变了传统的变异方式，有效地克服了早熟收敛，提高了遗传算法的优化速度。

④ 高斯变异。在进行变异时用一个均值为 μ、方差为 σ^2 的正态分布的随机数来替换原有基因值。其操作过程与均匀变异类似。

3.2.3　遗传算法参数选择及其对算法收敛性的影响

遗传算法的参数选择一般包括群体规模、收敛判据、杂交概率和变异概率等。参数选择关系到遗传算法的精度、可靠性和计算时间等诸多因素，并且影响到结果的质量和系统性能。因此，在遗传算法中参数选择的研究非常重要。在标准的遗传算法中经常采用经验对参数进行估计，这将带来很大的盲目性，从而影响算法的全局最优性和收敛性，人们意识到这些参数应该随着遗传进化而自适应变化。基于这一观点，Davis 提出自适应算子概率方法，即用自适应机制把算子概率与算子产生的个体表示适应性相结合，高适应性值被分配高算子概率。Whitley 等提出了自适应突变策略与一对父串间的 Hamming 距离成反比的观点，结果显示能有效地保持基因的多样性。张良杰等通过引入 i 位改进子空间概念，采用模糊推理技术确定选取突变概率的一般性原则。用模糊规则对选择概率和变异概率进行控制，在线改变其值。相应的算例表明，这种方法有较好的性能。

算法参数的设计一般遵循 5 个原则。

1．种群初始化

初始的种群生成是随机的。在初始种群的赋值之前，尽量进行一个大概率的区间估计，以免初始种群分布在远离全局最优解的编码空间，导致遗传算法的搜索范围受到限制，同时也为算法减轻负担。虽然初始种群中的个体可以随机产生，但最好采用如下策略设定。

（1）根据问题固有知识，设法把握最优解所占空间在整个问题空间中的分布范围，然后，在此分布范围内设定初始种群。

（2）先随机产生一定数目的个体，然后从中挑选最好的个体加入初始群体中。这种过程不断迭代，直到初始群体中个体数目达到预先确定的规模。

2．种群的规模

种群规模太小，很明显会出现近亲交配，产生病态基因，而且会造成有效等位基因先天缺失，即使采用较大概率的变异算子，生成具有竞争力高阶模式的可能性也很小，况且大概率变异算子对已有模式的破坏作用极大。同时，遗传算子存在随机误差（模式采样误差），妨碍小种群中有效模式的正确传播，使种群进化不能按照模式定理产生所预期的期望数量。种群规模太大，结果难以收敛且浪费资源，稳健性下降。一般情况下，种群的大小取值为 20～100。

3．变异概率

变异概率太小，种群的多样性下降太快，容易导致有效基因的迅速丢失且不容易修补；变异概率太大，尽管种群的多样性可以得到保证，但是高阶模式被破坏的概率也随之增大。一般情况下，变异概率取值为 0.0001～0.1。

4．交叉概率

与变异概率类似，交叉概率太大，容易破坏已有的有利模式，随机性增大，容易错失最优个体；交叉概率太小，不能有效更新种群。一般情况下，交叉概率取值为 0.4～0.99。

5．进化代数

进化代数太小，算法不容易收敛，种群还没有成熟；进化代数太大，算法已经熟练或者种群过于早熟不可能再收敛，继续进化没有意义，只会增加时间开支和资源浪费。取值范围为 100～500。

3.2.4　遗传算法的特点

遗传算法是解决搜索问题的一种通用算法，各种通用问题都可以使用。搜索算法的共同特征为：

（1）首先组成一组候选解。

（2）依据某些适应性条件测算这些候选解的适应度。

（3）根据适应度保留某些候选解，放弃其他候选解。

（4）对保留的候选解进行某些操作，生成新的候选解。

在遗传算法中，上述几个特征以一种特殊的方式组合在一起：基于染色体群的并行搜索，带有猜测性质的选择操作、交换操作和突变操作。这种特殊的组合方式将遗传算法与其他搜索算法区别开来。

除此之外，遗传算法还具有以下几方面的特点。

（1）遗传算法从问题解的串集开始搜索，而不是从单个解开始。这是遗传算法与传统优化算法的极大区别。传统优化算法是从单个初始值迭代求最优解的，容易误入局部最优解。遗传算法从串集开始搜索，覆盖面大，利于全局择优。

（2）遗传算法同时处理群体中的多个个体，即对搜索空间中的多个解进行评估，减少了陷入局部最优解的风险，同时算法本身易于实现并行化。

（3）遗传算法基本上不用搜索空间的知识或其他辅助信息，而仅用适应度函数值来评估个体，在此基础上进行遗传操作。适应度函数不仅不受连续可微的约束，而且其定义域可以任意设定。这一特点使遗传算法的应用范围大大扩展。

（4）遗传算法不是采用确定性规则，而是采用概率的变迁规则来指导它的搜索方向。

（5）具有自组织、自适应和自学习性。遗传算法利用进化过程获得的信息自行组织搜索时，适应度大的个体具有较高的生存概率，并获得更适应环境的基因结构。

此外，算法本身也可以采用动态自适应技术，在进化过程中自动调整算法控制参数和编码精度，如使用模糊自适应法。

遗传算法的主要特点是直接对结构对象进行操作，不存在求导和函数连续性的限定；具有隐含并行性和更好的全局寻优能力；采用概率化的寻优方法，能自动获取和指导优化的搜索空间，自适应地调整搜索方向，不需要确定的规则。遗传算法的这些性质，已被人们广泛地应用于组合优化、机器学习、信号处理、自适应控制和人工生命等领域。与此同时，GA 也存在一些缺陷，该算法容易出现"早熟现象"，局部搜索能力差，运行效率低，维持物种的多样性和快速收敛不能并行。

3.3 协同进化遗传算法

3.3.1 协同进化算法

GA 建立在进化论基础之上，这种理论强调的是自然选择、优胜劣汰，其核心是种群间的生存斗争，适者生存，弱者淘汰。它仅仅针对种群内个体之间的竞争，疏忽了生物之间的各种干系，因此这种理论不具有全面性。近几十年，逐渐兴起协同进化论和生物多样性理论，生物多样性理论是生态学的最基本的理论。协同进化论不同于达尔文的进化论，它认为物种之间的进化彼此受益、彼此关联，也就是说，不同种群之间既彼此受益又彼此制约。协同进化一词最早由 Ehrlich 和 Raven 提出，当时并没有给出协同进化的定义。Jazen 给出了协同进化的严格定义，该定义要求协同进化必须满足两个条件，即特定性（某一性状的进化源于另一性状）和相互性（两个性状都需要进化）。从生物学上讲，协同进化是指物种在演化过程当中生物之间以及生物与环境之间的生存关系。在自然界中，物种间的协同进化现象是常见的，Dason 借鉴这种协同关系提出协同进化计算机制，包括竞争型协同进化、捕食者型协同进化、寄生型协同进化。协同进化算法是有效求解大规模全局优化问题的方法之一，基于一种"分而治之"的思想，旨在将决策变量分解，以达到将搜索空间分解的目的，原始的大规模问题将被分解成一系列规模小且简单的子问题，通过分组将搜索空间分割以达到降低问题难度的目的，此时求解问题变得简单。协同进化遗传算法（Co-evolutionary Genetic Algorithm，CGA）恰是借鉴这种协同进化的思想而发展起来的一种新算法。CGA 是基于一个或多个种群同时进化的遗传算法，专门用于解决复杂的组合优化问题，许多应用研究表明此算法具有优越的性能。与传统的遗传算法相比，CGA 具有能够避免"早熟现象"、加强局部搜索能力、提高运行效率等显著优点。

3.3.2 协同进化遗传算法流程

CGA 运算流程与传统 GA 一样，也要进行编码、计算适应度、遗传算子等操作。CGA 首先将待优化问题的控制变量进行分组，这样就可以将一个复杂的变量问题转化为简单变量的优化问题。然后对变量进行编码，生成若干子种群，各子种群分别执行 GA 操作。因为每个子种群中包含的个体仅仅表示优化问题的一部分，所以个体在进化过程中进行评价时往往需用到其他子种群个体的信息，即代表个体。总而言之，需优化问题的完整解由全部子种群中的代表个体构成，所有子种群通过相互作用共同进化实现优化使命。CGA 结构如图 3.3.1 所示。

图 3.3.1 说明了三个物种的 CGA，每个物种都通过 GA 进行各自的进化，它们之间通过选取个体代表构成优化模型。种群 1 进行个体评估时，应该考虑种群 1 对全部优化问题的作用，所以应该从种群 2 和种群 3 分别选取个体代表，然后与种群 1 一起构成评价团体，进行个体评价。

CGA 的基本步骤如下。

（1）种群分割。

（2）初始化所有的子种群。

（3）为每一个需评价子种群的个体选取代表个体，形成完整解，计算适应度，进行评价。

（4）各子种群分别进行遗传操作，生成下一代子种群。

（5）判断终止条件。若满足，进化停止，输出结果；否则，转（3）继续迭代。

CGA 算法步骤流程如图 3.3.2 所示。

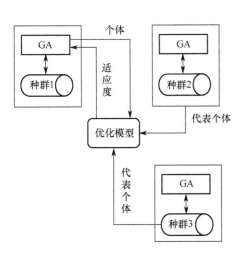

图 3.3.1　CGA 结构

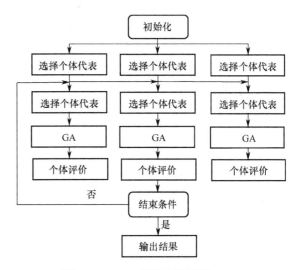

图 3.3.2　CGA 算法步骤流程

3.3.3　协同进化遗传算法的设计

CGA 有两种类型，一种是竞争型，另一种是合作型。

1．竞争型协同进化（Competitive Coevolution）

刚开始研究时，竞争型协同进化被描述为某个物种中任一个体的进化都与另一物种中某些个体的竞争有关，实现这种模型的方法非常困难，因为它并没有一个通用的模型。基于 Logistic 方程，可以建立 CGA 模型。这类算法的基础是按照 Logistic 方程成立的 Lotka - Voterra 竞争方程，根据 Lotka - Voterra 竞争方程来建立基于种群密度的 CGA 的模型。某个种群基于竞争方程的 CGA 充分考虑种群间的各种关系，理论上能使染色体的多样性得到很大的提高，也有利于改善算法的局部收敛性。

典型的竞争型 CGA 步骤如下（见图 3.3.3）。

（1）将种群分割成 Pop1 和 Pop2。

（2）Pop1 中的所有个体分别与来自 Pop2 的个体竞争，计算适应度。

（3）利用（2）计算的适应度对 Pop1 做 GA 运算，终止条件为 Pop1 战胜 Pop2。

（4）Pop2 战胜 Pop1 的过程与（2）相同。

（5）终止条件判断。

这种算法考虑了多物种之间的相互作用，应用研究表明，考虑相互作用的 CGA 比传统的 GA 能更好地维持物种进化的多样性，使进化达到最优。但是该算法子种群的确定需要人的参与，对优化问题进行分解，其应用领域比较窄。

2. 合作型协同进化（Cooperative Coevolution）

物种之间的生存关系包括竞争和合作，合作型协同进化遗传算法（Cooperative Co-evolutionary Genetic Algorithm，CCGA）是 CGA 的主流。CCGA 首先将优化问题的决策变量进行空间分割，被分割的每一个子空间编码后就构成了一个子种群，这样就简化了原优化问题，然后各子种群独立进化。在进行个体评价时，待评价个体与其他种群中选择的代表个体结合，构成了一个完备解，然后计算它的目标函数值，得到个体适应度值大小。在算法执行过程中，某个体的评价是按它与其他种群的当前最优个体的结合来进行的，成为最优个体配合机制。在 CCGA 中，各种群之间彼此受益、彼此制约、彼此协调。CCGA 与竞争型 CGA 的区别在于种群中的任一个体都不能表示一个完备解，它只能由不同种群中的个体共同构成一个完备解。

1991 年，Husband 提出了多种群 CCGA 模型，并应用到车间调度问题中。1995 年，Paredis 提出了基于两物种的 CCGA 并用于解决 Goldberg 给出的欺骗问题。此算法在解决分类、程控、约束满足等问题上得到广泛应用。这两类算法也需要进行人工分割，构造不同的子种群。1997 年，Potter 在其博士论文中对 CCGA 模型（如图 3.3.4 所示）进行了更深层的研究，针对已有算法的缺陷给出了新的 CCGA 算法结构，避免了人工参与，并针对该模型进行了分析和验证。Potter 的研究成果为 CCGA 的进一步发展奠定了坚实的基础。由于 CCGA 进化速度快、计算量小，因此近年来国内外许多学者都在注重这方面的研究。2000 年，遗传与进化计算国际会议召开后关于该算法的论文就逐渐增多。目前，CCGA 主要应用于多目标函数优化、多变量复杂数值函数优化、神经网络拓扑结构和权值优化、移动机器人路径规划等领域。

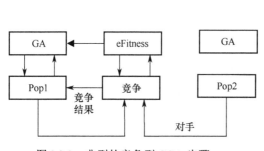

图 3.3.3　典型的竞争型 CGA 步骤

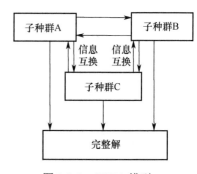

图 3.3.4　CCGA 模型

3.4　应用实例

3.4.1　TSP 问题的遗传算法解

旅行商问题，又叫旅行推销员问题、货郎担问题，简称 TSP 问题，是一类典型的组合优化问题，也是运筹学、图论中典型的 NP 难解问题。TSP 问题是最基本的路线问题：一个推销员从某个城市出发，想要到若干城市推销物品，遍历其余所有城市一次且仅一次，最后回到出发城市，求该推销员所走的最短路程。遗传算法是求得 TSP 问题近似解的常用仿生群智能算法。TSP 问题中的个体适应度即所选路径的路程代价，路程越短代价越小适应度越高。问题描述：从香港出发，去上海、南京等 12 个城市最终回到香港寻找最优路径，将连同香港在内的 13 个城市按 1,2,3,…,13 进行整数编码。

遗传算法设计的基本步骤如下。

（1）初始化参数。

（2）随机产生一组初始个体构成的初始种群，并评价每一个个体的适应度（路径长度决定）。

（3）判断算法的收敛准则是否满足（此处为迭代次数）。若满足输出搜索结果，否则执行步骤（4）～（8）。

（4）执行选择操作（随机选择两个种群个体），使用轮盘赌选择思想，每次按照概率大小随机返回当前群体中的某个个体的下标。

（5）按杂交概率 0.8，执行交叉操作。

（6）对子群进行变异处理，产生随机数，小于变异概率 p 时，进行变异处理（随机交换两个城市的位置）。

（7）更新路程函数和概率函数。

（8）采用"父子混合选择"更新群体（精英保留策略）。

（9）返回步骤 2 判断是否进行下一次迭代。

结果：进行了 200 代进化，大约在 50 代以后收敛，得到近似最优方案的最小路程代价为 40.2。

最优染色体为：[2 8 12 1 9 13 3 10 11 5 6 7 4]，等效于香港为起点的：香港—深圳—苏州—泰州—淮安—哈尔滨—合肥—太原—杭州—南京—安庆—上海—香港。

仿真图如图 3.4.1 所示。

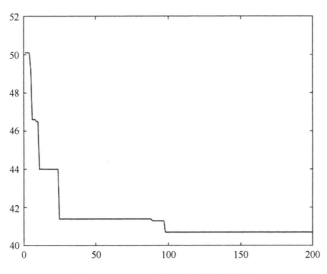

图 3.4.1　TSP 问题中的遗传算法解

3.4.2 基于遗传算法的 MIMO-OFDM 系统信号检测方案

图 3.4.2 所示为设计的基于遗传算法的 MIMO-OFDM 系统信号检测的方案。在接收端，每副天线接收到从 M 副不同天线发送并经过 MIMO-OFDM 信道线性叠加的信号后，

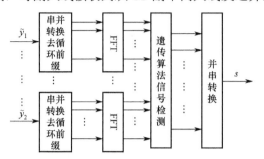

对每一路数据流都要进行串并转换并去掉循环前缀。然后按照接收天线分别做 K 点的 FFT 变换，从时域变换到频域。在检测部分，应用经典遗传算法作为检测算法，将并行的数据流检测解调后，通过并/串转换器得到恢复的信息比特流。

遗传算法设计的基本步骤如下：

（1）对所涉及问题的可能解进行染色体（Chromosome）编码。

图 3.4.2 基于遗传算法的 MIMO-OFDM 系统信号检测

（2）针对问题，寻找一个客观的适应度函数（Fitness Function）。

（3）生成满足所有约束条件的初始种群（Initial Population）。

（4）计算种群中每个染色体的适应度（Fitness Core）。

（5）若满足停机条件，退出循环，输出最优解；否则，继续向下执行。

（6）根据每个染色体的适应度，产生新的种群，即进行选择操作。

（7）进行交叉操作和变异操作。

（8）返回（4）进行计算。

为了了解 BPSK 调制下 GA 算法的性能，我们将 GA 算法和 ML 算法、BLAST 算法进了比较，仿真结果如图 3.4.3 所示。参数设置为 OFDM 的子载波数 K =16，每个载波发送的符号数为 160；假设信道矩阵 $\boldsymbol{H}$ 已知，在每 T =160 个符号周期内都保持不变；而且，假设接收端知道精确的信道状态信息；发送端使用的是未编码的 BPSK 调制；用户发送功率为 1，噪声为服从均值为零的独立同分布的高斯白噪声；使用 4×4 的 MIMO-OFDM 系统。其中横坐标代表信噪比（SNR），纵坐标代表误比特率（BER）。从图中可以看出随着信噪比的增加，GA 算法的性能曲线与 BLAST 算法的性能曲线差距逐渐拉大，即信噪比相同的情况下 GA 算法的性能比 BLAST 算法的性能好。

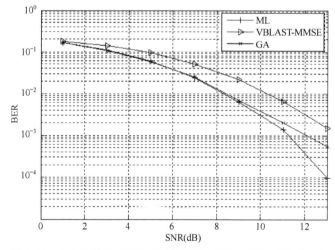

图 3.4.3 4*4 天线下 BPSK 调制时 BLAST-MMSE、GA 和 ML

3.4.3 基于遗传算法的 SIMO 信道子空间盲估计

早期的盲估计算法应用信道输出的高阶统计量，由于这类算法的目标函数不是二次函数，所以存在局部最小点。为了确保算法能收敛到全局最优，人们采用遗传算法，但由于是基于高阶统计量的盲估计，存在收敛速度慢的缺点。近年来，人们用接收器阵列来研究信道模型，建立了所谓的单输入多输出、多输入多输出等多信道模型，使基于低阶统计量的盲信道估计与均衡成为可能，并提出众多成熟的算法。采用遗传算法进行 SIMO 信道子空间盲估计算法步骤如下。

假设信道阶数已知，仅对 N 个信道参数进行编码，由于信道参数的特殊性，我们采用实数编码来表示。如果种群规模为 P，那么第 j 个染色体在迭代 i 代后的值可以表示为 $\xi_j^i (j=1,\cdots,P)$，其内部结构为

$$\xi_1, \xi_2, \cdots, \xi_N \tag{3.4.1}$$

（1）种群初始化：首先对基因进行随机初始化。

适应度准则：本问题的适应度定义为：$f(\xi_j^i) = 1/[J(\xi_j^i)]^2$

（2）复制操作：首先对染色体按适应度大小排序，然后按一定比例把种群中适应度最高的 ρP 个染色体直接复制到下一代种群中，剩下的 $(1-\rho)P$ 个染色体通过交叉和突变形成下一代种群中的其他个体。

（3）交叉操作：在 $[1,N]$ 之间选两个随机数 $l_1, l_2 (l_1 < l_2)$，$\alpha_{l_1+1}, \cdots, \alpha_{l_2}$ 为 $l_2 - l_1$ 个位于区间 $(0,1)$ 的随机数。设父代的一个染色体对为

$$\xi_j^i = (\xi_1, \xi_2, \cdots, \xi_N)_j^i \tag{3.4.2}$$

$$\xi_k^i = (\xi_1, \xi_2, \cdots, \xi_N)_k^i \tag{3.4.3}$$

则两个对应的子代染色体分别为

$$\xi_j^{i+1} = (\xi_{1,j}^i, \xi_{2,j}^i, \cdots, \xi_{l_1,j}^i, a_{l_1+1}\xi_{l_1+1,j}^i + (1-a_{l_1+1})\xi_{l_1+1,k}^i, \cdots, a_{l_2}\xi_{l_2,j}^i + (1-a_{l_2})\xi_{l_2,k}^i, \xi_{l_2+1,j}^i, \cdots, \xi_{N,j}^i)$$
$$\tag{3.4.4}$$

$$\xi_k^{i+1} = (\xi_{1,k}^i, \xi_{2,k}^i, \cdots, \xi_{l_1,k}^i, a_{l_1+1}\xi_{l_1+1,k}^i + (1-a_{l_1+1})\xi_{l_1+1,j}^i, \cdots, a_{l_2}\xi_{l_2,k}^i + (1-a_{l_2})\xi_{l_2,j}^i, \xi_{l_2+1,k}^i, \cdots, \xi_{N,k}^i)$$
$$\tag{3.4.5}$$

（4）突变操作：设父代染色体为 $\xi_j^i = (\xi_1, \xi_2, \cdots, \xi_N)_j^i$，随机产生一个 $[1,N]$ 的整数 d 和一个 $[-1,1]$ 的实数 β，则突变后的子代染色体为：$\xi_j^{i+1} = (\xi_1, \cdots, \xi_{d-1}, \xi_d + \dfrac{\beta}{K}, \xi_{d+1}, \cdots, \xi_N)_j^{i+1}$，$K$ 对收敛速度有很大的影响，在算法迭代的开始可以选择一个较小的 K 值。经过一定的次数的迭代后增大 K 的取值。

算法收敛的标准是：种群的平均目标函数在 $X=20$ 代内的变动小于某一数值，即

$$\left| J(\xi)^i - J(\xi)^{i-X} \right| < eJ(\xi)^i \tag{3.4.6}$$

遗传算法设计的基本步骤如下：

（1）以种群规模 P 初始化种群。

（2）计算相应的适应度函数值。

（3）检测是否满足终止条件式（3.4.6），如满足，则结束迭代。

（4）在当前种群中选择适应度最高的 ρP 个染色体。

（5）在剩下的 $(1-\rho P)$ 个染色体中进行复制、交叉、和突变操作，得到 $(1-\rho P)$ 个新个体。

（6）构成新一代种群，转步骤（2）。

思 考 题

1．在 3.3.1 节中解决 TSP 问题使用的选择操作是轮盘赌选择操作，是否可以尝试用其他选择操作，如排序选择来解决问题呢？

2．尝试比较不同的选择操作对问题的解决造成的影响，是否会影响最终的方案选择呢？

3．思考在不同的调制方法，如 QPSK 调制下，基于遗传算法的 MIMO-OFDM 信号检测方案是否还是最优呢？

4．请尝试将基于遗传算法的 MIMO-OFDM 信号检测方案与其他经典信号检测方案进行比较。

5．本章针对基于遗传算法的 MIMO-OFDM 信号检测方案只比较了不同方案的性能，请尝试从算法复杂度方面进行仿真对比。

参 考 文 献

[1] 陶阳明. 经典人工智能算法综述[J/OL]. 软件导刊，2019.

[2] 姚卫粉. 协同进化遗传算法的研究与应用[D]. 合肥：安徽理工大学，2015.

[3] 王超学，田利波. 一种改进的多目标合作型协同进化遗传算法[J]. 计算机工程与应用，2016，52(2)：18-23.

[4] 苗金凤. 协同进化遗传算法在多目标优化中的应用研究[D]. 济南：山东师范大学，2011.

[5] 马永，贾俊芳. 遗传算法研究综述[J]. 山西大同大学学报（自然科学版），2007(6)：11-13，21.

[6] 李飞，赵生妹，郑宝玉. 量子神经网络及其在 CDMA 多用户检测中的应用[J]. 信号处理，2005(6)：555-559.

[7] 张运凯，王方伟，张玉清，等. 协同进化遗传算法及其应用[J]. 计算机工程，2004(15)：38-40，43.

[8] 曹先彬，罗文坚，等. 基于生态种群竞争模型的协同进化[J]. 软件学报，2001，12(4) 556-562.

[9] 郑浩然，何劲松，等. 基于多策略机制的多模式共生进化算法[J]. 小型微型计算机系统，2003，6(24)：945-949.

[10] PAREDIS J. The symbiotic evolution of solutions and their representations[C]//Proceedings of the 6th International Conference on Genetic Algorithms. Morgan Kaufnann Publishers Inc.，1995:359-365.

[11] 马永杰，云文霞. 遗传算法研究进展[J]. 计算机应用研究，2012，29(4)：1201-1206，1210.

[12] 葛继科，邱玉辉，吴春明，等. 遗传算法研究综述[J]. 计算机应用研究，2008(10)：2911-2916.

[13] 张晓缋，方浩，戴冠中. 遗传算法的编码机制研究[J]. 信息与控制，1997(2)：55-60.

[14] MATTHEW L. RYERKERK，RONALD C. Averill，Kalyanmoy Deb，et al. Solving metameric variable-length optimization problems using genetic algorithms[J]. Genetic Programming and Evolvable Machines，2017, 18(2):247-277.

[15] 边霞，米良. 遗传算法理论及其应用研究进展[J].计算机应用研究，2010，27(7)：2425-2429，2434.

[16] MITRA S , MITRA A , KUNDU D . Genetic algorithm and M-estimator based robust sequential estimation of parameters of nonlinear sinusoidal signals[J]. Communications in Nonlinear Science & Numerical Simulation, 2011, 16(7):2796-2809.

[17] 李飞，郑宝玉，赵生妹. 量子神经网络及其应用[J]. 电子与信息学报，2004(8)：1332-1339.

[18] CHEN Y, FAN Z P , MA J , et al. A hybrid grouping genetic algorithm for reviewer group construction problem[J]. Expert Systems with Application, 2011, 38(3):2401-2411.

第4章 免疫算法

随着研究的不断深入，常规的确定性算法越来越不能满足人们的需求。神经网络算法、模拟退火算法、遗传算法及免疫算法等应运而生。自然界中关于免疫系统的研究很早就开始了，20 世纪 60 年代，科学计算研究先驱根据相关科学技术的内容和知识，特别是理论和概念在遗传学方面的积累，形成了人工智能的免疫算法，并成功地将其应用于某些工程科学现场，获到了良好的效果。

4.1 人工免疫系统

人工免疫系统的研究虽然发展很快，很多学者都已加入其中，但其目前仍处于起步阶段，同时我们可以发现免疫机制很复杂，而且对于系统的研究很庞大，即使是免疫现象也很难理解和描述，况且现在人工免疫系统可以学习的研究成果并不多，所以对于人工免疫，模型系统、算法理论等方面都有许多问题等待解决，因而免疫算法的研究具有很大的意义和价值。人工智能中的免疫算法实际上是仿生了人体的免疫系统。更具体地说，免疫算法和网络理论是从免疫系统的体细胞激发以达到自我调节的相似功能，并且产生不同抗体的功能。

4.1.1 免疫算法的生物学基础

免疫系统（Immune System）主要由免疫器官、免疫细胞和免疫物质等部分组成，它是哺乳动物机体执行免疫反应和免疫处理功能的重要系统结构，是防御病原体侵袭的最有效的武器。它还可以找到并清除非自身的异物，同时可以处理外来致病微生物等因素造成的身体机制受损的情况。但若它的功能过于亢进，则会对其自身的器官或组织造成损伤，下面对其功能进行具体介绍。

（1）识别和清除外来入侵的抗原：这种功能在生物科学中称为免疫防御，具体是指可以对一些外界的生物，如外来病原微生物的侵袭具有防御作用，而对那些已经入侵的病原体或者一些其他有害物质进行清除，使人体免受病毒、有害细菌、污染物质及疾病的侵害。

（2）识别和清除体内的无用或有害的细胞（如肿瘤细胞，已衰老或死亡细胞）或体内其他对身体有害的物质成分。在任何时间都可以发现和清除不是自己身体物质或身体废弃物的功能被称为免疫监视。身体中代谢的废物及免疫细胞对抗病毒留下的尸体等废弃物，都必须要通过免疫细胞进行清除。

（3）免疫系统通过免疫耐受和免疫调节来保持自身的稳定性。受损的器官和组织可以由免疫细胞进行修复，使它们能恢复原来的功能。免疫系统对于身体健康来说是不可替代的，但它仍然有时无能为力，因为继续吃不健康的食物会使身体变坏。

人们不禁会问为何免疫系统具有如此强的防御能力，经研究发现，它如同一个高效运转的信息处理系统。当细菌入侵时，免疫系统首先要对抗原进行识别，然后根据自己的记忆库产生抗体并消灭抗原。对于动物来说，可能有大量不同类型的抗原，免疫系统必须先确定其特定类型，然后摧毁它们，这就是我们所说的免疫系统识别的多样性。本书的免疫算法是为了模拟哺乳动物的免疫功能而设计的。

从事免疫系统研究中的人们对其进行了多方面的研究，从而对免疫系统的组织机构有一个比较完整的理解。可以概括如下。

（1）抗体不需要完全对应于免疫细胞识别的抗原。免疫细胞进行抗原识别和抗原结合匹配处理是一样的，也就是同一个过程，这是一个不必精确地相互匹配的过程，只要相应的亲和力（Affiny）大于一个固定的阈值即可。

（2）基于所述的不完全匹配，免疫细胞能够识别许多不同的抗原。Famer 提出的空间理论（Shape Space Theory）认识到这种多样性形式的理论并且已经给出了合理的解释。图 4.1.1 展示了抗原识别的空间范围，其中方框的范围表示了一个空间，此空间内的全部空间都是抗原，能够识别的范围用一个圆来表示，也就是抗体识别抗原的范围。我们从图 4.1.1 中可以看出：少量的抗体可以在抗原的一个更大的范围来识别。最好的抗体分布情况应当是最少的抗体处理范围（也就是圆的覆盖范围）基本上可以覆盖整个正方形空间，这是目标免疫系统演进的最小覆盖的最佳数量。

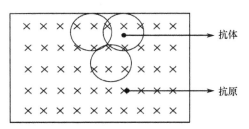

图 4.1.1　抗原识别的空间范围

（3）在生物进化的漫长过程中，免疫系统可以继续发展，其自身也不断变化。

（4）免疫反应中存在着"细胞超变异"现象，经过研究，我们发现这也是导致识别多样性的一个重要因素。

4.1.2　免疫算法提出

免疫系统是可以排斥对身体有害物质的生物系统结构，是哺乳动物所具有的防御系统。动物的身体结构是复杂的，其生存的环境同时也是复杂且多变的，同样生活环境中也充满了来自其他生物的伤害，特别是一些看不到的微生物。动物可以保证自身健康、正常活动，其中，免疫系统起着非常重要的作用。其实免疫系统自身的资源是有限的，但其可以有效地治疗或抵御很多甚至几乎是无限多的不同类型病毒，所以这一功能引起了人们的重视。在自然界中，越来越多的生物系统引起科学家的关注，在跨学科研究已非常发达的今天，不同职业的科研人员都在进行观察和分析，特别是从医疗角度的分析，给人们带来了很大的灵感。大家希望能够设计出一种新的、革命性的应用方法，从而来解决一些目前在应用领域中难以解决的问题。

20 世纪 60 年代，Bagley 和 Rosenberg 两人是在免疫系统方面的先驱，后人基于对相关知识的掌握和对前人研究结果的总结、分析、学习、借鉴和融合了他们的研究成果，将遗传学的理论和概念在工程科学的某些领域进行了成功的应用，并且获得了良好的效果。20世纪 80 年代中期的 Hollan 教授，美国密歇根大学的学者，不仅对以往学者提出的相关理论和知识进行了继承和推广，也给出了自己的一个简洁明了的算法描述，从而形成目前比较流行的遗传算法（Genetic Algorithm，GA），其研究成功的遗传算法具有简单易用和易于并行处理的优点，并且具有很强的鲁棒性，被广泛应用于组合优化、人工智能、结构设计等领域。还有一些其他学者，如 Farmer 和 Bersini 都参与免疫相关概念的研究，只是其具有时期不同、程度不同的区别。遗传算法是一种迭代过程的搜索算法和测试过程。遗传算法在全局收敛的前提下，最好的个体即为最后一代。但是在实施过程中，不难发现两个主要的遗传算子会在一定概率出现，存在随机性，没有指导性的迭代搜索，所以它们在给个体提供机会进化的同时，也无法避免退化的可能性。在某些特殊情况下，退化是相当明显的。此外，每个要解决的实际问题都会存在一些自身基本、明显的信息或知识特点。然而，存在交叉和变异算子的遗传算法灵活性较差。这样使算法具有通用性，但它忽略了对特征信息问题的解决，特别是在解决一些复杂问题时，所造成的损失是明显的。实践也表明，在模仿人类智慧时，只采用遗传算法或进化算法，其体现出来的能力是远远不够的，从这一角度来看，研究生物智能，开发、利用生物智能是进化算法和智能计算的永恒主题。因此，研究者试图将生命科学的免疫概念通过一些计算思想引入工程实践中，并将相关知识和理论结合起来，将其与现有的一些算法有机地结合起来。基于这一思想，将免疫的概念和理论应用于遗传算法，在保留原算法所具有的一些优良性能的前提下，还增加一些新的特性，从而提高其算法的运算效率和鲁棒性。

4.1.3　克隆选择和扩增

免疫算法是基于生物免疫学抗体克隆的选择学说。与抗体形成机制相关的代表性学说有模板学说和克隆选择学说。模板学说又分为直接模板学说和间接模板学说，其中，前者认为抗原决定簇具有模板功能，能使一般的球蛋白转变为特异性抗体；后者则认为抗原决定簇先影响基因，再由基因间接作用于球蛋白。无论如何，这种学说单纯从生物化学的角度考虑，过分强调抗原的作用。克隆选择学说是澳大利亚免疫学家 Burnet 于 1958 年以生物学和分子遗传学的发展为基础提出的，主要受到了 Ehrlich 侧链学说和 Jerne 等天然抗体选择学说的影响，以及人工耐受诱导成功的启发。该学说较好地结束了免疫学中的自我识别问题（根本问题），同时也能恰当地说明免疫学中的其他重要问题，如抗原的识别、免疫记忆、免疫耐受性、自身免疫性等，极大地推动了近代免疫学的发展，奠定了现代免疫学的理论基础。

克隆选择学说（或称为无性繁殖系选择学说）的主要内容如下。

（1）在能产生抗体的高等动物体内存在着大量具有不同受体的免疫细胞克隆，其固有的已有基因决定着其产生抗体的能力。

（2）某个特定抗原进入机体后，就可与相应淋巴细胞上的受体发生特异结合，然后从许多克隆中选择出与其相对应的克隆，使其进行活化和分化，最后成为暂停分化的免疫记忆细胞和浆细胞。

（3）产生免疫耐受性，若某一克隆接触相应抗原，则该克隆将抗原消除，此后机体对该抗原不再产生免疫应答。

（4）紧急克隆可以复活或突变，从而成为能与自身成分起反应的克隆。

免疫细胞的多样性来自遗传和免疫细胞在增殖中的基因突变，而后这些细胞不断增殖则形成无性繁殖（克隆）。机体内免疫细胞的多样性将会达到当每种抗原入侵时都能在机体内选择出能识别并消灭相应抗原的免疫细胞克隆这样一种程度，选中的克隆通过激活、分化和增殖、免疫应答一系列动作最终清除抗原。这就是生物学中的克隆选择机制。

在克隆选择理论的基础上，出现了一系列新的优化算法。克隆选择算法（Clone

Selection Algorithm，CSA）是人工免疫系统常见的免疫算法之一，人工免疫系统算法正是借鉴了克隆选择过程中所体现出的记忆、学习、多样性等生物特性。De Castro、Kim J.、Johnny Kelsey 和 Jon Timmis、Vincenzo Cutello、焦李成和杜海峰等均基于抗体克隆选择理论提出了克隆选择算法。

（1）De Castro 的克隆选择算法。这种克隆选择算法与普通遗传算法（GA）相比，主要有三点区别：①该算法采用基于抗体抗原适应度比例的选择方式来取代基于概率的轮盘赌选择方式；②引入构造记忆单元来记忆一群最优解，而不是像 GA 仅记忆单个最优个体；③以新生抗体替代旧抗体的方式增加种群多样性。

（2）Kim J.的克隆选择算法。人工免疫系统具备适应不断变化的环境，动态学习"自我"的流体模式和预测"非己"新模式的能力显著。Kim J.等据此提出了一种具有自适应属性的动态克隆选择算法（Dynamic Clonal Selection Algorithm，Dynamic CS），探讨了三个重要的参数（Tolerisation Period，Activation Threshold 和 Life Span）对系统的影响，并将该算法应用于连续变化环境中的网络入侵检测。这一算法更多的是模拟了免疫系统的异物识别能力。

（3）Johnny Kelsey 和 Jon Timmis 的 B 细胞算法。Johnny Kelsey 和 Jon Timmis 在分析混合遗传算法和人工免疫系统的基础上，提出一种 B 细胞算法（B.cell Algorithm，BCA）。该算法以生物免疫系统中被入侵有机体免疫应答过程中的克隆选择过程为理论依托。BCA 最重要的特质是在算法中引入一种独特的变异算子——连续体细胞超变异（Contiguous Somatic Hypermutation）。

（4）Vincenzo Cutello 等设计超突变克隆选择。Vincenzo Cutello 等在提出多种克隆变异算子即静态超免疫（Static Hypermutation）、比例超变异（Proportional Hypermutation）、反比超变异（Inversely Proportional Hypermutation）及超级突变（Hypermacromutation）的基础上提出了改进的免疫克隆选择算法。

（5）焦李成和杜海峰的克隆选择算法。在克隆选择理论的基础上，经过分析免疫系统中的克隆机制，焦李成和杜海峰等提出一种新的人工免疫系统算法——免疫克隆算法（Antibody Clone Algorithm），用于解决复杂的机器学习任务，并取得良好效果。该算法中的抗体状态转移可以表示成如下的随机过程：

$$C_s : A(k) \xrightarrow{\text{Clone}} A'(k) \xrightarrow{\text{Mutation}} A''(k) \xrightarrow{\text{Selection}} A(k+1)$$

在此基础上，改进算法及新算法层出不穷，如免疫记忆克隆规划算法、自适应免疫克隆策略算法、差分免疫克隆选择算法等。

4.2 免疫算法基本原理

4.2.1 免疫算法的基本思想

免疫算法基于生物免疫系统基本机制，模仿了人体的免疫系统。免疫算法从体细胞理论和网络理论得到启发，实现了类似于生物免疫系统的抗原识别、细胞分化、记忆和自我调节的功能。如果将免疫算法与求解优化问题的一般搜索方法相比较，那么抗原、抗体、抗原和抗体之间的亲和性分别对应于优化问题的目标函数、优化解、解与目标函数的匹配程度。

免疫算法是基于生物免疫学抗体克隆的选择学说，而提出的一种新人工免疫系统算法——免疫克隆选择算法（Immune Clonal Selection Algorithm，ICSA）。该算法具有自主选择学习、全息容错记忆、辩证克隆仿真和协同免疫优化等特点。

由于该算法收敛速度快、求解精度高、稳定性能好，成为新兴的实用智能算法。

免疫算法的基本实现步骤如下。

（1）随机产生一定规模的初始抗体种群 A_k，并令进化代数 $k = 0$。

（2）对当前第 k 代抗体群 A_k 进行交叉操作，得到种群 B_k。

（3）对 B_k 进行变异操作，得到抗体群 C_k。

（4）对 C_k 进行接种疫苗操作，得到种群 D_k。

（5）对 D_k 进行免疫选择操作，若当前种群中包含最佳个体，则算法结束并输出结果；否则，跳转到步骤（2）继续执行。

4.2.2 免疫算法与免疫系统的对应

克隆选择算法的基本思想是只有对那些能够识别抗原的细胞进行扩增，只有这些细胞才能被免疫系统选择并保留下来，而那些不能识别的细胞则不被选择，也不进行扩增。克隆选择与达尔文变异和自然选择过程类似，只是克隆选择应用于细胞群体，克隆竞争结合病原体，亲和力最高的是最适应的病原体，因此复制得最多。

生物体克隆选择学说认为，当抗原侵入机体时，克隆选择机制在机体内选择出能识别和消灭相应抗原的免疫细胞，使之激活、分化和增殖，并进行免疫应答以最终消除抗原。在这一过程中，克隆的父代与子代间只有信息的简单复制，而没有不同信息的交流，无法促进抗体种群进化。因此，需要对克隆后的子代进行进一步处理。生物体克隆选择学说和免疫克隆选择算法相关概念的对应关系如表 4.2.1 所示。

表 4.2.1 生物体克隆选择学说和免疫克隆选择算法相关概念的对应关系

生物抗体克隆选择学说中的概念	免疫克隆选择算法中的概念
抗体	问题所求的解
抗原	问题的优化目标函数及其约束条件
抗体-抗体亲合	在解空间中，两个解之间的距离
抗体-抗原亲合	解所对应的目标函数的数值

在人工免疫系统中，克隆选择是由亲和力诱导的抗体随机映射，抗体群的状态转移可表示成

$$C_s : A(k) \xrightarrow{\text{Clone}} A'(k) \xrightarrow{\text{Mutation}} A''(k) \xrightarrow{\text{Selection}} A(k+1)$$

依据抗体与抗原的亲和力 $f(*)$，解空间中的一个点 $a_i(k) \in A(k)$ 分裂成了 q_i 个相同的点 $a_i'(k) \in A'(k)$，经过变异和选择后获得新的抗体群。在上述过程中，实际上包括了三个步骤，即克隆、变异和选择。

免疫克隆的实质是在一代进化中，在候选解的附近，根据亲和力大小，产生一个变异解的群体，扩大了搜索范围，从而有助于防止进化早熟和搜索陷于局部极小值。

（1）克隆。为了对优秀抗体进行克隆扩增，需要计算群体中每个抗体的亲和力来选择优秀抗体。不妨从 N 个抗体的群体中选出 q 个亲和力最大的抗体进行克隆（ $q < N$ ），并利用选出的抗体和克隆生成的抗体组成新的群体。

（2）变异。变异就是随机地改变抗体基因某一位的值，从"1"到"0"或者从"0"到

"1"的变化。根据变异概率 P_m，克隆后的种群 $A'(k)$ 经变异操作后为种群 $A''(k)$。

（3）选择。在此过程中，父代和子代之间仅仅是信息的简单复制，从克隆变异的种群中适应度较高的 N 个个体作为新的种群。

在克隆选择算法中选择亲和力最大的细胞进行克隆，淘汰没被激活的细胞，对克隆的细胞进行变异并且根据亲和力进行重新选择。该算法已经成功应用到了模式识别、多峰函数优化和组合优化等问题中，并取得了良好效果。但是此算法要在一个相对静止的状态下进行，当环境剧烈变化时，该算法的效率降低。

4.2.3　免疫算法的多样性和收敛性

很明显，人工免疫算法生成的各代抗体群构成有限状态齐次马尔可夫（Markov）链。这使免疫算法能以等于 1 的概率找到全局最优解，即这种人工免疫算法是全局收敛的。该算法保证收敛，收敛速度快，产生满足要求的最优解所用时间较短。

免疫算法的一个重要的问题是避免陷入局部最优，产生局部最优的原因之一是在种群中不能维持多样性，但种群多样性太高会导致问题收敛缓慢。种群多样性会因运用交叉算子而减少，因为交叉算子合并父代及其子代相似的信息特征。在现实生活中，没有比多样性损失更大的问题。在物种组成原理中可以发现，选择、变异和交叉行为会对多样性产生影响。同样在免疫算法中，选择强度、突变率和交叉的不正确运用会导致多样性遗失，因此需要通过各种技术来避免多样性遗失，如改变选择力度、高变异比例管理、降低种群中自适应个体比例，或在种群中利用个体的位置信息等。

4.2.4　常见免疫算法

就目前免疫算法的研究和发展，大体可以将其分为 4 种，分别为基于信息熵的免疫算法、免疫遗传算法、免疫规划算法和否定选择算法。

免疫算法的实现流程如图 4.2.1 所示。

免疫算法的实现步骤如下。

（1）抗原识别。输入目标函数和各种约束条件作为免疫算法的抗原。读取记忆库文件，若问题在文件中有所保留（保留的意思是指，该问题以前曾计算过，并在记忆库文件中储存过相关的信息），则初始化记忆库。

（2）产生初始解。初始解的产生来源有两种：根据步骤（1）对抗原的识别，若问题在记忆库中部分保留，则取记忆库，不足部分随机生成；若记忆库为空，全部随机生成。

（3）适应度评价（或计算亲和力）。了解规模中的各个抗体，按给定的适应度评价函数计算各自适应度（根据具体问题，有的计算期望值）。

（4）记忆单元的更新。将适应度（或期望率）高的个体加入记忆库中，这将保证了对优良解的保留，使能够延续到后代中。

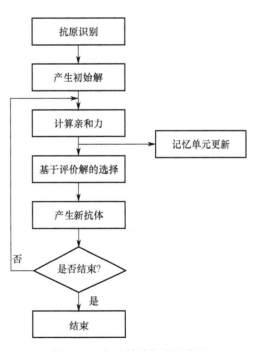

图 4.2.1　免疫算法的实现流程

（5）基于评价解的选择。选入适应度（期望值）较高的个体，记其产生后代。所以适应度较低的个体将受到抑制。

（6）产生新抗体。通过交叉、变异、逆转等算子作用，选入的父代将产生新一代抗体。

（7）终止条件。若条件满足，则终止；若不满足，则跳转到步骤（3）。

4.3　应用实例

4.3.1　用免疫算法求解 TSP 问题

旅行商问题也称为旅行推销员问题、货郎担问题，简称 TSP 问题，是一类典型的组合优化问题，也是运筹学、图论中典型的 NP 难解问题。TSP 问题是最基本的路线问题：一个推销员从某个城市出发，想要到若干城市推销物品，遍历其余所有城市一次且仅一次，最后回到出发城市，求该推销员所走的最短路程。

随着对 TSP 问题的研究及现实生活中 TSP 问题的限制条件增多，现在 TSP 问题大致可以分为以下几类。

（1）固定端点的 TSP 问题。该问题要求旅行商的出发城市或者终点城市是确定的，或者出发城市和终点城市都是固定的，不能更改，也就意味着这个最短路径的出发城市和终点城市不是同一个城市。

（2）自由端点的 TSP 问题。该问题只需要遍历 n 个城市即可，不需要回到出发点，显然，这里的出发城市和终点城市绝不是同一个城市，只需遍历求出最短路径。

（3）时间限制的 TSP 问题。该问题对于其他 TSP 模型而言，加入了时间限制条件，要求旅行者必须在规定时间内到达目的城市，若超时则只能等待一段时间然后才能继续旅行，这样就求出了所用时间和所走路程都最小的旅行路径。

（4）非连通图的 TSP 问题。某几个城市之间有障碍物或者道路不通等，不能直接从城市 i 到达城市 j，必须要经过其他城市绕行，这就又增加了问题的复杂度。该问题中旅行商要遍历图中由所有顶点组成的非连通图。

（5）多旅行商问题。给定一个由 n 个城市节点组成的集合，令 m 个旅行商分别从各自所在的城市出发，每个旅行商只需要访问其中一定数量的城市，最后回到自己的出发城市，要求每个城市都要至少被一位旅行商访问一次且仅一次。该问题的目标是求得访问 m 条环路路径的时间或费用最小的顺序。

（6）广义的 TSP 问题。此类 TSP 问题就是我们平常所提到的 TSP 问题，就是一位旅行商从某个城市出发，遍历其余所有城市一次并且仅一次，最后返回到出发城市，求成本最小的哈密尔顿图。该问题也称广义旅行商问题（Generalized Traveling Salesman Problem，GTSP）。

我们用数学模型，将广义旅行商问题描述为：寻找一条巡回路径 $T = (t_1, t_2, \cdots, t_n)$，使下列目标函数最小，即

$$f(T) = \sum_{i=1}^{n-1} d(t_i, t_{i+1}) + d(t_n, t_1) \tag{4.3.1}$$

$$d(t_i, t_j) = (x_i - x_j)^2 + (y_i - y_j)^2 \qquad (4.3.2)$$

式中，n 表示旅行商所要遍历的城市个数，t_i 表示城市号，取值为 $1\sim n$ 的任意自然数，$d(t_i, t_j)$ 表示城市 i 和 j 之间的距离，对于对称式 TSP 问题，有 $d(t_i, t_j) = d(t_j, t_i)$，即从城市 i 到城市 j 的距离和从城市 j 到城市 i 的距离相等。

用图论的方式可以这样描述：给定一个完全赋值图 $G = (V, E)$，其中 V 表示顶点集，E 表示顶点相互连接组成的弧集（或称为边集），各顶点之间的距离也即边的长度为 d_{ij}，已知各顶点之间的连接距离，要求找到一个长度最短的 Hamilton 图。我们引入式（4.3.3），即

$$x_{ij} = \begin{cases} 1, & \text{若边}(i,j)\text{在路径上} \\ 0, & \text{其他} \end{cases} \qquad (4.3.3)$$

式中，$x_{ij} = 1$ 表示旅行商访问完城市 i 之后又访问城市 j，也即边 ij 在该路径上；$x_{ij} = 0$ 表示边 ij 不在该路径上。TSP 的目标函数为

$$\min Z = \sum_{i \neq j} d_{ij} x_{ij} \qquad (4.3.4)$$

因此 TSP 的数学模型表示可表示为

$$\min Z = \sum_{i \neq j} d_{ij} x_{ij}$$

$$\sum_{i \neq j} x_{ij} = 1, i \in V \qquad (4.3.5)$$

$$\sum_{i \neq j} x_{ij} = 1, j \in V \qquad (4.3.6)$$

$$\sum_{i \in V} x_{ij} \leq |S| - 1, S \in V \qquad (4.3.7)$$

$$\sum_{j \in V} x_{ij} \leq |S| - 1, S \in V \qquad (4.3.8)$$

$|S|$ 表示集合 S 中所含图 G 的顶点个数，$x_{ij} = 1$ 表示旅行商选择的最优路线中含有城市 i 到城市 j 的路径，式（4.3.5）和式（4.3.6）两个约束条件是对每个顶点而言，要求图的每个顶点的出度和入度均为 1，即旅行商只能从城市 i 出发一次和到达城市 i 一次；式（4.3.7）和式（4.3.8）两条约束条件保证了旅行商在任意一个城市子集中没有子回路解的产生。因此，满足上述约束条件的解构成了一条遍历所有顶点的 Hamilton 圈。

TSP 是典型的 NP 难解问题，它一直是运筹学中最富有挑战性的问题之一，理论上用穷举法可以求得最优解，出发城市从 n 个城市中随机抽一个，有 n 个选择，而下一步要走的城市要从剩下的 $n-1$ 个城市中随机抽取一个，以此类推，所有路径共有 $n!$ 条，但是由于这个路径是一个回路，不管从哪个城市出发，只要走的回路顺序不变，即同一条路径，路程都是最短的，而且将路径回路反向，路径依然是最短路径，不影响最终结果。所以有 n 个城市的 TSP 问题，用穷举法 TSP 所有可能路线组合数为 $n!/(n \times 2) = (n-1)!/2$，但是随着 n 的增大，该问题复杂度是呈阶层级迅速增大的，产生所谓的"组合爆炸"，当 $n = 1000$ 时，共有 4024×102567 种路径，显然穷举法只能理论上可行，实际上根本无法解决 TSP 问题。

基于免疫算法求解 TSP 问题的流程如图 4.3.1 所示。

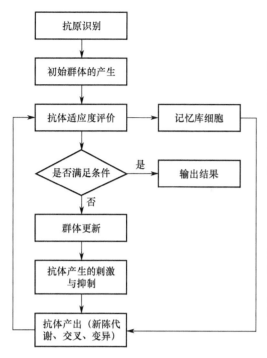

图 4.3.1　基于免疫算法求解 TSP 问题的流程

具体步骤如下。

（1）抗体编码及适应度函数。首先介绍符号编码表示方法：此种方法是指用一个没有数值含义，并且只有代码含义的符号来表示个体染色体编码串中的基因，简单地说，就是用符号来表示，无论是数字还是字符，在这里均只有符号的含义。这个符号集是没有限制的，只可以表示字符含义即可，如{A,B,C,…}这种字母形式，如{1,2,3,…}这种数字符号序列，还可以用代码表的形式来表示，如{A1,A2,A3,…}等。

本节研究的 TSP 问题，采用的是符号编码方式，抗体采用以遍历城市的次序排列进行编码，每个抗体码串形如：$V_1,V_2,\cdots,V_n$，其中 V_1 表示遍历城市的序号。程序中抗体定义为一个数据结构，其中包括一个数组 immune[N]，N 表示为 TSP 问题中城市数目，数组中每个元素的取值为 $1\sim N$ 的整数，分别表示城市的序号，根据约束条件，每个数组内的各元素值互不相同。

适应度函数取路径长度 T_d 的倒数，即 MaxFiness，其中 $T_d=\sum d(V_jV_{j+1})d(V_1V_n)$ 表示第 i 个抗体表示的遍历城市的路径长度。

（2）问题的识别。引入识别文件（又称记忆库文件）"memory.m"，用来存放每次运行结束后，记忆库中最优的前 10 个解。在新的一次计算时，首先进行的是问题识别，若能在识别文件中找到相应的标识，则读出识别文件中相应的解集，初始化记忆库；若未能找到相应的标识，即该问题为首次计算，记忆库为空。

（3）初始群体（混合群体）的产生。初始群体的产生有两种途径：第一种，若记忆库不为空，则取记忆库一部分（小于或等于 P 个），其余部分一半由随机算法产生，一半由优化随机算法产生；第二种，一半由随机算法产生，一半由优化随机算法产生。将混合群体规模 $N+P$ 设为 100+10（N 为解群体规模，P 为混合群体与记忆库交换规模）。

（4）抗体适应度的评估计算。对上述所得的混合群体中各个抗体进行适应度的计算。即 Fitness(i)=1/$T_d(i)$，i 的取值范围是 0～$N+P-1$。

（5）群体更新。本设计中引入了基于浓度的群体更新机制，即用基于浓度的更新方法对各抗体的适应度值进行调整，再从所获得的这些抗体中选取适应度较高的 N 个抗体，然后由这些抗体组成新的抗体群，实现

$$Fitness(i) = Fitness(i) + \alpha \times (1-c) \times$$

$$\left(1+sgn(\gamma-c)\times\left[\frac{Fitness(i)}{MaxFitness}\right]\times Fitness(i) + \beta\times\left[\frac{Fitness(i)}{MaxFitness}\right]\right)\times Fitness(i)$$

式中，α、β 为 0～1 的可调参数（取接近丁 1 的相同值）；γ 为较优抗体的浓度阈值（初值定为 0.80），其中 Fitness(i)定义为：适应度（第 i 个抗体），而 MaxFiness 定义为抗体最大适应度；c 定义为较优抗体的浓度大小；sgn(x)表示为符号函数；抗体总数为 N，其中，j 的取值

范围是 0~N+P−1，即整个混合群体规模；η 为 0~1 的可调参数，此研究中初始取值为 0.95，在此，浓度的概念是指第 i 个抗体与整个混合群体中其他抗体适应度相似程度小于 η 的抗体个数比例。目的就是让高浓度抗体在选择时受到抑制，低浓度抗体得到激励。

（6）选择算子（Select）。从混合群体 N+P 个抗体中选择 N 个到解群体中的算子操作称为选择算子。目前，选择算子的方法大概有以下 3 种：①定向选择，即选择较优的前 N 个，或较差的后 N 个，或优差各半；②赌盘选择，即按每次赌盘指针所落概率范围，确定所选的抗体，例如，10 个顺序抗体适应度比例对应为数组 F={0.10, 0.05, 0.03, 0.22, 0.01, 0.06, 0.31, 0.04, 0.08, 0.10}，则 F 更新后应为{0.10, 0.15, 0.18, 0.40, 0.41, 0.47, 0.78, 0.82, 0.90, 1.00}。随机产生一个 R∈(0, 1]的浮点数作为赌盘指针，若 $F[i-1]$ < R ≤ $F[i]$，则选择抗体 i，注意，当 i=0 时，规定 $F[i-1]$为 0；③两者结合，即定向选择 n 个，然后再采用赌盘选择。本设计采用第③种选择方法，每选择一个抗体后，就把混合群体中相应抗体适应度设为 0，重新计算适应度比例，重新构造数组 F，进行新一轮选择，直到选入 N 个为止。在此，n 取值为 3。

（7）交叉算子（Crossover）。本章采用的交叉算子为"部分匹配交叉策略"。由于编码方式的约束条件，使交叉不能任意进行，否则就容易产生重复城市。部分匹配交叉的实现为：首先对解群体中的抗体进行随机分组（In-Group），然后，对每组中两两抗体进行如下操作。

取编号为 1 的抗体，随机产生一个整数 R_1∈[0, citynumber−1]，并取出抗体中该位置的城市编号 C_1，然后在抗体 2 中查找 C_1 的位置 R_2，再把抗体 1 中 R_1 位置后的填到抗体 2 中 R_2 位置后，把抗体 2 中 R_2 位置后的填到抗体 1 中 R_1 位置后，注意，若达到抗体尾部时，再回到抗体头部写，直到写入完 N−1 个城市代号为止。例如，10 个城市：抗体 1{2, 1, 5, 4, 8, 7, 9, 6, 3, 10}，抗体 2{6, 4, 8, 7, 2, 1, 3, 9, 10, 5}，若随机得到 R_1 为 3，即所对应抗体 1 中城市编号为 4。在抗体 2 中查找城市 4，所得 R_2 为 1，然后交叉得到：R_1={5, 6, 4, 8, 7, 2, 1, 3, 9, 10}，R_2={5, 4, 8, 7, 9, 6, 3, 10, 2, 1}。本设计中，初始交叉概率(P_c)为 0.85。

（8）变异算子（Mutation）。本设计中，变异操作采用随机多次对换策略。变异操作能增加子代的多样性。在此，变异是不定向的，可能往好的方向，同时也可能往坏的方向突变。随机多次对换的实现思想为：对于抗体 i，首先随机构造一个数组 f，f 中的每项都是随机产生的，且在区间[0, 1]内，然后，对于数组中相应的每位 i，比较其与变异率 P_m 的大小，若该位小于或等于变异率 P_m，则随机产生一个 R∈[0, citynumber−1]，把抗体中第 i 位与第 R 位对换，再重复产生 R，重复对换，直至对换 time 次。此设计中，初始变异率 P_m=0.02，对换次数 time=5。例如：抗体 1={2, 1, 5, 4, 8, 7, 9, 6, 3, 10}，随机构造的数组 f={0.10, 0.12, 0.01, 0.21, 0.78, 0.04, 0.53, 0.87, 0.54, 0.65}，则只因为 $f[2]$ = 0.01 < P_m，所以，只将于抗体中的第 2 位进行随机多次对换，假设在此 time=2，第一次对换，随机产生 R=9，则对换后的抗体 1={2, 1, 10, 4, 8, 7, 9, 6, 3, 5}；第二次对换，随机产生 R=4，则抗体第 2 位与第 4 位进行对换，即得抗体 1={2, 1, 8, 4, 10, 7, 9, 6, 3, 5}。

（9）逆转算子。逆转操作实际上也是变异的一种，称为逆转变异。本设计中，逆转操作为连续多次逆转策略，其实现为：对于抗体 i，随机产生两个数 R_1、R_2，且都在区间[0, citynumber−1]内，然后把这两个位置之间的城市逆转。例如，抗体 i={2, 4, 6, 9, 8, 7, 5, 3, 1, 10}，R_1=2，R_2=6，逆转一次后为{2, 4, 5, 7, 8, 6, 3, 1, 10}。本设计中，采用的是多次逆转方法，即对一抗体逆转后，再次产生两个随机数 R_1、R_2，再次逆转，直到逆转次数达到 time 次，time 由外界指定。

（10）存取记忆库（Access Memory）。引入记忆库的概念是为了保存父代较优抗体，保持解的优良性，缩短收敛时间，从整体上保证了交叉、变异、逆转操作的正向性。将记忆库的总规模 M 设为 50，与混合群体交互的规模 P 设为 10。在每次适应度评估后，将较优的前 P 个抗体存入记忆库，在每次由解群体到混合群体时，从记忆库中取较优 P 个抗体放入混合群体。前者称为存记忆库，后者称为取记忆库。在存记忆库时，若记忆库中已存在该抗体，则不存；若记忆库满，则采用覆盖策略，即覆盖掉记忆库中适应度最差解的个体。在取记忆库时，若混合群体中该抗体已存在，则不加入混合群体，这样，混合群体就不一定能达到 $N+P$ 个，所以缺少的个体全由随机算法生成。存取记忆库的不重复性，有利于解群体的多样性，使抗体的分布尽可能覆盖更大的空间，尽可能从不同角度，不同层次收敛到最优解。

（11）结束条件。由运行代数决定，当运行代数达到 Generation 变量时，结束计算，输出结果。

算法评价：

由于该算法的变异、逆转、交换的随机性，不能确保抗体向好的方向突变。虽然通过记忆库总体上保证了抗体的突变方向，但是，这样无法保证收敛速度，随机性没有改变。所以总体来说，该算法随机性较大，收敛速度非常慢。在城市数小于 30 个时，经过 200 代到 300 代的计算，可能找到比较满意的解，或者可能找到最优解。但是，当城市数增加到 50 以上，寻优能力明显下降，所以该算法只适应于 30 个城市以内的计算。唯一的优点是，运算速度非常快。

4.3.2 基于免疫克隆算法的 K-均值聚类算法

考虑到 K-均值聚类算法的优缺点，将免疫克隆算法应用到聚类分析中，在种群进化的过程中，引入 K-均值操作。

（1）编码方法。编码的实质是在问题的解空间与算法的搜索空间之间建立一个映射。一个染色体代表问题的一个有效解，染色体中的每个基因代表有效解中的一个参数。这里我们采用聚类中心作为基因形成染色体。由于二进制数的编码效率较低，因此本节采用实数编码的形式。定义染色体的前 d 个基因代表第一个聚类中心，下一个代表第二个聚类中心，依此类推，得到第一个染色体，然后运用相同的方法，得到 P 个染色体，定义 P 为偶数。

（2）种群初始化。确定了编码方式后，接下来要进行种群初始化。初始化的过程是随机产生一个初始种群的过程。首先，从样本空间中随机选出 K 个个体，每个个体都表示一个初始聚类中心，然后根据我们采用的编码方式将这组个体（聚类中心）编码成一条染色体。重复进行 Size 次染色体的初始化，直至生成初始种群。

（3）适应度函数的设计。适应度函数是用来评价个体的适应度、区别群体中个体优劣的标准。聚类问题实际上就是找到一种划分，使待聚类数据集的目标函数达到最小，即

$$\min J(\boldsymbol{W}, \boldsymbol{C}) = \sum_{i=1}^{n} \sum_{j=1}^{K} w_{ij} \left\| x_i - c_j \right\|^2 \tag{4.3.9}$$

式中，$\sum_{j=1}^{K} w_{ij}=1$；$c_j=\dfrac{1}{n_j}\sum_{x_i \in C_j} x_i$；$n$ 为数据目标数；K 为簇数目；x_i 表示目标 i；c_j 表示簇 C_j 的中心；$C=\{C_1,C_2,\cdots,C_K\}$ 表示 K 个簇的集合；$W=[w_{ij}]$ 为 $n\times K$ 的 0.1 矩阵；n_j 是簇 C_j 中的目标数目。

每个聚类中的点与相应的聚类中心的距离作为判别聚类划分好坏的准则函数 J，J 越小表示聚类划分的质量越好。目标函数值越小的聚类中心，其适应度也就越高；目标函数数值越大的聚类中心，其适应度也就越低。

（4）算法设计。改进的智能算法优化 K-均值聚类算法流程描述如下：

① 参数设置：样本数 N，聚类数 K，种群大小 Size，最大迭代次数 G。

② 种群初始化：从样本中随机选取 K 个点作为聚类中心并进行编码，重复 Size 次，产生初始种群。

③ 对种群中的个体进行适应度计算。

④ 对产生的新种群中的每个个体执行 K-均值操作，并将其优化为以该个体为初始值的 K-均值问题的局部最优解，产生新一代的种群。

⑤ 判断结束条件，当条件满足时结束操作，输出结果；否则，转向步骤③。

为了检验算法的有效性，实验将传统的 K-均值聚类算法（K-means）与基于免疫克隆算法的 K-均值聚类算法（ICSKA）进行比较。

实验数据有 2 组，一组模拟数据 Data1 包括 12 个样本，分为 4 类，每类 2 个属性，分别是(0, 1)，(1, 0)，(1, 1)，(2, 2)，(2, 3)，(3, 2)，(5, 6)，(6. 5)，(6. 6)，(7. 7)，(7. 8)，(8. 7)。第 2 组实验数据集的属性如表 4.3.1 所示。

表 4.3.1　第 2 组实验数据集的属性

数据来源	数据集	数据数	属性数	聚类数
HCI 数据集	iris	150	4	3
	glass	214	9	6
	wine	178	13	3
随机产生	Data1	12	2	4

实验的参数设置为：种群规模为 $N=10$，初始旋转角 $\theta_0=0.4\pi$，进化尺度 $\gamma=0.05$，克隆个体数 $n=5$，变异个体数 $m=5$，控制参数 $\rho=0.3$，最大迭代步数为 100。所有算法运行 20 次，运行情况如表 4.3.2 所示。

表 4.3.2　实验的聚类效果比较

数据集	算法	E_{max}	E_{min}	E_{avg}	达到最优解次数	达到最优解的平均迭代次数
Data1	K-means	13.667	5.3333	11.500075	5	2.2
	ICSKA	5.3333	5.3333	5.3333	20	2.09
iris	K-means	142.85929	78.94084	82.138875	9	5.11
	ICSKA	78.99071	78.94084	78.94450	18	4.42
glass	K-means	568.34387	336.26865	423.509625	0	—
	ICSKA	336.28715	336.06054	336.153262	15	34.16
wine	K-means	2.633555e6	2.370689e6	2.410119e6	17	7.059
	ICSKA	2.370689e6	2.370689e6	2.370689e6	20	5.4

根据表 4.3.2 的实验结果可见，K-均值聚类算法受随机初始化的影响很大，不同的初始化中心会产生不稳定的聚类结果，容易陷入局部最优解，而且并不是每次都能达到最优解。特别是对于 glass 这种高维度的数据集，没有达到全局最优解。

从表 4.3.2 看出，基于免疫克隆算法的 K-均值聚类算法克服了 K-均值聚类算法易受初始聚类中心影响的缺点；基于免疫克隆算法的 K-均值聚类算法在这 20 次单独实验中每次都能达到最优解。

因此，基于免疫克隆算法的 K-均值聚类算法效果优于 K-均值聚类算法。

思　考　题

1．请用免疫算法解决 TSP 问题，并对本章相关结论进行验证。
2．K-均值聚类算法的缺点是什么？基于免疫算法的 K-均值聚类算法优化了哪些方面？
3．请利用 MATLAB 和书中的数据集实验证明基于免疫算法的 K-均值聚类算法可以达到全局最优解。
4．免疫算法是否可以解决经典背包问题？请利用实验说明。
5．利用免疫算法解决物流中心选址问题。

参　考　文　献

[1] MAN K F, TANG K S, KWONG S. Genetic algorithms: concepts and applications in engineering design[J]. IEEE Transactions on Industrial Electronics, 1996(43): 519-534.

[2] CHAIYARATANA N, ZALZALA A M S. Recent developments in evolutionary and genetic algorithms: theory and applications[C]. Second International Conference On Genetic Algorithms In Engineering Systems: Innovations And Applications, Glasgow, UK, 1997: 270-277.

[3] GUO P, WANG X, HAN Y. The enhanced genetic algorithms for the optimization design[C]. 2010 3rd International Conference on Biomedical Engineering and Informatics, Yantai, 2010: 2990-2994.

[4] GAO Y, SONG D. A New Improved Genetic Algorithms and its Property Analysis[C]. 2009 Third International Conference on Genetic and Evolutionary Computing, Guilin, 2009, 73-76.

[5] GONG M, JIAO L, DU H, et al. Multiobjective Immune Algorithm with Nondominated Neighbor-Based Selection[J]. Evolutionary Computation, 2008(16): 225-255.

[6] CHEN C, XU C, BIE R. et al. Artificial Immune Recognition System for DNA Microarray Data Analysis[C]. 2008 Fourth International Conference on Natural Computation, Jinan, 2008: 633-637.

[7] CARNAHAN J, SINHA R. Nature's algorithms [genetic algorithms][J]. IEEE Potentials, 2001(20): 21-24.

[8] SRINIVAS N, DEB K. Muiltiobjective Optimization Using Nondominated Sorting in Genetic Algorithms[J]. Evolutionary Computation, 1994(2): 221-248.

[9] SHANG R, ZHANG W, LI F, et al. Multi-objective artificial immune algorithm for fuzzy clustering based on multiple kernels[C]. 2017 IEEE Symposium Series on Computational Intelligence (SSCI), Honolulu, HI, 2017: 1-8.

[10] TEOH E J, CHIAM S C, GOH C K, et al. Tan. Adapting evolutionary dynamics of variation for multi-

objective optimization[C]. 2005 IEEE Congress on Evolutionary Computation, Edinburgh, Scotland, 2005(2): 1290-1297.

[11] AHMAD N H, RAHMAN T K A, AMINUDDIN N. Multi-objective quantum-inspired Artificial Immune System approach for optimal network reconfiguration in distribution system[C]. 2012 IEEE International Power Engineering and Optimization Conference Melaka, Malaysia, Melaka, 2012: 384-388.

[12] WANG J Q, CHEN J, QU T, et al. New entropy weight-based TOPSIS for evaluation of multi-objective job-shop scheduling solutions[C]. 2012 IEEE International Conference on Industrial Engineering and Engineering Management, Hong Kong, 2012: 464-468.

第5章 群智能算法

1975 年，美国 Michigan 大学的 John Holland 教授发表了其开创性的著作 *Adaptation in Natural and Artificial System*，对智能系统及自然界中的自适应变化机制进行了详细阐述，并提出了计算机程序的自适应变化机制，该著作的发表被认为是群智能（Swarm Intelligence）算法的开山之作。经过多年的发展，已经诞生了大量的群智能算法，包括粒子群优化（Particle Swarm Optimization，PSO）算法、蚁群优化（Ant Colony Optimization，ACO）算法、菌群优化（Bacterial Foraging Optimization，BFO）算法等。

5.1 粒子群优化算法

5.1.1 粒子群优化算法的基本原理

粒子群优化算法是在 1995 年由 Eberhart 和 Kennedy 共同提出的，他们主要利用生物学家 Hepper 的模型来对鸟群的捕食行为进行建模和仿真研究。在 Hepper 的仿真模型中，鸟群捕食行为的场景可以描述为：一群鸟聚集在栖息地，然后开始随机地寻找食物，它们不知道具体的食物地点在哪里，但是它们知道当前所在地和食物源之间的距离有多远。一开始，所有的鸟都无目的地飞行，假设鸟群中的鸟之间能够互相交换信息，而且每只鸟都能记住自己在飞行过程当前找到的最好位置，除此之外，每只鸟都还能记住鸟群中所有鸟中所找到的最好位置。基于以上假设，每只鸟都根据自己找到的当前最好位置及整个鸟群中的当前最好位置来确定自己的飞行方向和飞行速度，通过鸟群的不断飞行并更新两个最好位置，直到鸟群中有一只鸟发现了食物所在地，其他的鸟也跟着一起飞向食物所在地。受到鸟群这种集体觅食行为的启发，Eberhart 和 Kennedy 将鸟群的觅食行为类比为一个特定问题寻找最优解的过程，并最终提出粒子群优化算法。

5.1.2 基本粒子群优化算法

在粒子群优化算法中，对于一个由 m 个粒子所构成的群体，群体中的每个个体都可以被看作在 D 维搜索空间中的一个没有重量和体积的粒子，每个粒子都有个位置变量和一个飞行速度，它们分别表示待优化问题在搜索空间的可行解、粒子的搜索方向及步长，同时种群中每个粒子都有一个由被优化函数所决定的适应度值。当粒子以一定的速度飞行在搜索空间时，它的飞行速度是根据其自身以往的飞行经验及整个粒子群体以往的飞行经验来确定，粒子的位置根据自身以往的位置和当前的飞行速度来确定。

设 $X_i = (x_{i1}, x_{i2}, \cdots, x_{iD})$ 为第 i 个粒子 $(i=1,2,\cdots,m)$ 的 D 维位置矢量，根据待优化问题的适应度函数来计算 z_i 当前的适应度值，从而来判断粒子所处位置的优劣。$V_i = (v_{i1}, v_{i2}, \cdots, v_{id}, \cdots, v_{iD})$ 表示粒子 i 的飞行速度，$P_i = (p_{i1}, p_{i2}, \cdots, p_{id}, \cdots, p_{iD})$ 表示粒子 i 当前所找到的最优位置，而 $P_g = (p_{g1}, p_{g2}, \cdots, p_{gd}, \cdots, p_{gD})$ 则表示整个粒子群到当前为止所经历过的最优位置。

设 $f(X)$ 为最小化的目标函数，则粒子 i 的当前最好位置由式（5.1.1）来确定，即

$$P_i(t+1) = \begin{cases} P_i(t), & f(X_i(t+1)) \geqslant f(P_i(t)) \\ X_i(t+1), & f(X_i(t+1)) < f(P_i(t)) \end{cases} \quad (5.1.1)$$

若群体中有 m 个粒子，则群体中的所有粒子所经历的最优位置由式（5.1.2）来确定，即

$$P_g(t+1) \in \{P_1(t), P_2(t), \cdots, P_m(t)\} \mid f(P_g(t)) = \min\{f(P_1(t)), f(P_2(t)), \cdots, f(P_m(t))\} \quad (5.1.2)$$

在每次迭代过程中，粒子根据式（5.1.3）、式（5.1.4）来更新速度和位置，即

$$v_{id}(t+1) = v_{id}(t) + c_1 \cdot r_1 \cdot (p_{id}(t) - x_{id}(t)) + c_2 \cdot r_2 \cdot (p_{gd}(t) - x_{id}(t)) \quad (5.1.3)$$

$$x_{id}(t+1) = x_{id}(t) + v_{id}(t+1) \quad (5.1.4)$$

式中，$i = 1,2,\cdots, m$；$d = 1,2,\cdots, D$；t 为迭代次数；r_1 和 r_2 是取值在[0,1]之间的随机数，作用是保持群体的多样性；c_1 和 c_2 为学习因子，也称加速常数，它能够使粒子具有自我总结和向粒子群体中优秀个体学习的能力，从而使粒子能够向自己的历史最优位置和群体中的历史最优位置靠近。可以通过适当地调整这两个参数，来达到减少局部最小值困扰的目的，同时还能够加快算法的收敛速度，通常 c_1 和 c_2 的取值范围在 0～2。在优化的过程中，粒子有可能会跳出搜索空间，为了降低这种可能性，有必要对速度进行限制，因为速度太大会导致粒子跳过最优解，而速度太小又会造成粒子在搜索空间的搜索不充分。通常设 $v_{id} \in [v_{\min}, v_{\max}]$，$v_{\min}$ 和 $v_{\max}$ 是根据不同问题来进行设置的，另外人们也按照具体的问题来设置具体的搜索空间 $x_{id} \in [x_{\min}, x_{\max}]$。

从式（5.1.3)和式（5.1.4）可知，粒子飞行速度的更新由三部分来决定：第一部分为粒子 i 的前一次飞行速度 $v_{id}(t)$；第二部分为粒子 i 的当前位置和它本身的历史最好位置之间的距离 $(p_{id}(t) - x_{id}(t))$；第三部分为粒子 i 的当前位置与群体目前的最好位置之间的距离 $(p_{gd}(t) - x_{id}(t))$。从社会学的角度来描述，第一部分为粒子的先前速度，表示粒子对其自身运动状态的信任；第二部分为认知部分（Cognition Part），表示粒子对自身的学习过程；第三部分为社会部分（Social Part），表示粒子间的协作。式（5.1.3）表示粒子按照上一次迭代的速度、当前的位置及自身最好位置与群体最好位置之间的距离来更新速度，然后粒子根据式（5.1.4）来飞向新的位置 X^t。

5.1.3　带惯性权重的粒子群优化算法

基本的粒子群优化算法和其他进化算法相比，虽然具有设置参数少，寻找最优区域速度快的优点，但是基本的粒子群优化算法也存在较多的问题，如局部的寻优能力较差，容易产生早熟收敛，以及当迭代的次数趋于无穷大时，算法不能够以概率 1 收敛于全局最优解等问题。为了改善基本的粒子群优化算法的收敛性能，Shi 和 Eberhart 在该算法的基础上，将惯性权重引入该算法迭代公式中的速度项中，并将这种改进后的粒子群优化算法称为标准的 PSO 算法。基本粒子群优化算法的速度更新公式包含了三个部分：第一部分表示的是粒子前一次迭代的速度 $v_{id}(t)$；第二部分和第三部分分别为 $(p_{id}(t) - x_{id}(t))$ 和 $(p_{gd}(t) - x_{id}(t))$，它们表示粒子对速度的调整。如果没有后面的第二部分和第三部分，那么粒子将会以同样的速度向一个方向飞行，直到最后达到边界，由此可知在这种情况下粒子有很可能会找不到最优解。如果没有第一部分，那么粒子的飞行速度仅由它们的当前位置及历史最优位置来决定，而且粒子群优化算法的搜索空间也会随着进化而变得更小。所以当没有第一部分时，基本的粒子群优化算法更像局部最优算法。对于不同的优化问题，如

何确定全局搜索能力和局部搜索能力的比例关系是非常重要的。考虑到这个问题，并根据以上的分析，Shi 和 Eberhart 对算法做了改进，将一个惯性权重添加到基本粒子群优化算法的速度更新公式中，改进之后为

$$v_{id}(t+1) = w \cdot v_{id}(t) + c_1 \cdot r_1 \cdot (p_{id}(t) - x_{id}(t)) + c_2 \cdot r_2 \cdot (p_{gd}(t) - x_{id}(t)) \tag{5.1.5}$$

$$x_{id}(t+1) = x_{id}(t) + v_{id}(t+1) \tag{5.1.6}$$

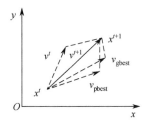

图 5.1.1　粒子调整位置示意图

惯性权重 w 所起的作用是权衡局部搜索能力和全局搜索能力。图 5.1.1 所示的是粒子调整位置示意图。

当惯性权重 w 取值为 1 时，式（5.1.5）和式（5.1.3）一样，这表明了带惯性权重的粒子群优化算法是基本粒子群优化算法的一种扩展形式，也可以说基本的粒子群优化算法是带惯性权重粒子群优化算法的一个特例。为了检测惯性权重 w 对粒子群优化算法性能的影响，Shi 和 Ebe-Hart 做了大量的仿真实验，仿真实验结果表明，w 的取值范围在区间[0, 1.4]内效果比较好。当 w 的取值范围在区间[0, 0.8]内时，此时如果最优解是在初始的搜索空间之内，那么带惯性权重的粒子群优化算法将会比较容易地搜索到全局最优解，并且它所耗费的搜索时间也很短；如果最优解不是在初始的搜索空间内，那么算法将会搜索不到全局最优解。当 w 取值在区间[0.8, 1.2]内时，算法会有很大概率寻找到全局最优解，但是在算法的总迭代次数上会比上面所述的这种情况要多一些。当 w 取值范围在区间[1.2, 1.4]内时，该算法的全局搜索能力较强，而且它总能探索新的区域。基于以上对惯性权重取值的分析，通常情况下 w 不会设置为一个固定的值，而是设置为一个随时间增加而线性减少的函数，以使得粒子群优化算法在迭代初期具有较强的全局收敛能力，在迭代晚期具有较强的局部收敛能力。根据相关文献，建议惯性权重 w 的函数形式为

$$w = \frac{t_{\max} - t}{t_{\max}} (w_{\max} - w_{\min}) + w_{\min} \tag{5.1.7}$$

式中，$w_{\max}$ 表示最大的惯性因子；$w_{\min}$ 表示最小的惯性因子；t 表示当前的迭代次数；$t_{\max}$ 表示最大的迭代次数。

该函数使粒子群优化算法在迭代刚开始时倾向于开掘，然后逐渐地转向开拓，从而在局部区域调整解。这些改进使粒子群优化算法的性能得到了很大的提高，改进之后的这种算法称带惯性权重的粒子群优化算法，也称标准的粒子群优化算法。

5.1.4　带收缩因子的粒子群优化算法

针对前面提到过的基本的粒子群优化算法的缺点，1999 年 Clerc 将收缩因子的概念引入到该算法中，提出了一种带收缩因子的粒子群优化算法。该算法描述了一种选择 w，c_1 和 c_2 的值的方法，以确保算法收敛。通过正确地选择这些控制参数，就没有必要将 v_{id} 的值限制在区间[$v_{\min}, v_{\max}$]内。收缩因子 χ 是一个关于参数 c_1 和 c_2 的函数，带收缩因子的粒子群优化算法的速度进化方程为

$$v_{id}(t+1) = \chi \cdot [v_{id}(t) + c_1 \cdot r_1 \cdot (p_{id}(t) - x_{id}(t)) + c_2 \cdot r_2 \cdot (p_{gd}(t) - x_{id}(t))] \tag{5.1.8}$$

$$\chi = \frac{2}{\left| 2 - l - \sqrt{l^2 - 4l} \right|}, \quad l = c_1 + c_2, \ l > 4 \tag{5.1.9}$$

在 Clerc 的带收缩因子的粒子群优化算法中，设 $c_1=c_2=2.05$，则 $l=4.1$，由式（5.1.9）得出 $\chi=0.729$，并将 χ 代入式（5.1.8）可得

$$v_{id}(t+1)=0.729\cdot[v_{id}(t)+2.05\cdot r_1\cdot(p_{id}(t)-x_{id}(t))+2.05\cdot r_2\cdot(p_{gd}(t)-x_{id}(t))] \qquad (5.1.10)$$

此时式（5.1.10）与带惯性权重的粒子群优化算法在 $w=0.729$，$c_1=c_2=1.496$ 时的结果是一样的。

　　Clerc 在推导带收敛因子的粒子群优化算法时，认为不再需要最大的速度限制了。但是后来大量的实验仿真和应用研究的结果表明，设置最大的速度限制可以改善算法的性能。Shi 和 Eberhart 分别利用 v_{max} 和收缩因子来控制粒子速度的两种算法性能做了比较，结果表明，后者比前者通常具有更好的收敛率。然而在有些测试函数的求解过程中，使用收缩因子的 PSO 算法在给定迭代次数内无法达到全局极值点。按照 Shi 和 Eberhart 的观点，这是由于微粒偏离所期望的搜索空间太远而造成的。为了减小这种影响，他们建议在使用收缩因子时首先对算法进行限定，如设置参数 $v_{max}=x_{max}$，或者预先设置搜索空间的大小。这样可以改进算法对所有测试函数的求解性能，不管是在收敛率方面还是在搜索能力方面。

　　从式（5.1.10）及数学上的分析来看，惯性权重 w 和收缩因子 χ 这两个参数是等价的，但是相关文献的研究表明，带惯性权重的粒子群优化算法在求解复杂函数过程中的效果要稍微好于带收缩因子的粒子群优化算法，而带收缩因子的粒子群优化算法在求解单模的函数问题时的优化效果则优于带惯性权重的粒子群优化算法。

5.2 蚁群优化算法

5.2.1 蚁群优化算法的原理

　　蚁群优化是蚁群优化算法的核心内容，其原理可大致描述为：蚂蚁群体之间存在着一种合作行为，蚂蚁在外出寻找食物时，通过群体之间的协作，能够很容易地找出一条自蚂蚁巢穴出发到达最终目标食物点的最短路径。人们通过大量的研究发现，蚂蚁在外出寻找食物时，会在相应走过的路径上留下一种叫信息素（Pheromone）的物质，促使个体之间进行交流以传递信息，从而快速地找出一条最短路径。

　　为了能够更清楚地理解蚁群优化算法的基本原理，通常借助于旅行商（Traveling Salesman Problems，TSP）问题对其进行表述：假设 $C=\{c_1,c_2,\cdots,c_n\}$ 代表 n 个城市的集合，$L=\{l_{i,j}\,|\,c_i,c_j\subset C\}$ 代表 C 中城市之间两两连接的集合，$d_{i,j}(i,j=1,2,\cdots,n)$ 是 $l_{i,j}$ 的欧式距离，$G=(C,L)$ 是一个有向图。TSP 问题就是寻找有向图 G 中长度最短的 Hamilton 图。

　　对于蚁群优化算法所描述的 TSP 问题，算法中设定：蚂蚁数目为 m，城市 i 到城市 j 的距离为 $d_{i,j}(i,j=1,2,\cdots,n)$，$t$ 时刻路线 i,j 上的信息素值为 $t_{i,j}(t)$。初始时刻，各路径上的信息素值均相等，设为 $t_{i,j}(0)=$ 常数，蚂蚁 $k(k=1,2,\cdots,m)$ 依照路径上的信息素值选择下一步将要移动的方向，t 时刻蚂蚁 k 由城市 i 转移到城市 j 由转移概率 $P_{i,j}^k(t)$ 决定。转移概率为

$$p_{i,j}^k(t)=\begin{cases}\dfrac{\tau_{i,j}^{\alpha}(t)\eta_{i,j}^{\beta}(t)}{\sum\limits_{n\notin Tabu_k}\tau_{i,n}^{\alpha}(t)\eta_{i,n}^{\beta}(t)},&n\notin Tabu_k\\0,&\text{其他}\end{cases} \qquad (5.2.1)$$

式中，$Tabu_k$ 为禁忌表，表示蚂蚁下一步不允许选择的城市；$\eta_{i,j}$ 表示由城市 i 到城市 j 转移的可见度，其一般表示为 $\eta_{i,j}=1/C_{i,j}$，这里的 $C_{i,j}$ 通常是由距离来衡量；而 α 和 β 是分别用来控制信息素 $t_{i,j}(t)$ 以及可见度 $\eta_{i,j}$ 的相对重要程度的两个可变参数。

经过 n 个时刻后，蚂蚁完成一次循环，对路径上的信息素进行一次更新，信息素的更新公式为

$$\tau_{i,j}(t+n) = \rho \cdot \tau_{i,j}(t) + \Delta\tau_{i,j} \tag{5.2.2}$$

$$\Delta\tau_{i,j} = \sum_{k=1}^{m} \Delta\tau_{i,j}^{k} \tag{5.2.3}$$

$$\Delta\tau_{ij}^{k} = \begin{cases} \dfrac{Q}{L_k}, & \text{如果蚂蚁} k \text{本次循环经过}(i,j) \\ 0, & \text{否则} \end{cases} \tag{5.2.4}$$

式中，ρ 表示路径上信息素的挥发系数；$\Delta\tau_{i,j}^{k}$ 表示第 k 只蚂蚁当前遗留在路径 i 到 j 上的信息量；$\Delta\tau_{i,j}$ 表示当前循环路径上的信息素增量；Q 为给定的常数；L_k 代表本次循环中蚂蚁 k 所走过的路径。

5.2.2　蚁群优化算法的改进思路

蚁群优化算法具备较好的全局搜索能力，但是也存在算法收敛速度慢以及容易陷入局部最优值等问题，总结归纳由以下原因造成。

（1）初始信息素值相同，前期蚂蚁决策选择哪一条路线时信息素的作用很微弱，可忽略不计，蚂蚁路径甚至朝着相反的方向行走，这是导致蚁群优化算法前期搜索效率低下的关键原因。

（2）蚁群优化算法中参数个数多且具有一定关联性，尽管蚁群优化算法目前的应用领域宽泛，但并没有明确计算的一组参数数据可以适应于任何环境场合，因此参数选取对算法的影响很大。

（3）如果强调算法收敛速度快，那么必然会导致算法解空间的多样性变小，不能保证求得全局最优解；反之，如果强调解的多样性，那么收敛速度就会相应变慢，如何寻求收敛性和解空间多样性的平衡点是关键。

（4）蚁群一次迭代结束后会对信息素进行更新，随着蚁群多次迭代，所有可行路线中蚂蚁只会在几条最优路径中搜索，正反馈机制尽管最后能淘汰掉较差的路线，但是并不能保证最终寻到的是全局最优解，也有可能是局部最优解。

（5）蚁群优化算法由于禁忌表的限制以及复杂环境下障碍物的影响，使蚁群搜索只能向前不能后退，很容易造成"死锁"现象。

对于上述基本蚁群优化算法自身缺陷的原因，可以对蚁群优化算法采取如下几种途径进行改进。

（1）从初始信息素分布入手，在算法前期不均匀分配初始信息素，加强先验路径信息指导全局寻找最优路径能力。

（2）目前没有一组适应于各种场合下的算法参数值，也没有相应的参数计算公式，大多数依据经验选取，合理地选择参数值是提升算法性能的一个办法。

（3）蚂蚁的概率转移只受信息素和路径距离两个因素的影响，忽略了障碍物因素，可

以增添新的搜索策略，改进转移概率公式，在选择最优路径的同时尽可能提高算法解空间的多样性。

（4）信息素更新方式过于单一，每次迭代完成后只一味地全局信息素更新存在很大的盲目性，依据优胜劣汰法则，找出求得的最优解和最差解分别进行针对性处理，避免所求的解非最优解。

（5）合理利用基本蚁群优化算法的正反馈特性，同时加入一些负反馈机制，提高算法的全局搜索能力。

5.3　菌群优化算法

菌群优化（BFO）算法是模仿大肠埃希菌（俗称大肠杆菌）在人体肠道内吞噬食物行为的一种仿生学算法，与其他群智能仿生算法相似，该算法中细菌种群里的每个个体都是问题的一个解，用细菌的状态表示优化问题的解，而每个个体都根据自己的位置及种群其他细菌传递过来的信息不断更新自己的状态，并产生新的解，通过个体间的协作和竞争实现全局搜索。

5.3.1　菌群优化算法的原理

菌群优化算法包括以下三个步骤：趋化行为、繁殖行为和迁徙/驱散行为。

1. 趋化行为

大肠埃希菌向营养值高的区域聚集的行为称为趋化行为。在觅食过程中，大肠埃希菌的趋化行为主要分为前进和翻转两种运动。翻转是指当细菌所在区域食物浓度未知或者相对匮乏时，细菌随机选择某个方向移动单位步长；根据翻转后的位置计算适应度值，若适应度值得到改善，将沿前一方向继续移动若干单位步长，该过程为前进。但是前进不是无限制的，移动若干步之后若适应度值不再改善甚至更差，或达到规定的移动步数上限，就停止前进，此时细菌即完成了一次完整的趋化运动。大肠埃希菌就是在不断地翻转和前进运动中逐步向营养富集区趋化和聚集的。

设 S 是一个细菌种群中细菌的数量，初始化细菌位置，即

$$P = \min + \text{rand} \times (\max - \min) \tag{5.3.1}$$

式中，$\min$ 和 $\max$ 是细菌所在区域的坐标边界；rand 为均匀分布在区间[0, 1]内的随机数。

$P(i, j, k, l)$ 表示细菌 i 在第 j 次趋化操作、第 k 次繁殖操作和第 l 次迁徙操作后的位置。细菌进行趋化操作时的位置更新公式为

$$P(i, j+1, k, l) = P(i, j, k, l) + C(i) \frac{\Delta(i)}{\sqrt{\Delta^T(i)\Delta(i)}} \tag{5.3.2}$$

式中，$C(i)$ 表示趋化的步长；$\Delta(i)$ 为细菌进行翻转运动时随机选择的方向向量，$\dfrac{\Delta(i)}{\sqrt{\Delta^T(i)\Delta(i)}}$ 表示单位步长向量，即翻转的方向向量。

由于菌群优化算法描述的是群体智能算法，因此细菌不是独立的个体。细菌在觅食过程中出现群聚现象，各个细菌之间通过内部的交流协作完成觅食过程，这样大大扩展它们对环境的适应从而提高存活率。因此，基于细菌种群内部的感应机制的适应度采用 J_{cc} 表示

$$J_{cc}(i,j,k,l)=\sum_{i=1}^{s}[-d_{\mathrm{attract}}\exp(-w_{\mathrm{attract}}\sum_{n=1}^{p}(P(i,j,k,l)-P(1:s,j,k,l))^{2})]+$$

$$\sum_{i=1}^{s}[h_{\mathrm{repellant}}\exp(-w_{\mathrm{repellant}}\sum_{n=1}^{p}(P(i,j,k,l)-P(1:s,j,k,l))^{2})] \tag{5.3.3}$$

其中，式（5.3.3）的前一部分表示细菌种群内部的引力，后一部分表示斥力。d_{attract} 表示吸引剂的数量；w_{attract} 表示吸引剂释放速度；$h_{\mathrm{repellant}}$ 表示排斥剂数量；$w_{\mathrm{repellant}}$ 表示排斥剂释放速度。

因此，细菌每次趋化后的适应度函数可以表示为

$$J(i,j,k,l)=J(i,j,k,l)+J_{cc}(i,j,k,l) \tag{5.3.4}$$

式中，$J(i,j,k,l)$ 表示细菌 i 在迁徙 l 次、繁殖 k 次、趋化 j 次操作后的适应度值，细菌通过比较和判断每次趋化后的适应度值来进行全局寻优。

2. 繁殖行为

菌群优化算法中将细菌进行趋化操作的时间定义为细菌的生命周期，细菌遵循自然界"适者生存，优胜劣汰"的原则进行进化，当细菌生命周期结束时，适应能力差的部分细菌将因缺少足够的食物营养而走向死亡，而适应能力强的部分细菌将继续繁殖。因此，为了判断细菌整个生命周期内的适应能力的强弱，定义趋化过程中细菌的适应度值累加和为细菌的健康度值。因而，定义如下的健康度函数，即细菌适应度值的累加和，则有

$$\mathrm{Jhealth}(i)=\sum_{j=1}^{N_{c}}J(i,j,k,l) \tag{5.3.5}$$

式中，$\mathrm{Jhealth}(i)$ 表示第 i 个细菌在一个生命周期内的健康度；N_{c} 表示细菌趋化的最大次数。

通过计算每个细菌的健康度值，然后将健康度值进行排序，淘汰掉健康度值差的一半细菌，而健康度值较好的另一半细菌将会进行繁殖进化，分裂（复制）成两个与母细菌具有相同的生物特性的子细菌。这样维持种群数目不变，并且进化保留了适应能力强的细菌。

3. 迁徙/驱散行为

细菌生活的区域环境并不一定是一成不变的，食物也不是无穷无尽的，食物浓度高的地方不可能一直高，环境温度的降低或者升高会改变细菌的生存环境，同时食物也会随着时间的推移而不断消耗，如果继续滞留在同一个地方，那么可能会导致该区域内细菌群体的消亡。这种迁徙行为（也称驱散行为）破坏了细菌的趋向性，阻止部分细菌聚集，大部分细菌聚集的地方未必是整个大区域内食物浓度最高的地方，迁徙是为了避免细菌聚集到局部最高，所以也有可能使细菌寻找到新的更好的觅食区域。对于比较复杂的优化问题，如果只进行趋化和繁殖操作，那么可能导致算法早熟收敛，为了提高全局寻优能力，菌群优化算法引入迁徙操作以防止陷入局部最优。

细菌在进行若干次繁殖后，将以一定概率 P_{ed} 被驱散到搜索空间中任意位置。我们用式（5.3.1）来重新初始化被驱散的细菌位置，而其余的细菌则保持原来的位置和适应度值等信息不变。

4. 菌群优化算法流程

菌群优化算法流程如图 5.3.1 所示。

（1）初始化菌群参数。S 为细菌种群规模数（为了繁殖的需要，取偶数，为了简化计算，规定繁殖过程中细菌总数保持不变）；N_{c} 为趋化次数；N_{re} 为繁殖次数；N_{ed} 为迁徙次数；P_{ed} 为迁徙概率；N_{s} 为前进上限次数；p 为维度；$C(i)$ 为步长。

（2）迁移循环 $l \leftarrow l+1$；繁殖循环 $k \leftarrow k+1$；趋化循环：$j \leftarrow j+1$；用 $P(1, i, j, k, l)$ 和 $P(2, i, j, k, l)$ 表示细菌 i 在第 j 次趋化操作、第 k 次繁殖操作和第 l 次迁徙操作后的空间位置坐标，其中 1 和 2 分别表示横坐标和纵坐标。

（3）细菌进入趋化操作循环。按照式（5.3.2）进行翻转，并按式（5.3.4）计算细菌适应度值，若发现效果更好，则沿着前一方向前进若干步，直到适应度值不再变好或达到规定上限代数 N_s。

（4）细菌进入繁殖操作循环。当细菌完成趋化操作后，统计每个细菌适应度值并求和得到每个细菌的健康度值，然后对健康值进行排序，淘汰健康值较差的一半细菌，对健康值较好的一半细菌进行分裂繁殖。

（5）细菌进入迁徙操作循环。在细菌繁殖若干次后，对每个细菌均随机生成一个概率 rand，并将它与迁徙概率 P_{ed} 进行比较，若随机概率 rand 大于 P_{ed}，则不进行迁徙，直接复制保留上一代的位置和适应度值等信息；若随机概率 rand 小于 P_{ed}，则将细菌随机迁徙到空间任意位置，即按照式（5.3.1）重新初始化细菌的位置。

（6）循环停止条件判断，若不满足停止条件，则继续循环执行步骤（2）；否则，输出结果。

5.3.2　菌群优化算法寻优过程细菌分布

以简单二维 Sphere 函数、多峰函数 1、Shaffer's F6 函数和 Needle-in-haystack 函数 4 个典型函数为代表，分析菌群优化算法在寻优过程中的细菌分布，其中每个图中点(0,0)处及点

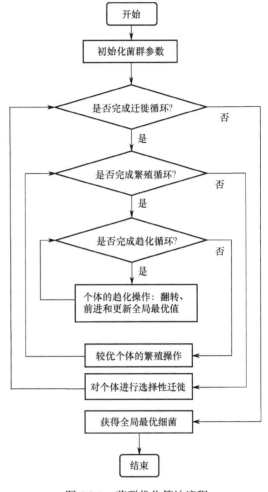

图 5.3.1　菌群优化算法流程

(−512,−512)处的标记表示全局最优值点，六角形表示细菌，图中横坐标和纵坐标表示细菌寻优范围。

Sphere 函数为

$$f(x, y) = x^2 + y^2 \tag{5.3.6}$$

式中，$-100 \leqslant x, y \leqslant 100$，此函数全局极小值为 0，极小值点为(0,0)，优化最小值小于 10^{-3} 认为收敛。Sphere 函数细菌分布图如图 5.3.2 所示。

多峰函数 1 为

$$f(x, y) = -x\sin\sqrt{|y+1-x|}\cos\sqrt{|y+1+x|} - (y+1)\cos\sqrt{|y+1-x|}\sin\sqrt{|y+1+x|} \tag{5.3.7}$$

式中，$-512 \leqslant x, y \leqslant 512$，此函数只有一个全局极大值 511.7319，全局极大值点为点 (−512, −512)，但是有无限多局部极大点，优化结果较复杂，容易陷入局部极大值。当优化结果大于 511 时认为算法收敛。多峰函数 1 细菌分布如图 5.3.3 所示。

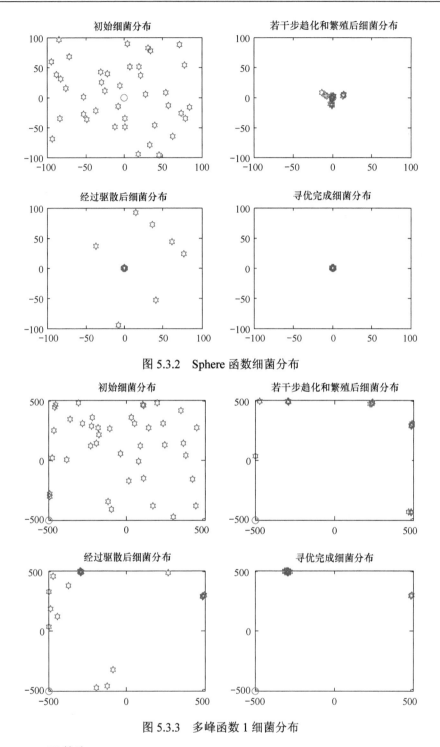

图 5.3.2　Sphere 函数细菌分布

图 5.3.3　多峰函数 1 细菌分布

Shaffer's F6 函数为

$$f(x,y) = 0.5 - \frac{\sin^2\sqrt{x^2+y^2} - 0.5}{(1 + 0.001(x^2+y^2))^2} \tag{5.3.8}$$

式中，$-100 \leqslant x, y \leqslant 100$，此函数只有一个全局极大值 1，极大值点为 (0,0)，但是有无限多个局部极大值点，搜索最大值大于 0.995 认为收敛。Shaffer's F6 函数细菌分布如图 5.3.4 所示。

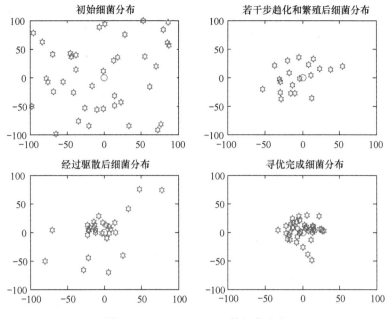

图 5.3.4　Shaffer's F6 函数细菌分布

Needle-in-haystack 函数为

$$f(x,y) = \left(\frac{3}{0.05 + x^2 + y^2} \right)^2 + (x^2 + y^2)^2 \tag{5.3.9}$$

其中，$-5.12 \leqslant x, y \leqslant 5.12$，优化目标为求取函数极大值，全局极大值为 3600，极大值点为(0,0)，有 4 个局部极大值点对称分布于(+5.12,+5.12)，(-5.12,-5.12)，(+5.12,-5.12)，(-5.12,+5.12)，当优化结果大于 3599 时，认为算法收敛。Needle-in-haystack 函数细菌分布如图 5.3.5 所示。

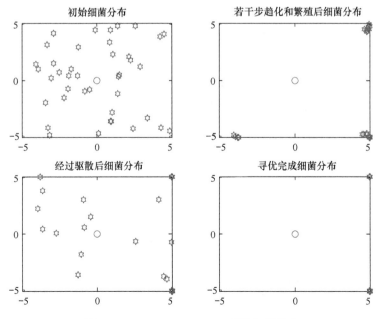

图 5.3.5　Needle-in-haystack 函数细菌分布

从以上细菌寻优过程可以看出:对于 Sphere 函数,寻优比较简单并且很顺利;多峰函数 1 的全局最优值在点(-512,-512)处,但是此函数有无数多个局部最优值,所以细菌也很难聚集在全局最优处;而对于 Shaffer's F6 函数,由于是多峰函数,有无穷多个局部极大值点,并且不同的极大值之间有谷峰存在,因此细菌很难寻优,无法聚集在全局极大值处;在 Needle-in-haystack 函数中,极大值点周围函数的适应度值非常小,只在全局极大值点处适应度值像脉冲似的突然增大,因此细菌也很难寻优,同时却更容易聚集到 4 个局部极大值处。

5.3.3 菌群优化算法性能测试

对以上 4 个测试函数,分别用菌群优化算法和遗传算法各优化 20 次。算法的参数选择对于算法的性能影响非常大,对于菌群优化算法,若种群规模太小,则种群多样性大大降低,而且不容易收敛全局最优值;若种群规模太大,则运算复杂度较高,增加了算法的运行时间,影响算法收敛速度,所以一般取 $S = 40$。若趋化代数和繁殖代数值越小,则不容易找到全局最优解;反之若太大则增加算法规模,所以一般取 $N_c = 50$,$N_{re} = 5$。对于迁徙代数和迁徙概率,若设置太大,则近似于无穷搜索,体现不出算法的优势;若设置太小,则显示不出迁徙的作用,$N_{ed} = 2$,$P_{ed} = 0.25$。细菌在趋化过程中,前进的最大步数一般设置为 $N_s = 4$。为了保证细菌种群内部个体之间的良好协作,吸引剂释放数量 $d_{attract} = 0.1$,吸引剂释放速度 $w_{attract} = 0.2$,排斥剂释放数量 $h_{repellant} = 0.1$,排斥剂释放速度 $w_{repellant} = 2$。步长取太大容易跳过全局最优值,导致无法寻优,如果取太小则收敛太慢,所以根据细菌寻优范围大小而定,一般取 $C(i) = 0.1$ 或者更小;在遗传算法中,种群规模 $n = 40$,染色体长度 length $= 44$,交叉概率 $p_c = 0.7$,变异概率 $p_m = 0.15$,限定代数 maxgen $= 500$。则仿真结果如图 5.3.6 所示。

由上一节寻优过程细菌分布图及本节实验结果图可以看出:对于遗传算法而言,菌群优化算法在平滑函数中寻优特性非常好,也比较精确,但是在多峰函数 1 及 Shaffer's F6 函数、Needle-in-haystack 函数等一些典型函数中,虽然菌群优化算法的效果仍然比遗传算法的效果好,但是两者寻优都不是很理想,甚至无法寻找到全局极大值,很容易陷入局部最优。由于细菌的翻转和前进步骤是一种连续的运动,只有在平滑的空间才能表现出很好的效果,而在复杂函数中就很容易失效。

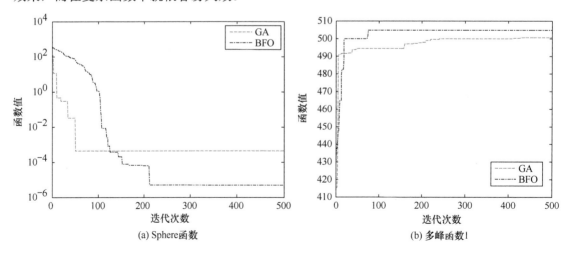

(a) Sphere函数　　　　　　　　(b) 多峰函数1

图 5.3.6　4 种测试函数的性能测试结果比较

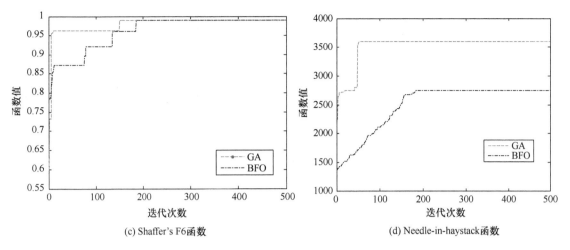

(c) Shaffer's F6函数　　　　　　　(d) Needle-in-haystack函数

图 5.3.6　四种测试函数的性能测试结果比较（续）

5.3.4　菌群优化算法的改进

1．翻转操作的改进

为了更好地模拟细菌的觅食行为，本节对菌群优化算法的趋化过程进行改进，使其更加符合细菌的觅食过程。已有的一些文献中将细菌的前进方向设为完全随机的，然而真实的细菌翻转并不是完全随机的，种群中的细菌对当前细菌的前进有引导作用。这里考虑细菌朝当前最优细菌位置的方向前进，如图 5.3.7 所示。

图 5.3.7 中，假设待优化问题为二维，$\theta^i(j,k,l)$ 为当前细菌所处位置，θ_{best} 表示种群中当前细菌所处的位置，则细菌的前进方向，即

$$R(i) = \frac{(\theta_{\text{best}} - \theta^i(j,k,l))}{\sqrt{(\theta_{\text{best}} - \theta^i(j,k,l))^T (\theta_{\text{best}} - \theta^i(j,k,l))}} \qquad (5.3.10)$$

因此，细菌的趋化过程可以表示为

$$\theta^i(j+1,k,l) = \theta^i(j,k,l) + C \cdot R(i) \qquad (5.3.11)$$

式中，C 表示前进的步长。

2．前进操作的改进

经典菌群优化算法假设细菌的前进过程是沿直线的，而实验表明真实的细菌前进过程并不能完全保证直线前进。因此，我们考虑让细菌曲折前进以更好地模仿细菌的觅食行为。对细菌的前进过程加上扰动之后，从理论上讲可以使细菌更好地对局部地区进行精确探索。细菌转弯前进示意图如图 5.3.8 所示。

从图 5.3.8 可以看出，细菌的每一步前进的过程都有一个扰动，并且都有可能落在半径为 r 的圆内的任何位置，而下一步又都朝着这个方向继续前进。因此，细菌的搜索范围不是 N_s 个点，而是 N_s 个以 r 为半径的圆。图 5.3.8 所示的过程，可以用式（5.3.12）表示

$$\theta^i(j+1,k,l) = \theta^i(j,k,l) + C \cdot R(i) + r \cdot \text{rand} \qquad (5.3.12)$$

式中，r 表示扰动半径。

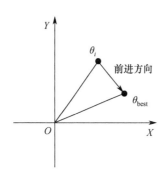
图 5.3.7　细菌前进方向示意图

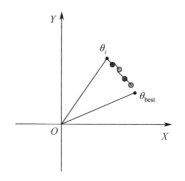
图 5.3.8　细菌弯转前进示意图

5.4　应用实例

5.4.1　基于粒子群优化算法的矢量量化码书设计

基于粒子群优化算法的图像矢量量化码书设计主要是利用了标准的粒子群优化算法的全局搜索性能，使每个粒子都对需要聚类的图像训练矢量进行聚类和搜索，每个粒子都可以得到一组码书，并更新胞腔的质心。若算法满足终止条件，则输出最好的那组码书；否则，再重新进行聚类、优化码书，直到生成性能足够好的码书为止。

设在基于粒子群的矢量量化码书设计中，图像训练矢量的维数为 d，码书的尺寸为 $n \times d$，即码书有 n 个码字，每个码字的维数也是 d。标准的粒子群优化算法采用的是实数编码方式，并且每个编码都对应着一个可行解。在矢量量化码书设计算法中，采用了基于聚类中心的编码方式，换句话说就是每个粒子的位置都由 n 个聚类中心构成，即一个粒子对应着一个有 n 个码字的码书。除粒子的位置外，还有粒子的速度和适应度值，对于一个图像训练矢量的维数为 d 的情况，粒子的位置 Y（码书）是一个 $n \times d$ 维的变量。同样，粒子的速度 V 也是一个 $n \times d$ 维的变量。下面给出粒子的编码方式和粒子适应度函数的选择。

1．粒子的编码方式

如上文所述，在本节的粒子群矢量量化码书设计中，每个粒子都表示一个码书，整个粒子群表示多个码书的集合，该算法的目的就是迭代优化多个码书，并得到最优的码书。粒子的位置和速度表示为

$$Y_i = \begin{bmatrix} y_{i11} & y_{i12} & \cdots & y_{i1d} \\ y_{i21} & y_{i22} & \cdots & y_{i2d} \\ \vdots & \vdots & \ddots & \vdots \\ y_{in1} & y_{in2} & \cdots & y_{ind} \end{bmatrix} \tag{5.4.1}$$

$$V_i = \begin{bmatrix} v_{i11} & v_{i12} & \cdots & v_{i1d} \\ v_{i21} & v_{i22} & \cdots & v_{i2d} \\ \vdots & \vdots & \ddots & \vdots \\ v_{in1} & v_{in2} & \cdots & v_{ind} \end{bmatrix} \tag{5.4.2}$$

式中，Y_i 表示种群中的第 i 个粒子的位置，同时也表示码书；V_i 则表示第 i 个粒子的速度。码书的尺寸为 $n \times d$，即码书有 n 个码字，码书的维数为 d。

2．适应度函数的选择

通常衡量码书设计质量的标准是训练矢量和最近码字之间的均方误差 D，在图像压缩应用中，峰值信噪比 PSNR 常用来作为评价标准。在本节中，采用的是峰值信噪比作为适应度函数。设图像训练矢量为 $X = \{x_1, x_2, \cdots, x_m\}$，码书（粒子的位置）为 $Y = \{y_1, y_2, \cdots, y_n\}$，训练矢量和码字的维数为 d，则峰值信噪比的表达式为

$$PSNR = 10 \lg \frac{255^2 \cdot d}{D} \tag{5.4.3}$$

$$D = \frac{1}{m} \sum_{i=1}^{m} \min_{1 \leqslant j \leqslant n} d(x_i, y_j) \tag{5.4.4}$$

由于需要训练矢量和最近码字之间的均方误差越小越好，而 PSNR 值与均方误差 D 成反比关系，所以本节中 PSNR 值越大，表示码书的性能越优良。

3．算法流程描述

（1）种群的初始化。将输入的训练图像分成不重叠的子块，生成训练矢量，并用 $X = \{x_1, x_2, \cdots, x_m\}$ 来表示，矢量的个数为 m，维数为 d。随机地从生成的训练矢量中选取 n 个矢量组成一个码书 $Y = \{y_1, y_2, \cdots, y_n\}$，码书的维数为 d，此码书即粒子的初始位置，初始位置向量中的数据用像素的灰度值来表示。初始化粒子的初始速度为 $[0]_{n \times d}$，粒子个体最优位置 P 为 $[0]_{n \times d}$，P 的适应度值为 0。对上述操作重复 k 次，即生成大小为 k 的种群 $Y^{(i)}(t) = \{y_1^{(i)}(t), y_2^{(i)}(t), \cdots, y_n^{(i)}(t)\}$，$i = 1, 2, \cdots, k$，初始化粒子的全局最优位置 P_g 为 $[0]_{n \times d}$，P_g 的适应度值为 0，设迭代次数 $t = 1$。

（2）计算每个粒子（每个码书）的峰值信噪比，并与此时粒子的个体最优位置 P 的峰值信噪比相比较，若前者的效果更好，则更新 P，否则保持 P 不变。更新关系为

$$P^{(i)}(t) = \begin{cases} P^{(i)}(t-1), & PSNR(Y^{(i)}(t)) < PSNR(P^{(i)}(t-1)) \\ Y^{(i)}(t), & PSNR(Y^{(i)}(t)) \geqslant PSNR(P^{(i)}(t-1)) \end{cases} \tag{5.4.5}$$

式中，$P^{(i)}(t)$ 表示第 i 个粒子在第 t 次迭代时的个体最优位置。

（3）对于当代种群中的每个粒子（每个码书），选出峰值信噪比最大的一个来更新全局最优位置，更新关系为

$$P_g(t) = \arg\max(PSNR(Y^{(i)}(t), i = 1, 2, \cdots, k)) \tag{5.4.6}$$

（4）对粒子的位置和速度进行更新，更新公式为

$$V_j^{(i)}(t+1) = w \cdot V_j^{(i)}(t) + c_1 \cdot r_1 \cdot (P_j^{(i)}(t) - Y_j^{(i)}(t)) + c_2 \cdot r_2 \cdot (P_{gj}(t) - Y_j^{(i)}(t)) \tag{5.4.7}$$

$$Y_j^{(i)}(t+1) = Y_j^{(i)}(t) + V_j^{(i)}(t+1) \tag{5.4.8}$$

式中，上标 i 表示第 i 个粒子；下标 j 表示第 j 维分量，$j = 1, 2, \cdots, n$；c_1 和 c_2 为加速常数；r_1 和 r_2 为取值在区间[0, 1]内的随机数；w 为惯性权重。

（5）若 P_g 的适应度值达到设定的值或算法迭代完毕，则算法结束，并输出当前最优码书（粒子）；否则，$t = t+1$，转到步骤（2）。

5.4.2　基于蚁群优化算法的 LTE 系统信号检测研究

LTE 系统信号检测的 ML 准则可重写为

$$\hat{x} = \arg\min_{x \in \Omega} \|y - Hx\|^2 = \arg\max_{x \in \Omega} [2x^{\mathrm{T}} H^{\mathrm{T}} y - x^{\mathrm{T}} H^{\mathrm{T}} H x] \tag{5.4.9}$$

故 LTE 系统信号检测问题可转化为求解离散空间上的最大值问题，这里设定 LTE 系统检测的目标函数为

$$\Omega(x) = 2x^{\mathrm{T}}H^{\mathrm{T}}y - x^{\mathrm{T}}H^{\mathrm{T}}Hx \qquad (5.4.10)$$

由于这里的 $\Omega(x)$ 值是可正可负的，为了确保适应度函数的非负性，这里对蚁群优化算法的适应度函数做如下设计，引入一个 μ 因子（仿真中一般取值 0.05），并将式（5.4.10）取 e 的指数次，即

$$f(x) = \exp(\mu \cdot \Omega(x)) \qquad (5.4.11)$$

这里假设调制方式为 BPSK。对于 BPSK 调制方式来说，其调制位的取值有两种可能，对应为 0 或者 1，则相应的 M 等于 2，那么对于一串长度为 K 的二进制数序列，其中的每个数值元素均可以为 M 中的任意一种可能值，则相应的有 M^K 种可能取值。

1. 算法原理

在蚁群优化算法初期，设定一个 $2 \times K$ 的蚂蚁路径表 Tabu，设定表中第一行为全+1，表中第二行元素为第一行的补，相应地为−1，K 的大小是由发送端的天数数目 N_t 决定，这样对于 BPSK 调制方式下，对应 N_t 个发送天线下的 LTE 系统，其发送端取值的所有可能性，均可以通过蚂蚁在 Tabu 中的路径选择来决定。蚂蚁在 Tabu 中进行路径选择时，按照列数依次进行，每次每列中只可选择一个元素，即或者选择该列下第一行中的加 1，或者选择该列第二行中的减 1。蚂蚁完成一次路径选择，则相应产生一串二进制序列，我们假定第一行用 b 表示，相应为{+1, +1, +1, +1}，第二行用 $\bar{b}$ 表示，相应为{−1, −1, −1, −1}。则蚂蚁的路径选择过程，就是从 b 和 $\bar{b}$ 中选择元素的过程。对于 QPSK 调制，则相应设定一个 $4 \times K$ 的蚂蚁路径表 Tabu，选择机制不变。

蚂蚁在路径表 Tabu 中的选择过程，是按照表中每个元素相应的信息素值大小来决定的，信息素越高，则蚂蚁选择该元素的可能性越大。为此我们设定一个信息素表 Tau，表中元素个数与路径表 Tabu 中元素个数相同，其大小分别代表 Tabu 中每个元素所对应的信息素大小。在初始状态下，信息素表 Tbu 表中各元素值相等，当蚂蚁每完成一次路径选择，就相应地将 Tabu 表中对应位置的信息素值进行更新操作。这里采用的更新策略是，只有蚂蚁对应路径选择产生的目标解值比之前更优时，才相应更新对应位置的信息素浓度。这样，当蚂蚁下一次进行路径选择时，会优先选择上一次最优解所对应的元素位置，从而利用信息素浓度大小，促使蚂蚁找到最优解。

2. LTE 信号检测算法的实现步骤

（1）根据调制方式，确定蚂蚁路径表 Tabu 的大小，初始化表中相应位置的信息素浓度为 1/2，对应一个信息素表 Tbu，设定蚂蚁数目 m，信息素挥发度 ρ，μ 因子等参数大小，设定最大迭代次数 MaxDT。

（2）确定蚂蚁的起始位置，依照信息素完成一次路径选择，记录当前寻找到的最优值。

（3）判断当前寻找到的最优值是否大于全局最优值，若是，更新全局最优值并转至步骤 4；否则，跳回步骤（2）。

（4）根据全局最优值以及信息素挥发度 ρ，完成蚂蚁路径表 Tabu 中元素位置上的信息素更新。

（5）判断算法是否达到终止条件，若达到终止条件，转入步骤（6），否则，跳至步骤（2）。

（6）记录全局最优解。

3. LTE 信号检测算法性能分析

为了验证 ACO 的 LTE 系统信号检测性能，借助 MATLAB 仿真软件，通过对比研究基于 ACO 的 LTE 信号检测算法及 4 种传统信号检测算法，分析和比较基于 ACO 算法的 LTE 系统信号检测性能。仿真环境参数：系统传输带宽选为 5M，对应频域上取 25 个资源块，时域上每个时隙为 7 个 OFDM 符号，采用理想的信道估计，即接收端已知信道增益 H，无线信道选用平坦衰落的单径 Rayleigh 信道模型，信道编码采用码率为 1/3 的 Turbo 码，下行传输模式采用 MIMO 下的空间复用模式。用户发送功率为 1，信道噪声是均值为零且独立同分布的高斯白噪声。仿真图中，横坐标为信道噪声功率比 SNR（dB），纵坐标为误码率 BER，横坐标 SNR 取值范围是 0～20dB。

首先从图 5.4.1 和图 5.4.2 可以看出，在同一种调制方式 QPSK 下，低信噪比时，ACO 算法与 ML 算法比较接近，效果较 V-BLAST 算法、MMSE 及 ZF 算法均要好，但随着信噪比的增加，V-BLAST 算法的性能曲线逐渐逼近于 ACO 算法，并最终超过了 ACO 算法的性能曲线，信噪比越大，ACO 算法与 V-BLAST 算法两者性能曲线之间的差距越明显；ACO 算法在低信噪比情况下，算法表现出了一定的优势，但随着信噪比增大，算法性能不及 V-BLAST 算法，仅稍好于 MMSE 和 ZF 算法，ML 算法仍为最优的信号检测算法，ACO 算法的性能曲线与 ML 算法仍具有很大差距。

其次，对比图 5.4.1 和图 5.4.2 可以看出，在 2 发 2 收 QPSK 下，在 0～10dB 时，ACO 检测算法的性能虽然逐渐的偏离 ML 算法，但比 V-BLAST 算法仍然稍好，但在 10～20dB 时，ACO 检测算法的性能开始明显劣于 V-BLAST 检测算法，最终 V-BLAST 算法要优于 ACO 检测算法性能，但相较于 MMSE 算法仍具有明显优势。在 4 发 4 收 QPSK 下，随着信噪比的增大，ACO 检测算法的性能逐渐劣于 V-BLAST 检测算法，最终算法性能曲线稍好于 MMSE 算法。对比 2 发 2 收和 4 发 4 收天线条件下，ACO 检测算法在同一调制方式下，算法在 2 发 2 收天线下的性能要好于 4 发 4 收天线下的检测性能，随着天线数目的增多，算法检测性能呈逐渐下降趋势。

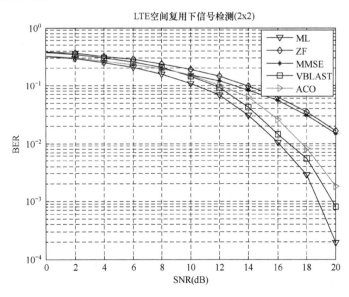

图 5.4.1　2 发 2 收 QPSK 下 ACO 与 4 种传统信号检测算法的性能对比

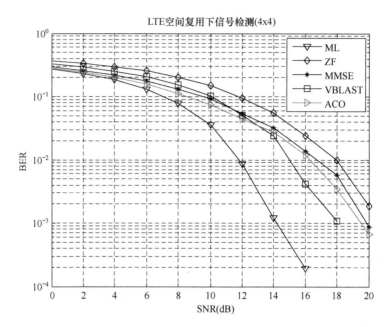

图 5.4.2　4 发 4 收 QPSK 下 ACO 与 4 种传统信号检测算法的性能对比

思　考　题

1. 对于基本粒子群优化算法，能否使用一些测试函数测试其算法性能，并与传统优化算法进行比较？
2. 针对文中所提两种改进的粒子群优化算法——带惯性权重的粒子群优化算法和带收缩因子的粒子群优化算法，是否能够通过优化相关目标问题比较二者的算法性能，比较二者差别？
3. 对于蚁群优化算法，除文中所提的改进思路外，能否提出其他改进方法？
4. 请尝试使用菌群优化算法优化相关待解决目标问题。
5. 对于菌群优化算法，除翻转操作和前进操作的改进外，能否思考并提出其他改进操作？

参　考　文　献

[1] ANGELINE P J. Evolutionary Optimization Versus Particle Swarm Optimization: Philosophy and Performance Differences[C]//The 7th Annual Conference Evolutionary Programming, New York, Springer-Verlag, 1998: 601-610.

[2] SUGANTHAN, P N. Particle Swarm Optimizer with Neighborhood Operator[C]//Proc. Congress on Evolutionary Computation, Piscataway, NJ, 1999: 1958-1962.

[3] SHI Y, EBERHART R C. Empirical Study of Particle Swarm Optimization[C]//World Multiconference on Systems, Cybernetics and Informatics, Orlando, FL, 2000: 1945-1950.

[4] SHI Y, EBERHART R C. Parameter Selection in Particle Swarm Optimization[C]//The 7th Annual

Conference on Evolutionary Programming, Washington DC, 1998: 591-600.

[5] 孙俊. 量子行为粒子群优化算法研究[D]. 江苏：江南大学，2009.

[6] 李殷. 量子粒子群算法研究及其在图像矢量量化码书设计中的应用[D]. 南京：南京邮电大学, 2012.

[7] CLERC M, KENNEDY J. The particle swarm-Explosion, stability, and convergence in a multi-dimensional complex space[J]. IEEE Trans. Evolutionary Computation, 2002, 6: 58-73.

[8] SHI Y, EBERHART R C. Particle swarm optimization: Developments, applications and resources[J]. IEEE Int Conf. Evolutionary Computation, 2001, 1: 81-86.

[9] DORIGO M, GAMBARDELLA L M. Ant colony system: A cooperative learning approach to the traveling salesman problem[J]. IEEE Transactions on Evolutionary Computation, 1997, 1(1):53–66.

[10] 洪超. 量子蚁群算法的改进及其在 LTE 系统信号检测中的应用[D]. 南京：南京邮电大学, 2013.

[11] 王飞. 基于改进蚁群算法的移动机器人路径规划研究[D]. 安徽：安徽工程大学，2019.

[12] 刘小龙. 细菌觅食优化算法的改进及应用[D]. 广州：华南理工大学，2011.

[13] 张豫婷. 量子菌群算法的研究及应用[D]. 南京：南京邮电大学, 2013.

[14] 吴九龙. 自适应量子菌群算法的研究及应用[D]. 南京：南京邮电大学, 2013.

[15] PASSINO K M. Biomimicry of bacterial foraging for distributed optimization and control[J]. IEEE Control Systems Magazine, 2002, 22(3): 52-67.

[16] 张豫婷，李飞. 一种基于细菌趋药行为的量子算法[J]. 计算机工程, 2013, 39(9): 196-200.

[17] LI F, ZHANG Y, WU J, et al. Quantum bacterial foraging optimization algorithm[C]//2014 IEEE Congress on Evolutionary Computation (CEC). IEEE, 2014: 1265-1272.

[18] 吴九龙，李飞，郑宝玉. 自适应相位旋转的量子菌群算法[J]. 信号处理, 2015, 31(8):901-911.

第6章 机器学习算法

6.1 机器学习基础和计算理论

机器学习是指对一定量的已知样本数据进行学习，从而建立数学模型用于对未知的样本进行预测。机器学习的过程如图 6.1.1 所示。

由 N 个已知样本组成的集合称为训练集，假设训练集中的每个样本都表示为一个行向量 $(\boldsymbol{x}_i, \boldsymbol{y}_i)$，其中 $\boldsymbol{x}_i = (x_{i1}, x_{i2}, \cdots, x_{iM})$ 为输入特征（也称为模式），y_i 为其对应的响应，整个训练集则可以表示为

$$X = \begin{bmatrix} x_{11} & x_{12} & \cdots & x_{1M} \\ x_{21} & x_{22} & \cdots & x_{2M} \\ \vdots & \vdots & \ddots & \vdots \\ x_{N1} & x_{N2} & \cdots & x_{NM} \end{bmatrix}_{\text{特征矩阵}}, \quad y = \begin{bmatrix} y_1 \\ y_2 \\ \vdots \\ y_N \end{bmatrix}_{\text{响应}} \tag{6.1.1}$$

对于上述给定的特征矩阵 $\boldsymbol{X}$ 和响应 $\boldsymbol{y}$，我们希望找出它们之间对应的函数关系 $\boldsymbol{y} = f(\boldsymbol{X})$，这就是机器学习中的监督学习问题，对应图 6.1.1 中的训练建模部分，通过具体的学习算法来对训练样本进行训练学习，确定出 $\boldsymbol{y} = f(\boldsymbol{X})$ 这一对应关系，即完成了模型的建立。机器学习模型的建立如图 6.1.2 所示。

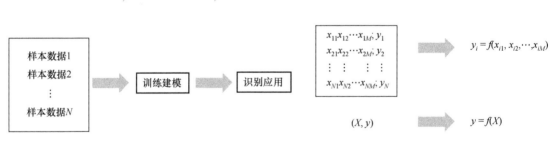

图 6.1.1 机器学习的过程　　　　　　图 6.1.2 机器学习模型的建立

如果响应 $\boldsymbol{y}$ 的取值是离散的，如 $y_i \in \{-1, +1\}$，那么对应的监督学习问题为一个分类问题，医学诊断问题就是一个分类问题，由分类问题训练出的学习模型称为分类器；如果 $\boldsymbol{y}$ 的取值是实数值，那么对应的监督学习问题为一个回归问题。无论是分类问题还是回归问题，机器学习对已知数据进行学习建模，目的都是能够对未知的数据做出准确的预测，因此，训练得到的模型不仅应该与已知样本充分拟合，更重要的是还能在未来的预测应用中有较好的效果。

6.1.1 概念学习

学习任务定义：对于某类任务 T 和性能度量 P，如果一个计算机程序在 T 上以 P 衡量

的性能随着经验 E 而自我完善，那么我们称这个计算机程序在从经验 E 中学习。例如，在垃圾邮件过滤中，T 将电子邮件划分为正常邮件和垃圾邮件，P 为邮件的正确分类率，而 E 为收集到的邮件数据，并人工来标注哪些是正常邮件，哪些是垃圾邮件。

为完成学习任务需要设计相应的学习算法，其流程主要包括选择训练样本、选择目标函数、目标函数的表示和选择学习算法。而学习算法把自认为可能的目标概念集中起来构成假设空间，由于并不能确定它是否为真实目标概念，因此称为假设。假设也是从样本空间到标记空间的映射。若目标概念在假设空间中，则假设空间存在假设能将所有样本按与其真实标记一致的方式完全分开，该问题对学习算法是可分的（Separable）或一致的（Consistent）。若目标概念不在假设空间中，则假设空间不存在任何假设能将所有样本完全正确分开，称该问题对学习算法是不可分的或不一致的。假设空间的大小由假设的表示决定。由于学习算法事先并不知道概念类的真实存在，因此假设空间和概念类通常不同。假设空间中与训练样例一致的所有假设构成的子集为版本空间（Version Space）。

概念学习可以看成一个搜索过程，范围是整个假设空间。搜索的目标是寻找能更好地拟合训练样例的假设。对于概念学习中的任一假设，如果在足够大的训练样例集中很好地逼近目标概念，那么它也能在未见实例中很好地逼近目标概念，这通常建立在独立同分布的前提下，即训练和测试数据是独立采集但来自同一个分布的。

概念学习除了考虑假设的一致性，通常每个假设还有偏好，也就是除了一致性的所有其他选择准则，如相似的样本有着相似的输出，即归纳偏好。归纳偏好可看成学习算法自身在一个可能很庞大的假设空间中对假设进行选择的启发式依据，是对一致性的补充。归纳偏好对应了学习算法本身做出的关于"什么样的模型更好"的假定，在具体的现实问题中，这个假定成立，即算法的归纳偏好是否与问题本身匹配，大多直接决定了算法能否取得好的性能。此外，在概念学习中还遵循"天下没有免费的午餐"，不存在一个学习算法在所有问题上都好于其他算法。因此脱离具体问题，空泛地谈论"什么学习算法更好"毫无意义。在某些问题上表现好的学习算法，在另一些问题上却可能不尽如人意，学习算法自身的归纳偏好与问题是否匹配，往往会起到决定性的作用。在概念学习中，假设选择还是考虑奥坎姆剃刀（Occam's Razor）原理，即若无必要，勿增实体。也就是说，若有多个假设与观察一致，则选择最简单的一个。在机器学习中，著名的奥坎姆剃刀原理经常被用来表示成：对于有相同训练误差的两个分类器，比较简单的那个更可能有较小的测试误差。关于这个断言的证明经常出现在文献中，但实际上对此有很多反例，而且"天下没有免费的午餐"定理也暗示了这个断言并不正确。简单假设可以是模型的参数比较少，或者小的假设空间，其允许用更短的代码表示假设。因此，奥坎姆剃刀原理在机器学习中的理解为：应当先选择简单假设，这是因为简单本身就是一个优点，而不是因为所假设的与准确率有什么联系。

6.1.2　计算理论

机器学习的计算理论的重要研究是通过计算复杂性来刻画学习问题或者特定算法的。而学习问题的复杂性依赖以下 4 个方面：①学习器所考虑的假设空间的大小和复杂度；②目标概念需近似到怎样的精度；③学习器输出成功假设的可能性；④训练样例提供给学习器的方式，即由施教者给出或者随机生成。学习问题的计算理论分析主要包含收敛性分析，是否能收敛全局最优；样本复杂度分析，获得满意结果的训练样本个数、计算复杂度分析，包括时间和空间复杂型和出错界限等。

1. PAC（Probably Approximately Correct）学习模型

PAC 学习模型是计算学习理论中最基本的模型，所有学习算法只能期望以高概率学到目标概念的近似。为什么不是希望精确地学到目标概念？学习算法无法区分在训练数据集上等效的假设；即便对同样大小的不同训练集，学得的结果也可能有所不同。因此，我们希望以较大的概率学得误差满足预设上限的模型。也就是说，PAC 学习模型不要求学习器输出零错误率假设，而只要求其错误率被限定在某常数 ε 范围内。另外，不再要求学习器对所有的随机抽取样例序列都能成功，只要求其失败的概率被限定在某个常数 δ 范围内。

PAC 学习模型定义：考虑定义在长度为 n 的实例集合 X 上的一概念类别 C，学习器 L 使用假设空间 H。当对所有 $c \in C$，X 上的分布 D，$0<\varepsilon<0.5$，$0<\delta<0.5$ 时，学习器 L 将以至少 $1-\delta$ 的概率输出一个假设 $h \in H$，使 $\mathrm{error}_D(h) \leqslant \varepsilon$，这时称 C 是使用 H 的 L 可 PAC 学习的。所使用的时间为 $1/\varepsilon$，$1/\delta$，n 和 $\mathrm{size}(c)$ 的多项式函数。

2. 样本复杂度

有限空间的样本复杂度：限定于一类非常广泛的一致学习器，即一致学习器在可能时都能输出能完美拟合训练数据的假设。每个一致学习器都输出一个属于版本空间的假设。因此，为界定任意一个一致学习器所需的样本数量，只需界定为保证版本空间中没有不可接受假设所需的样本数量。

ε-详尽版本空间（Version Space）：版本空间中每个假设的真实错误率均小于 ε。

定理 2.1（Haussler, 1988）：$|H|\mathrm{e}^{-\varepsilon m}$ 若假设空间 H 有限，且 D 为目标概念 C 的 $m \geqslant 1$ 个独立随机抽取的样本序列，那么对于任意 $0 \leqslant \varepsilon \leqslant 1$，版本空间 $VS_{H,D}$ 不是 ε-详尽版本空间的概率小于或等于 $|H|\mathrm{e}^{-\varepsilon m}$。

定理 2.2 对于任意一个一致性学习器，给定至少 $\left(\ln\dfrac{1}{\delta} + \ln|H| \right)/\varepsilon$ 个样本，则保证结果是可 PAC 学习的。样本数随着 $1/\varepsilon$ 线性增长，并随 $1/\delta$ 对数增长，它还随着假设空间 H 的规模对数增长。

3. 无限假设空间的样本复杂度

需要新的策略来度量无限假设空间的表达能力，而 VC 维是选择之一，即 $VC(H)$。为了了解 VC 维，先介绍打散概念，即假设空间可以打散某个样本集，意味着将集合中样本任意标注为正类或者负类，总能在假设空间中找到适合这个划分的假设。VC 维定义为假设空间所能打散的最大样本集合。若可以打散任意样本空间，则 $VC(H) = \infty$。

若存在 X 的样本子集，包含有 d 个样本可以被假设空间 H 打散，则 $VC(H) \geqslant d$；若没有任何大小为 d 的子集被打散，则 $VC(H) < d$。

样本复杂度上界：使用 VC 维，在满足可 PAC 学习的样本个数为

$$\frac{1}{\varepsilon}\left(4\log_2\left(\frac{2}{\delta}\right) + 8VC(H)\log\left(\frac{13}{\varepsilon}\right) \right) \tag{6.1.2}$$

样本复杂度下界：考虑任意概念类 C，且 $VC(H) \geqslant 2$，任意学习器 L，以及任意 $0<\varepsilon<1/8$，$0<\delta<1/100$。存在一个分布 D 及 C 中一个目标概念，当 L 观察到的样例数目小于式（6.1.3）时，L 将以至少 δ 的概率输出一假设使其误差大于 ε。

$$\max\left(\frac{1}{\varepsilon}\log\left(\frac{1}{\delta}\right), \frac{VC(C)-1}{32\varepsilon} \right) \tag{6.1.3}$$

6.2　监督学习经典方法

6.2.1　K-近邻算法

K-近邻（K-Nearest Neighbor，KNN）算法是一种常用的监督学习算法，其工作机制非常简单：给定测试样本，基于某种距离度量找出训练集中与其最靠近的 K 个训练样本，然后基于这 K 个"邻居"的信息来进行预测。通常，在分类任务中可使用"投票法"，即选择这 K 个样本中出现最多的类别标记为预测结果；在回归任务中可使用"平均法"，即将这 K 个样本的实值输出标记的平均值作为预测结果；还可基于距离远近进行加权平均或加权投票，距离越近的样本权重越大。

图 6.2.1 给出了 K-近邻分类器的一个示意图。正方形和三角形分别表示两种不同的样本数据，圆点表示的是待分类的数据。若 K=3，则圆点的最邻近的 3 个点是 2 个三角形和 1 个正方形，利用投票法，判定绿色的待分类点属于三角形一类。若 K=5，圆点的最邻近的 5 个点是 2 个三角形和 3 个正方形，利用投票法，判定圆点的待分类点属于正方形一类。

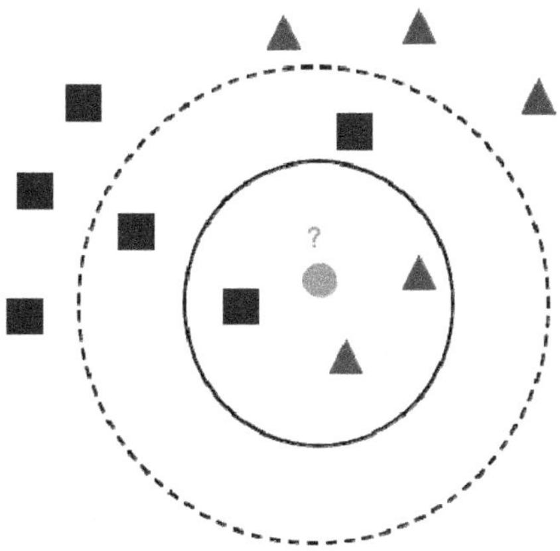

注：圆圈表示等距线

图 6.2.1　K-近邻分类器示意图

显然，在 K-近邻算法中，K 是一个重要的参数。当 K 取值不同时，分类结果会有显著不同。另外，若采用不同的距离计算方式，则找出的"近邻"可能有显著差别，从而也会导致分类结果显著不同。

6.2.2　决策树

决策树（Decision Tree）是一类常见的机器学习方法。顾名思义，决策树是基于树结构来进行决策的，这恰恰是人们在面临决策问题时一种很自然的处理机制。

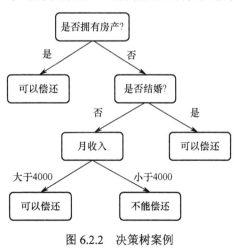

图 6.2.2　决策树案例

如图 6.2.2 所示，这是一棵用于预测贷款用户是否具有偿还贷款能力的决策树。贷款用户要具备三个属性：是否拥有房产、是否结婚、平均月收入。每个内部节点都表示一个属性条件判断，叶子节点表示贷款用户是否具有偿还能力。例如，用户甲没有房产，没有结婚，月收入 5000 元。通过决策树的根节点判断，用户甲符合右边分支（拥有房产为"否"）；再判断是否结婚，用户甲符合左边分支（是否结婚为"否"）；然后判断月收入是否大于 4000 元，用户甲符合左边分支（月收入大于 4000 元），该用户落在"可以偿还"的叶子节点上。所以预测用户甲具备偿还贷款的能力。

一般地，一棵决策树包含一个根节点、若干个内部节点和若干个叶节点；叶节点对应于决策结果，其他每个节点都对应一个属性测试；

每个节点包含的样本集合都是根据属性测试的结果被划分到子节点中的；根节点包含样本全集，从根节点到每个叶节点的路径对应了一个判定测试顺序。决策树学习的目的是产生一颗泛化能力强，即处理未见示例能力强的决策树。

1. 划分选择

决策树的生成是一个递归过程，在决策树基本算法中，有三种情形会导致递归返回：① 当前节点包含的样本全属于同一类别，而无须划分；② 当前属性集为空，或是所有样本在所有属性上取值相同，无法划分；③ 当前节点包含的样本集为空，不能划分。

决策树学习的关键是如何选择最优划分属性。选择一个合适的属性作为判断节点，可以快速地分类，减少决策树的深度。一般而言，我们希望决策树的分支节点所包含的样本尽可能属于同一类别，即节点的"纯度"（Purity）越来越高。

2. 信息增益

信息熵（Information Entropy）是度量样本集合纯度最常用的一个指标。假定当前样本集合 D 中第 k 类样本所占的比例为 $p_k(k=1,2,\cdots,m)$，则 D 的信息熵定义为

$$E(D) = -\sum_{k=1}^{m} p_k \log p_k \tag{6.2.1}$$

式中，$E(D)$ 的值越小，D 的纯度越高。

假定离散属性 a 有 V 个可能的取值 $\{a^1,a^2,\cdots,a^V\}$，若使用 a 来对样本集 D 进行划分，则会产生 V 个分支节点，其中第 v 个分支节点包含了 D 中所有在属性 a 上取值为 a^v 的样本，记为 D^v。我们可根据式（6.2.1）计算出 D^v 的信息熵，再考虑到不同的分支节点所包含的样本数不同，给分支节点赋予权重 $|D^v|/|D|$，即样本数越多的分支节点的影响越大，于是可计算出用属性 a 对样本集 D 进行划分所获得的信息增益（Information Gain）。

$$\text{Gain}(D,a) = E(D) - \sum_{v=1}^{V} \frac{|D^v|}{|D|} E(D^v) \tag{6.2.2}$$

一般而言，信息增益越大，意味着使用 a 属性来进行划分所获得的"纯度提升"越大。因此我们可用信息增益进行决策树的划分属性选择。

3. 增益率

实际上，信息增益准则对可取值数目较多的属性有所偏好，为减小这种偏好可能带来的不利影响，著名的 C4.5 决策树算法不直接使用信息增益，而是使用增益率（Gain Ratio）来选择最优划分属性，其定义为

$$\text{Gain\_ratio}(D,a) = \frac{\text{Gain}(D,a)}{\text{IV}(a)} \tag{6.2.3}$$

其中

$$\text{IV}(a) = -\sum_{v=1}^{V} \frac{|D^v|}{|D|} \log \frac{|D^v|}{|D|} \tag{6.2.4}$$

称为属性 a 的固有值（Intrinsic Value）。属性 a 的可能取值越多（即 V 越大），则 $\text{IV}(a)$ 的值通常会越大。

4. 基尼指数

CART 决策树使用基尼指数来选择划分属性，数据集 D 的纯度可用基尼值来度量：

$$\text{Gini}(D) = \sum_{k=1}^{m}\sum_{k' \neq k} p_k p_{k'} = 1 - \sum_{k=1}^{m} p_k^2 \tag{6.2.5}$$

直观来说，$\text{Gini}(D)$ 反映了从数据集 D 中随机抽取两个样本，其类别标记不一致的概率。因此，$\text{Gini}(D)$ 越小，则数据集 D 的纯度越高。

属性 a 的基尼指数定义为

$$\text{Gini}_{\text{index}(D,a)} = \sum_{v=1}^{V} \frac{|D^v|}{|D|} \text{Gini}(D^v) \tag{6.2.6}$$

所以我们在候选属性集 A 中，选择那个使得划分后基尼指数最小的属性作为最优划分属性，即 $a_* = \underset{a \in A}{\arg\min}\,\text{Gini}\_\text{index}(D,a)$。

5. 剪枝处理

由于生成的决策树存在过拟合问题，需要对其进行剪枝（Pruning），以简化学习到的决策树。决策树的剪枝策略有预剪枝（Prepruning）和后剪枝（Postpruning）。预剪枝是指在决策树生成过程中，对每个节点在划分前先进行估计，若当前节点的划分不能带来决策树泛化性能提升，则停止划分并将当前节点标记为叶节点。预先剪枝的判断方法也有很多，如信息增益小于一定阈值时通过剪枝使决策树停止生长。但如何确定一个合适的阈值也需要一定的依据，阈值太大导致模型拟合不足，阈值太小又导致模型过拟合。后剪枝则是先从训练集生成一棵完整的决策树，然后自下向上的对非叶节点进行考察。后剪枝有两种方式，一种用新的叶子节点替换子树，该节点的预测类由子树数据集中的多数类决定；另一种用子树中最常使用的分支代替子树。

预剪枝可能过早地终止决策树的生长，后剪枝一般能够产生更好的效果。但后剪枝在子树被剪掉后，决策树生长的一部分计算就被浪费了。

6.2.3　朴素贝叶斯

朴素贝叶斯是机器学习领域广为使用的一种分类方法。与支持向量机（Support Vector Machine，SVM）不同，朴素贝叶斯模型不需要针对目标变量建立模型，而是借助贝叶斯公式计算样本属于各个类别的概率，然后取概率值大的类别作为分类类别。之所以称为朴素，是因为朴素贝叶斯模型假设各属性之间是条件独立的，该假设极大地简化了运算，使朴素贝叶斯模型变得非常简单。

由贝叶斯公式可得

$$P(c \mid x) = \frac{P(c)P(x \mid c)}{P(x)} \tag{6.2.7}$$

式中，$P(c)$ 是类先验概率；$P(x \mid c)$ 是样本 x 相对于类标记 c 的类条件概率，或称为似然；$P(x)$ 是用于归一化的证据因子。对给定的样本 x，证据因子 $P(x)$ 与类标记无关，因此，估计 $P(c \mid x)$ 的问题就转化为如何基于训练数据 D 来估计先验概率 $P(c)$ 和似然 $P(x \mid c)$。

基于贝叶斯公式来估计后验概率 $P(c \mid x)$ 的主要难点在于：类条件概率 $P(x \mid c)$ 是所有属性上的联合概率，难以从有限的训练样本中直接估计而得。为避开这个障碍，朴素贝叶斯分类器采用了属性条件独立性假设，即假设所有已知类别的属性相互独立。换言之，假设每个属性均独立地对分类结果发生影响。

基于属性条件独立性假设，式（6.2.7）可改写为

$$P(c \mid x) = \frac{P(c)P(x \mid c)}{P(x)} = \frac{P(c)}{P(x)} \prod_{i=1}^{d} P(x_i \mid c) \tag{6.2.8}$$

其中，d 为属性数目，x_i 为 x 在第 i 个属性上的取值。

朴素贝叶斯分类器的训练过程就是基于训练集 D 来估计类先验概率 $P(c)$，并为每个属性估计条件概率 $P(x_i \mid c)$。

令 D_c 表示训练集中的第 c 类样本组成的集合，若有充分的独立同分布样本，则可容易的估计出类先验概率，即

$$P(c) = \frac{|D_c|}{|D|} \tag{6.2.9}$$

对于离散属性而言，令 D_{c,x_i} 表示 D_c 中在第 i 个属性取值为 x_i 的样本组成的集合，则条件概率 $P(x_i \mid c)$ 可估计为

$$P(x_i \mid c) = \frac{|D_{c,x_i}|}{|D_c|} \tag{6.2.10}$$

对连续属性可考虑概率密度函数，假定 $P(x_i \mid c) \sim \mathcal{N}(\mu_{c,i}, \sigma_{c,i}^2)$，其中 $\mu_{c,i}$ 和 $\sigma_{c,i}^2$ 分别是第 c 类样本在第 i 个属性上取值的均值和方差，则有

$$P(x_i \mid c) = \frac{1}{\sqrt{2\pi}\sigma_{c,i}} \exp(-\frac{(x_i - \mu_{c,i})^2}{2\sigma_{c,i}^2}) \tag{6.2.11}$$

下面用表 6.2.1 的数据训练朴素贝叶斯分类器，以判断未标记样本 x = (年龄 >40, 收入 = medium, 是否为学生 = no, 信用等级 = Fair)的类别。假设有两个类别，即 $C1$：是否购买电脑 = yes，$C2$：是否购买电脑 = no。

表 6.2.1 朴素贝叶斯分类器的训练数据

年　　龄	收　　入	是否为学生	信用等级	是否购买笔记本
≤30	high	no	fair	no
≤30	high	no	excellent	no
31…40	high	no	fair	yes
>40	medium	no	fair	yes
>40	low	yes	fair	yes
>40	low	yes	excellent	no
31…40	low	yes	excellent	yes
≤30	medium	no	fair	no
≤30	low	yes	fair	yes
>40	medium	yes	fair	yes
≤30	medium	yes	excellent	yes
31…40	medium	no	excellent	yes
31…40	high	yes	fair	yes
>40	medium	no	excellent	no

首先，估计先验概率 $P(c)$，显然有 $P(C_1) = \dfrac{9}{14}$，$P(C_2) = \dfrac{5}{14}$

然后，为每个属性估计条件概率 $P(x_i|c)$

$$P(>40|C_1) = \frac{3}{9}, \quad P(>40|C_2) = \frac{2}{5}$$

$$P(\text{medium}|C_1) = \frac{4}{9}, \quad P(\text{medium}|C_2) = \frac{2}{5}$$

$$P(\text{no}|C_1) = \frac{3}{9}, \quad P(\text{no}|C_2) = \frac{4}{5}$$

$$P(\text{Fair}|C_1) = \frac{6}{9}, \quad P(\text{Fair}|C_2) = \frac{2}{5}$$

$$P(>40) = \frac{5}{14}, \quad P(\text{medium}) = \frac{6}{14}, \quad P(\text{no}) = \frac{7}{14}, \quad P(\text{Fair}) = \frac{8}{14}$$

于是，有

$$P(C_1|>40,\text{medium},\text{no},\text{Fair}) = P(C_1)\frac{P(>40|C_1)P(\text{medium}|C_1)P(\text{no}|C_1)P(\text{Fair}|C_1)}{P(>40)P(\text{medium})P(\text{no})P(\text{Fair})}$$

$$= \frac{9}{14} \times \frac{\dfrac{3}{9} \times \dfrac{4}{9} \times \dfrac{3}{9} \times \dfrac{6}{9}}{\dfrac{5}{14} \times \dfrac{6}{14} \times \dfrac{7}{14} \times \dfrac{8}{14}} \approx 0.4840$$

$$P(C_2|>40,\text{medium},\text{no},\text{Fair}) = P(C_2)\frac{P(>40|C_2)P(\text{medium}|C_2)P(\text{no}|C_2)P(\text{Fair}|C_2)}{P(>40)P(\text{medium})P(\text{no})P(\text{Fair})}$$

$$= \frac{5}{14} \times \frac{\dfrac{2}{5} \times \dfrac{2}{5} \times \dfrac{4}{5} \times \dfrac{2}{5}}{\dfrac{5}{14} \times \dfrac{6}{14} \times \dfrac{7}{14} \times \dfrac{8}{14}} \approx 0.4181$$

由于 $0.4840 > 0.4181$，因此，朴素贝叶斯分类器将未知样本 x 判别为 C_1 类。

6.2.4 支持向量机

1. 支持向量

给定训练样本集 $D = \{(x_1, y_1), (x_2, y_2), \cdots, (x_m, y_m)\}$，$y_i \in \{+1, -1\}$，分类学习基本的原理是基于训练集 D 在样本空间中找到一个划分超平面，将不同类别的样本分开。

如图 6.2.3 所示，能将训练样本划分开的划分超平面很多，但是位于两类训练样本"正中间"的划分超平面却是最优的，即橙色部分。因为由于训练集的局限性或噪声的影响，训练集外的样本可能比图中的训练样本更加接近两个类的分隔界，这将使许多划分超平面出现错误，而橙色的超平面受影响最小。换言之，这个划分超平面所产生的分类结果是鲁棒性最强的，对未知样本泛化能力也是最强的。

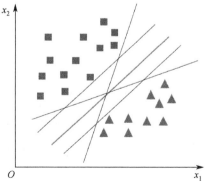

图 6.2.3 存在多个划分超平面

在样本空间中，划分超平面可通过如下线性方程来描述

$$w^T x + b = 0 \tag{6.2.12}$$

式中，$w = (w_1; w_2; \cdots; w)$ 为法向量，决定了超平面的方向；b 为位移项，决定了超平面与原点之间的距离，记为 (w, b)。样本空间中任意点 x 到超平面 (w, b) 的距离可以写为

$$r = \frac{\left| w^T x + b \right|}{w} \tag{6.2.13}$$

假设超平面 (w, b) 能将训练样本正确分类，即对于 $(x_i, y_i) \in D$，则有

$$\begin{cases} w^T x_i + b \geqslant -1, y_i = +1 \\ w^T x_i + b \leqslant -1, y_i = -1 \end{cases} \tag{6.2.14}$$

如图 6.2.4 所示，距离超平面最近的这几个训练样本点使式（6.2.14）的等式成立，

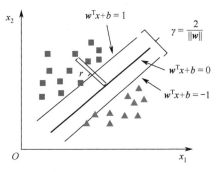

图 6.2.4　支持向量与间隔

式（6.2.14）称为支持向量，两个异类支持向量到超平面的距离之和为

$$\gamma = \frac{2}{\|w\|} \tag{6.2.15}$$

称为间隔。

若要找到具有最大间隔的划分超平面，也就是要找到能满足式（6.2.14）中约束的参数 w 和 b，使 γ 最大，则

$$\max_{w,b} \frac{2}{\|w\|} \tag{6.2.16}$$

$$\text{s.t. } y_i(w^T x_i + b) \geqslant 1, i = 1, 2, \cdots, m$$

为了最大化间隔，仅需最大化 $\|w\|^{-1}$，这等价于最小化 $\|w\|^2$。于是，式（6.2.16）可改写为

$$\max_{w,b} \frac{1}{2}\|w\|^2 \tag{6.2.17}$$

$$\text{s.t. } y_i(w^T x_i + b) \geqslant 1, i = 1, 2, \cdots, m$$

这就是支持向量机的基本型。

2. 对偶问题

式（6.2.17）是一个含有不等式约束的凸二次规划问题，可以对其使用拉格朗日乘子法得到其对偶问题。

首先，将其定义为

$$f(x) = w^T x + b \tag{6.2.18}$$

该问题的拉格朗日函数可写为

$$L(w, b, \alpha) = \frac{1}{2}\|w\|^2 + \sum_{i=1}^{m} \alpha_i (1 - y_i(w^T x_i + b)) \tag{6.2.19}$$

其中，$\alpha = (\alpha_1; \alpha_2; \cdots; \alpha_m)$。令 $L(w, b, \alpha)$ 对 w 和 b 的偏导为零可得

$$w = \sum_{i=1}^{m} \alpha_i y_i x_i \tag{6.2.20}$$

$$0 = \sum_{i=1}^{m} \alpha_i y_i \tag{6.2.21}$$

将式（6.2.20）代入式（6.2.19），即可将 $L(w,b,\alpha)$ 中的 w 和 b 消去，再考虑式（6.2.21）的约束，就得到式（6.2.17）的对偶问题，即

$$\max_{\alpha} \sum_{i=1}^{m} \alpha_i - \frac{1}{2} \sum_{i=1}^{m} \sum_{j=1}^{m} \alpha_i \alpha_j y_i y_j x_i^{\mathrm{T}} x_j \tag{6.2.22}$$

$$\text{s.t. } \sum_{i=1}^{m} \alpha_i y_i = 0$$

$$\alpha_i \geqslant 0, \quad i = 1,2,\cdots,m$$

解出 α 后，求出 w 和 b 即可得到模型

$$f(x) = w^{\mathrm{T}} x + b = \sum_{i=1}^{m} \alpha_i y_i x_i^{\mathrm{T}} x + b \tag{6.2.23}$$

从对偶问题解出的 α_i 恰对应着训练样本 (x_i, y_i)。且上述过程需满足 KKT（Karush-Kuhn-Tucker）条件，即

$$\begin{cases} \alpha_i \geqslant 0 \\ y_i f(x_i) - 1 \geqslant 0 \\ \alpha_i (y_i f(x_i) - 1) = 0 \end{cases} \tag{6.2.24}$$

于是，对任意训练样本 (x_i, y_i) 总有 $\alpha_i = 0$ 或 $y_i f(x_i) = 1$。若 $\alpha_i = 0$，则该样本将不会在式（6.2.23）的求和中出现，也就不会对 $f(x)$ 有任何影响；若 $\alpha_i > 0$，则必有 $y_i f(x_i) = 1$，所对应的样本点位于最大间隔边界上，是一个支持向量。这显示出支持量机的一个重要性质：在训练结束后，大部分训练样本都不需要保留，最终模型只与支持向量有关。

3．核函数

在现实任务中，原始样本空间内也许并不存在一个能正确划分两类样本的超平面。面对这样的问题，可将样本从原始空间映射到一个更高维的特征空间，使得样本在这个特征空间内线性可分。因此，引入核函数的概念。

定理 6.1　设 $\mathcal{H}$ 为特征空间（希尔伯特空间），若存在一个从 $\mathcal{X}$ 到 $\mathcal{H}$ 的映射 $\phi(x):\mathcal{X} \to \mathcal{H}$，使对所有 $x,z \in \mathcal{X}$，函数 $K(x,z)$ 满足条件

$$K(x,z) = \phi(x) \cdot \phi(z) \tag{6.2.25}$$

则称 $K(x,z)$ 为核函数，$\phi(x)$ 为映射函数，式中 $\phi(x) \cdot \phi(z)$ 为 $\phi(x)$ 和 $\phi(z)$ 的内积。

定理 6.2　令 $\mathcal{X}$ 为输入空间，$k(\cdot,\cdot)$ 是定义在 $\mathcal{X} \times \mathcal{X}$ 上的对称函数，则 k 是核函数，当且仅当对于任意数据 $D = \{x_1, x_2, \cdots, x_m\}$，核矩阵 k 总是半正定的，即

$$k = \begin{bmatrix} k(x_1,x_1) & \cdots & k(x_1,x_j) & \cdots & k(x_1,x_m) \\ \vdots & \ddots & \vdots & \ddots & \vdots \\ k(x_i,x_1) & \cdots & k(x_i,x_j) & \cdots & k(x_i,x_m) \\ \vdots & \ddots & \vdots & \ddots & \vdots \\ k(x_m,x_1) & \cdots & k(x_m,x_j) & \cdots & k(x_m,x_m) \end{bmatrix}$$

定理 6.2 表明只要一个对称函数所对应的核矩阵半正定，它就能作为核函数使用。事实上，对于一个半正定核矩阵，总能找到一个与之对应的 ϕ。

需要注意的是，核函数的选择对支持向量机的性能至关重要。若核函数选择不合适，则意味着将样本映射到了一个不合适的特征空间，很可能导致性能不佳。表 6.2.2 列出了几种常用的核函数。

表 6.2.2　常用的核函数

名称	表达式	参数
线性核	$k\left(x_i,x_j\right)=x_i^{\mathrm{T}}x_j$	
多项式核	$k\left(x_i,x_j\right)=(x_i^{\mathrm{T}}x_j)^d$	$d\geqslant 1$ 为多项式的次数
高斯核	$k(x_i,x_j)=\exp\left(-\dfrac{{x_i-x_j}^2}{2\sigma^2}\right)$	$\sigma>0$ 为高斯核的带宽
拉普拉斯核	$k(x_i,x_j)=\exp\left(-\dfrac{x_i-x_j}{\sigma}\right)$	$\sigma>0$
Sigmoid 核	$k(x_i,x_j)=\tanh(\beta x_i^{\mathrm{T}}x_j+\theta)$	$\tanh$ 为双曲正切函数，$\beta>0$，$\theta>0$

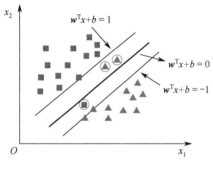

图 6.2.5　软间隔示意图

4．软间隔

前面的讨论是基于假设训练样本在样本空间或特征空间是线性可分上进行的，即存在一个超平面能将不同类的样本完全划分开。然而，在现实任务中往往很难确定合适的核函数使训练样本在特征空间中线性可分。

缓解该问题的一个办法就是允许支持向量机在一些样本上出错，为此引入软间隔的概念，如图 6.2.5 所示。

前面所介绍的支持向量机均满足约束式（6.2.14），即所有样本必须划分正确，称为硬间隔，而软间隔则是允许某些样本不满足约束

$$y_i(\boldsymbol{w}^{\mathrm{T}}x_i+b)\geqslant 1 \tag{6.2.26}$$

当然，在最大化间隔的同时，不满足约束的样本应尽可能少。于是，优化目标可写为

$$\min_{\boldsymbol{w},b}\frac{1}{2}\|\boldsymbol{w}\|^2+c\sum_{i=1}^{m}l_{0/1}(y_i(\boldsymbol{w}^{\mathrm{T}}x_i+b)-1) \tag{6.2.27}$$

式中，$c>0$ 且是一个常数，$l_{0/1}$ 是 0/1 损失函数，即

$$l_{0/1}(z)=\begin{cases}1,&\text{if }z<0\\0,&\text{其他}\end{cases} \tag{6.2.28}$$

当 c 为无穷大时，式（6.2.27）要求所有样本均满足约束式（6.2.26）；当 c 取有限值时，式（6.2.27）允许一些样本不满足约束。

然而，$l_{0/1}$ 非凸、非连续，数学性质不太好，使得式（6.2.27）不易直接求解。于是，人们通常用其他一些函数来代替 $l_{0/1}$，如

$$\text{hinge 损失：}l_{\text{hinge}}(z)=\max(0,1-z) \tag{6.2.29}$$

$$\text{指数损失：}l_{\exp}(z)=\exp(-z) \tag{6.2.30}$$

$$\text{对率损失：}l_{\log}(z)=\log(1+\exp(-z)) \tag{6.2.31}$$

若采用 hinge 损失，则式（6.2.27）转化为

$$\min_{\boldsymbol{w},b}\frac{1}{2}\|\boldsymbol{w}\|^2+c\sum_{i=1}^{m}\max(0,1-y_i(\boldsymbol{w}^{\mathrm{T}}x_i+b)) \tag{6.2.32}$$

引入松弛变量 $\xi_i\geqslant 0$，可将式（6.2.32）重写为

$$\min_{w,b,\xi_i} \frac{1}{2}\|w\|^2 + c\sum_{i=1}^{m}\xi_i \tag{6.2.33}$$

$$\text{s.t. } y_i(w^{\mathrm{T}}x_i + b) \geqslant 1 - \xi_i$$

$$\xi_i \geqslant 0, i = 1, 2, \cdots, m$$

这就是常用的软间隔支持向量机。

6.3 非监督学习经典方法

6.3.1 EM 算法

EM 算法（Expectation Maximization Algorithm，最大期望算法）是 Dempster、Laind 和 Rubin 于 1977 年提出的求参数极大似然估计的一种方法，它可以从非完整数据集中对参数进行极大似然估计，是一种非常简单实用的学习算法。这种方法可以广泛地应用于处理缺损数据、截尾数据、带有噪声等所谓的不完全数据。

可以用一些比较形象的比喻说法把这个算法讲清楚。例如，食堂的厨师炒了一份菜，要等分成两份给两个人吃，显然没有必要拿来一个天平，精确地去称分量，最简单的办法是先随意地把菜分到两个碗中，然后观察是否一样多，把比较多的那一份取出一些放到另一个碗中，这个过程一直迭代地执行下去，直到大家看不出两个碗中的菜有什么分量上的不同为止。

EM 算法就是这样，假设我们大概知道 A 和 B 两个参数，在开始状态下二者都是未知的，并且知道 A 的信息就可以得到 B 的信息，反过来，知道 B 也就得到了 A。可以考虑首先赋予 A 某种初值，以此得到 B 的估计值，然后从 B 的当前值出发，重新估计 A 的取值，这个过程一直持续到收敛为止。

在统计学中，EM 算法是在概率模型中寻找参数最大似然估计或者最大后验估计的算法，其中概率模型依赖无法观测的隐藏变量。最大期望经常用在机器学习和计算机视觉的数据聚类领域。

EM 算法经过两个步骤交替进行计算，首先利用概率模型参数的现有估计值，计算隐藏变量的期望（E），然后利用求得的隐藏变量的期望，对参数模型进行最大似然估计（M）。M 步上找到的参数估计值被用于下一个 E 步计算中，这个过程不断交替进行。

总的来说，EM 的算法流程如下。

（1）初始化分布参数。

（2）重复 E 步和 M 步，直到收敛。

假定集合 $z = (x, y)$ 由观测数据 x 和未观测数据 y 组成，x 和 $z = (x, y)$ 分别称为不完整数据和完整数据。假设 z 的联合概率密度被参数化地定义为 $p(x, y | \theta)$，其中 θ 表示要被估计的参数。θ 的最大似然估计是求不完整数据的对数似然函数 $L(x; \theta)$ 的最大值而得到的

$$L(x; \theta) = \log p(x | \theta) = \int p(x, y | \theta)\mathrm{d}y \tag{6.3.1}$$

EM 算法包括两个步骤，由 E 步和 M 步组成，它是通过迭代地最大化完整数据的对数似然函数 $Lc(x; \theta)$ 的期望来最大化不完整数据的对数似然函数，其中

$$Lc(x; \theta) = \log p(x, y | \theta) \tag{6.3.2}$$

假设在算法第 t 次迭代后 θ 获得的估计记为 $\theta(t)$ ，则在 $(t+1)$ 次迭代时

E 步：计算完整数据的对数似然函数的期望，记为

$$Q(\theta \mid \theta(t)) = E\{Lc(\theta;z) \mid x;\theta(t)\} \tag{6.3.3}$$

M 步：通过最大化 $Q(\theta \mid \theta(t))$ 来获得新的 θ 。

通过交替使用这两个步骤，EM 算法逐步改进模型的参数，使参数和训练样本的似然概率逐渐增大，最后终止于一个极大点。

直观地理解 EM 算法，可以将该算法看成一个逐次逼近算法，事先并不知道模型的参数，可以随机地选择一套参数或者事先粗略地给定某个初始参数，确定出对应于这组参数的最可能的状态，计算每个训练样本的可能结果的概率，在当前的状态下再由样本对参数修正，重新估计参数，并在新的参数下重新确定模型的状态，这样，通过多次的迭代，循环直至某个收敛条件满足为止，就可以使模型的参数逐渐逼近真实参数。

EM 算法的主要目的是提供一个简单的迭代算法计算后验密度函数，它的最大优点是简单和稳定，缺点是容易陷入局部最优。

6.3.2 K-means 算法

K-means 算法是一种聚类算法，所谓聚类，即根据相似性原则，将具有较高相似度的数据样本划分至同一类簇，将具有较高相异度的数据样本划分至不同类簇。聚类与分类最大的区别在于，聚类过程为无监督过程，即待处理数据样本没有任何先验知识，而分类过程为有监督过程，即存在有先验知识的训练数据集。

K-means 算法中的 K 表示类簇个数，means 表示类簇内样本的均值（这种均值是一种对类簇中心的描述），因此 K-means 算法又称为 K-均值算法。K-MEANS 算法是一种基于划分的聚类算法，以距离作为数据样本间相似性度量的标准，即数据样本间的距离越小，则它们的相似性越高，越有可能在同一个类簇。数据样本间距离的计算有很多种，K-means 算法通常采用欧氏距离来计算数据样本间的距离。

K-means 算法聚类过程中，每次迭代，对应的类簇中心（类簇中所有数据样本的均值）需要进行更新。定义第 k 个类簇的类簇中心为 Center_k ，则类簇中心更新方式为

$$\text{Center}_k = \frac{1}{|C_k|} \sum_{x_i \in C_k} x_i \tag{6.3.4}$$

式中， C_k 表示第 k 个类簇； $|C_k|$ 表示第 k 个类簇中数据样本的个数。

K-means 算法需要不断地迭代来重新划分类簇，并更新类簇中心，那么迭代终止的条件是什么呢？一般情况下有两种方法来终止迭代：一种方法是设定迭代次数 T ，当到达第 T 次迭代，则终止迭代，此时所得类簇即为最终聚类结果；另一种方法是采用误差平方和准则函数，函数模型为

$$J = \sum_{k=1}^{K} \sum_{x_i \in C_k} \text{dist}(x_i, \text{Center}_k) \tag{6.3.5}$$

式中， K 表示类簇个数；当两次迭代 J 的差值小于某一阈值时，则终止迭代，此时所得类簇即为最终聚类结果。

K-means 算法思想可描述为：首先初始化 K 个类簇中心，然后计算各个样本到类簇中心的距离，把样本划分至距离其最近的类簇中心所在的类簇中，接着根据所得类簇更新类

簇中心，然后继续计算各个样本到类簇中心的距离，把样本划分至距离其最近的类簇中心所在类簇中，接着根据所得类簇继续更新类簇中心，一直迭代下去，直至达到最大迭代次数 T 或两次迭代的 J 的差值小于某一阈值，迭代终止，得到最终聚类结果。K-means 算法流程描述如下。

（1）从数据集中随意选择 k 个样本作为初始类簇中心。

（2）计算每个样本与这些类簇中心的距离，根据距离最近的类簇中心确定该样本的类簇标记。

（3）重新计算每个类簇的均值作为新的类簇中心。

（4）当满足终止条件时，则算法终止；反之则回到步骤（2）。

K-means 算法简单易实现，但是需要事先指定类簇个数 K，并且聚类结果对初始类簇中心的选取较为敏感。初始类簇中心的选取，可以通过 K-means++算法进行改进。此外 K-means 算法容易陷入局部最优并对数据集的结构和形状有很高要求。

6.3.3　层次聚类

层次聚类算法在不同层次对数据集进行划分，划分方式有两种：一种是自底向上的凝聚方法，另一种是自顶向下的分裂方法。根据划分方式的不同，层次聚类算法可以分为凝聚的层次聚类和分裂的层次聚类。凝聚的层次聚类算法首先将数据集中的每个样本作为单独的一个类簇，然后在算法运行的每步中找出距离最近的两个类簇进行合并，一直重复下去，直至达到预设的类簇个数。AGNES 就是一种经典的层次凝聚算法。分裂的层次聚类将数据集的整个样本看作一个类簇，然后在每步中，该类簇进行不断的分裂，直到达到指定的类簇个数。经典的层次分裂算法以 DIANA 算法为代表。

这里重点介绍凝聚的层次聚类算法 AGNES。AGNES 算法最初将每个样本都作为一个类簇，然后这些类簇根据某些准则被一步步地合并。两个类簇间的相似度通常有三种距离来度量：类簇之间的最小距离，最大距离及平均距离。当类簇距离分别最小距离、最大距离或平均距离计算时，AGNES 算法被相应地称为"单链接""全链接""均链接"算法。给定两个类簇 C_i 和 C_j，C_i 和 C_j 的三种距离表示为

$$d_{\min}(C_i, C_j) = \min_{x \in C_i, y \in C_j} \text{dist}(x, y) \tag{6.3.6}$$

$$d_{\max}(C_i, C_j) = \max_{x \in C_i, y \in C_j} \text{dist}(x, y) \tag{6.3.7}$$

$$d_{\text{avg}}(C_i, C_j) = \frac{1}{|C_i||C_j|} \sum_{x \in C_i} \sum_{y \in C_j} \text{dist}(x, y) \tag{6.3.8}$$

式中，x 和 y 分别是类簇 C_i 和 C_j 中的样本。由此可知，最小距离由两个类簇的最近样本决定，最大距离由两个类簇的最远样本决定，而平均距离则由两个类簇的所有样本共同决定。在 AGNES 算法中，常用最小距离计算类簇之间的距离。

AGNES 算法流程如下。

（1）将数据集的每个样本均看成一个类簇。

（2）根据两个类簇中最近的样本点找到最近的两个类簇。

（3）合并两个类簇，生成一个新的类簇。

（4）若类簇个数达到要求，则停止；反之重复步骤（2）和（3）。

AGNES 算法实现简单，但经常会遇到合并点难以选择的困难。若一旦两个类簇被合并，下一步的处理将在新生成的类簇上进行。已经做的处理不能撤销，类簇之间也不能交换样本。一旦某步合并错误，很可能会导致低质量的聚类结果。后来出现了很多改进算法，针对层次凝聚算法的改进就有 BIRCH、CURE、ROCK 及 Chameleon 算法等。

6.3.4 DBSCAN 算法

DBSCAN（Density-Based Spatial Clustering of Applications with Noise，DBSCAN）是一种基于密度的聚类算法。DBSCAN 算法假设聚类结构可以通过样本之间的紧密程度来确定。通常情况下，DBSCAN 算法从样本密度的角度考察样本之间的可连接性，并基于可连接样本不断扩展类簇以获得最终的聚类结果。

DBSCAN 算法通过一组邻域参数（E, MinPts）来刻画样本之间的紧密程度。其中，E 表示扫描半径，MinPts 表示最小包含样本点数。在介绍 DBSCAN 算法前先介绍一下 DBSCAN 中的几个概念。

（1）E 邻域。给定样本半径为 E 内的区域称为该样本的 E 邻域。

（2）核心对象。如果给定样本的 E 邻域内的样本数大于或等于最小包含点数 MinPts，那么称该样本为核心对象。

（3）直接密度可达。对于样本集合 D，如果样本 q 在 p 的 E 邻域内，并且 p 为核心对象，那么样本 q 从样本 p 直接密度可达。

（4）密度可达。对于样本集合 D，给定一串样本 $p_1, p_2, \cdots, p_n$，$p= p_1$，$q= p_n$，如果样本 p_i 从 p_{i-1} 直接密度可达，那么样本 q 从样本 p 密度可达。

（5）密度相连。存在样本集合 D 中的一点 o，如果样本 o 到样本 p 和样本 q 都是密度可达的，那么 p 和 q 密度相连。

这里举个例子，假设半径 $E=3$，MinPts=3，样本 p 的 E 邻域中有样本 $\{m, p, p_1, p_2, o\}$，样本 m 的 E 邻域中有样本 $\{m, q, p, m_1, m_2\}$，样本 q 的 E 邻域中有样本 $\{q, m\}$，样本 o 的 E 邻域中有样本 $\{o, p, s\}$，样本 s 的 E 邻域中有样本 $\{o, s, s_1\}$。那么核心对象有 p, m, o 和 s（q 不是核心对象，因为它对应的 E 邻域中点数量等于 2，小于 MinPts=3）。样本 m 从样本 p 直接密度可达，因为 m 在 p 的 E 邻域内，并且 p 为核心对象。样本 q 从样本 p 密度可达，因为样本 q 从样本 m 直接密度可达，并且样本 m 从样本 p 直接密度可达。样本 q 到样本 s 密度相连，因为样本 q 从样本 p 密度可达，并且 s 从 p 密度可达。DBSCAN 算法的目的就是找到密度相连对象的最大集合。

DBSCAN 算法不需要事先知道要形成的簇类的数量，可以发现任意形状的簇类，并且 DBSCAN 算法能识别出噪声点。但是如果数据集的密度不均匀，并且类簇间距很大，那么用 DBSCAN 算法进行聚类往往效果较差。

DBSCAN 算法需要两个参数：半径（E）和最小包含点数（MinPts）。DBSCAN 算法任选一个未被访问的点，找出与其距离在 E 之内（包括 E）的所有附近点。如果附近点的数量大于或等于 MinPts，那么当前点与其附近点形成一个簇，并且当前点被标记为已访问。然后递归，以相同的方法处理该簇内所有未被标记为已访问的点，从而对簇进行扩展。如果附近点的数量小于 MinPts，那么该点暂时被标记作为噪声点；如果簇充分地被扩展，那么簇内的所有点被标记为已访问，然后用同样的算法去处理未被访问的点。DBSCAN 算法具体流程如下。

（1）从数据集中随机取出一个未被访问的样本 p，若 p 未被处理（归为某个簇或者标记为噪声），则检查其邻域；若包含的样本数不小于 MinPts，则建立新簇 C，将其中的所有点加入候选集 N。

（2）对候选集 N 中所有尚未被处理的样本 q，检查其邻域，若至少包含 MinPts 个样本，则将这些样本加入 N；若 q 未归入任何一个簇，则将 q 加入 C。

（3）重复步骤 2，继续检查 N 中未处理的对象，直到当前候选集 N 为空。

（4）重复步骤（1）～（3），直到所有对象都归入某个簇或标记为噪声。

6.4　先进机器学习模型

6.4.1　集成学习

集成学习（Ensemble Learning）是机器学习中的一种新技术，与传统的机器学习总是尝试从训练数据中产生单个学习器不同，集成学习是尝试构建一组个体学习器（Individual Learner），再通过某种策略将它们结合起来去完成学习任务。集成学习的一般结构如图 6.4.1 所示，其中每个个体学习器通常都由现有的机器学习算法从训练数据

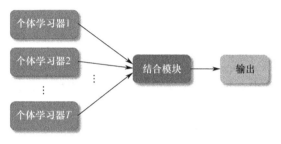

图 6.4.1　集成学习示意图

产生，如 C4.5 决策树算法、BP 神经网络等。若此时集成中只包含同种类型的个体学习器，这样的集成是同质的（Homogeneous），如决策树集成中全是决策树，神经网络集成中全是神经网络。同质集成中的个体学习器也称基学习器（Base Learner），相应的机器学习算法称为基学习算法（Base Learning Algorithm）。若集成中包含不同类型的个体学习器，这样的集成是异质的（Heterogenous），如同时包含决策树和神经网络。异质集成的个体学习器常称为组件学习器（Component Learner）或直接称为个体学习器，因异质集成中的个体学习器由不同的机器学习算法生成，故不再有基学习算法。

集成学习通过将多个学习器进行结合，常可获得比单一学习器显著优越的泛化性能，尤其对于弱学习器（Weak Learner）而言格外明显。弱学习器常指泛化性能略优于随机猜测的学习器，如在二分类问题上精度略高于 50% 的分类器。因此集成学习的诸多理论研究都针对弱学习器进行，而基学习器时常也被直接称为弱学习器。在实际任务中，为了获得泛化性能相对较好的集成学习器，个体学习器应好而不同，即个体学习器不仅要有一定的准确性，保证学习器性能不能太差，还应当具有多样性，保证学习器之间有差异。事实上，个体学习器的准确性和多样性本身就存在着冲突，在准确性很高的情况下，若要增加多样性就要牺牲准确性，所以如何产生并结合好而不同的个体学习器，恰是集成学习领域的研究核心。

根据个体学习器的生成方式，目前主流的集成学习方法大致分为两类：个体学习器间存在强依赖关系、必须串行生成的序列化方法，其代表是 Boosting；个体学习器之间不存在强依赖关系、可同时生成并行化方法，其代表是 Bagging 和随机森林（Random Forest）。

6.4.1.1 Boosting

Boosting 算法是一族可将弱学习器提升为强学习器的算法，其基本思想描述为：一般先从初始训练集训练出一个基学习器，再根据基学习器的表现对训练样本分布进行调整，使得先前基学习器做错的训练样本在后续得到更多关注，然后基于调整后的样本分布来训练下一个基学习器；如此重复进行，直到基学习器数目达到事先指定的值 T，最终将这 T 个学习器进行加权组合。Boosting 族算法中最为典型的代表是 AdaBoost 算法。对于 Boosting 算法来说，有两个问题需要解决：一是在每一轮如何改变训练数据的权值或概率分布；二是如何将基分类器组合成一个强分类器。对于第一个问题，AdaBoost 算法通过提高那些被前一轮基分类器错误分类样本的权值，而降低那些被正确分类样本的权值。这样一来，那些没有得到正确分类的数据，由于权值的加大而受到后一轮的基分类器的更大关注。于是，分类问题被一系列的基分类器"分而治之"。对于第二个问题，即基分类器的组合，AdaBoost 算法采取加权多数表决的方法。具体来说，加大分类误差率小的基分类器的权值，使其在表决中起较大的作用，减少分类误差率大的基分类器的权值，使其在表决中起较小的作用。

假设给定一个二分类的训练数据集

$$D = \{(x_1, y_1), (x_2, y_2), \cdots, (x_m, y_m)\} \tag{6.4.1}$$

式中，每个样本点由实例与标签组成，实例 $x_i \in \mathcal{X} \subseteq R^d$，标签 $y_i \in \mathcal{Y} = \{-1, +1\}$，AdaBoost 算法从训练数据中学习一系列基分类器，并将这些基分类器线性组合成为一个强分类器。AdaBoost 算法如下：

输入：训练集 $D = \{(x_1, y_1), (x_2, y_2), \cdots, (x_m, y_m)\}$；

　　　　基学习算法 $\mathcal{L}$；

　　　　训练轮数 T；

输出：最终分类器 H(x)

1： $\mathcal{D}_1(x) = 1/m$ 　　　　　　　　// 初始化训练数据的权值分布

2： for t = 1,2,$\cdots$,T do

3： 　　$h_t = \mathcal{L}(D, \mathcal{D}_t)$ 　　　　　　// 基于分布 $\mathcal{D}_t$ 从数据集 D 中训练出基分类器 h_t

4： 　　$\in_t = P_{x \sim \mathcal{D}_t}(h_t(x) \neq f(x))$ 　　// 估计 h_t 的误差，f 为真实函数

5： 　　if $\in_t > 0.5$ then break

6： 　　$\alpha_t = \dfrac{1}{2} \ln\left(\dfrac{1 - \in_t}{\in_t}\right)$ 　　　　// 确定基分类器 h_t 的权重

7： 　　// 更新样本分布，其中 Z_t 是规范化因子，以确保 $\mathcal{D}_{t+1}$ 是一个分布

$$\mathcal{D}_{t+1}(x) = \frac{\mathcal{D}_t(t)}{Z_t} \times \begin{cases} \exp(-\alpha_t), & \text{if } h_t(x) = f(x) \\ \exp(\alpha_t), & \text{if } h_t(x) \neq f(x) \end{cases}$$

$$= \frac{\mathcal{D}_t(x) \exp(-\alpha_t f(x) h_t(x))}{Z_t}$$

8： end for

9： 返回 $H(x) = \text{sign}\left(\displaystyle\sum_{t=1}^{T} \alpha_t h_t(x)\right)$

6.4.1.2　Bagging 与随机森林

Bagging（Bootstrap Aggregating）算法是最早的并行式集成学习算法，也是最具有指导意义、实施最简单且效果显著的集成学习算法。Bagging 算法的多样性主要是基于自助采样法（Bootstrap Sampling），即通过有放回抽取训练样本来实现，用这种方式随机产生多个训练数据的子集，在每个训练集的子集上都训练一个基分类器，最终分类结果是由多个基分类器的分类结果多数投票产生的。虽然这个算法很简单，但是这种算法集成基学习器的泛化策略可以降低偏差。

当可用的数据量有限时，Bagging 算法的运算结果更好。为了保证各个子集中有充分的训练集，每个子集都包含 75%～100%这样高比例的样本数据，这使每个训练数据的子集明显覆盖整个训练数据，并且在大多数的训练数据子集中的数据内容是相同的，而且有一些数据在某个子集中出现多次。为了确保这种情况下的多样性，Bagging 算法采用相对不稳定的基学习器可以使在不同的数据集中只要有一点微小的扰动就可以观察到不同的决策边界。Bagging 算法的具体描述如下：

输入：训练集 $D = \{(x_1,y_1),(x_2,y_2),\cdots,(x_m,y_m)\}$；

　　　　基学习算法 $\mathfrak{L}$；

　　　　训练轮数 T；

输出：最终分类器 H(x)

1：　for t = 1,2,$\cdots$,T do

2：　　　$h_t = \mathfrak{L}(D,\mathcal{D}_t)$　　// $\mathcal{D}_{bs}$ 是通过自助采样产生的样本分布

3：　　end for

4：　返回 $H(x) = \underset{y\in\mathcal{Y}}{\arg\max}\sum_{t=1}^{T}(h_t(x)=y)$

假定基学习器的计算复杂度为 $O(m)$，则 Bagging 算法的复杂度大致为 $T(O(m)+O(s))$，考虑到采样与投票/平均过程的复杂度 $O(s)$很小，而 $T(O(m)+O(s))$通常是一个不太大的常数，因此，训练一个 Bagging 算法集成与直接使用基学习算法训练一个学习器的复杂度同阶，这说明 Bagging 算法是一个很高效的集成学习算法。另外，与标准 AdaBoost 算法不同，Bagging 算法能不经修改地用于多分类、回归等任务。

随机森林（Random Forest，RF）算法是 Bagging 算法的一个扩展变体。RF 算法在以决策树为基学习器构建 Bagging 算法集成的基础上，进一步在决策树的训练过程中引入了随机属性选择。具体来说，传统决策树在选择划分属性时是在当前节点的属性集合（假定有 d 个属性）中选择一个最优属性；而在 RF 算法中，对基决策树的每个节点，先从该节点的属性集合中随机选择一个包含 k 个属性的子集，然后再从这个子集中选择一个最优属性用于划分。这个参数 k 控制了随机性的引入程度：若 $k=d$，则基决策树的构建与传统的决策树相同；若 $k=1$，则是随机选择一个属性用于划分；一般情况下，推荐值 $k = \log_2 d$。

RF 算法简单、易于实现且计算开销小，它在很多现实任务中都展现出令人出乎意料的性能，享有"代表集成学习技术水平的方法"之美誉。RF 算法仅对 Bagging 算法做了略微的改动，但是与 Bagging 算法中基学习器的"多样性"仅通过样本扰动（通过对初始训练集采用）而来不同，RF 算法中基学习器的多样性不仅源于样本扰动，还来自属性扰动，这就使最终集成的泛化性能可通过个体学习器之间差异度的增加而进一步提升。

随机森林的收敛性与 Bagging 相似，其起始性能往往相对较差，特别是在集成中只包含一个基学习器时。这很容易理解，因为通过引入属性扰动，随机森林中个体学习器的性能往往有所降低。然而，随着个体学习器数目的增加，随机森林通常会收敛到更低的泛化误差。而且随机森林的训练效率常优于 Bagging，因为在个体决策树的构建过程中，Bagging 使用的是"确定型"决策树，在选择划分属性时要对节点的所有属性进行考察，而随机森林使用的"随机型"决策树则只需考察一个属性子集。

6.4.1.3 结合策略

个体学习器结合可能会从三个方面带来好处：第一，从统计的方面来看，由于学习任务的假设空间往往很大，可能有多个假设在训练集上达到同等性能，此时若使用单学习器可能因误选而导致泛化性能不佳，结合多个学习器则会减小这一风险；第二，从计算方面来看，学习算法往往会陷入局部极小，有的局部极小点所对应的泛化性能可能很糟糕，而通过多次运行之后进行结合，可降低陷入糟糕局部极小点的风险；第三，从表示方面来看，某些学习任务的真实假设可能不在当前学习算法所考虑的假设空间中，此时若使用单学习器则肯定无效，而通过结合多个学习器，由于相应的假设空间有所扩大，有可能学得更好的近似。

假定集成包含 T 个基学习器 $\{h_1, h_2, \cdots, h_T\}$，其中 h_i 在示例 x 上的输出为 $h_i(x)$。下面介绍几种 h_i 进行结合的常见策略：平均法、投票法、学习法。

（1）平均法（Averaging）。适用于数值型输出 $h_i(x) \in R$，又可分为简单平均法（Simple Averaging）和加权平均法（Weighted Averaging）。其求解公式如式（6.4.2）和式（6.4.3）所示：

$$H(x) = \frac{1}{T}\sum_{i=1}^{T} h_i(x) \qquad (6.4.2)$$

$$H(x) = \sum_{i=1}^{T} \omega_i h_i(x) \qquad (6.4.3)$$

式中，ω_i 是个体学习器 h_i 的权重，通常要求 $\omega_i \geq 0, \sum_{i=1}^{T}\omega_i = 1$。

显然，简单平均法是加权平均法令 $\omega_i = 1/T$ 的特例。加权平均法在集成学习中具有特别的意义，集成学习的各种结合方法都可以视为其特例或变体。加权平均法可以认为是集成学习研究的基本出发点，对给定的基学习器，不同的集成学习方法可视为通过不同的方式来确定基学习器的权重。加权平均法的权重一般是从训练数据中学习而得，例如，估计出个体学习器的误差，然后令权重大小与误差成反比。现实任务中的训练样本通常不充分或存在噪声，这将使得学出的权重不完全可靠。尤其是对于规模比较大的集成来说，要学习的权重比较多，较容易导致过拟合。因此，加权平均法未必一定优于简单平均法。一般而言，在个体学习器性能相差较大时宜使用加权平均法，而在个体学习器性能相近时宜使用简单平均法。

（2）投票法（Voting）。常用于分类任务，又可分为绝对多数投票法（Majority Voting）、相对多数投票法（Plurality Voting）、加权投票法（Weighted Voting）。对于分类任务来说，学习器 h_i 将从类别标记集合 $\{c_1, c_2, \cdots, c_N\}$ 中预测出一个标记，为便于讨论，我们将 h_i 在样本 x 上的预测输出表示为一个 N 维向量 $h_i^1(x); h_i^2(x); \cdots; h_i^N(x)$，其中 $h_i^j(x)$ 是 h_i 在类别标记 c_j 上的输出。绝对多数投票法求解公式为

$$H(x) = \begin{cases} c_j, & \sum_{i=1}^{T} h_i^j(x) > 0.5 \sum_{k=1}^{N} \sum_{i=1}^{T} h_i^k(x) \\ \text{拒绝预测}, & \text{其他} \end{cases} \tag{6.4.4}$$

即若某标记得的票过半数，则预测为该标记；否则，拒绝预测。相对多数投票法求解公式为

$$H(x) = c_{\underset{j}{\text{argmax}}} \sum_{i=1}^{T} h_i^j(x) \tag{6.4.5}$$

即预测为得票最多的标记，若同时有多个标记获得高票，则从中随机选取一个。加权投票法求解公式为

$$H(x) = c_{\underset{j}{\text{argmax}}} \sum_{i=1}^{T} \omega_i h_i^j(x) \tag{6.4.6}$$

与加权平均法类似，ω_i 是 h_i 的权重，通常 $\omega_i \geqslant 0$，$\sum_{i=1}^{T} \omega_i = 1$。

（3）学习法。当训练数据很多时，一种更为强大的结合策略是使用学习法，即通过另一个学习器来进行结合。Stacking 是学习法的典型代表。这里我们把个体学习器称为初级学习器，用于结合的学习器称为次级学习器或元学习器（Meta-Learner）。Stacking 先从初始数据集训练出初级学习器，然后"生成"一个新数据集用于训练次级学习器。在这个新数据集中，初级学习器的输出被当作样例输入特征，而初始样本的标记仍被当作样例标记。Stacking 的算法描述如下所示，这里假定初级学习器使用不同的学习算法产生，即初级集成是异质的（初级学习器也可是同质的）。

输入： 训练集 D = {(x$_1$,y$_1$),(x$_2$,y$_2$),…,(x$_m$,y$_m$)};
　　　基于学习算法 $\mathcal{L}_1, \mathcal{L}_2, \cdots, \mathcal{L}_T$;
　　　次级学习算法 $\mathcal{L}$;
　　　训练轮数 T;
输出： 最终分类器 H(x)

1:　for t = 1,2,…,T do
2:　　$h_t = \mathcal{L}_t(D)$
3:　end for
4:　$D' = \phi$
5:　for i = 1,2,…,T do
6:　　for t = 1,2,…,T do
7:　　　$z_{it} = t_h(x_i)$
8:　　end for
9:　　$D' = D' \bigcup (z_{i1}, z_{i2}, \cdots, z_{iT}), y_i$
10:　end for
11:　$h' = \mathcal{L}(D')$
12:　返回 H(x) = h'(h$_1$(x),h$_2$(x),…,h$_T$(x))

在训练阶段，次级训练集是利用初级学习器产生的，若直接用初级学习器的训练集来

产生次级训练集，则过拟合风险会比较大。因此，一般通过使用交叉验证或留一法这样的方式，用训练初级学习器未使用的样本来产生次级学习器的训练样本。以 k 折交叉验证为例，初始训练集 D 被随机划分为 k 个大小相似的集合 $D_1, D_2, \cdots, D_k$。令 D_j 和 $\overline{D_j}$ 分别表示第 j 折的测试集和训练集。给定 T 个初级算法，初级学习器 $h_i^{(j)}$ 通过在 $\overline{D_j}$ 上使用第 t 个学习算法而得。对 D_j 中每个样本 x_i，令 $z_{it} = h_t^{(j)}(x_i)$，则由 x_i 所产生的次级训练样例的示例部分为 $z_i = (z_{i1}; z_{i2}; \cdots; z_{iT})$，标记部分为 y_i。于是，在整个交叉验证结束后，从这 T 个初级学习器产生的次级训练集是 $D' = \{(z_i, y_i)\}_{i=1}^m$，然后 D' 将用于训练次级学习器。

次级学习器的输入属性表示和次级学习算法对 Stacking 集成的泛化性能有很大影响。有研究表明，将初级学习器的输出类概率作为次级学习器的输入属性，用多响应线性回归（Multi-response Linear Regression，MLR）作为次级学习算法效果较好，在 MLR 中使用不同的属性集更佳。

6.4.2　强化学习

6.4.2.1　简介

强化学习是机器学习的一个重要分支，是多学科多领域交叉的一个产物，它的本质是解决 Decision Making 问题，即自动进行决策，并且可以做连续决策。随着 AlphaGo 在 2016 年的横空出世，强化学习一度成为机器学习中最热门的话题。谷歌 DeepMind 团队的 David Silver 公开了一份关于深度强化学习内部课件 *Tutorial: Deep Reinforcement Learning*。该课件简明扼要介绍深度学习（Deep Learning，DL）和强化学习（Reinforcement Learning，RL），以及基于 Value/ Policy/Model 的深度强化学习。Silver 认为，AI = RL + DL，其中 RL 定义目标，DL 提供机制，两者相加就是智能。

图 6.4.2　强化学习 4 元素

强化学习主要包含 4 个元素，如图 6.4.2 所示：计算机（Agent）、环境状态、行动、奖励。对于计算机来说，我们希望通过强化学习的方法来提高计算机的能力。强化学习将计算机放入一个陌生未知的环境里，让计算机自己从环境中学习。而计算机能从环境中观察到两样东西。

（1）状态。计算机能够观察到当前时刻环境的状态和自己的状态。

（2）奖励。当计算机做了一些行为后，则会从环境中得到奖励。

而环境也会根据计算机的行为改变。简单地说，强化学习的目标就是计算机能够从环境中获得最多的累计奖励。

6.4.2.2　强化学习与机器学习

强化学习与机器学习的关系如图 6.4.3 所示。目前，机器学习很多的研究都是基于监督学习展开。而强化学习作为机器学习的另一大类，对比传统监督学习有着一些明显的区别。在监督学习里，数据通常被预处理为 (x, y) 的格式。x 用来表达数据的特征，y 表达对应的标签信息。通过监督学习算法，我们可以建立一个映射来表达 x 与 y 的关系。但是在现实生活中，很多问题并不能简单地用 (x, y) 的格式表达，如下棋、自动驾驶等。而这时，强化学习会在没有任何标签信息的情况下，通过先尝试做出一些行为得到一个结果，通过这个结果是对还是错的反馈，调整之前的行为，就这样不断地调整，算法能够学习到，在什么样的情况下选择什么样的行为，可以得到最好的结果。另外，强化学习的结果反馈有延时，有时可能需要走了很多步以后才知道以前的某一步的选择是好还是坏，而监督学习做了比较坏的选择会立刻反馈给算法。而且强化学习面对的输入总是在变化，每当算法做出一个行为，它影响下一次决策的输入，而监督学习的输入是独立同分布的。

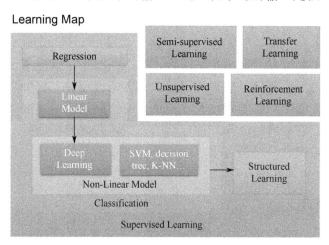

图 6.4.3　强化学习与机器学习的关系

6.4.2.3　强化学习主要方法介绍

强化学习中有多种不同的方法，了解强化学习中常用到的几种方法，以及他们的区别，对特定问题选择方法时很有帮助。表 6.4.1 详细地对常用的强化学习方法做了分类。

表 6.4.1　常用的强化学习方法

名　称	描　述	主　要　方　法
Model-Free RL	从环境中得到反馈然后学习只能按部就班，一步一步地等待真实世界的反馈，再根据反馈采取下一步动作	Q learning, Sarsa, Policy Gradients
Model-Based RL	可建立虚拟模型，事先理解环境，进行伪现实世界建模，可通过想象来预判断接下来将要发生的所有情况。然后选择这些想象情况中最好的那种	Q learning, Sarsa, Policy Gradients
Policy-Based RL	最直接地，可通过感官分析所处的环境，直接输出下一步要采取的各种动作的概率，然后根据概率采取下一步动作，所以每个动作都有可能被选中，只是被选中的概率不同。可利用概率分布在连续动作中选取特定动作	Policy Gradients, …
Value-Based RL	输出所有动作的价值，根据最高价值来选择动作。对于选取连续的动作无效	Q learning, Sarsa, …
Monte-Carlo Update	如玩游戏时，从开始到结束一整个回合更新一次	基础版 Policy Gradients, Monte-Carlo learning
Temporal-Difference Update	相当于在游戏过程中每步都进行更新	Q learning，Sarsa，升级版 Policy Gradients

6.4.2.4　策略网络

本节主要介绍强化学习中最常见的一个方法——策略网络。所谓策略网络，是基于策略的一个神经网络模型。它可以通过观察环境状态直接预测出目前最应该执行的策略（Policy），执行这个策略可以获得最大的期望收益（包括现在和未来的奖励）。对某一个特定的环境状态，我们并不知道它对应最好的行动是什么，只知道当前行动获得的奖励还有试验后获得的未来的奖励。我们需要让强化学习模型通过试验样本自己学习什么才是某个环境状态下比较好的行动，而不是告诉模型什么才是比较好的行动，因为在很多情况下，人类也无法知道正确的答案。我们的学习目标是期望价值，即当前获得的奖励，加上未来潜在的可获取的奖励。

我们使用策略梯度的方法训练策略网络。策略梯度是指模型通过学习行动在环境中获得的反馈，使用梯度更新模型参数的过程。在训练过程中，模型会接触到好的行动及它们带来的高期望价值，和坏的行动及它们带来的低期望价值，因此通过对这些样本的学习，我们的模型会逐渐增加选择好的行动的概率，并降低坏的行动的概率。这样就逐渐完成了我们对策略的学习。同时策略网络是一种端到端的方法，可以直接产生最终的策略。

6.4.3 迁移学习

传统机器学习方法的一个重要假设是训练集与测试集的分布是一致的，但在现实场景下这样的假设很多情况下不能满足，从而导致模型的泛化性能很差。此外，我们知道深度学习模型已经被广泛应用到很多人工智能领域中，如计算机视觉（Computer Vision）、自然语言处理（Natural Language Processing）等，但通常深度模型的训练需要大量的训练数据，一些场景下图像的采集和语料库的构架需要花费大量的人力、物力，甚至是不可能的，如文物修复，由于文物本身的稀缺性难以获得大量的样本（如唐卡修复），这样深度模型的运用就变得十分困难。迁移学习的出现可以缓解上述问题，深度学习和迁移学习也逐渐成为一种趋势。

迁移学习是传统机器学习任务的推广，适用于源域和目标域，或者源任务和目标任务相同的场景。它的出现拓展了机器学习的应用范围，特别是与深度学习结合取得了十分出色的表现，如 Deep Domain Confusion（DDC）、Adversarial Discriminative Domain Adaptation（ADDA）等模型。香港科技大学杨强教授指出，机器学习的发展历史可以预见，深度学习是昨天，强化学习是今天，迁移学习是明天。迁移学习的重要性不言而喻。我们根据迁移场景将迁移学习分为三类：推断迁移学习、无监督迁移学习和直推式迁移学习。根据迁移的内容将迁移学习的方法分成 4 种：实例迁移、特征迁移、模型参数迁移及相关关系迁移，并介绍了 4 种迁移方法的主要思想。

6.4.3.1 定义

提到迁移学习，不得不介绍两个重要的概念：域 D（domain）和任务 T（Task）。其中，域包含两部分：特征空间 x 和概率分布 $P(x)$；任务也包含两个部分：标签 y 和模型 $f(\cdot)$。下面给出迁移学习定义：给定源域 D_S、学习任务 T_S 及目标域 D_T，对应的学习任务 T_T，迁移学习旨在提升 D_S 中训练模型 $f(\cdot)$ 在目标域 D_T 中的泛化能力，这里 $D_S \neq D_T$，或者 $T_S \neq T_T$。值得细说的是，$D_S \neq D_T$ 表示 $x_S \neq x_T$ 或者 $P(x_S) \neq P(x_T)$，即源域和目标域的特征空间不同，或者特征的边缘概率不同；$T_S \neq T_T$ 表示 $y_S \neq y_T$ 或者 $P(y_S|x_S) \neq P(y_T|x_T)$，即两

个域的标签或样本的概率分布不同。

6.4.3.2 迁移学习与传统机器学习的不同

从上述迁移学习定义可知，迁移学习可以用来解决传统的机器学习不能解决的机器学习任务，当源域和目标域的域和任务都相同时，就是传统的机器学习，所以迁移学习可以看作传统机器学习的推广，表 6.4.2 给出迁移学习和传统机器学习的关系。

表 6.4.2　迁移学习和传统机器学习的关系

任务设定		源域和目标域	源任务和目标任务
传统机器学习		相同	相同
迁移学习	归纳式迁移学习	相同	不同但相关
	无监督迁移学习	不同但相关	不同但相关
	直推式迁移学习	不同但相关	相同

值得注意的是，有些学者给归纳式迁移学习的设定是，源域和目标域的任务不同，不管两个域是否相同。直推式迁移学习的设定是，源域和目标域不同，但两个域上的任务相同。

6.4.3.3 迁移学习分类

迁移学习可以根据迁移场景进行分类，如图 6.4.4 所示。

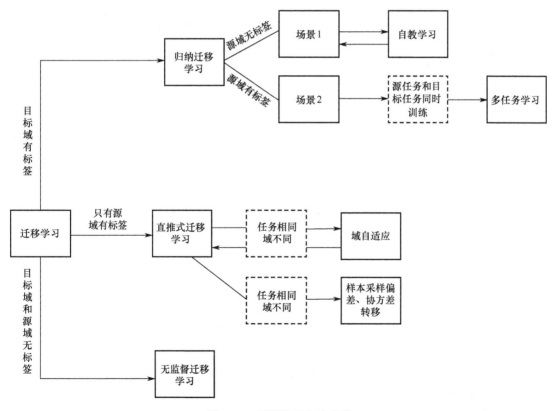

图 6.4.4　迁移学习方法分类

按照迁移内容，可以将迁移学习方法分为如下 4 类，如表 6.4.3 所示。

表 6.4.3 迁移学习方法分类

迁 移 方 法	简 单 描 述
实例迁移	对源域中带标签样本进行加权训练模型以适应目标域
特征表示迁移	寻找合适的映射减小源和目标域的分布差异
模型参数迁移	探索源域和目标域中不同模型共享的参数构建新的模型
相关知识迁移	构建源域和目标域相关知识的映射

6.4.3.4 迁移学习方法描述

1. 示例迁移

假设：$\{P_S(\boldsymbol{x}) \neq P_T, P_S(\boldsymbol{y}|\boldsymbol{x}) = P_T(\boldsymbol{y}|\boldsymbol{x}) \Rightarrow P_S(\boldsymbol{x},\boldsymbol{y}) \neq P_T(\boldsymbol{x},\boldsymbol{y})\}$。

问题描述：

$$
\begin{aligned}
\theta^* &= \arg\min E_{(\boldsymbol{x},\boldsymbol{y})\sim P_S}\left[\frac{P_T(\boldsymbol{x},\boldsymbol{y})}{P_S(\boldsymbol{x},\boldsymbol{y})}l(\boldsymbol{x},\boldsymbol{y},\theta)\right] \\
&= \arg\min E_{(\boldsymbol{x},\boldsymbol{y})\sim P_S}\left[\frac{P_T(\boldsymbol{x})P_T(\boldsymbol{y}|\boldsymbol{x})}{P_S(\boldsymbol{x})P_S(\boldsymbol{y}|\boldsymbol{x})}l(\boldsymbol{x},\boldsymbol{y},\theta)\right] \\
&= \arg\min E_{(\boldsymbol{x},\boldsymbol{y})\sim P_S}\left[\frac{P_T(\boldsymbol{x})}{P_S(\boldsymbol{x})}l(\boldsymbol{x},\boldsymbol{y},\theta)\right]
\end{aligned}
\tag{6.4.7}
$$

这里 $(\boldsymbol{x},\boldsymbol{y})$ 表示样本及其对应的标签，$P(\cdot)$ 表示求概率，l 表示模型损失函数。示例迁移假设源域和目标域不同，但可以对源域中的样本加权后在目标域中重新运用。

2. 特征迁移

假设：$\{\boldsymbol{x}_S \bigcap \boldsymbol{x}_T \neq \varnothing,\ 且\boldsymbol{x}_S \neq \boldsymbol{x}_T\}$。

问题描述（监督）：

$$
\arg\min_{A,U} \sum_{t\in\{T,S\}}\sum_{i=1}^{n_t} l(y_{t_i}, <a_t, \boldsymbol{U}^T x_{t_i}>) + \gamma\|A\|_{2,1}^2
\tag{6.4.8}
$$
$$
\text{s.t. } \boldsymbol{U} \in \boldsymbol{O}^d
$$

问题描述（无监督）：

$$
\arg\min_{a,b} \sum_i \left\|x_{S_i} - \sum_j a_{S_i}^j b_j\right\|_2^2 + \beta\|a_{S_i}\|_1
\tag{6.4.9}
$$
$$
\text{s.t. } \|b_j\|_2 \leqslant 1,\ \forall j \in 1,\cdots,s
$$

式中，$\boldsymbol{x}_S$ 表示源域特征集合；$\boldsymbol{x}_T$ 表示目标域特征集；x_{t_i} 表示源域（$t\in S$）或目标域（$t\in T$）中的第 i 个样本；y_{t_i} 表示源域（$t\in S$）或目标域（$t\in T$）中的第 i 个样本对应的标签；γ 平衡模型各项损失的超参；$A=\{a_S,a_T\}$ 表示模型参数；$\boldsymbol{U},\boldsymbol{O}^d$ 表示 d 维正交矩阵及 d 维正交矩阵集合；b_j 表示模型 j 的偏置。

特征迁移假设源域和目标域的特征空间有重叠，然后寻找合适的映射，使在这些映射下源和目标域的特征分布尽可能一致。

3. 模型参数迁移

假设：$\{\theta_S \bigcap \theta_T \neq \varnothing 或者 P_{\theta_S} \bigcap P_T \neq \varnothing\}$。

问题描述：（以 SVM 为例）

$$\arg\min_{\theta,\theta_T,\xi_{t_i}} \sum_{t\in\{T,S\}}\sum_{i=1}^{n_t}\xi_{t_i} + \frac{\lambda_1}{2}\sum_{t\in\{T,S\}}\|\theta_t\|^2 + \lambda_2\|\theta\|^2$$

$$\text{s.t. } y_{t_i}\theta_T x_{t_i} \geq 1-\xi_{t_i}, \tag{6.4.10}$$

$$\xi_{t_i} \geq 0, i\in\{1,\cdots,n_t\}, t\in\{S,T\}$$

式中，θ_S、θ_T、θ、P_{θ_S}、P_{θ_T}、ξ_t、λ_1、λ_2、x_{t_i}、y_{t_i} 分别表示源域模型参数、目标域模型参数、源域和目标域模型参数交集、源域模型参数分布、目标域模型参数、SVM 柔性边界、模型第一个超参、模型第二个超参、样本、样本对应的参数。

模型迁移方法假设源域和目标域训练得到的模型共享一些参数或者这些模型的超参服从同样的分布，通过这些共享的参数或先验知识建立源域和目标域任务之间的关系。其本质认识调整样本在目标域上的权重。

4. 相关知识迁移

相关知识迁移是假设源域和目标域样本关系具有相似性，然后运用马尔可夫推断等统计推断方法学得这些关系迁移，如老师、学生、论文之间的关系可以迁移到导演、演员、电影。相关知识迁移的方法放松了传统机器学习模型下中源域和目标域独立同分布的假设，主要思想是：首先学得源域样本之间的关系；其次学得源域和目标域样本之间的关系；最后将源域中的关系通过映射迁移到目标域中，常见的方法有马尔可夫逻辑网（Markov Logic Network）、TAMAR 等。值得注意的是这类方法通常用来处理图或可建模为图模型类型的数据。

6.4.4　深度学习

深度学习是由人工神经网络发展而来，是机器学习的一个分支。深度学习的特点就是模拟人脑，通过更复杂的网络结构自动提取数据的特征。深度学习的发展很好地解决了机器学习未能很好解决的一些问题，例如：图像识别、语音识别、自然语言处理等。此外，大数据的崛起和 GPU 的出现也进一步促进了深度学习的发展。

目前，比较流行的网络结构有深度神经网络（Deep Neural Network，DNN）、卷积神经网络（Convolutional Neural Network, CNN）、循环神经网络（Recurrent Neural Network, RNN）、生成式对抗网络（Generative Adversarial Nets，GAN）等，下面做详细介绍。

6.4.4.1　多层全连接神经网络

1. 多层全连接前向神经网络

神经网络最初是受到脑神经元的启发，是一个由神经元构成的无环图。脑神经元收到一个输入信号，通过不同的突触，再经过神经元内部的激活处理，最后沿神经元的轴突产生一个输出信号，这个轴突通过与下一个神经元的突触相连，将输出信号传到下一个神经元。

在神经网络的计算模型中，输入信号就是输入数据，模型的参数就相当于突触。输入数据和模型参数进行线性组合，再经过激活函数，最后由模型输出。

神经网络是以层为单位来组织的，最常见是全连接神经网络，其中，两个相邻层中的每个层的所有神经元和另外一个层的所有神经元相连，每个层内部的神经元不能相

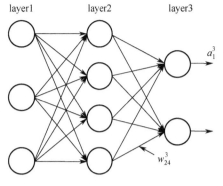

图 6.4.5 三层全连接神经网络

连，如图 6.4.5 所示。

这是一个三层全连接神经网络结构图，layer1～layer3 分别是输入层、隐藏层和输出层。下面定义一些变量。

w_{jk}^l 表示 $(l-1)$ 层的第 k 个神经元连接到第 l 层的第 j 个神经元的权重。

b_j^l 表示第 l 层的第 j 个神经元的偏置。

z_j^l 表示第 l 层的第 j 个神经元的输入。

a_j^l 表示第 l 层的第 j 个神经元的输出。

σ 表示激活函数。

则有

$$z_j^l = \sum_k w_{jk}^l a_k^{l-1} + b_j^l \tag{6.4.11}$$

$$a_j^l = \sigma z_j^l = \sigma\left(\sum_k w_{jk}^l a_k^{l-1} + b_j^l\right) \tag{6.4.12}$$

损失函数用来计算神经网络的输出值和实际值之间的误差，常用的损失函数，如二次损失函数为

$$\mathcal{L} = \frac{1}{2n} \sum_x \left\| y(x) - a^L(x) \right\|^2 \tag{6.4.13}$$

式中，x 是输入样本；y 是实际输出值；a^L 是模型的预测值；L 是神经网络的最大层数。

若从数学的角度来解释神经网络，则神经网络就是由网络中的参数决定的函数簇。函数簇就是一系列的函数，这些函数由网络的参数决定，函数簇的表达能力往往和网络的深度成正比。然而在实际中，深度越大的神经网络拟合能力越大，却可能会造成过拟合现象。因此要根据数据的特点来选择模型的深度和隐藏层中节点数目。

2．反向传播算法

反向传播算法就是有效求解梯度的算法，是深度学习的基石，其本质上就是链式求导法则的应用。在多层全连接前向神经网络中已经介绍了损失函数，反向传播算法就是用来计算损失函数的梯度，以此来调整各种参数的值，直至收敛。

利用链式法则求导就是要对其中的元素进行一层一层的求导运算，最终将结果相乘。

以一个输入样本为例，即式（6.4.13）中的 $n=1$。定义第 l 层中第 j 个神经元中产生的误差（实际值与预测值之间的差值）为

$$\delta_j^l = \frac{\partial \mathcal{L}}{\partial z_j^l} \tag{6.4.14}$$

最后一层神经网络产生的误差为

$$\delta^L = \nabla_a L \odot \sigma'(z^L) \tag{6.4.15}$$

式中，$\odot$ 是矩阵和乘积之间点对点的乘积运算。

从后向前计算每层神经网络产生的错误，即反向传播错误

$$\delta^L = ((w^{l+1})^T \delta^{l+1}) \odot \sigma'(z^l) \tag{6.4.16}$$

然后，利用梯度下降训练参数，权重的梯度计算公式为

$$\frac{\partial C}{\partial w_{jk}^l} = a_k^{l-1}\delta_j^l \tag{6.4.17}$$

偏置的梯度的计算公式为

$$\frac{\partial C}{\partial b_j^l} = \delta_j^l \tag{6.4.18}$$

则

$$\boldsymbol{w}^l \to \boldsymbol{w}^l - \frac{\eta}{m}\sum_x a_k^{x,l-1}\delta_j^{x,l} \tag{6.4.19}$$

$$\boldsymbol{b}^l \to \boldsymbol{b}^l - \frac{\eta}{m}\sum_x \delta_j^{x,l} \tag{6.4.20}$$

6.4.4.2　卷积神经网络

卷积神经网络（CNN）是近些年逐步兴起的一种人工神经网络结构，因为利用卷积神经网络在图像和语音识别方面能够得到更优预测结果。卷积神经网络最常被应用的方面是计算机的图像识别，逐渐也被应用在视频分析、自然语言处理、药物发现等领域。

为什么传统的神经网络不适合处理图像领域的问题呢？以一张长和宽都是 28 像素的 MNIST 手写数字图像为例，该图像是由一个个像素点构成的，每个像素点有 1 个通道，则这张图像的尺寸为[28,28,1]。如果使用三层的全连接的网络结构，那么就意味着网络的输入有 28×28 =784 个神经元，输出层有 10 个神经元，假设隐藏层采用了 15 个神经元，则需要的参数个数（权重和偏置）就有 784×15×10+15+10=117625 个。参数的数量太多，这样进行一次反向传播计算量太大，既耗费计算机资源，也不利于调参。

卷积神经网络中的主要层结构有三个：卷积层、池化层和全连接层，如图 6.4.6 所示。通过堆叠这些乘结构形成一个完整的卷积神经网络结构。

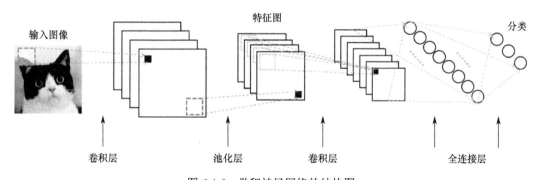

图 6.4.6　卷积神经网络的结构图

1. 卷积层

卷积层是卷积神经网络的核心，大多数的计算就是在卷积层中进行的。

因为图像数据具有局部特性，即可以根据图像中的局部位置的典型特征就能判断图像的主体内容。卷积神经网络中卷积层不再是对每个像素的输入信息做处理，而是对图片上每一小块像素区域进行处理。这种做法加强了图片信息的连续性，使得神经网络能看到图形而非一个点，同时也加深了神经网络对图片的理解。具体来说，卷积层有一整个集合的滤波器，每个滤波器在输入数据中找寻一种特征进行激活，因此滤波器的个数和卷积层的输出结果的通道数相同。滤波器通过感受野与输入的神经元直接相连，如图 6.4.6 所示。感受野的宽和高与滤波器的宽和高相同，深度和输入数据的通道数一致。当感受野在图片上滑动时，滤波器对图片里的信息进行卷积处理，每次处理只针对感受野中一小块像素，这时神经网络就

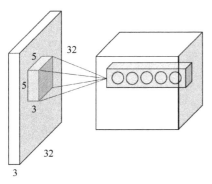

图 6.4.7　感受野

能看到一些边缘的图片信息，如依据这些边缘信息能够画出眼睛、鼻子等。然后以相同的步骤对这些边缘信息进行卷积，能提取出更高层的信息结构，如可以从这些眼睛、鼻子的信息中总结出脸部的信息。这样经过几次操作之后，再把这些信息套入几层普通的全连接神经层进行分类，就能判断输入的图像所属的类别了。

如图 6.4.7 所示，左边表示输入的数据，中间是感受野，右边是卷积之后的输出结果，其中的每个小圆圈代表的就是一个神经元。例如，输入的数据尺寸是 $32 \times 32 \times 3$，卷积层中每个神经元的输入均是一个滤波器卷积一次的运算结果，假设滤波器的尺寸为 5×5，权重与输入数据中 $5 \times 5 \times 3$ 区域的元素一一对应，即有 75 个权重。在卷积层里面，滤波器的权重是共享的，也就是说，同一个滤波器的权值对于前一层所有神经元都是一样的。

在滑动滤波器的时候需要指定步长。当步长为 n，说明滤波器每次移动 n 个像素点。步长大于 1 会使得数据在空间上的尺寸缩小。另外，还经常利用数据 0 在边界上进行填充以控制输出数据在空间上的尺寸，可用来保证输入和输出在空间上的尺寸一致。卷积层的输出尺寸可以根据公式 $\text{out} = \dfrac{\text{in} - F + 2P}{S} + 1$ 来计算。式中，in 表示输入数据的尺寸，F 表示滤波器（感受野）的尺寸，S 表示步长，P 表示边界填充 0 的数量。

2. 池化层

卷积神经网络中经常会在卷积层之间周期性地插入池化层，其作用就是逐渐减小数据空间尺寸，减少网络中的参数的数量，并有效地控制过拟合现象的发生。

池化层之所以有效，是因为图像具有不变性，即通过下采样不会丢失图片拥有的特征。下面介绍两种不同的池化过程。最常用的池化层形式是滤波器尺寸为 2 像素×2 像素，滑动步长为 2。图 6.4.8（a）展示的是最大池化的原理，图 6.4.8（b）展示的是平均池化的原理。池化层与卷积层一样都有一个感受野，最大池化就是取感受野中的最大值作为输出结果，然后不断滑动窗口，对输入数据体每个通道切片单独处理，经过池化后的输出与输入的深度相同，但是空间尺寸会减小，如图 6.4.9 所示。平均池化的原理类似，只不过取的是感受野中所有值的均值作为输出。

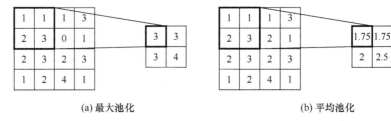

(a) 最大池化　　　　　　　　　　　　　　(b) 平均池化

图 6.4.8　池化层的池化原理

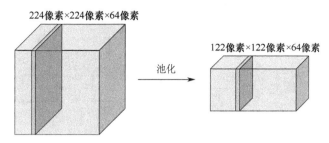

图 6.4.9　池化层的处理效果

实验证明，一般来说池化的滤波器一般不会选用较大的值，这样会对网络造成破坏；另外，除了最大池化和平均池化还有一些其他的池化函数，如 L2 范数池化，但实际中，在卷积层之间引入最大池化的效果是最好的，而平均池化一般放在卷积层的最后一层。

3．全连接层

该全连接层和之前介绍的一般的神经网络中的结构是一样的，当经过多个卷积层之后提取出图像的特征图，该特征图的尺寸比输入图像大大减小，此时将特征图中的所有神经元转换成全连接层的结构，也就是一个三维的数据进行重新排列，再经过几个隐藏层，最终就可以输出分类的结果。

自 2012 年 Alex Krizhevsky 凭借 CNN 赢得了 ImageNet 挑战赛后，如今卷积神经网络已经成为计算机视觉领域最具影响力的一部分。现在最广泛运用的几个卷积神经网络的案例有 AlexNet、VGGNet、GoogleNet、ResNet。

6.4.4.3　循环神经网络

前面介绍了全连接神经网络和卷积神经网络，但是它们都只能单独地处理一个个的输入和输出，前面的输入和后面的输入没有任何关系，也就是说没有"记忆力"来根据前一个任务去处理下一个任务。然而在有些任务上，网络的记忆力是非常重要的，如在机器翻译中，想要翻译好一句话，只理解每个单词是不够的，要将这些单词连接成一整个序列才能准确理解其中的含义。循环神经网络（RNN）就是基于记忆模型提出的，期望网络能够记住前面的特征，并根据这些特征推断出后面的结果，而且整体的网络结构不断循环。

RNN 在自然语言处理领域应用最为广泛。例如，RNN 可以为语言模型来建模。所谓的语言模型就是给定一句话前面的部分，能够预测下一个单词的内容。

1．基本循环神经网络

循环神经网络种类繁多，图 6.4.10 是循环神经网络的最基本结构，主要的组成部分就是一个输入层，一个隐藏层和一个输出层。其中，x 是输入层的值，s 代表隐藏层的值，h 代表输出层的值，U 是输入层到隐藏层的权重矩阵，V 是隐藏层到输出层的权重矩阵。权重矩阵 W 是循环神经网络的关键。在 RNN 中，隐藏层的值 s 不仅取决于当前输入 x，还与上次的隐藏层值 s 有关，W 就是隐藏层上次的值作为这次的输入的权重。将上图展开，循环神经网络可以表达成以下的形式，如图 6.4.11 所示。

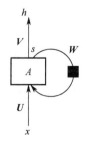

图 6.4.10　循环神经网络的最基本结构

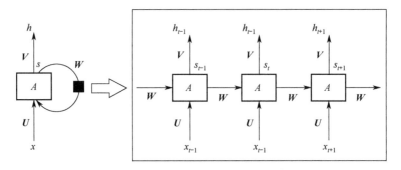

图 6.4.11　循环神经网络的结构

假设网络在 t 时刻的输入为 x_t，隐藏层的值为 s_t，输出值为 h_t。此时 s_t 的值不仅取决于 x_t，还与 s_{t-1} 相关。循环神经网络的计算方式表达为

$$h_t = g(Vs_t) \tag{6.4.21}$$

$$s_t = f(Ux_t + Ws_{t-1}) \tag{6.4.22}$$

式（6.4.21）是输出层的计算公式，输出层其实就是一个全连接层，g 是激活函数。式（6.4.22）是隐藏层的计算公式，也就是循环层，f 表示激活函数。将式（6.4.22）代入式（6.4.21）可以看出循环神经网络的输出值 o_t，是受到之前的输入值 x_t，x_{t-1}，x_{t-2} … 的影响，这就可以体现出网络的记忆性。

2. 双向循环神经网络

基本的循环神经网络是单方向的，这意味着网络只知道单侧的信息，但是有时双边的信息对预测结果都很重要，这时就需要双向循环神经网络，如图 6.4.12 所示。

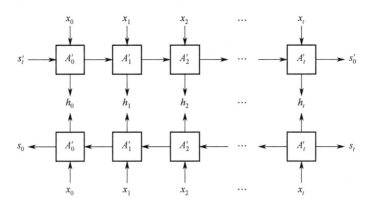

图 6.4.12　双向循环神经网络

使用双向循环神经网络，网络会先从序列正方向读取数据，再从反方向读取数据，最后将网络的输出的两种结果合在一起形成网络的最终输出结果。计算方法为

$$h_t = g(Vs_t + V's_t') \tag{6.4.23}$$

其中，s_t 和 s_t' 计算方法为

$$s_t = f(Ws_{t-1} + Ux_t) \tag{6.4.24}$$

$$s_t' = f(W's_{t+1}' + U'x_t) \tag{6.4.25}$$

从上面三个公式可以看出正向计算和反向计算不共享权重，即 U 和 U'、V 和 V'、W 和 W' 都是不同的权重矩阵。

以上介绍循环神经网络的时候只采用了一个隐藏层，当隐藏层的堆叠个数大于或等于 2 时，就可以得到深度循环神经网络。

3．训练方式：BPTT

BPTT（Back Propagation Through Time，通过时间反向传播）是针对循环层的训练算法，其基本原理和 BP 一致，只不过反向传播算法是按照层进行反向传播，BPTT 是按照时间 t 进行反向传播。主要包含以下三个步骤。

（1）前向计算每个神经元的输出值。

（2）反向计算每个神经元的误差项。

（3）计算每个权重的梯度，再用随机梯度法来对权重进行更新。

但是实践证明基础的 RNN 不能很好地处理较长的序列，主要原因就是在训练过程中很容易发生梯度爆炸和梯度消失的问题。这就导致训练梯度不能在较长序列中一直传递下去，从而使 RNN 不擅长捕捉时间跨度较大的信息。

梯度爆炸和消失问题的解决方法。

（1）对于梯度爆炸问题，可以通过设置一个梯度阈值来处理，当梯度超过这个阈值的时候直接截取。

（2）梯度消失问题更加难以检测和处理，有三种方法来应对。

① 初始化权重的时候，每个神经元尽可能极大或者极小的值。

② 使用 ReLU 代替 Sigmoid 和 tanh 作为激活函数。

③ 使用其他结构的 RNNs，如长短时记忆网络（LTSM）和 Gated Recurrent Unit（GRU）。

4．长短时记忆网络

长短时记忆网络（Long Short Term Memory Network，LSTM）成功解决了原始循环神经网络的缺陷，成为当前最流行的 RNN，在语音识别、图片描述、自然语言处理等许多领域中成功应用。

LSTM 的抽象网络结构图如图 6.4.13 所示。可以看出 LSTM 有三个门来控制，分别是：输入门、遗忘门和输出门。其中，输出门控制着网络的输入，遗忘门控制记忆单元，输出门控制网络的输出。最重要的就是遗忘门，遗忘门的作用是决定之前的记忆哪些被保留，哪些被遗忘，从而使 LSTM 有了长时记忆功能。

下面具体介绍 LSTM 的工作原理。原始的 RNN 的隐藏层只有一个状态 h，它对于短期的输入非常的敏感，在 LSTM 中增加了一个用来保存长期信息的状态 c，新增的这个状态被称作单元状态。则 LSTM 中的输入有三个：当前的网络为 x_t，上一时刻 LSTM 的输出值 h_{t-1}，以及上一时刻的单元状态 c_{t-1}；输出有两个：当前的输出值 h_t 和当前时刻的单元状态 c_t。

所谓门就是一个全连接层，其输入是一个向量，输出是一个 0～1 的概率值。

首先介绍遗忘门

$$f_t = \sigma(W_f \cdot [h_{t-1}, x_t] + b_f) \tag{6.4.26}$$

式中，W_f、b_f 分别是遗忘门的权重矩阵和偏置项；σ 是 sigmoid 激活函数.

图 6.4.14 展示了 LSTM 的计算过程。

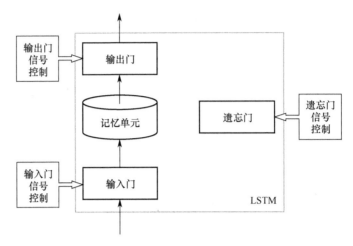

图 6.4.13　LSTM 的抽象网络结构

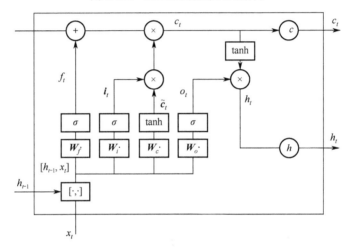

图 6.4.14　LSTM 的计算过程

输入门为

$$i_t = \sigma(W_i \cdot [h_{t-1}, x_t] + b_i) \qquad (6.4.27)$$

计算用于描述当前输入的单元状态为

$$\tilde{c}_t = \tanh(W_c \cdot [h_{t-1}, x_t] + b_c) \qquad (6.4.28)$$

计算当前时刻的单元状态 c_t，它是由上一次的单元状态 c_{t-1} 按元素乘以遗忘门 f_t，再应当前的输入的单元状态 $\tilde{c}_t$ 按元素乘以输入门 i_t，再将两个积相加，即

$$c_t = f_t \odot c_{t-1} + i_t \odot \tilde{c}_t \qquad (6.4.29)$$

这样就把 LSTM 中关于当前的记忆 $\tilde{c}_t$ 和长期的记忆 c_{t-1} 结合起来，形成了新的单元状态 c_t。遗忘门能够保存长期的信息，输入门能够避免当前不重要的信息保存到记忆中。

最后是输出门，输出门控制了长期记忆对当前输出的影响，即

$$o_t = \sigma(W_o \cdot [h_{t-1}, x_t] + b_o) \qquad (6.4.30)$$

LSTM 最后的输出是输出门和单元状态共同作用的结果，即

$$h_t = o_t \odot \tanh(c_t) \qquad (6.4.31)$$

这就是 LSTM 全部的网络流过程。

6.4.4.4　生成式对抗网络

生成式对抗网络（Generative Adversarial Nets，GAN）是一种生成式模型，也是一种无监督学习模型，由 Ian Goodfellow 于 2014 年首次提出。其最大的特点是为深度网络提供了一种对抗训练的方式，此方式有助于解决一些普通训练方式不容易解决的问题。

1．GAN 的原理

GAN 提出的灵感来源于博弈论中的"零和博弈"，简单而言，就是通过生成器和判别器不断博弈，使得生成器学会真实样本的概率分布。训练完成后，生成器可以将一个随机噪声生成为一个逼真的图像。与传统的模型相比，GAN 中包含两种不同功能的网络，而不仅是有一个单一功能的网络，并且训练过程采用的是对抗训练的方式，如图 6.4.15 所示。

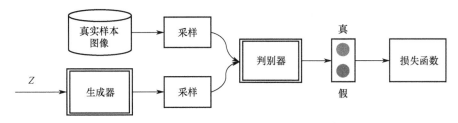

图 6.4.15　生成式对抗网络的结构

在 GAN 中，生成器 G 的输入是一个随机产生的、服从高斯分布的噪声，生成器的任务是通过这个噪声生成一张图像，原理就是将噪声的概率分布转变成服从用于训练的真实样本的概率分布。判别器 D 的作用是判断一张图像的真伪，即判断图像是不是来自真实样本。假设判别器的输入是 x，若判别器的判别结果 $D(x)$ 越接近 1，则说明输入图像是来自真实样本的概率越高；反之，若 $D(x)$ 越接近 0，说明该输入图像是由生成器生成的"假"图像的概率越高。在训练过程中，生成器的目标是尽可能生成逼真的图像去欺骗判别器，而判别器的任务则为尽量分辨出真实样本和伪造样本。这样，生成器和判别器之间构成了一个动态的博弈过程，最终的平衡点就是纳什均衡点。此时，判别器对一张图像无法判别真伪，即生成器学会了生成与真实样本的分布相同的"假"样本。

用一个例子来说明：GAN 的训练过程可以看作造假者和警察之间的竞赛。生成器网络就像一批生产假币的造假者，想蒙混过关，把这些假钱当真钱用，而警察的职责就是试图抓住用假币的造假者，同时也可以让其他人可以继续使用真钱。随着时间的推移，警察检获假币能力越来越强，而造假者的制造假币的技术也越来越高。最终，造假者被迫生产出完美无异的真币复制品，而警察无法判别钱币的真伪。

2．GAN 的数学原理

首先介绍一些预备知识。KL 散度和 JSD 是统计学的一个概念，用于衡量概率分布之间的相似程度，KL 散度的数值越小，说明两种概率分布越接近。下面给出 KL 散度的定义，对于离散的概率分布，则有

$$D_{\mathrm{KL}}(P\|Q) = \sum_i P(i)\log\frac{P(i)}{Q(i)} \tag{6.4.32}$$

对于连续的概率分布，则有

$$D_{\mathrm{KL}}(P \| Q) = \int_{-\infty}^{\infty} p(x) \log \frac{p(x)}{q(x)} \mathrm{d}x \tag{6.4.33}$$

JSD 的定义为

$$\mathrm{JSD}(PQ) = \frac{1}{2} D_{\mathrm{KL}}(PM) + \frac{1}{2} D_{\mathrm{KL}}(QM) \tag{6.4.34}$$

其中

$$M = \frac{1}{2}(P+Q) \tag{6.4.35}$$

想要一个随机高斯噪声 z 通过一个生成网络 G 得到一个和针织数据分布 $p_{\mathrm{data}}(x)$ 差不多的生成分布 $p_G(x;\theta)$，其中 θ 是由网络的参数决定的，希望找到 θ 使得 $p_G(x;\theta)$ 和 $p_{\mathrm{data}}(x)$ 尽可能地接近。

从真实数据分布 $p_{\mathrm{data}}(x)$ 里面取样 m 个点，$\{x^1, x^2, \cdots, x^m\}$，根据给定的参数 θ 可以计算概率 $P_G(x^i;\theta)$，则生成的样本数据的似然为

$$L = \prod_{i=1}^{m} P_G(x^i;\theta) \tag{6.4.36}$$

找到最大化这个似然估计的 θ^* 为

$$
\begin{aligned}
\theta^* &= \arg\max_{\theta} \prod_{i=1}^{m} p_G(x^i;\theta) \Leftrightarrow \arg\max_{\theta} \log \prod_{i=1}^{m} P_G(x^i;\theta) \\
&= \arg\max_{\theta} \sum_{i}^{m} \log P_G(x^i;\theta) \\
&\approx \arg\max_{\theta} \mathbb{E}_{x \sim P_{\mathrm{data}}}[\log P_G(x;\theta)] \\
&\Leftrightarrow \arg\max_{\theta} \int_{x} P_{\mathrm{data}}(x) \log P_G(x;\theta) \mathrm{d}x - \int_{x} P_{\mathrm{data}}(x) \log P_{\mathrm{data}}(x) \mathrm{d}x \\
&= \arg\max_{\theta} \int_{x} P_{\mathrm{data}}(x) \log \frac{P_G(x;\theta)}{P_{\mathrm{data}}(x)} \mathrm{d}x \\
&= \arg\min_{\theta} KL(P_{\mathrm{data}}(x) P_G(x;\theta))
\end{aligned}
\tag{6.4.37}
$$

$P_G(x;\theta)$ 计算方法为

$$P_G(x;\theta) = \int_{x} P_{\mathrm{prior}}(z) I_{[G(z)=x]} \mathrm{d}z \tag{6.4.38}$$

式中，$I_{[G(z)=x]}$ 是指示函数，当等式成立时等于 1；否则，等于 0。

给定先验分布 $P_{\mathrm{prior}}(z)$，希望通过生成器得到生成分布 $P_G(x)$，判别器用来衡量 $P_G(x)$ 和 $P_{\mathrm{data}}(x)$ 之间的差距。首先定义函数 $V(G,D)$ 为

$$
\begin{aligned}
V(G,D) &= \mathbb{E}_{x \sim P_{\mathrm{data}}}[\log D(X)] + \mathbb{E}_{x \sim P_G}[\log(1-D(x))] \\
&= \int_{x} P_{\mathrm{data}}(x) \log D(x) \mathrm{d}x + \int_{x} P_G(x) \log(1-D(x)) \mathrm{d}x \\
&= \int_{x} [P_{\mathrm{data}}(x) \log D(x) + P_G(x) \log(1-D(x))] \mathrm{d}x
\end{aligned}
\tag{6.4.39}
$$

对于这个积分，希望取到一个最优的 D^* 来使其最大化，也就是希望积分项最大化。在给定 D 和 G 的前提下，$P_{\text{data}}(x)$ 和 $P_G(x)$ 都可以看作常数，可以得到

$$D^*(x) = \frac{P_{\text{data}}(x)}{P_{\text{data}}(x) + P_G(x)} \qquad (6.4.40)$$

这样就求得了在给定 G 的前提下，能够使 $V(G,D)$ 取得最大值 D，将 D 代回原来的 $V(G,D)$ 得到

$$\begin{aligned}
\max_{} V(G,D) &= V(G,D^*) \\
&= \mathbb{E}_{x \sim P_{\text{data}}}\left[\log \frac{P_{\text{data}}(x)}{P_{\text{data}}(x) + P_G(x)}\right] + \mathbb{E}_{x \sim P_G}\left[\log\left(1 - \frac{P_{\text{data}}(x)}{P_{\text{data}}(x) + P_G(x)}\right)\right] \\
&= \int_x P_{\text{data}}(x)\log \frac{\frac{1}{2}P_{\text{data}}(x)}{\frac{P_{\text{data}}(x) + P_G(x)}{2}}\,\mathrm{d}x + \int_x P_G(x)\log\left(1 - \frac{\frac{1}{2}P_G(x)}{\frac{P_{\text{data}}(x) + P_G(x)}{2}}\right)\mathrm{d}x \quad (6.4.41) \\
&= -2\log 2 + \text{KL}\left(P_{\text{data}}(x)\frac{P_{\text{data}}(x) + P_G(x)}{2}\right) + \text{KL}\left(P_G(x)\frac{P_{\text{data}}(x) + P_G(x)}{2}\right) \\
&= -2\log 2 + 2\text{JSD}(P_{\text{data}}(x)P_G(x))
\end{aligned}$$

取 G 使得这两种分布之间的差异最小，这样就能生成一个和原样本分布尽可能接近的分布，即

$$\arg \min_G \max_D V(G,D) \qquad (6.4.42)$$

通过以上对生成对抗网络的数学推导有助于理解 GAN 的本质。

3. GAN 的训练技巧

要让 GAN 发挥非常好的作用，选择一个良好的整体框架很重要。如果任务非常简单，比如使用 MNIST 生成 28 像素×28 像素的手写数字图像，使用一个全连接架构便足够了，如图 6.4.16 所示。

在全连接架构中，层之间的所有交互都由权重矩阵的矩阵乘法组成，即没有卷积，又没有循环。此架构最重要的设计考虑是确保生成器和判别器至少有一个隐藏层来确保两个模型都具有通用近似属性，并且给定足够多的隐藏单元来表示任何概率分布。对于隐藏单元，最常用的激活函数就是 Leaky ReLU，它有

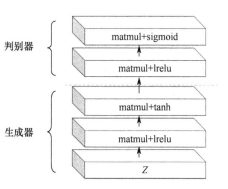

图 6.4.16 使用全连接架构的 GAN

助于确保梯度可以流经整个架构而不消失。对于生成器输出的一个常见选择是双曲正切激活函数，这意味着数据应缩放到 -1 到 1 的区间范围内。对于大多数 GAN 版本，判别器的输出必须是一个概率，要实现这一约束，使用一个 sigmoid 的单元作为输出。

GAN 和许多其他机器学习模型不同，因为它需要同时运行两个优化算法。分别为生成器和判别器定义一个误差值（Loss），然后使用一个优化器使判别器的误差值最小化，同时使用另一个优化器来最小化生成器的误差，adam 是一个不错的选择。要设置判别器误差，希望判别器对真实数据的输出值接近 1，对虚假数据的输出值接近 0。有一个特定于 GAN 的用来归一化常规分类器的标签平滑化策略，就是给 0 或者 1 标签乘以一个稍小于 1 的数

字，这样就可以将标签 1 替代为如标签 0.9，而使 0 标签保持为 0。

要扩展分类器以使大型图像可以使用卷积网络，卷积网络用卷积运算代替了一般神经网络中的部分矩阵乘法，因此也可以用卷积来代替 GAN 中的矩阵乘法。DCGAN（Deep Convolutional GAN）成功将 GAN 和 CNN 结合起来，并提出了一个新观点来增加特征图的大小，即使用步幅大于 1 的卷积转置优化器，这意味着在计算卷积时，每当输入图的卷积核移动一个像素，就会在输出图中移动两个或更多的像素。最后一点，必须在大多数层中使用批归一化（Batch Normalization）和基于批归一化的许多后续方法。这样可以减少梯度消失的现象，且加快收敛的速度。

总体而言，卷积转置、批归一化、Adam 优化器和交叉熵误差与标签平滑化结合的策略这些 GAN 的训练技巧在实践中表现出来的效果不错。

4. GAN 的作用

GAN 用于生成逼真的数据，目前大部分应用都与图像有关。例如，iGAN 是由 Berkeley

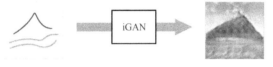

和 Adobe 合作开发的一个工具，当用户使用鼠标画出非常粗糙的草图时，iGAN 会搜索最接近的真实图像，如图 6.4.17 所示。

图 6.4.17　iGAN 根据草图生成图像

GAN 也可以用于进行图像翻译。Facebook 的 AI 研究员展示了如何训练一个模型，可以将真人脸照片转变成卡通人脸。该模型使用真实照片和卡通图片进行非监督训练。NVIDIA 的研究展示了如何使用类似的 GAN 技术，如将日景照片变成夜景图片。此外，Berkeley 大学开发了一款叫作 CycleGAN 的模型，特别擅长在无监督学习下进行图像转换，将马的视频变成斑马的视频，但是由于马和斑马的生活环境不同，模型还更改了背景，使背景看起来更像是非洲草原，如图 6.4.18 所示。

图 6.4.18　CycleGAN 将马变成斑马的视频截图

以上主要展示的都是 GAN 在图片或视频领域的应用。但是 GAN 的应用不仅局限于视觉领域，还可以用于其他领域。例如，GAN 节省了很多模拟物理实验的计算成本。人们使用 GAN 来预测高能粒子物理实验的结果，它不需要使用蒙特卡洛模拟来模拟每一步真实的物理反应，而是通过学习示例不同情形下会发生什么结果。

5. GAN 的优缺点及改进

与其他生成模型相比较，GAN 有其特有的优势。

（1）GAN 采用无监督学习方式训练，对标记样本的需求较小，可被广泛应用于无监督或是半监督学习的领域。

（2）GAN 模型中只用到了反向传播的原理，和其他生成模型（如玻尔兹曼机）相比，无须复杂的马尔科夫链，结构更简单。

（3）GAN 与变分自编码器相比，没有引入任何的决定性偏置。由于变分自编码器引入决定性偏置，优化的对象是对数似然的下界而非似然度本身，导致生成的样本实例质量较差。

（4）GAN 生成的样本图像与其他生成模型生成的图像相比更加清晰、真实。其应用场景也很广泛，目前已在图像的风格迁移、超分辨率、图像补全、图像去噪等方面取得了一定的成果。

但是 GAN 生成模型也有很明显的缺点。

（1）GAN 的最终训练结果是判别器的损失和生成器的损失之间达到一个纳什均衡，最常采用的方法就是采用梯度下降法进行训练。实际上，梯度下降法有时并不能使 GAN 准确地达到纳什均衡，而且目前没有找到很好的解决方法。虽然 GAN 的训练过程相对玻尔兹曼机较为稳定，但是与变分自编码器或 PixelRNN 相比，GAN 的训练过程的稳定性较差。

（2）GAN 的网络结构及使用的损失函数决定了它不适合处理离散的数据样本，如文本数据。

（3）GAN 在训练过程中还会面临梯度爆炸（消失）、模式崩溃等问题。

GAN 从诞生以来，其主要的应用就是图像生成。后来提出的各类变种模型克服了 GAN 的一些缺点。LSGAN（Loss sensitive GAN，损失敏感对抗性生成网络）通过改进损失函数，使得模型在训练过程中更多地关注真实度不高的样本，而对真实度较高的样本给予较少的关注，以解决梯度消失问题。WGAN（Wasserstein GAN）中用 Wasserstein 距离代替了 JS 散度，因为 JS 散度无法衡量两个没有或者重叠部分很少的分布之间的距离，Wasserstein 距离的优势在于即使两个分布之间没有重叠，依然能够衡量两者之间的远近。同时作者针对梯度异常问题提出了权重裁剪技术。WGAN-GP（Wasserstein GAN-Gradient Penalty）中对权重裁剪的方法进行改进，根据判别器的输入后向计算梯度权重，并针对梯度进行惩罚，也就是自适应地对权重做出相应的调整。DR-GAN 将 WGAN 和 LSGAN 进行结合，通过修改损失函数方法来保证训练的稳定性。

除了对 GAN 的原理基础进行修改，还有一些改进是从 GAN 中的网络架构入手的。如 DCGAN（Deep Convolution GAN）、EBGAN（Energy-based GAN）。BEGAN（Boundary Equilibrium GAN）是在 EBGAN 的基础上改进提出的，其中提出了让生成图像的重构误差分布逼近真实图像的重构误差分布的做法，代替了传统的 GAN 让生成图像的分布逼近真实图像的分布的做法。BEGAN 提高了训练效果，并大大改善了训练不稳定和不平衡的问题。

此外，还有针对 GAN 的输入输出部分进行的改进，如 CGAN（Conditional GAN）就是在 GAN 原有的模型的生成器和判别器的目标函数中加入了额外的条件信息，与输入的随机噪声和真实图像构成条件概率，以此来指导 GAN 的两个网络的训练。ACGAN（Auxiliary Classifier GAN）在判别器的输出部分添加了一个辅助的分类器来提高 CGAN 的性能。

GAN 的研究前景广阔，应用广泛，如今在学术界是一个研究的热点。

6.5　应用实例

语音信号不仅可以用来判定受试者是否患有帕金森疾病，而且可以用来进一步指示病情的进展。患者可在家录制自己的语音，并通过网络上传至医院，从而实现病情的远程监控，避免了去医院检测的麻烦。牛津大学的 Tsanas 博士等对利用语音信号来实现帕金森病情进展的监控进行了研究，并创建了远程帕金森数据集。该数据集总共包含 5875 条语音样本，每条语音提取了 16 个语音特征，除了对应的 UPDRS 值外，还记录了患者的年龄、性别等一些其他信息。

对于基于语音检测的帕金森病情进展跟踪这一问题，通常的方法是采用回归算法将语音特征映射为 UPDRS。Sakar 等则对远程帕金森数据集中 motor UPDRS 的值设定了不同的阈值，从而将 UPDRS 回归预测问题转变为一个二分类问题，即如果 motor UPDRS 的值超过了设定的阈值，则将样本标记为正类，反之则标记为负类。对于根据不同的 UPDRS 阈值得到的每一个二类问题，采用了 K-近邻分类器和支持向量机算法来判定帕金森患者的 UPDRS 是否超过给定的阈值，最终得出最佳的 UPDRS 阈值为 15。鉴于 motor UPDRS 值的范围为（0~108），0 表示无症状，108 表示严重的运动障碍，相对较低的 UPDRS 阈值 15，进一步验证了语音的损伤能够作为帕金森疾病早期的指示。

本研究在 Sakar 等的研究基础之上，根据最佳的 UPDRS 阈值 15，对 UPDRS 的分类问题进行了进一步的研究。远程帕金森数据集共包含 5875 个语音样本，数据规模较大，本研究将集成学习算法——最小最大模块化支持向量机（M3-SVM）应用到该数据集上。基于帕金森症对男性患者和女性患者语音的不同影响，将性别作为先验信息，提出一种将性别作为 M3-SVM 数据划分依据的方案，并将其与随机划分方法与超平面划分方法进行了比较。我们将性别信息作为先验知识，对 UPDRS 分类问题进行任务分解，每类样本根据性别分成两个子集，经过分解后的训练样本集合被输入到 M3-SVM 进行学习。这样，性别这一先验知识就被方便地融入最小最大模块化网络的学习当中。使用性别划分能够准确地根据实际情况分解数据，得到的训练样本集合能够更有效地被 M3-SVM 的每个基分类器所学习，并且这种划分方法简单高效，具有一定的现实意义。

首先，将性别划分与随机划分、超平面划分进行了对比实验。实验结果如图 6.5.1、图 6.5.2 所示。图 6.5.3、图 6.5.4 显示了 M3-SVM 处理不平衡问题的有效性。经过平衡划分后得到的分类结果均有一定的提高，由此可见，M3-SVM 对于处理不平衡问题有着较好的性能。

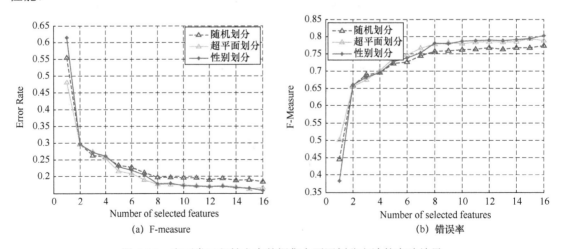

(a) F-measure　　　　　　　　(b) 错误率

图 6.5.1　在两类远程帕金森数据集上不同划分方法的实验结果

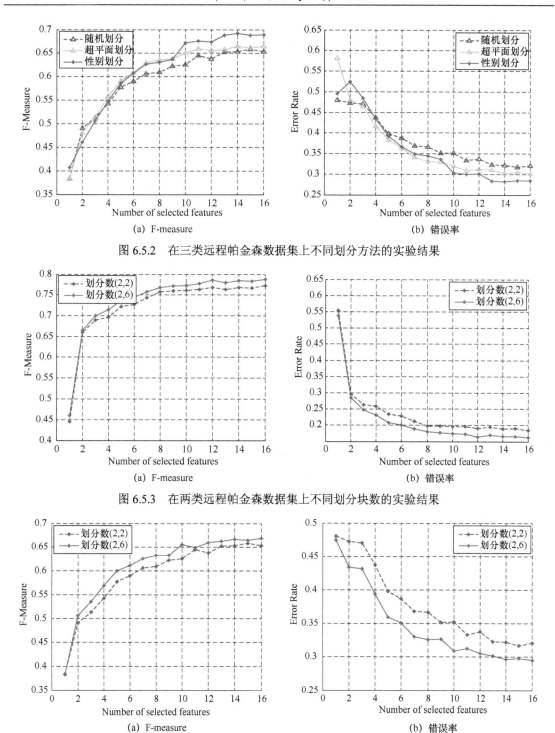

图 6.5.2　在三类远程帕金森数据集上不同划分方法的实验结果

图 6.5.3　在两类远程帕金森数据集上不同划分块数的实验结果

图 6.5.4　在三类远程帕金森数据集上不同划分块数的实验结果

思　考　题

1. 请总结分析不同的机器学习算法适用于解决哪一类问题？

2．先进的机器学习模型，其解决问题的思路是什么？

参 考 文 献

[1] 周志华. 机器学习[M]. 北京: 清华大学出版社, 2016.

[2] SAUNDERS C, GAMMERMAN A, VOVK V. Ridge regression learning algorithm in dual variables[C]. Proceedings of International Conference on Machine Learning(ICML), Madison, Wisconsin, USA, 24-27 July, 1998: 515-521.

[3] BADRINARAYANAN V, KENDALL A, CIPOLLA R. Segnet: A deep convolutional encoder-decoder architecture for image segmentation[J]. IEEE transactions on pattern analysis and machine intelligence, 2017, 39(12): 2481-2495.

[4] TOM B B, MANE D, ROY A, et al. Adversarial patch[EB/OL]. arXiv preprint arXiv:1712.用 09665, 2017.

[5] BUCKMAN J, ROY A, COLIN R, et al. Thermometer encoding: One hot way to resist adversarial examples[C]. International Conference on Learning Representations, 2018.

[6] CARLINI N, WAGNER D. Towards evaluating the robustness of neural networks [C]. In 2017 IEEE Symposium on Security, Privacy (SP), 2017: 39-57.

[7] GOODFELLOW I, POUGET-ABADIE J, MIRZA M, et al. Generative adversarial nets[C]. In Advances in neural information processing systems, 2014: 2672-2680.

[8] 季薇，吕艳洁，林钢，等. 基于过滤的域适应模型融合的帕金森病情预测[J].仪器仪表学报，2018，39(6):104-111.

[9] WEI JI, YUN LI. Stable Dysphonia Measures Selection for Parkinson Speech Rehabilitation via Diversity Regularized Ensemble[C]. Proceedings of the 41st IEEE International Conference on Acoustics, Speech and Signal Processing 2016 (ICASSP 2016), Shanghai, China, 20-25 March 2016: 2264-2268.

第二篇　量子智能信息处理

第 7 章　量子智能信息处理概述

　　信息科学在推动社会文明进步和提高人类生活质量方面发挥着令人惊叹的作用。随着现代社会变革和进步的加快，随着人类对信息需求的日益增长，人们也在不断地推进信息科学的发展。量子信息学正是信息科学发展和变革的产物，是信息科学和量子理论相结合而在近几年迅速发展起来的一门新兴交叉学科。量子信息学包括量子计算（Quantum Computing）、量子通信（Quantum Communication）、量子密码（Quantum Cryptography）等几个方面，近年来在理论和实验上都取得了重大突破。由于量子特性在信息领域中有着独特的功能，在提高运算速度、确保信息安全、增大信息容量和提高检测精度等方面有可能突破现有经典信息系统的极限，它潜在的应用价值和重大的科学意义，正引起各方面越来越多的关注。

7.1　量子计算

　　基于量子力学特性的量子计算概念最先由诺贝尔物理学奖获得者 Richard Feynman 及 Benioff 于 1982 年提出，他们认为，按照量子力学原则建立的新型计算机对解某些问题可能比经典计算机更有效。在此基础上，Deutsch 于 1985 年指出：利用量子态的相干叠加性可以实现并行的量子计算，并定义了第一个量子计算模型。Shor 于 1994 年利用量子并行计算特性提出的大数质因子分解量子算法和 Grover 于 1996 年提出的随机数据库搜索量子算法的出现，加快了量子计算这一研究领域的发展，在国际上掀起了研究量子计算的热潮，实验研究者试图构建量子计算机而理论研究者试图寻找新的量子算法。我国一些物理学家也在积极研究量子计算并取得了引人注目的成果。

　　以量子计算机为基础的量子计算已经成为当今世界各国紧密跟踪的前沿学科之一。量子计算采用一种与传统的计算方式迥然不同的新型计算方法，它以量子力学的态叠加原理为基础，一次运算可产生 2^n 个运算结果，相当于经典计算机 2^n 次操作，或者同时使用 2^n 个处理器的并行操作。对于某些问题，量子计算机可达到经典计算机不能达到的解题速度，还可以解决经典计算机不能解决的某些计算复杂度很高的问题，如大数的质因子分解这一 NP（Non-deterministic Polynomial）难解问题。量子计算的高度并行性、指数级存储容量和指数加速特征展示了其强大的运算能力，为信号与信息处理技术的发展带来光明的前景。但是，量子计算在信号与信息处理领域的应用仍然存在很多问题需要解决，主要表现如下。

　　（1）量子计算理论虽然在典型的几个量子算法中表现得非常出色，但还需建立完整的适合信号与信息处理的算法体系。

　　（2）量子模拟还有许多问题亟待解决，例如：如何有效克服量子系统的消相干（Decoherence）、如何制备足够数量的量子门、如何实现对微观量子态的操纵和制备等。

　　（3）真正用于实现量子信号与信息处理的硬件基础——量子器件，其目前的发展水平还无法在实际中发挥作用。

因此，在目前量子计算机还未进入实际应用的情况下，量子计算对于科学研究更为重要的意义是它所导致的思考物理学基本定律的心得，以及它为信号与信息处理领域所带来的有创见的方法。量子机理和特性会为信号与信息处理的研究另辟蹊径，利用量子计算理论的原理和概念，有效深入地研究适用于信号与信息处理的量子算法是量子计算在信号与信息处理领域中的一个重要研究方向，其研究重点主要有以下三方面。

（1）深刻领会现有量子算法本质，将量子计算的某些概念、方法运用到传统算法中，通过对传统算法做一些量子改进使其具有量子计算理论的优点，从而实现更为有效的算法。

（2）以现有的有限量子算法为基础，着手研究新型的应用面更广的信号与信息处理量子算法。

（3）利用现有的计算环境，研究能有效模拟量子算法和量子计算机的方法，同时可以用其仿真信号与信息处理量子算法，从而开创量子信号与信息处理的新领域。

7.2　量子信息处理基础

7.2.1　量子信息的表示：量子比特

量子力学系统中微观粒子的状态，如电子的位置、动量、自旋及光子的极化、偏振等由波函数 ψ 完全描述，波函数也称为态函数，又称为概率幅，它反映了微观粒子波粒二象性矛盾的统一。任何一个量子态 ψ 可以表示成 Hilbert 空间（完备内积空间）的一个矢量，称为态矢量，Hilbert 空间就是态矢量张起的空间，称为态矢空间。态矢空间由多个基本量子态即本征态构成，基本量子态又称为基本态或基矢。对于量子计算和量子信息处理而言，只需考虑有限量子系统和有限维 Hilbert 空间。

量子态及作用在该量子态上的变换可用 Hilbert 空间的矢量和矩阵描述，或用更简洁的 Dirac 左右矢符号表示。右矢（Ket）$|x\rangle$ 表示列矢量，用于描述 x 代表的量子态；左矢（Bra）$\langle x|$ 是右矢 $|x\rangle$ 的共轭转置，是行矢量。例如，在二维 Hilbert 空间中，标准正交基 $\left\{\begin{pmatrix}1\\0\end{pmatrix},\begin{pmatrix}0\\1\end{pmatrix}\right\}$ 可分别用右矢 $\{|0\rangle,|1\rangle\}$ 表示，其任意复线性组合 $a|0\rangle+b|1\rangle$ 即代表列矢量 $(a,b)^{\mathrm{T}}$。

符号 $\langle x|y\rangle$ 表示两个态矢量的内积，它是一个标量，如

$$\langle 0|0\rangle=(1\ \ 0)\begin{pmatrix}1\\0\end{pmatrix}=1,\quad \langle 1|1\rangle=(0\ \ 1)\begin{pmatrix}0\\1\end{pmatrix}=1$$
$$\langle 0|1\rangle=(1\ \ 0)\begin{pmatrix}0\\1\end{pmatrix}=0,\quad \langle 1|0\rangle=(0\ \ 1)\begin{pmatrix}1\\0\end{pmatrix}=0$$

（7.2.1）

符号 $|x\rangle\langle y|$ 表示两个态矢量的外积，它是一个算子（Operator），如

$$|0\rangle\langle 0|=\begin{pmatrix}1&0\\0&0\end{pmatrix},\ |0\rangle\langle 1|=\begin{pmatrix}0&1\\0&0\end{pmatrix},\ |1\rangle\langle 0|=\begin{pmatrix}0&0\\1&0\end{pmatrix},\ |1\rangle\langle 1|=\begin{pmatrix}0&0\\0&1\end{pmatrix}$$

（7.2.2）

在经典（或常规）计算中，信息的基本单位是比特（bit），或称二进制位，它的取值非 "0" 即 "1"。在量子计算中，量子信息的基本单位是量子比特（Quantum Bit 或 Qubit），

或称量子位，它的取值除"0"（$|0\rangle$）或"1"（$|1\rangle$）外，还可以取"0"和"1"的任意线性叠加，如 $a|0\rangle+b|1\rangle$，即 Qubit 可处于叠加态，在此，a 和 b 为复数且 $|a|^2+|b|^2=1$，即 Qubit 是归一化的。一个 Qubit 的态可用二维 Hilbert 空间的单位矢量

$$|\psi\rangle = a|0\rangle + b|1\rangle \tag{7.2.3}$$

描述，其简化的示意图如图 7.2.1 所示。

若 $a=1$，$b=0$ 或 $a=0$，$b=1$，则 Qubit 处于 $|0\rangle$ 态或 $|1\rangle$ 态；若 a、b 取一般复数值，则 Qubit 处于叠加态 $|\psi\rangle = a|0\rangle + b|1\rangle$。这说明，Qubit 的态不是如经典比特那样确定性的非 0 即 1，而是概率性（Probabilistic）的，它为 $|0\rangle$ 和 $|1\rangle$ 的概率分别是 $|a|^2$ 和 $|b|^2$。

一个 Qubit 称为一个双态量子系统，双态指两个线性独立的态，常用 $|0\rangle$ 和 $|1\rangle$ 表示，也可用 $|\uparrow\rangle$ 和 $|\rightarrow\rangle$ 或 $|\uparrow\rangle$ 和 $|\downarrow\rangle$ 表示。常用于 Qubit 物理实现的双态量子系统有两能级原子、半自旋粒子系统和光子，如氢原子中电子的基态和第一激发态、电子的自旋向上态和向下态、质子自旋在任意方向的+1/2 分量和−1/2 分量、光子的垂直极化态和水平极化态、光子的右旋圆极化态和左旋圆极化态等。

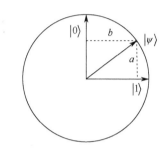

图 7.2.1　一个 qubit 的叠加态示意图

7.2.2　量子信息的存储：量子寄存器

n 个 Qubit 的有序集合构成一个 n 位量子寄存器（Quantum Register，Qregister），n 位量子寄存器的态 $|\psi\rangle$ 是这 n 个 qubit 态的张量积，也称直积，即

$$|\psi\rangle = |\psi_{n-1}\psi_{n-2}\cdots\psi_0\rangle = |\psi_{n-1}\rangle \otimes |\psi_{n-2}\rangle \otimes \cdots \otimes |\psi_0\rangle \tag{7.2.4}$$

它是 n 个 Qubit 的态张起的一个 $N=2^n$ 维 Hilbert 空间的单位矢量，有 N 个相互正交的计算基态，可表示为

$$|\psi\rangle = \sum_{i=0}^{N-1} c_i |\varphi_i\rangle \tag{7.2.5}$$

式中，c_i 为复数，且 $\sum_{i=0}^{N-1}|c_i|^2=1$；$|\varphi_i\rangle$ 为其计算基态。

对于 2 位量子寄存器，有 4 个相互正交的计算基态，分别为

$$|00\rangle = |0\rangle \otimes |0\rangle = \begin{pmatrix}1\\0\end{pmatrix} \otimes \begin{pmatrix}1\\0\end{pmatrix} = \begin{pmatrix}1\\0\\0\\0\end{pmatrix}, \quad |01\rangle = |0\rangle \otimes |1\rangle = \begin{pmatrix}1\\0\end{pmatrix} \otimes \begin{pmatrix}0\\1\end{pmatrix} = \begin{pmatrix}0\\1\\0\\0\end{pmatrix}$$

$$|10\rangle = |1\rangle \otimes |0\rangle = \begin{pmatrix}0\\1\end{pmatrix} \otimes \begin{pmatrix}1\\0\end{pmatrix} = \begin{pmatrix}0\\0\\1\\0\end{pmatrix}, \quad |11\rangle = |1\rangle \otimes |1\rangle = \begin{pmatrix}0\\1\end{pmatrix} \otimes \begin{pmatrix}0\\1\end{pmatrix} = \begin{pmatrix}0\\0\\0\\1\end{pmatrix} \tag{7.2.6}$$

假设一个 2 位量子寄存器的每一位都处于 $|0\rangle$ 态，则此寄存器的态为

$$|\psi\rangle = |\psi_1\psi_0\rangle = |\psi_1\rangle \otimes |\psi_0\rangle = |0\rangle \otimes |0\rangle = |00\rangle \tag{7.2.7}$$

若式（7.2.7）中 $|\psi_0\rangle = a_0|0\rangle + b_0|1\rangle$，则

$$|\psi\rangle = |\psi_1\rangle \otimes |\psi_0\rangle = |0\rangle \otimes (a_0|0\rangle + b_0|1\rangle) = a_0|00\rangle + b_0|01\rangle \qquad (7.2.8)$$

式中，$|a_0|^2 + |b_0|^2 = 1$。可以看出该寄存器中的数可以为 00，也可以为 01，它们存在的概率分别为 $|a_0|^2$ 和 $|b_0|^2$。

若式（7.2.8）中 $|\psi_1\rangle = a_1|0\rangle + b_1|1\rangle$，则

$$\begin{aligned}|\psi\rangle &= |\psi_1\rangle \otimes |\psi_0\rangle = (a_1|0\rangle + b_1|1\rangle) \otimes (a_0|0\rangle + b_0|1\rangle) \\ &= a_1a_0|00\rangle + a_1b_0|01\rangle + b_1a_0|10\rangle + b_1b_0|11\rangle\end{aligned} \qquad (7.2.9)$$

式中，$|a_1a_0|^2 + |a_1b_0|^2 + |b_1a_0|^2 + |b_1b_0|^2 = 1$。可以看出该寄存器中的数可以同时为 00，01，10，11，它们存在的概率分别为 $|a_1a_0|^2$，$|a_1b_0|^2$，$|b_1a_0|^2$ 和 $|b_1b_0|^2$。也就是说 2 位量子寄存器的叠加态 $|\psi\rangle$ 是 2^2 维 Hilbert 空间的单位矢量，它有 4 个相互正交的计算基态：$|00\rangle$、$|01\rangle$、$|10\rangle$ 和 $|11\rangle$。

同理，3 位量子寄存器的态为

$$|\psi\rangle = |\psi_2\psi_1\psi_0\rangle = |\psi_2\rangle \otimes |\psi_1\rangle \otimes |\psi_0\rangle = \sum_{i=0}^{7} c_i|\varphi_i\rangle \qquad (7.2.10)$$

式中，$\sum_{i=0}^{7} |c_i|^2 = 1$。$|\psi\rangle$ 是 2^3 维 Hilbert 空间的单位矢量，它有 8 个相互正交的计算基态：$|000\rangle$、$|001\rangle$、$|010\rangle$、$|011\rangle$、$|100\rangle$、$|101\rangle$、$|110\rangle$ 和 $|111\rangle$，相当于 3 位量子寄存器中分别以概率 $|c_i|^2$ 同时存储了从 000 到 111 的所有 8 个数。

所以，处于叠加态的 n 位量子寄存器可同时存储从 0 到 2^n-1 的所有 $N=2^n$ 个数，这些数各以一定的概率同时存在。在经典电子计算机中，1 个 n 位寄存器只能存储 1 个 n 位二进制数；而在量子计算机中，1 个 n 位量子寄存器可以以一定的概率同时存储 2^n 个 n 位二进制数。量子寄存器位数的线性增长使存储空间指数增长，这是量子计算机的一个基本特点。

7.2.3 量子信息的处理：算子与量子态的演化

算子是作用在态矢量上的一种运算，描述了一个量子态到另一个量子态的变化。算子符号如 $\hat{F}$，在 Hilbert 空间可以描述为作用于态矢量 $|\psi\rangle$ 的矩阵。算子的操作过程为

$$|\varphi\rangle = \hat{F}|\psi\rangle \qquad (7.2.11)$$

表示量子态 $|\psi\rangle$ 经过算子 $\hat{F}$ 的运算或操作演化为另一个量子态 $|\varphi\rangle$。

若算子 $\hat{F}$ 是线性的且其复共轭转置 $\hat{F}^\dagger$ 等于其自身，即

$$\hat{F}^\dagger = \hat{F} \qquad (7.2.12)$$

则称 $\hat{F}$ 为线性厄米算子（Hermitian Operator）。在量子力学中，每个力学量 F 都用一个线性厄米算子 $\hat{F}$ 表示，如角动量算子、自旋算子等。

若算子 $\hat{F}$ 的复共轭转置 $\hat{F}^\dagger$ 等于它的逆算子，即

$$\hat{F}^\dagger = \hat{F}^{-1} \text{ 或 } \hat{F}^\dagger\hat{F} = \hat{F}\hat{F}^\dagger = \hat{I} \qquad (7.2.13)$$

式中，$\hat{I}$ 为单位算子或恒等算子，则称 $\hat{F}$ 为幺正算子（Unitary Operator）。

幺正算子是可逆算子，即量子态 $|\psi\rangle$ 经过幺正算子 $\hat{F}$ 对其变换后得到一个新态

$$|\psi'\rangle = \hat{\boldsymbol{F}}|\psi\rangle \tag{7.2.14}$$

$\hat{\boldsymbol{F}}^{\dagger}$ 算子对新态 $|\psi'\rangle$ 进行变换又可得到原来的态 $|\psi\rangle$

$$\hat{\boldsymbol{F}}^{\dagger}|\psi'\rangle = \hat{\boldsymbol{F}}^{\dagger}\hat{\boldsymbol{F}}|\psi\rangle = \hat{\boldsymbol{I}}|\psi\rangle = |\psi\rangle \tag{7.2.15}$$

线性厄米算子和幺正算子是量子力学中两类最重要的算子。

算子 $\hat{\boldsymbol{F}}$ 的本征值方程为

$$\hat{\boldsymbol{F}}|\varphi_i\rangle = f_i|\varphi_i\rangle \tag{7.2.16}$$

式中，f_i 为本征值；方程的解 $|\varphi_i\rangle$ 为本征矢或本征态。若 $\hat{\boldsymbol{F}}$ 为线性厄米算子，则其本征值 $\{f_i\}$ 均为实数，其本征矢 $\{|\varphi_i\rangle\}$ 张起一个完备的矢量空间（Hilbert 空间）为其态矢空间，而其本征态 $|\varphi_i\rangle$ 即该 Hilbert 空间的基态。

对于某个量子态 $|\psi\rangle$，可以定义一个作用在态矢空间上的线性算子

$$\hat{\boldsymbol{\rho}} = |\psi\rangle\langle\psi| \tag{7.2.17}$$

它对态矢空间任意矢量 $|\varphi\rangle$ 的作用为

$$\hat{\boldsymbol{\rho}}|\varphi\rangle = |\psi\rangle\langle\psi\|\varphi\rangle = |\psi\rangle\langle\psi|\varphi\rangle = C|\psi\rangle \tag{7.2.18}$$

式中，若 $C = \langle\psi|\varphi\rangle$ 是态矢量 $|\varphi\rangle$ 在 $|\psi\rangle$ 上的投影，它是一个数，则称 $\hat{\boldsymbol{\rho}}$ 为投影算子（Projection Operator）。例如，$|\varphi\rangle = a|0\rangle + b|1\rangle$，若定义 $\hat{\boldsymbol{\rho}} = |0\rangle\langle0|$，则

$$\begin{aligned}\hat{\boldsymbol{\rho}}|\varphi\rangle &= |0\rangle\langle0|(a|0\rangle + b|1\rangle) = |0\rangle\langle0|a|0\rangle + |0\rangle\langle0|b|1\rangle \\ &= a|0\rangle\langle0|0\rangle + b|0\rangle\langle0|1\rangle = a|0\rangle\end{aligned} \tag{7.2.19}$$

即 $\hat{\boldsymbol{\rho}} = |0\rangle\langle0|$ 使 $|\varphi\rangle$ 对 $|0\rangle$ 投影，相当于在基矢 $|0\rangle$ 方向测量 $|\varphi\rangle$，测得 $|\varphi\rangle$ 为 $|0\rangle$ 态的概率为 $|a|^2$。

根据量子力学原理，孤立量子系统的态 ψ 随时间的演化满足 Schrödinger 方程

$$i\hbar\frac{\partial\psi}{\partial t} = \hat{\boldsymbol{H}}\psi \tag{7.2.20}$$

式中，$\hat{\boldsymbol{H}}$ 是系统的 Hamiltonian 算子；$\hbar = \dfrac{h}{2\pi}$；h 为 Planck 常数。

量子态的演化也可用演化算子描述为

$$|\psi(t)\rangle = \hat{\boldsymbol{F}}(t, t_0)|\psi(t_0)\rangle \tag{7.2.21}$$

式中，演化算子 $\hat{\boldsymbol{F}}(t, t_0)$ 将 t_0 时刻的态 $|\psi(t_0)\rangle$ 变换为 t 时刻的态 $|\psi(t)\rangle$。

由于幺正变换不改变两个态矢的内积，因此态矢的模在幺正变换下保持不变，也可以说，量子态 $|\psi\rangle$ 是 Hilbert 空间的单位矢量，幺正变换只是使 $|\psi\rangle$ 在 Hilbert 空间旋转，但仍然是单位矢量。所以，为保证量子态的归一化，描述一个量子态随时间演化的算子 $\hat{\boldsymbol{F}}(t, t_0)$ 必定是幺正的。

在量子计算中，执行计算的过程实质上就是控制量子态使其按算法要求的演化过程，演化算子是幺正的。量子计算的过程可以理解为在量子计算机内的初始量子态 $|\psi_0\rangle$ 经过了一系列幺正演化，当计算结束时得到一个末态 $|\psi\rangle$，计算结果的输出即对这个末态的测量。根据量子力学原理，对量子系统进行观测或测量可以描述为将线性厄米算子 $\hat{\boldsymbol{F}}$ 作用到态矢上，所以输出态为

$$|\psi_{\text{out}}\rangle = \hat{F}|\psi\rangle \tag{7.2.22}$$

对态 $|\psi\rangle$ 的测量过程相当于新态 $|\psi_{\text{out}}\rangle$ 的制备过程，测量将以一定的概率得到结果态 $|\psi_{\text{out}}\rangle$。

7.2.4　量子信息处理器：量子逻辑门与量子门组网络

量子计算过程是对量子态的幺正演化过程，量子计算中的一切逻辑操作必须执行幺正操作。完成最基本的幺正操作的量子装置称为量子逻辑门，简称量子门（Quantum Gate）。量子门按照它作用的量子位可分为一位门、两位门和多位门。

由于幺正变换的可逆性，量子门是可逆的，即输入态经过相当于 $\hat{U}$ 变换的量子门演化为输出态，输出态经过相当于 $\hat{U}^{\dagger}$ 变换的量子门可还原为输入态，表达式为

$$\hat{U}|\psi_{\text{in}}\rangle = |\psi_{\text{out}}\rangle, \quad \hat{U}^{\dagger}|\psi_{\text{out}}\rangle = |\psi_{\text{in}}\rangle \tag{7.2.23}$$

在经典计算机中，"与"门、"或"门等是不可逆的，而量子逻辑门却是可逆的。量子逻辑门的可逆性是量子计算机的一个特点。为保证量子门的可逆性，除使量子门完成的逻辑操作为幺正变换外，还应使量子门的输入端数与输出端数相等。

几个重要的量子门有量子非门（X 门）、Hadamard 门（H 门）、相移门（P 门）、量子异或（XOR）门或控非门（C-NOT 门）、控控非门（CC-NOT 门或 T 门）、量子与门等。它们的定义如下。

（1）量子非门（X 门）

$$\hat{X} = |0\rangle\langle 1| + |1\rangle\langle 0| = \begin{pmatrix} 0 & 1 \\ 1 & 0 \end{pmatrix} \tag{7.2.24}$$

对于量子态 $|\psi\rangle = a|0\rangle + b|1\rangle$，有

$$\hat{X}|\psi\rangle = \hat{X}(a|0\rangle + b|1\rangle) = a\begin{pmatrix} 0 & 1 \\ 1 & 0 \end{pmatrix}\begin{pmatrix} 1 \\ 0 \end{pmatrix} + b\begin{pmatrix} 0 & 1 \\ 1 & 0 \end{pmatrix}\begin{pmatrix} 0 \\ 1 \end{pmatrix}$$
$$= a\begin{pmatrix} 0 \\ 1 \end{pmatrix} + b\begin{pmatrix} 1 \\ 0 \end{pmatrix} = a|1\rangle + b|0\rangle \tag{7.2.25}$$

算子 $\hat{X}$ 使量子态 $|\psi\rangle = a|0\rangle + b|1\rangle$ 中的 $|0\rangle$ 变为 $|1\rangle$，$|1\rangle$ 变为 $|0\rangle$，实现了逻辑"非"门的功能。

（2）Hadamard 门（H 门）

$$\hat{H} = \frac{1}{\sqrt{2}}\begin{pmatrix} 1 & 1 \\ 1 & -1 \end{pmatrix} \tag{7.2.26}$$

H 门分别作用于 $|0\rangle$ 态和 $|1\rangle$ 态，则有

$$\hat{H}|0\rangle = \frac{1}{\sqrt{2}}(|0\rangle + |1\rangle), \quad \hat{H}|1\rangle = \frac{1}{\sqrt{2}}(|0\rangle - |1\rangle) \tag{7.2.27}$$

$\hat{H}|0\rangle$ 相当于将态矢 $|0\rangle$ 顺时针方向旋转 $45°$，$\hat{H}|1\rangle$ 相当于将态矢 $|1\rangle$ 逆时针方向旋转 $135°$，如图 7.2.2 所示。

由式（7.2.27）可知，H 门（算子 $\hat{H}$）作用于 $|0\rangle$ 态将产生叠加态 $\frac{1}{\sqrt{2}}(|0\rangle + |1\rangle)$。若将算子 $\hat{H}$ 分别作用于 n 个 $|0\rangle$ 态 Qubit

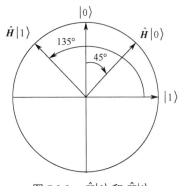

图 7.2.2 $\hat{H}|0\rangle$ 和 $\hat{H}|1\rangle$

$$\underbrace{(\hat{H}\otimes\hat{H}\otimes\cdots\otimes\hat{H})}_{n\text{个}}\underbrace{|00\cdots0\rangle}_{n\text{个}}$$

$$= \frac{1}{\sqrt{2^n}}((|0\rangle+|1\rangle)\otimes(|0\rangle+|1\rangle)\otimes\cdots\otimes(|0\rangle+|1\rangle)) \quad (7.2.28)$$

$$= \frac{1}{\sqrt{2^n}}\sum_{i=0}^{2^n-1}|\varphi_i\rangle$$

则产生了 2^n 个量子基态 $\{|\varphi_i\rangle\}$（$i=0,1,2,\cdots,2^n-1$）的叠加。所以，当量子寄存器中的 n 个原始数位全为 0 时，对每一位分别进行 H 变换可产生 2^n 个基本态的叠加，即产生从 0 到 2^n-1 的所有的二进制数，它们同时存在，存在的概率均为 $1/\sqrt{2^n}$。式（7.2.28）所示变换即 Walsh 变换，或称 Walsh-Hadamard 变换，它是量子并行（Quantum Parallelism）计算的基础。

（3）相移门（P 门）

$$\hat{P}=|0\rangle\langle0|+\mathrm{e}^{i\theta}|1\rangle\langle1|=\begin{pmatrix}1 & 0 \\ 0 & \mathrm{e}^{i\theta}\end{pmatrix} \quad (7.2.29)$$

不难验证

$$\hat{P}|0\rangle=|0\rangle, \quad \hat{P}|1\rangle=\mathrm{e}^{i\theta}|1\rangle \quad (7.2.30)$$

算子 $\hat{P}$ 改变了两个基矢 $|0\rangle$ 与 $|1\rangle$ 的相对相位，所以称 P 门（或算子 $\hat{P}$）为相移门。

（4）控非门（C-NOT 门）或量子异或（XOR）门

$$\hat{C}_{\mathrm{not}}=|0\rangle\langle0|\otimes\hat{I}+|1\rangle\langle1|\otimes\hat{X}=\begin{pmatrix}1 & 0 & 0 & 0 \\ 0 & 1 & 0 & 0 \\ 0 & 0 & 0 & 1 \\ 0 & 0 & 1 & 0\end{pmatrix} \quad (7.2.31)$$

式中，$\hat{I}=\begin{pmatrix}1 & 0 \\ 0 & 1\end{pmatrix}$ 为恒等算子，$\hat{X}=\begin{pmatrix}0 & 1 \\ 1 & 0\end{pmatrix}$ 为量子非门。

控非（Controlled-NOT）门 $\hat{C}_{\mathrm{not}}$ 是作用在 2 个 qubit 上的幺正操作，其作用过程为

$$\begin{aligned}\hat{C}_{\mathrm{not}}|00\rangle &= |00\rangle \\ \hat{C}_{\mathrm{not}}|01\rangle &= |01\rangle \\ \hat{C}_{\mathrm{not}}|10\rangle &= |11\rangle \\ \hat{C}_{\mathrm{not}}|11\rangle &= |10\rangle\end{aligned} \quad (7.2.32)$$

当且仅当第一量子位处于 $|1\rangle$ 态时，才取第二量子位的逻辑非。第一量子位控制了第二量子位的取值，称第一量子位为控制位。控制位对第二量子位作用 $\hat{I}$ 或者 $\hat{X}$，决定于控制位是处于 $|0\rangle$ 态还是 $|1\rangle$ 态。

从式（7.2.32）中第二量子位的取值可以看出，算子 $\hat{C}_{\mathrm{not}}$ 实现了两个 qubit 的异或（XOR）操作，因而又称控非门为量子异或门，可以用图 7.2.3 表示。

图 7.2.3 中，$|x\rangle$ 和 $|y\rangle$ 为输入，$|x\rangle$ 和 $|x\oplus y\rangle$ 为

图 7.2.3 量子异或门

输出，$|x\rangle$ 为控制位的态，第二量子位的输出为 x 与 y 的异或（模 2 加）$x \oplus y$。

（5）控控非门（CC-NOT 门）或 Toffoli 门（T 门）

$$C\hat{C}_{\text{not}} = |0\rangle\langle 0| \otimes \hat{I} \otimes \hat{I} + |1\rangle\langle 1| \otimes \hat{C}_{\text{not}} = \begin{pmatrix} 1 & 0 & 0 & 0 & 0 & 0 & 0 & 0 \\ 0 & 1 & 0 & 0 & 0 & 0 & 0 & 0 \\ 0 & 0 & 1 & 0 & 0 & 0 & 0 & 0 \\ 0 & 0 & 0 & 1 & 0 & 0 & 0 & 0 \\ 0 & 0 & 0 & 0 & 1 & 0 & 0 & 0 \\ 0 & 0 & 0 & 0 & 0 & 1 & 0 & 0 \\ 0 & 0 & 0 & 0 & 0 & 0 & 0 & 1 \\ 0 & 0 & 0 & 0 & 0 & 0 & 1 & 0 \end{pmatrix} \tag{7.2.33}$$

控控非门（Controlled-Controlled-NOT 门）$C\hat{C}_{\text{not}}$ 是作用在 3 个 Qubit 上的幺正操作，其作用过程为

$$\begin{aligned} &C\hat{C}_{\text{not}}|000\rangle = |000\rangle, C\hat{C}_{\text{not}}|001\rangle = |001\rangle \\ &C\hat{C}_{\text{not}}|010\rangle = |010\rangle, C\hat{C}_{\text{not}}|011\rangle = |011\rangle \\ &C\hat{C}_{\text{not}}|100\rangle = |100\rangle, C\hat{C}_{\text{not}}|101\rangle = |101\rangle \\ &C\hat{C}_{\text{not}}|110\rangle = |111\rangle, C\hat{C}_{\text{not}}|111\rangle = |110\rangle \end{aligned} \tag{7.2.34}$$

当且仅当第一、第二量子位均处于 $|1\rangle$ 态时，才取第三量子位的逻辑非，因而称为控控非门（CC-NOT 门），又称为 Toffoli 门，可以用图 7.2.4 表示。

图 7.2.4 中，$|x\rangle$、$|y\rangle$ 和 $|z\rangle$ 为输入，输出为 $|x\rangle$、$|y\rangle$ 和 $|(x \wedge y) \oplus z\rangle$，第三量子位的输出表示 x 与 y 相与 $(x \wedge y)$ 后再与 z 异或（模 2 加）。

T 门可以实现多种逻辑操作，如量子与门。在式（7.2.34）所示变换中，若第三量子位为 $|0\rangle$ 态，则有

$$\begin{aligned} &C\hat{C}_{\text{not}}|000\rangle = |000\rangle \\ &C\hat{C}_{\text{not}}|010\rangle = |010\rangle \\ &C\hat{C}_{\text{not}}|100\rangle = |100\rangle \\ &C\hat{C}_{\text{not}}|110\rangle = |111\rangle \end{aligned} \tag{7.2.35}$$

可以看出，第三量子位的输出是第一、二量子位相与的结果，实现了量子与门的操作，可以用图 7.2.5 表示。

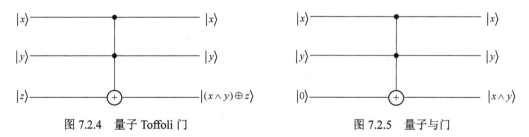

图 7.2.4　量子 Toffoli 门　　　　　　　　图 7.2.5　量子与门

除上述 5 种特殊的量子门外，还可以构造量子通用门，量子通用门是能实现任意幺正变换的量子门。1989 年，Deutsch 将经典 Toffoli 门推广到量子领域得到了 Deutsch 门，并

证明任意 n 位 Hilbert 空间的所有幺正变换，其计算网络都可以由 Deutsch 门重复使用构造出来，所以 Deutsch 门是量子计算的通用门。

量子门组网络由多个量子通用门组成，这些量子门的操作在时间上同步，可实现任意 N 维 Hilbert 空间的所有幺正变换，即与经典计算机的逻辑门组网络在算法控制下可实现经典计算一样，量子门组网络在算法控制下可实现量子计算。量子计算机的门组网络模型可描述如下。

量子计算机的存储器由按一定次序排列的双态量子系统（Qubit）组成，n 个 Qubit 的 2^n 维 Hilbert 空间用来编码要处理的信息。量子计算由对编码量子态的幺正演化完成，而幺正演化由量子门组网络在算法控制下实现。量子门组网络按算法逻辑要求构造，不同的 qubit 通过不同的门组网络，经过算法要求的逻辑门作用，完成计算操作。与经典计算机一样，量子计算机也需要输入、输出设备，量子计算机的输入是在量子存储器中制备初始量子态——对应输入信息，量子计算机的输出设备由量子测量仪器构成，通过对计算末态的测量输出计算结果。

7.2.5 量子信息处理特性：量子并行与量子纠缠

从上述分析可知，在量子计算机中，处于叠加态的 n 位量子寄存器可同时存储从 $0 \sim 2^n - 1$ 的所有 2^n 个数，它们各以一定的概率同时存在。这样，作用于量子寄存器上的任意变换都是同时对所有 2^n 个数进行操作，相当于对叠加态 $|\psi\rangle = \sum_{i=0}^{2^n-1} c_i |\varphi_i\rangle$ 中的每一个量子基态 $|\varphi_i\rangle$ 同时进行计算，得到的计算结果是一个新的叠加态，并保存在 n 位量子寄存器中，此即量子并行（Quantum Parallelism）。因而量子计算机的一次运算可产生 2^n 个运算结果，相当于经典电子计算机 2^n 次操作，或者同时使用 2^n 个处理器的并行操作。所以量子计算机可达到经典计算机不能达到的解题速度，还可以解决经典计算机不能解决的某些计算复杂度很高的问题，如大数的质因子分解这一 NP 难解问题。

发生相互作用的两个或多个子系统构成的复合系统的态，如果不能表示为其子系统态的张量积的形式，则称这个复合系统处于纠缠态（Entangled State）。例如，有两个双态量子系统 A 和 B，其状态分别为

$$|\psi_A\rangle = a_1|0\rangle + a_2|1\rangle \tag{7.2.36}$$

$$|\psi_B\rangle = b_1|0\rangle + b_2|1\rangle \tag{7.2.37}$$

当两个子系统相互独立时，复合系统的态是两子系态的张量积，即

$$\begin{aligned} |\psi\rangle = |\psi_A\psi_B\rangle = |\psi_A\rangle \otimes |\psi_B\rangle = (a_1|0_A\rangle + a_2|1_A\rangle) \otimes (b_1|0_B\rangle + b_2|1_B\rangle) \\ = a_1b_1|0_A0_B\rangle + a_1b_2|0_A1_B\rangle + a_2b_1|1_A0_B\rangle + a_2b_2|1_A1_B\rangle \end{aligned} \tag{7.2.38}$$

但是，若两个子系统发生相互作用，系统的自由度将受到一些限制，此时便存在一些态，如

$$|\psi\rangle = \frac{1}{\sqrt{2}}|0_A0_B\rangle + \frac{1}{\sqrt{2}}|1_A1_B\rangle \tag{7.2.39}$$

$$|\psi\rangle = \frac{1}{\sqrt{2}}|0_A1_B\rangle + \frac{1}{\sqrt{2}}|1_A0_B\rangle \tag{7.2.40}$$

它们并不能表示为两个子系统态的张量积，这样的态就称为纠缠态。而

$$|\psi\rangle = \frac{1}{\sqrt{2}}|0_A 0_B\rangle + \frac{1}{\sqrt{2}}|0_A 1_B\rangle = |0_A\rangle \otimes \frac{1}{\sqrt{2}}\left(|0_B\rangle + |1_B\rangle\right) \qquad (7.2.41)$$

可以表示成两个子系统态的张量积，则式（7.2.41）所表示的态是非纠缠态。

纠缠显示了经典力学所不能解释的量子态的关联特性，当量子系统处于如式（7.2.40）所示的纠缠态时，如果对其测量所得到的结果是系统 A 处于 $|0\rangle$ 态，那么能精确知道系统 B 一定处于 $|0\rangle$ 态，这个过程不需要任何时间，也就是说，系统 B 的演变与对系统 A 的测量同时发生，信息的传递是瞬时的。但当量子系统处于式（7.2.41）所示的非纠缠态时，不管对系统 B 的测量结果如何，系统 A 始终处于 $|0\rangle$ 态。

量子态的纠缠是量子信息的关键，涉及量子隐形传态（Quantum Teleportation）、量子编码、量子密钥分配等多方面，像能量和熵一样，是一种有用的信息资源。

7.3　量子智能优化算法

量子智能优化算法主要是指可在普通计算机上执行的量子衍生优化新模型的设计理论及应用。针对目前各种量子衍生优化算法存在易于陷入早熟收敛的缺陷，通过研究自寻优和交叉寻优两种新的量子衍生优化策略，研究量子衍生优化新方法。具体包括：面向最优个体的量子衍生自寻优方法；面向普通个体的量子衍生交叉寻优方法；量子衍生自寻优和交叉寻优的融合方法；量子衍生优化新算法的收敛性、工程应用。本节概述作者在量子智能优化方面提出的以量子菌群优化算法为代表的 5 种个体编码方法；在量子神经计算方面提出的以反馈型量子神经元模型为代表的 3 种量子衍生神经网络模型。

1．量子菌群算法

量子菌群算法（Quantum Bacterial Foraging Optimization，QBFO）是把量子进化算法和菌群算法相结合形成的一种新的优化算法。在 QBFO 中，引入量子染色体和基因的概念，将细菌种群和位置信息分别编码成量子染色体和基因信息，对染色体进行二进制编码，借助量子遗传算法的思想，由于染色体的状态处于叠加或纠缠状态，每个状态并不是确定的，而是以一定概率存在的，因此要对染色体进行测量坍缩成固定态。而同时采用将量子旋转门作用于量子染色体更新其状态，这样趋化操作不是针对每个细菌个体分别进行翻转和前进操作，而是将旋转门进行旋转，使其相位发生改变，从而改变各基态的概率幅。

2．量子粒子群算法

目前，主要存在两种量子粒子群算法，一种是李士勇等通过将改进后的量子进化算法（QEA）融合到 PSO 算法中提出的量子粒子群算法——基于概率幅的量子粒子群算法（P-QPSO算法）；另一种是孙俊等于 2004 年提出的基于量子力学波函数的量子粒子群算法——基于量子行为的粒子群算法（QPSO 算法）。

针对标准 QPSO 迭代后期种群多样性下降、收敛速度慢、易陷入局部最优的缺点，本书提出了一种改进的量子粒子群算法——自适应收扩系数的双中心协作量子粒子群（AQPSO）算法。该算法从两个方面进行改进：第一，自适应调整收缩-扩张系数 α。近年来，该系数一直是改进算法的研究热点，但其中有些改进方法虽然提高了算法的寻优能力，却极大地增加了时间和空间复杂度。本书提出一种较为简单的自适应方法，帮助粒子跳出局部最优，提高了粒子的全局搜索能力，并且在保证提高寻优能力的同时，大大降低了复杂度。第二，双重更新全局最优位置策略。在每次迭代中，先后分别采用两种不同的方式更新全局最优位置。第一种方式和标准 QPSO 算法一致。在第二种方式中，首先引入双中心粒子——广义中心粒子和狭义中心粒子，然后使双中心粒子和当前全局最优位置在相应维度上合作，从而达到更新全局最优位置的目的。此双重更新策略大大增强了全局最优位置的指引作用，改善了算法的局部搜索能力，提高了收敛速度。AQPSO 算法将这两个改进点巧妙结合，在保证复杂度较低的前提下，大大提高了算法的全局和局部搜索能力。

3. 量子蚁群优化算法

2007 年，王灵等提出了一种二进制编码的量子蚁群优化算法（QACO）。它采用量子比特编码表示蚂蚁的信息素，寻优迭代过程中通过量子旋转门对信息素进行更新操作，其基本思想为：① 采用量子比特编码表示蚁群信息素，通过量子旋转门更新全局信息素值；② 采用伪随机概率判定机制，通过测量量子比特信息素得到蚂蚁信息素选择路径。

2009 年，李士勇、李盼池等提出了一种连续量子蚁群优化算法（Continuous Quantum Ant Colony Optimization Algorithm，CQACO），该算法对蚂蚁位置采用量子比特编码表示，通过量子旋转门完成蚂蚁位置的更新操作，其基本思想为：① 采用量子比特编码表示蚂蚁位置，通过量子旋转门实现蚂蚁位置移动；② 蚂蚁信息素更新采用驻留点式更新，信息素不是分散在全部路径上，而是集中于目标位置点上；③ 引入了量子变异操作。

量子蚁群优化算法的改进策略是借鉴于 QACO 算法的寻优策略，并引入了自适应相位旋转的特点，而提出的一种基于自适应相位旋转角的二进制量子蚁群优化算法（adaptive phase Binary Quantum Ant Colony Optimization Algorithm，BQACO）。该算法的核心思想是：① 采用量子比特编码表示蚂蚁信息素，通过量子旋转门实现信息素矩阵的更新；② 采用自适应相位调制量子旋转角的大小和方向；③ 引入了量子变异操作。

4. 量子遗传算法

量子遗传算法（QGA）是量子计算与遗传算法相结合的产物。QGA 建立在量子的态矢量表述基础上，将量子比特的几率幅表示方法应用于染色体的编码上，使一条染色体可以表达多个态的叠加，并利用量子旋转门和量子非门实现染色体的更新操作，从而实现了目标的优化求解。QGA 与经典遗传算法相比，区别在于 QGA 采用了量子比特编码方法、量子坍塌过程来取代经典遗传算法的交叉操作以及量子变异的方法。

5. 量子免疫算法

量子免疫算法（Quantum Immune Algorithm，QIA）是通过将量子计算和遗传算法中的免疫算法相结合，采用量子编码，使得对于抗体的一些操作实现了并行性；而且将量子计算的理论融入了亲和力计算和克隆变异的过程中，从而使得对大规模数据的求解模式更加优化，种群的收敛速度更加迅速，具有较好的全局搜索和寻优能力。由于其在编码和计算中都使用了量子计算的相关理论进行了优化，因此能够较好地克服传统免疫算法过早收敛现象。

6. 量子衍生神经网络

Menneer 等将量子理论中的多宇宙观点应用到单层 ANN 中，构造出一种量子衍生神经网络模型，并利用量子坍缩原理初步实现该模型的训练过程。

在经典 ANN 中，一个网络需针对多个模式进行训练且需反复学习模式集，直到网络对每个模式达到合适的输出为止，而在量子衍生神经网络中，许多单层神经网络各自分别训练一个模式。该模型根据量子力学的 Everett 多宇宙解释，将训练集中的每个模式看作一个粒子，它在不同的宇宙中被不同的网络所处理，且每个网络只训练一个模式，网络个数等于训练模式数。每个网络与其相关的训练模式处于同一个分立的宇宙中，不同宇宙中的单层网络同时进行训练，一旦每个网络在其宇宙中训练成功，则计算这些网络的量子叠加，从而产生量子衍生神经网络并将其推广到所有输入模式，所得叠加权矢即量子衍生波函数，它坍缩到实际输入模式上，具体坍缩方式取决于输入模式和坍缩方法。

7．量子纠缠神经网络

遵循量子态不可克隆定理并利用量子纠缠现象，可以实现不发送任何量子位而把量子位的未知态（这个态包含的信息）发送出去，此即量子隐形传态（Quantum Teleportation）。在量子隐形传态过程中，一些有限的信息通过经典信道传输，而量子态通过量子信道传输。在量子位态（信息）的传输过程中，信息的载体（量子位）本身并没有被传送。而且即使原始量子态被重构，在传输过程中也没有对原始量子态的学习。

在基于量子隐形传态及其在智能意义上的延伸的基础上，Li 提出了量子纠缠神经网络（Entangled Neural Networks，ENN）的概念。

8．量子跃迁神经网络模型

本书针对经典前馈神经网络（Feedforward Neural Network，FFNN）在模糊分类方面的局限性，提出了一种量子神经网络（QNN）模型。该 QNN 模型结合了神经建模和模糊理论原理，是针对模糊分类问题的神经计算模型。由于该 QNN 模型的变换函数具有量子跃迁特性，本书将它称为量子跃迁神经网络（Quantum Transition Neural Network）。量子跃迁神经网络与经典 FFNN 的主要区别在于隐藏层单元非线性变换函数的形式。经典 FFNN 的隐藏层单元采用一般的 S 型函数（sigmoid 函数），而量子跃迁神经网络的隐藏层单元采用多量子能级变换函数，每个多能级函数是一系列具有量子间隔（Quantum Interval）偏移的 S 型函数之和。

思　考　题

1．请问相比于经典信息系统，量子信息系统在哪些方面具有独特的优势？
2．量子计算在信号与信息处理领域的应用目前存在哪些问题？
3．量子计算机的一个基本特点是随着量子寄存器位数的线性增长，存储空间将会如何？
4．请列举出几种重要的量子门。
5．请列举出几种常见的量子智能优化算法。

参　考　文　献

[1] DEUTSCH D. Quantum computational networks[J]. Proceedings of The Royal Society A: Mathematical, Physical and Engineering Sciences, 1989, 425(1868): 73-90.

[2] SHOR P W. Algorithms for quantum computation: Discrete logarithms and factoring[C]. Foundations of computer science, 1994: 124-134.

[3] SHOR P W. Polynomial-Time Algorithms for Prime Factorization and Discrete Logarithms on a Quantum Computer[J]. SIAM Journal on Computing, 1997, 26(5): 1484-1509.

[4] GROVER L K. A fast quantum mechanical algorithm for database search[C]. Symposium on the theory of computing, 1996: 212-219.

[5] GROVER L K . Quantum Mechanics helps in searching for a needle in a haystack[J]. 1997.

[6] DIVINCENZO D P. Two-bit gates are universal for quantum computation[J]. Physical Review A, 1995, 51(2): 1015-1022.

[7] DEUTSCH D, BARENCO A, EKERT A, et al. Universality in Quantum Computation[J]. Proceedings of The Royal Society A: Mathematical, Physical and Engineering Sciences, 1995, 449(1937): 669-677.

[8] BARENCO A, BENNETT C H, CLEVE R, et al. Elementary gates for quantum computation.[J]. Physical Review A, 1995, 52(5): 3457-3467.

[9] BARENCO A, DEUTSCH D, EKERT A, et al. Conditional Quantum Dyanmics And Logic Gates[J]. Physical Review Letters, 1995, 74(20): 4083-4086.

[10] SIMON D R. On the Power of Quantum Computation[J]. SIAM Journal on Computing, 1997, 26(5): 1474-1483.

[11] Bouwmeester D, Pan J, Mattle K, et al. Experimental quantum teleportation[J]. Nature, 1997, 390(6660): 575-579.

[12] 李承祖. 量子通信和量子计算[M]. 北京: 国防科技大学出版社, 2000.

[13] RIVEST R L . On Digital Signatures and Public Key Cryptosystems[J]. MIT Laboratory for Computer Science, Technical Report, 1979: 212.

第8章 量子神经网络

人工神经网络（Artificial Neural Networks，ANN）是并行分布式处理的自然范例，在模式识别、分类、建模等方面取得了一定的成功。然而，人工神经网络也有在信息量大的情况下处理速度过慢、记忆容量有限、在接收新的信息时会发生灾变性失忆等缺点，随着信息量和信息复杂度的增加，它已无法适应。因此构建更加外向的神经网络理论，将神经网络理论赋予更强的数学基础、生物学特征乃至物理特征是 ANN 研究中面临的巨大挑战，也是其发展的巨大机会。一些学者提出，量子效应在人类认知领域中起着重要的作用，量子系统具有和生物神经网络相似的动力学特征，因而将经典人工神经网络与量子计算（Quantum Computing）理论相结合而产生的量子神经网络（Quantum Neural Networks，QNN）能更好地模拟人脑的信息处理过程，是一个极富前景的崭新研究领域。

量子计算采用一种与传统的计算方式迥然不同的新型计算方法，它的一次运算可产生 2^n 个运算结果，相当于经典计算机 2^n 次操作。对于某些问题，量子计算机可以达到经典计算机不能达到的运算速度，还可以解决经典计算机不能解决的某些计算复杂度很高的问题，如大数的质因子分解这一 NP 难解问题。量子计算的优势源于对经典计算进行了量子改造，而人工神经网络是模仿人脑的工作机理，其工作过程具有复杂的非线性动力学特征，与量子系统有许多相似之处。因而可以推断：量子计算与人工神经网络相结合所构建的新的信息处理模式——QNN，在理论上有良好的预期，在实际应用中具有极大的潜力。QNN 由于利用了量子并行计算和量子纠缠等特性从而克服了 ANN 的某些固有缺陷，极有可能成为未来信息处理的重要手段。

8.1 人工神经网络向量子神经网络的演变

8.1.1 演变的动因

从已有的文献资料分析，我们认为导致 ANN 向 QNN 演变的动因主要有以下两个。

（1）人脑中存在量子效应及量子效应在人脑中所起的重要作用。英国 Oxford 大学的 Penrose 教授早在 1989 年就开始研究人脑中的量子效应问题，他发现人体中一些细胞对单个量子敏感，因此大脑中可能存在量子力学效用，并提出将量子现象与广义相对论结合的新物理学能够解释人的理解、认知、意识等能力的观点；德国的 Beck 教授认为，人脑的活动过程也是神经势或神经场的运动过程，因此，要研究神经量子信息处理过程，理解复杂的脑功能，就必须建立有意义的物理机制，以表达量子活动的本质；1994 年美国 Arizona 大学的 Hameroff 教授指出，意识是在神经元内骨骼细胞的微管之中或周围显现出来的；Jibu 等则认为，意识是由神经元、亚细胞和量子几种不同类型的处理过程的微妙的相互影响而产生的；Perus 指出，量子波函数的坍缩（Collapse）十分类似于人脑记忆中的神经模式重构现象；Hartford 大学的 Gould 证明了量子物理的本体论解释和感知器的脑过程的完全性理论有同样的数学结构，这两个过程的动态方程都包含了一种场，即量子势和神经势，基于量子势的量子过程的动态方程——量子 Hamilton-Jacobi 方程和基于神经势的脑过程的动态方程——经典神经 Hamilton-Jacobi 方程有惊人的相似之处。这些富有创建性的研究和讨论从生物神经信息处理的角度阐述了量子效应与人脑功能的关系，为量子计算与 ANN 的结合提供了有益的支持。

（2）经典人工神经网络通过与量子计算的有效结合能被推广到量子计算研究领域。1995 年，美国的 Kak 教授首次提出量子神经计算的概念，认为量子神经计算机由支持量子处理的 ANN 构成，该 ANN 是自组织型的，在外部或内部激励下可演变为不同的测量系统；之后 Chrisley 提出了量子学习（Quantum Learning）的概念，认为一个量子学习系统可能获得某种形式的意图并开始填补物质和意识的鸿沟；Menneer 等提出的量子衍生神经网络（Quantum-inspired Neural Networks）将量子理论的多宇宙观点应用于单层 ANN，并证明 QNN 在分类方面比 ANN 更有效；Behrman 这样开始对量子点神经网络（Quantum Dot Neural Networks）的描述：量子点神经网络利用了完整的量子点分子阵列其内在的多样性和连通性，从而使得 QNN 具有成为极其强大的计算工具的潜力——至少在原理上能完成经典神经网络无法完成的计算；Ventura 等认为量子计算采用微观量子能级效应以完成计算任务，并在某些情况下能以经典计算指数倍的速度产生计算结果，利用量子计算这一独特性质可创建量子联想记忆（Quantum Associative Memory）模型并使记忆容量和回忆速度有指数级提高；Li 提出的量子并行自组织映射（Quantum Parallel Self-Organizing Map）模型能在量子计算环境中实现并行自组织映射并具有一次学习能力；在基于量子隐形传态（Quantum Teleportation）及其在智能意义上的延伸的基础上，Li 还提出了量子纠缠神经网络（Entangled Neural Networks）的概念；还有一些学者提出了量子神经元（Quantum Neuron）、量子感知器（Quantum Perceptron）、非叠加量子神经计算（Non-Superpositional Quantum Neurocomputing）等新概念。上述将量子计算与 ANN 相结合的讨论构筑了在人工神经网络领域进一步研究量子计算的基础，开创了量子神经网络（QNN）这一新的交叉学科。之后，QNN 的研究日趋活跃，并在模式识别、纠缠计算、函数近似等方面得到初步应用。

8.1.2　人工神经网络有关概念的量子类比

量子理论与 ANN 在数学表述上有许多相似之处，其相关概念之间的类比关系导致 ANN 与量子计算的结合可以有多种形式，由此产生的 QNN 模型也各有特点，而且合理的定义有利于模型与算法的设计与实现。我们将神经网络与量子理论的主要概念对照总结如表 8.1.1 所示。

表 8.1.1　神经网络与量子理论的主要概念对照

神经网络	量子理论
神经元	波函数
神经元之间的互连（连接权）	叠加（相干）
吸引子演化	测量（消相干）
学习规则	纠缠
神经元完成的变换（增益函数）	幺正变换

量子力学是线性理论，神经计算是数据处理的非线性方法，建立这两个研究领域相关概念间的对应关系确实非常复杂，是 ANN 向 QNN 演化发展进程中的巨大挑战，且存在一

个关键的问题是如何调和神经网络模型的非线性特征与量子计算中线性幺正变换之间的关系。文献指出解决这个问题的三种途径。

（1）根据量子力学的 Copenhagen 解释，量子计算系统输出结果测量时所发生的消相干（坍缩）过程是非幺正过程，可以把它看成量子系统趋向某个吸引子的非线性演化，从而在基于幺正演化算子的量子计算系统中实现非线性映射。

（2）根据量子力学的 Feynman 路径积分理论，在 Feynman 路径积分公式

$$|\psi(t)\rangle = \sum_{all\ paths} e^{-\frac{i}{\hbar}\int_0^{t}\left[\frac{mx^2(\tau)}{2}-V(x(\tau))\right]d\tau}$$

中，由于存在非线性的势函数 $V(x)$ 和指数函数，因而包含了非线性关系，可利用之进行非线性推导。

（3）根据量子力学的 Everett 多宇宙（Many Universes）解释，量子态的消相干（坍缩）是一个假象，其波函数始终满足 Schrödinger 方程，测量将观测值分为互不察觉的相等实体，每个实体只是测量的一个可能结果。

许多研究者根据量子理论的不同解释，用自己的方法建立了量子理论和神经网络相关概念的类比关系，如表 8.1.2 所示。

表 8.1.2　QNN 相关概念的量子类比

QNN 模型	神经元	连接权	变换特性	网络类型	动态特征
Perus	量子神经元	Green 函数	线性	时域	坍缩—吸引子收敛
Chrisley	输入区狭缝位置—经典神经元	权值区狭缝位置—经典连接权	非线性	多层 BP	非叠加
Behrman 等	时间片段—量子神经元	光子作用	非线性	空时	Feynman 路径积分
Goertzel	经典神经元	量子连接权	非线性	经典	Feynman 路径积分
Menneer 等	经典神经元	经典连接权	非线性	多宇宙中的单个网络	经典
Venture	量子比特	纠缠	线性与非线性	多宇宙中的单个模块	幺正与非幺正变换

8.1.3　量子神经网络的量子并行处理能力及其优势

经典 ANN 的许多功能源于其并行分布式信息处理能力和神经元变换的非线性。然而，量子理论的态叠加原理使 QNN 具有比 ANN 更强的并行处理能力且能处理更大型数据集。根据量子计算原理，一个有 n 个量子位的系统，可以制备出 2^n 个相互正交的基本态的叠加态，一个 n 位量子寄存器中的数是从 0 到 2^n-1 的所有数，它们各以一定的概率同时存在。一个 n 位量子寄存器可以同时保存 2^n 个 n 位二进制数，量子计算系统以这种方式指数地增加存储能力并能并行处理一个 n 位量子寄存器的所有 2^n 个数，它的一次运算可产生 2^n 个运算结果，相当于经典计算 2^n 次操作。但在读出量子计算的输出结果即测量量子寄存器的态时，其叠加态将坍缩（或消相干）到其之中的一个基态上，因而测量时只能测得（读出）一个结果。例如，在量子神经元模型中，感知器的权矢被一个波函数 $\psi(\omega,t)$ 所取代，$\psi(\omega,t)$ 是所有可能的经典权矢的量子相干叠加，当叠加权矢与环境作用时（如受到实际输入的激励），它必定会消相干到其中之一的基态上，即坍缩到经典权矢上。

虽然 QNN 的研究才刚刚起步，但已有的理论分析和应用研究已经证明，与经典 ANN 相比，QNN 具有以下几方面的潜在优势：① 指数级的记忆容量和回忆速度；② 可实现高

性能、少隐藏层数的量子神经网络；③ 快速学习和高速信息处理（10^{10}bits/s）能力；④ 由于不存在模式之间的相互干扰而具有消除灾变性失忆的潜力；⑤ 单层量子神经网络可求解线性不可分问题；⑥ 由于可实现高密度的量子神经元（10^{11} 个神经元/mm^3）和利用量子神经元之间的纠缠特性而不需要网络连线使 QNN 的网络规模较小、网络拓扑结构较简单；⑦ 高稳定性和高可靠性等。

QNN 的量子并行处理能力使其在信号处理方面具有一些新的前所未有的潜在优势，这成为加速 ANN 向 QNN 演化发展的引人注目的动因，并使 QNN 被认为是神经计算系统的发展方向。

8.2 量子神经网络模型

8.2.1 量子神经元

1．具有量子力学特性的人工神经元模型

经典（常规）人工神经元是具有 N 个输入的感知器，如图 8.2.1 所示。

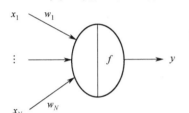

图 8.2.1 中神经元的输入 x_i 为经典二进制位，权矢量为 $\boldsymbol{w}=(w_1,w_2,\cdots,w_N)^{\mathrm{T}}$，阈值为 θ，输出函数为

$$f=\begin{cases}1, & \sum_{j=1}^{N}w_jx_j>\theta\\-1, & \text{其他}\end{cases}\qquad(8.2.1)$$

图 8.2.1　经典人工神经元模型

文献针对图 8.2.1 所示的经典 ANN 模型中最简单的感知器模型研究其量子对照物，给出了一种具有量子力学特性的人工神经元模型。在该量子神经元模型中，神经元之间的单个连接权矢 $\boldsymbol{w}=(w_1,w_2,\cdots,w_N)^{\mathrm{T}}$ 被一个波函数 $\psi(\boldsymbol{w},t)$ 所取代，神经元的输入值、阈值和激活函数均与经典模型类似。$\psi(\boldsymbol{w},t)$ 处于 Hilbert 空间，代表了权矢空间中所有可能权矢的概率幅度，在任意时刻 t 满足归一化条件，即

$$\int_{\infty}^{\infty}|\psi|^2\,\mathrm{d}\boldsymbol{w}=1\qquad(8.2.2)$$

其基态即为经典模型的权矢。量子神经元的权矢是许多经典权矢的量子叠加，当它与环境发生作用时将立即坍缩到其中之一的经典权矢上，且概率为 $|\psi|^2$。

该量子神经元的训练可以通过改变波函数 ψ 来实现，而波函数是由不含时间的 Schrödinger 方程所决定，即

$$\nabla^2\psi=\frac{2m}{\hbar^2}[U-E]\psi\qquad(8.2.3)$$

式中，m 为粒子的质量；$\hbar$ 为 Planck 常数；E 为粒子的能量；U 为粒子的势函数。其中可以改变的只有势函数 U，所以量子神经元权值 ψ 的改变可以通过改变式（8.2.3）中势函数 U 来实现。

2．量子神经元模型

本书编者在文献描述的量子感知器的基础上提出了一种量子神经元模型，如图 8.2.2 所示。

图 8.2.2 中，量子神经元有 N 个输入端 $|x_j\rangle$ $(j = 1, 2, \cdots,$ $N)$，$|x_j\rangle$ 为 n 位 qubit 量子态，$\hat{F}$ 是量子神经元的态演化算子，则输出量子态 $|y\rangle$ 为

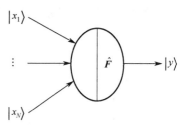

$$|y\rangle = \hat{F} \sum_{j=1}^{N} W_j |x_j\rangle \qquad (8.2.4)$$

式中，权值 W_j 是作用在输入量子态 $|x_j\rangle$ 上的一个 $n \times n$ 的矩阵；$\hat{F}$ 是一个作用于量子态上的算子，可用 n 位量子门实现。可见，该量子神经元其输入输出均为量子态。

图 8.2.2 量子神经元模型

8.2.2 量子衍生神经网络模型

Menneer 等将量子理论中的多宇宙观点应用到单层 ANN 中，构造出一种量子衍生神经网络模型，并利用量子坍缩原理初步实现该模型的训练过程。

在经典 ANN 中，一个网络需针对多个模式进行训练且需反复学习模式集，直到网络对每个模式达到合适的输出为止，而在量子衍生神经网络中，许多单层神经网络各自分别训练一个模式。该模型根据量子力学的 Everett 多宇宙解释将训练集中的每个模式看作一个粒子，它在不同的宇宙中被不同的网络所处理，且每个网络只训练一个模式，网络个数等于训练模式数。每个网络与其相关的训练模式处于同一个分立的宇宙中，不同宇宙中的单层网络同时进行训练，一旦每个网络在其宇宙中训练成功，则计算这些网络的量子叠加，从而产生量子衍生神经网络并将其推广到所有输入模式，所得叠加权矢即量子衍生波函数，它坍缩到实际输入模式上，具体坍缩方式取决于输入模式和坍缩方法。下面举例说明量子衍生神经网络的主要设计思想，如图 8.2.3 所示。

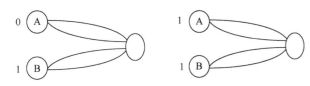

图 8.2.3 量子衍生神经网络模型的设计思想

在训练过程中，训练模式"11"与实线权值相关联，而训练模式"01"则与虚线权值相关联。测试时，这两个训练模式分别和测试模式进行比较，当与实线权值相关联的训练模式与测试模式最接近时，坍缩到这个宇宙的概率就会增加。具体地，在测试过程中，由于测试模式"10"的第一个输入 qubit 为 1，输入神经元 A 可能会具有两个状态，一个与训练模式的 qubit "1"相关联，另一个与训练模式的 qubit "0"相关联，而测试 qubit 和每个宇宙中的训练 qubit 进行比较，在实线的宇宙中，测试 qubit 和训练 qubit 一致，所以其相位移动，使测试输入坍缩到实线宇宙的概率增加；同理，第二个输入 qubit 为"0"，神经元 B 的两个状态都与 qubit "1"相关联，但测试 qubit "0"与两个宇宙中的训练 qubit 都不同，因此虚线和实线的宇宙的相位都保持不变。最后，测试输入将会依一定的准则坍缩到概率大的一个宇宙中。

实验证明，该模型在训练时权值更新的次数比经典 ANN 减少近 50%，其训练时长远小于 ANN 却无泛化能力的损失；处于每个宇宙中的分立的单层网络仅训练一个模式且无须重复，学习过程中模式之间不发生相互干扰因而具有消除灾变性失忆的潜力；多宇宙中的单层网络能解决线性不可分问题，对于分类问题该模型比经典 ANN 更有效。

8.2.3 量子自组织映射模型

量子并行自组织映射（Parallel-SOM）模型是以并行计算为基础通过对传统的 Kohonen 自组织映射模型进行改进后得到的，它由两个分立的神经元层相互连接而成，其结构如图 8.2.4 所示。

与 Kohonen SOM 模型不同的是量子并行 SOM 模型其输入、输出层均为神经元的二维阵列，一个输入层神经元只与一个而不是多个输出层神经元相连，神经元之间的每个连接被看作一个独立的处理器；输入、输出层神经元数以及它们之间的连接数均等于输入信号个数（M）与数据可能的分类模板数（P）的乘积，即均为 $M \times P$ 个。图 8.2.5 有助于更好地理解量子并行 SOM 模型。

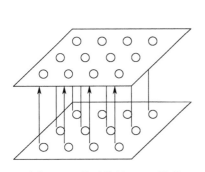
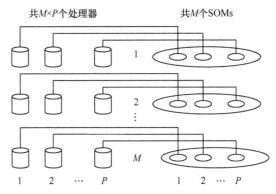

图 8.2.4 量子并行 SOM 模型　　　　　图 8.2.5 量子并行 SOM 模型结构

由于输入层、输出层神经元之间的每个连接都分别作为一个独立的处理器，因而 M 个 SOM 的训练可同时进行，适合于并行处理。在训练过程中，权值矩阵和距离矩阵的所有元素同时进行计算，权值更新通过一系列同步运算完成，因而传统的重复训练过程修正为一次学习过程，这与人脑的一次学习和记忆功能更相似。文献证明，在并行计算环境中，改进的权值更新算法使并行 SOM 与传统 SOM 有同样的竞争学习能力和收敛特性。

由于并行 SOM 模型中竞争运算和权值变换的运算量非常大，若采用传统计算方法，并行 SOM 甚至比传统 SOM 效率低。但若采用量子计算方法，则可大大降低其计算复杂度。例如，$M=1000000$，$P=100$，若采用传统算法实现并行 SOM，则输入输出层神经元均为 10^8 个，运算量极大，且要把 10^8 个神经元放在同一层也几乎不可能；而采用量子计算，则只需 $\log_2^{10^8} = 27$ 个量子神经元，利用量子并行计算特性，可使 SOM 中的竞争运算和权值更新同步实现，同时在最小距离搜索时采用量子计算的 Grover 搜索算法，大大降低了并行 SOM 的计算复杂度。

8.2.4 量子联想记忆模型

模式联想问题可分成两个主要部分：记忆与回忆。记忆即进行模式存储，而回忆则是基于部分输入和/或有噪输入的模式完成（Pattern Completion），即关联模式回忆。对于模式联想问题，经典人工神经网络（如 Hopfield 网络）允许关联模式回忆，但其存储容量受到严格限制，例如，要存储一个长度为 n 的模式需要 n 个神经元的网络，但存储的模式数 m 受到 $m \leq kn$（$0.15 \leq k \leq 0.5$）的条件限制。Ventura 和 Martinez 提出的量子联想记忆模型保持了关联模式回忆的能力，但仅利用 n 个量子神经元就能提供模式长度指数级的存储容量，极大地扩展了记忆容量。

在量子联想记忆模型中，使用波函数和算子重新描述了模式联想问题。存储模式阶段设计了一个多项式时间量子算法用来构造一个 n 个 qubits 的相干态，代表训练集中的一组模式（m 个）。该算法的关键算子为

$$
\hat{S}^p = \begin{bmatrix} 1 & 0 & 0 & 0 \\ 0 & 1 & 0 & 0 \\ 0 & 0 & \sqrt{\dfrac{p-1}{p}} & \dfrac{-1}{\sqrt{p}} \\ 0 & 0 & \dfrac{1}{\sqrt{p}} & \sqrt{\dfrac{p-1}{p}} \end{bmatrix}
\tag{8.2.5}
$$

式中 $1 \leqslant p \leqslant m$，不同的 $\hat{S}_p$ 算子与被存储的每个模式相关联，这些算子构成了一组将模式与相干量子态结合的条件变换。假设模式 p 长度为 n，则该算法需要 $2n+1$ 个 qubits。其中 n 个 qubits 用于存储模式，相当于 n 个神经元；其余 $n+1$ 个 qubits 作为辅助 qubits 用于暂存数据且在每次叠代后恢复为 $|0\rangle$ 态。算法的每次叠代使用不同的 $\hat{S}_p$ 算子并产生与量子系统结合的另一个模式，其结果是与模式对应的一个相干叠加态，所有叠加态的态幅均相等。为了通过 n 个量子神经元（qubit）的量子叠加编码，m 个模式需要叠代 $O(mn)$ 步。

模式完成（回忆）阶段采用修正的 Grover 量子搜索算法，该算法利用量子计算只需 $O(\sqrt{N})$ 次查询，即可在有 N 条记录的未加整理的数据库中搜索到所期望的记录，而经典搜索算法需要 $O(N)$ 次查询才能找到所期望的记录。

量子联想记忆模型用 n 个量子神经元可以在 $O(mn)$ 时间内存储 2^n 个模式，并且在 $O(\sqrt{2^n})$ 时间内回忆起一个模式，在记忆容量和回忆速度上该模型与传统的 Hopfield 网络相比有平方级提高。

8.2.5　量子纠缠神经网络模型

遵循量子态不可克隆定理并利用量子纠缠现象，可以实现不发送任何量子位而把量子位的未知态（这个态包含的信息）发送出去，即量子隐形传态（Quantum Teleportation）。在量子隐形传态过程中，一些有限的信息通过经典信道传输，而量子态通过量子信道传输。在量子位态（信息）的传输过程中，信息的载体——量子位本身并没有被传送。而且即使原始量子态被重构，在传输过程中也没有对原始量子态的学习。

在基于量子隐形传态及其在智能意义上的延伸的基础上，Li 提出了量子纠缠神经网络（Entangled Neural Networks，ENN）的概念。

一个量子纠缠神经网络的基本单元由神经元 A（Alice，发送者）、神经元 B（Bob，接收者）、EPR 源（以 Einstein、Podolsky 和 Rosen 命名的量子纠缠源）以及经典信道和量子信道构成，如图 8.2.6 所示。

神经元 A 和神经元 B 从 EPR 源各发送

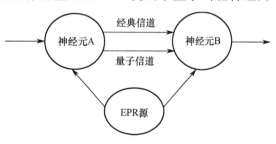

图 8.2.6　量子纠缠神经网络基本单元结构

一个纠缠粒子，这两个纠缠粒子构成一个 EPR 纠缠对，即

$$|\varphi_0\rangle = \frac{1}{\sqrt{2}}\big(|00\rangle + |11\rangle\big) \tag{8.2.6}$$

定义神经元 A 中 qubit $|\phi\rangle = a|0\rangle + b|1\rangle$ 的态来表示某些决定因素，例如，以概率 $|a|^2$ 表示室内温度高，以概率 $|b|^2$ 表示室内温度低。神经元 A 通过经典信道或量子信道接收来自另一个 ENN 单元的信息，并试图通过经典信道和量子信道之间的连接将 qubit $|\phi\rangle$ 发送给神经元 B。神经元 A 对 $|\phi\rangle$ 及纠缠对的一半实施解码，初始量子态为

$$\begin{aligned}|\phi\rangle|\varphi_0\rangle &= \frac{1}{\sqrt{2}}\big(a|0\rangle \otimes (|00\rangle + |11\rangle) + b|1\rangle \otimes (|00\rangle + |11\rangle)\big) \\ &= \frac{1}{\sqrt{2}}\big(a|000\rangle + a|011\rangle + b|100\rangle + b|111\rangle\big)\end{aligned} \tag{8.2.7}$$

然后神经元 A 将 $\hat{C}_{not} \otimes \hat{I}$ 和 $\hat{H} \otimes \hat{I} \otimes \hat{I}$ 作用于初始态

$$\begin{aligned}&\big(\hat{H} \otimes \hat{I} \otimes \hat{I}\big)\big(\hat{C}_{\text{not}} \otimes \hat{I}\big)\big(|\phi\rangle \otimes |\varphi_0\rangle\big) \\ &= \big(\hat{H} \otimes \hat{I} \otimes \hat{I}\big)\big(\hat{C}_{\text{not}} \otimes \hat{I}\big)\frac{1}{\sqrt{2}}\big(a|000\rangle + a|011\rangle + b|100\rangle + b|111\rangle\big) \\ &= \big(\hat{H} \otimes \hat{I} \otimes \hat{I}\big)\frac{1}{\sqrt{2}}\big(a|000\rangle + a|011\rangle + b|110\rangle + b|101\rangle\big) \\ &= \frac{1}{2}\big(|00\rangle(a|0\rangle + b|1\rangle) + |01\rangle(a|1\rangle + b|0\rangle) + |10\rangle(a|0\rangle - b|1\rangle) + |11\rangle(a|1\rangle - b|0\rangle)\big)\end{aligned} \tag{8.2.8}$$

式中，$\hat{C}_{\text{not}}$ 是控非门；$\hat{I}$ 是恒等变换；$\hat{H}$ 是 Hadamard 变换。

在神经元 A 中能测量到式（8.2.8）所示量子态的前两位，而在神经元 B 中能测量到最后一位。由于信息是从 ENN 单元外部传递到内部的，因而定义一个判决键 τ，利用 τ 测量前两个 qubit，可以以一定的概率得到 $|00\rangle$，$|01\rangle$，$|10\rangle$，$|11\rangle$ 中的一个；测量结果定义为测量键 υ。利用 Grover 量子搜索算法，与 $|\tau\rangle$ 一致的概率被放大为 $|p|^2$，而其他态的概率缩小为 $|q|^2$，其中 $|p|^2 + 3|q|^2 = 1$ 且 $|p|^2 \gg |q|^2$。然后，有 2 个经典 bit 的 υ（以概率 $|p|^2$ 与 $|\tau\rangle$ 相等）被发送给神经元 B。设 Grover(·) 表示 Grover 算法，在 $\tau = 01$ 时，有

$$\begin{aligned}&\text{Grover}\big(\big(\hat{H} \otimes \hat{I} \otimes \hat{I}\big)\big(\hat{C}_{\text{not}} \otimes \hat{I}\big)\big(|\phi\rangle \otimes |\varphi_0\rangle\big)\big) \\ &= q|00\rangle(a|0\rangle + b|1\rangle) + p|01\rangle(a|1\rangle + b|0\rangle) + q|10\rangle(a|0\rangle - b|1\rangle) + q|11\rangle(a|1\rangle - b|0\rangle)\end{aligned} \tag{8.2.9}$$

根据对神经元 A 的测量（υ），神经元 B 的 qubit 的量子态分别被投影到 $(a|0\rangle + b|1\rangle)$，$(a|1\rangle + b|0\rangle)$，$(a|0\rangle - b|1\rangle)$ 或 $(a|1\rangle - b|0\rangle)$。当神经元 B 从神经元 A 接收到 2 个经典 bit（υ），即可测量到 3 个态中的一个，如表 8.2.1 所示。然后神经元 B 将测量结果发送到下一个 ENN 单元。

将图 8.2.6 所示单元按一定方式连接则构成纠缠神经网络。图 8.2.7 所示为 3 个 ENN 基本单元连接成量子纠缠神经网络的结构。其中，Unit1 接收输入，Unit3 发送输出。

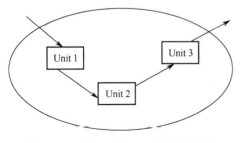

图 8.2.7 具有 3 个 ENN 基本单元的
量子纠缠神经网络结构

表 8.2.1　神经元 B 的 Qubit 的态的组合

测量键 υ	量子态	测量键 υ	量子态
00	$(a\lvert 0\rangle + b\lvert 1\rangle)$	10	$(a\lvert 0\rangle - b\lvert 1\rangle)$
01	$(a\lvert 1\rangle + b\lvert 0\rangle)$	11	$(a\lvert 1\rangle - b\lvert 0\rangle)$

在量子纠缠神经网络中，对每个 ENN 单元的操作类似于量子隐形传态，但对神经元 A 的测量能智能调整。与经典 ANN 不同的是，量子纠缠神经网络没有重复学习过程，因而减少了消相干的影响。利用量子并行特性，量子纠缠神经网络显示出处理海量信息的潜能。

8.2.6　量子跃迁神经网络模型

文献针对经典前馈神经网络（Feedforward Neural Network，FFNN）在模糊分类方面的局限性，提出了一种量子神经网络（QNN）模型。该 QNN 模型结合了神经建模和模糊理论原理，是针对模糊分类问题的神经计算模型。由于该 QNN 模型的变换函数具有量子跃迁特性，本文将它称为量子跃迁神经网络（Quantum Transition Neural Network）。量子跃迁神经网络与经典 FFNN 的主要区别在于隐藏层单元非线性变换函数的形式。经典 FFNN 的隐藏层单元采用一般的 S 型函数（sigmoid 函数），而量子跃迁神经网络的隐藏层单元采用多量子能级变换函数，每个多能级函数是一系列具有量子间隔（Quantum Interval）偏移的 S 型函数之和。

具有一个隐藏层的经典 FFNN 模型的结构如图 8.2.8 所示。

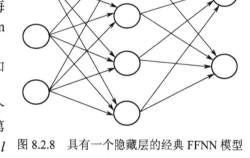

图 8.2.8　具有一个隐藏层的经典 FFNN 模型

假设图 8.2.8 中 FFNN 有 n_i 个输入节点、n_h 个隐藏层节点、n_o 个输出节点，第 i 个输出节点与第 j 个隐节点之间的连接权为 w_{ij}，第 j 个隐节点与第 l 个输入节点之间的连接权为 v_{jl}。设有 M 个特征矢量的数据集 X，其中特征矢量 $\boldsymbol{x}_k$ 为

$$\boldsymbol{x}_k = [x_{1k} x_{2k} \cdots x_{n_i k}]^{\mathrm{T}}, 1 \leqslant k \leqslant M \tag{8.2.10}$$

则 FFNN 中第 i 个输出单元对输入矢量 $\boldsymbol{x}_k$ 的响应为

$$\hat{y}_{ik} = f\left(\sum_{j=0}^{n_h} w_{ij} \tilde{h}_{jk}\right) \tag{8.2.11}$$

式中，$f(\cdot)$ 可以是线性函数或 S 型函数（sigmoid 函数），$\tilde{h}_{jk}$ 是第 j 个隐藏层单元对输入矢量 $\boldsymbol{x}_k$ 的响应

$$\tilde{h}_{jk} = \mathrm{sgm}(\overline{h}_{jk}) \quad 且 \quad \tilde{h}_{0k} = 1, \forall k \tag{8.2.12}$$

式中

$$\overline{h}_{jk} = \sum_{l=0}^{n_i} v_{jl} x_{lk} \quad 且 \quad x_{0k} = 1, \forall k \tag{8.2.13}$$

隐藏层单元变换函数（或激活函数）采用 S 型函数 $\mathrm{sgm}(\cdot)$

$$\mathrm{sgm}(x) = \frac{1}{1 + e^{-x}} \tag{8.2.14}$$

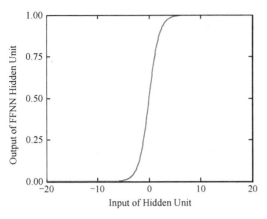

图 8.2.9　经典 FFNN 隐藏层单元输出

图 8.2.9 所示为经典 FFNN 隐藏层单元输出。

量子跃迁神经网络的结构与经典 FFNN 一样，如图 8.2.8 所示，但量子跃迁神经网络的隐藏层采用具有 n_s 个离散量子能级的多能级量子神经元，其变换函数为 n_s 个 S 型函数之和，为

$$\tilde{h}_{jk} = \frac{1}{n_s}\sum_{r=1}^{n_s} h_{jk}^r = \frac{1}{n_s}\sum_{r=1}^{n_S}\mathrm{sgm}(\beta(\bar{h}_{jk}-\theta_j^r))$$

(8.2.15)

式中，β 为斜率因子；θ_j^r 说明了变换函数中量子能级跃迁的位置，多能级变换函数的跃迁步长称为量子间隔，量子间隔值取决于跃迁位置 θ_j^r。

图 8.2.10 所示为采用 4 能级量子神经元的 QNN 隐藏层变换函数示意图。其中，有 4 个量子跃迁位置 $\theta_j^1\sim\theta_j^4$，且每次跃迁的高度（跃迁步长或量子间隔）相等。图 8.2.11 所示为具有不等的跃迁步长的 QNN 隐藏层变换函数示意图。可以看出，改变 θ_j^r 的值，即简单的移动跃迁位置，可产生不等的跃迁高度。

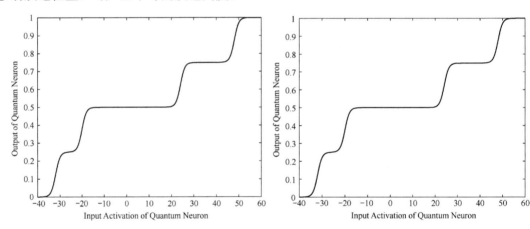

图 8.2.10　具有相等跃迁步长的变换函数　　　图 8.2.11　具有不等跃迁步长的变换函数

将图 8.2.10 和图 8.2.11 与图 8.2.9 比较发现，量子跃迁神经网络的隐藏层变换函数形成了有等级的分割线而不是像 FFNN 那样是明显的 0–1 线性分割。因而，采用合适的算法控制，能使模糊数据集中的信号的输出"跃变"跳出特征空间不确定区域而"坍缩"到确定区域，从而得到确定的分类结果。

8.2.7　量子 BP 神经网络模型

文献[9]给出了基于量子的 BP 神经网络模型，量子神经元模型如图 8.2.12 所示。

相比于传统 BP 神经网络，这里神经元的连接权由 **R** 代替，**R** 是量子相移门，量子相移门 **R**(θ) 的定义式为

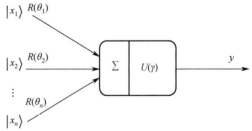

图 8.2.12　量子神经元模型

$$\boldsymbol{R}(\theta) = \begin{bmatrix} \cos\theta & -\sin\theta \\ \sin\theta & \cos\theta \end{bmatrix} \tag{8.2.16}$$

受控非门 $\boldsymbol{U}(\gamma)$ 定义为

$$\boldsymbol{U}(\gamma) = \boldsymbol{C}(f(\gamma)) \tag{8.2.17}$$

式中，f 是 sigmoid 函数，输入 $|x_i\rangle$ 分别经过 $\boldsymbol{R}(\theta_i)$ 移相后的聚合运输通过图 8.2.12 的 $\sum$ 来实现，其定义为

$$\sum_{i=1}^{n} \boldsymbol{R}(\theta_i)|x_i\rangle = \begin{bmatrix} \cos\theta & \sin\theta \end{bmatrix}^{\mathrm{T}} \tag{8.2.18}$$

式中

$$|x_i\rangle = (\cos t_i \quad \sin t_i)^{\mathrm{T}}$$

$$\theta = \arg(\sum_{i=1}^{n} \boldsymbol{R}(\theta_i)|x_i\rangle) = \arctan(\sum_{i=1}^{n}\sin(t_i + \theta_i) \Big/ \sum_{i=1}^{n}\cos(t_i + \theta_i))$$

上述聚合结果经受控非门 $\boldsymbol{U}(\gamma)$ 作用后完成翻转操作，其结果为

$$\boldsymbol{U}(\gamma)\sum_{i=1}^{n}\boldsymbol{R}(\theta_i)|x_i\rangle = \begin{bmatrix} \cos(\frac{\pi}{2}f(\gamma) - \theta) & \sin(\frac{\pi}{2}f(\gamma) - \theta) \end{bmatrix}^{\mathrm{T}} \tag{8.2.19}$$

量子神经元的输出为量子位处于状态 $|1\rangle$ 的概率幅，即式（8.2.19）中的 $\sin(\frac{\pi}{2}f(\gamma) - \theta)$。

因此，量子神经元的输入关系为

$$\gamma = \sin(\frac{\pi}{2}f(\gamma) - \theta) = \sin(\frac{\pi}{2}f(\gamma) - \arg(\sum_{i=1}^{n}\boldsymbol{R}(\theta_i)|x_i\rangle)) \tag{8.2.20}$$

若干个量子神经元和传统神经元按照一定的拓扑结构和连接规则组成了量子 BP（QBP）网络。三层前馈 QBP 模型如图 8.2.13 所示，输入层和隐藏层分别有 n、p 个量子神经元，输出层有 m 个传统神经元。

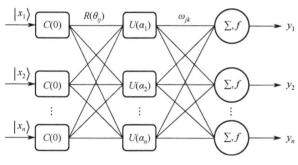

图 8.2.13　三层量子 BP 网络模型

设 $|x_i\rangle$ 为网络输入，h_j 为隐藏层输出，y_k 为网络输出，$\boldsymbol{R}(\theta_{ij})$ 为更新层量子位的量子旋转门，ω_{jk} 为隐藏层和输出层之间的连接权，受控非门 $\boldsymbol{C}(0)$ 和 $\boldsymbol{U}(\alpha_j)$ 实际上可视为输入层和隐藏层的传递函数。各层输入关系可以表示为

$$h_j = \sin(\frac{\pi}{2}f(\alpha_j) - \arg(\sum_{i=1}^{n}\boldsymbol{R}(\theta_{ij})|x_i\rangle)) \tag{8.2.21}$$

$$y_k = f(\sum_{j=1}^{p}\omega_{jk}h_j) = f(\sum_{j=1}^{p}\omega_{jk}\sin(\frac{\pi}{2}f(\alpha_j) - \arg(\sum_{i=1}^{n}\boldsymbol{R}(\theta_{ij})|x_i\rangle))) \tag{8.2.22}$$

式中 $i = 1, \cdots, n$；$j = 1, \cdots, p$；$k = 1, \cdots, m$。

量子 BP 网络模型给出了一种实值向量样本的量子态描述方法，理论上证明了该模型的连续性。通过 8.4.1 的实例表明，该函数模型及算法在收敛速度、收敛率和鲁棒性三个方面明显优于普通的三层 BP 网络。

8.3 量子神经元模型特性

8.3.1 量子神经元的量子力学特性

量子神经元模型如图 8.3.1 所示。其中，量子神经元有 N 个输入端，其输入输出均为量子比特（qubit），可以是 1 位 qubit，也可为 n 位 qubit。$\hat{F}$ 是量子神经元态演化算子。

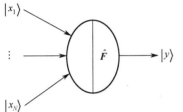

图 8.3.1 量子神经元模型

若图 8.3.1 中量子神经元的输入输出为单量子比特，则输入为

$$\left|x_j\right\rangle = a_j\left|0\right\rangle + b_j\left|1\right\rangle = (a_j, b_j)^{\mathrm{T}} \tag{8.3.1}$$

式中，a_j，b_j 为复数且 $|a_j|^2 + |b_j|^2 = 1$；输出为

$$\left|y\right\rangle = \hat{F}\sum_{j=1}^{N} \boldsymbol{W}_j\left|x_j\right\rangle \tag{8.3.2}$$

式中，权值 $\boldsymbol{W}_j$ 是作用在输入 qubit $\left|x_j\right\rangle$ 上的一个 2×2 的矩阵，$\hat{F}$ 是一个作用于单 qubit 量子态上的算子，可用 1 位量子门实现。

若图 8.3.1 中量子神经元的输入输出为多量子比特（n 位 qubit），或称 n 位量子寄存器（Qregister），则输入为

$$\begin{aligned}
\left|x_j\right\rangle &= \left|\psi_{j,n-1}\psi_{j,n-2}\cdots\psi_{j,0}\right\rangle \\
&= \left|\psi_{j,n-1}\right\rangle \otimes \left|\psi_{j,n-2}\right\rangle \otimes \cdots \otimes \left|\psi_{j,0}\right\rangle \\
&= \sum_{i=0}^{2^n-1} c_{ji}\left|\varphi_i\right\rangle = \left[c_{j1}, c_{j2}, \cdots, c_{jK}\right]^{\mathrm{T}}
\end{aligned} \tag{8.3.3}$$

式中，c_{ji} 为复数，且 $\sum_{i=0}^{2^n-1} |c_{ji}|^2 = 1$；$\left|\varphi_i\right\rangle$ 为其计算基态；输出 $\left|y\right\rangle$ 的表达式形式不变，仍为

$$\left|y\right\rangle = \hat{F}\sum_{j=1}^{N} \boldsymbol{W}_j\left|x_j\right\rangle \tag{8.3.4}$$

但权值 $\boldsymbol{W}_j$ 改变为作用在输入 Qregister $\left|x_j\right\rangle$ 上的一个 $2^n \times 2^n$ 的矩阵，$\hat{F}$ 是一个作用在多量子比特上的算子，可用量子门组网络实现。

8.3.2 量子神经元学习算法

从已有的有关 QNN 的文献资料看，均主要研究 QNN 模型结构及特性，很少深入讨论 QNN 的学习问题。本节提出了一种量子神经元的学习算法，通过理论推导和计算机模拟证明了算法的收敛性并给出了几种收敛特性曲线。

1. 算法描述

量子计算的一个主要原理是：利用量子态的干涉特性，使构成叠加态的各个基态通过算子（量子门）的作用相互干涉，使所需的结果增强，同时使不必要的结果减弱，这样所需的结果在测量时就会以较高的概率出现。量子算法描述了量子系统初态经过与控制系统的相互作用随时间演化为所需末态的过程。我们认为，量子神经元学习算法也应具有相似的特征。因而，量子神经元的学习过程可以理解为调节量子神经元的权值矩阵 $\boldsymbol{W}_j$ 使其输出

态最终收敛于期望的末态 $|d\rangle$ 的过程，相当于量子系统的初态 $|y(0)\rangle$ 在学习算法控制下随时间演化为所需末态 $|d\rangle$ 的过程。

根据量子计算理论，我们定义了一个简单的量子学习模型，即

$$
\begin{aligned}
|d\rangle &= \hat{O}_m \hat{U}_m \cdots \hat{O}_1 \hat{U}_1 |y(0)\rangle \\
&= \hat{O}_m \hat{U}_m \cdots \hat{U}_2 \hat{O}_1 |y'(1)\rangle \\
&= \hat{O}_m \hat{U}_m \cdots \hat{O}_2 \hat{U}_2 |y(1)\rangle \\
&= \hat{O}_m |y'(m)\rangle = |y(m)\rangle
\end{aligned}
\tag{8.3.5}
$$

式中，$\hat{U}_k$ 与 $\hat{O}_k$（$k=1,2,\cdots,m$）分别为演化算子和测量算子。

根据式（8.3.5）所示量子学习模型，我们设计了一个量子神经元学习算法，具体步骤如下。

（1）选定参数：自适应增益常数 $\eta > 0$ 和期望误差 $E_{\min}$。

（2）置初值：初始化输入量子态 $|x_1\rangle \cdots |x_N\rangle$；误差 $E \leftarrow 0$；迭代次数 $k \leftarrow 1$；权值矩阵初值 $W_j(0)$ 为小随机数，$j=1,2,\cdots,N$。

（3）对量子神经元进行演化计算：假设式（8.3.4）中 $\hat{F} = \hat{I}$，其中 $\hat{I}$ 为单位算子，则输出

$$
|y(k)\rangle = \sum_{j=1}^{N} W_j(k) |x_j\rangle
\tag{8.3.6}
$$

（4）对输出量子态 $|y(k)\rangle$ 进行测量：设期望的末态 $|d\rangle$ 为导师信号，计算误差 $E \leftarrow \big\| |d\rangle - |y(k)\rangle \big\|^2$。若 $E > E_{\min}$，到达步骤（5）；若 $E < E_{\min}$，到达步骤（7）。

（5）修正权值矩阵为

$$
W_j(k+1) = W_j(k) + \eta(|d\rangle - |y(k)\rangle)\langle x_j|, \quad j=1,2,\cdots,N
\tag{8.3.7}
$$

（6）$k \leftarrow k+1$，返回步骤（3）。

（7）结束训练：输出 W_j、k 和 E。

2．算法收敛性证明

为证明我们所提出的量子神经元学习算法的收敛性，做如下推导。

由式（8.3.5）及式（8.3.6）有

$$
\begin{aligned}
\big\| |d\rangle - |y(k+1)\rangle \big\|^2 &= \Big\| |d\rangle - \sum_{j=1}^{N} W_j(k+1)|x_j\rangle \Big\|^2 \\
&= \Big\| |d\rangle - \sum_{j=1}^{N} \big(W_j(k) + \eta(|d\rangle - |y(k)\rangle)\langle x_j|\big)|x_j\rangle \Big\| \\
&= \Big\| |d\rangle - \sum_{j=1}^{N} \big(W_j(k)|x_j\rangle + \eta(|d\rangle - |y(k)\rangle)\langle x_j|x_j\rangle\big) \Big\|^2
\end{aligned}
\tag{8.3.8}
$$

根据量子计算原理，量子态 $|x_j\rangle$ 是归一化的，即在式（8.3.8）中有 $\langle x_j|x_j\rangle = 1$，因而

$$
\begin{aligned}
\big\| |d\rangle - |y(k+1)\rangle \big\|^2 &= \Big\| |d\rangle - |y(k)\rangle - \sum_{j=1}^{N} \eta(|d\rangle - |y(k)\rangle) \Big\|^2 \\
&= (1 - N\eta)^2 \big\| |d\rangle - |y(k)\rangle \big\|^2
\end{aligned}
\tag{8.3.9}
$$

从上式可以看出，当 $0<\eta<1/N$ 时，则迭代结果必能使量子神经元的输出态 $|y\rangle$ 收敛于导师信号 $|d\rangle$；当 $\eta=1/N$ 时，收敛速度最快，只需迭代一次即可收敛。

8.3.3 算法模拟实现及特性分析

为验证该算法的有效性并进一步研究量子神经元的特性，我们在经典计算机上用 Matlab 6.5 编程模拟实现了量子神经元学习算法。

根据量子计算理论，我们将量子态编码为矢量形式，将算子编码为矩阵形式。具体为：将 n 位 qubit 的量子态编码为 2^n 维列矢量，如将 $|0\rangle$ 态编码为 $(1\ 0)^T$，将 $|1\rangle$ 态编码为 $(0\ 1)^T$，将 $|101\rangle$ 态编码为 $(00000100)^T$；将作用于 n 位 qubit 量子态上的算子用 $2^n \times 2^n$ 维矩阵表示，相应数据结构用 $2^n \times 2^n$ 的二维数组保存。$\eta=0.057143$，$\eta=0.074074$。

图 8.3.2 所示为自适应增益常数 η 取不同值时量子神经元与经典神经元收敛特性的比较。图中，量子神经元与经典神经元的输入端数均为 $N=10$，期望误差 $E_{\min}=10^{-8}$，两条曲线分别代表量子神经元和经典神经元输出与迭代次数的关系曲线。曲线上方标注分别是自适应增益常数 η 和量子神经元（Quantum Neuron，QN）及经典神经元（Classical Neuron，CN）收敛时的迭代次数。

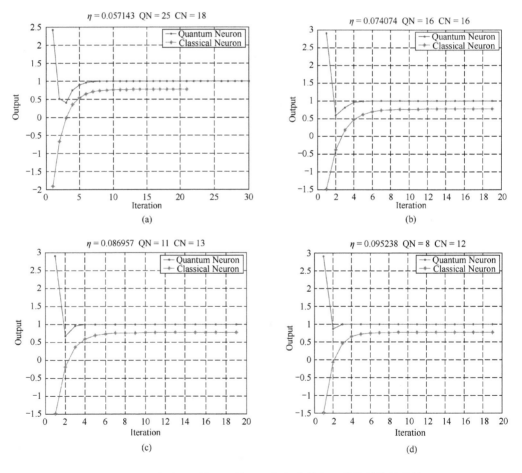

图 8.3.2 4 种不同 η 的量子神经元与经典神经元的收敛特性曲线

分析图 8.3.2，可以得到以下结论。

（1）随着自适应增益常数 η 的增加，量子神经元的收敛速度增快；η 越接近于 $1/N$（图中 $1/N=0.1$），收敛速度越快。

（2）与经典神经元相比，η 接近于 $1/N$ 时，量子神经元的迭代次数将少于经典神经元。如 $\eta=0.095238$ 时，量子神经元只需 8 步迭代即可收敛，而经典神经元要经 12 步迭代方可收敛。这说明，当选择合适的自适应增益常数时，量子神经元的训练时长小于经典神经元。

8.3.4 量子神经元逻辑运算特性

对图 8.3.1 所示的量子神经元进行分析发现，选择合适的权值矩阵 $\boldsymbol{W}_j$ 和算子 $\hat{\boldsymbol{F}}$，该量子神经元可完成不同的量子逻辑运算，现分别证明如下。

（1）量子非门。考虑一个单输入的量子神经元，即令图 8.3.1 中 $N=1$，如图 8.3.3 所示。

由式（8.3.2）可得其输出为 $|y\rangle = \hat{\boldsymbol{F}}\boldsymbol{W}|x\rangle$，若令权值矩阵 $\boldsymbol{W}$ 和算子 $\hat{\boldsymbol{F}}$ 分别为

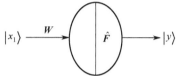

图 8.3.3 单输入的量子神经元模型

$$\boldsymbol{W} = \begin{pmatrix} 1 & 0 \\ 0 & 1 \end{pmatrix}, \quad \hat{\boldsymbol{F}} = \begin{pmatrix} 0 & 1 \\ 1 & 0 \end{pmatrix} \tag{8.3.10}$$

则 当 $|x\rangle = |0\rangle = \begin{pmatrix} 1 \\ 0 \end{pmatrix}$ 时 输 出 $|y\rangle = \begin{pmatrix} 0 & 1 \\ 1 & 0 \end{pmatrix}\begin{pmatrix} 1 \\ 0 \end{pmatrix} = \begin{pmatrix} 0 \\ 1 \end{pmatrix} = |1\rangle$ ； 而 当 $|x\rangle = |1\rangle = \begin{pmatrix} 0 \\ 1 \end{pmatrix}$ 时 输 出

$|y\rangle = \begin{pmatrix} 0 & 1 \\ 1 & 0 \end{pmatrix}\begin{pmatrix} 0 \\ 1 \end{pmatrix} = \begin{pmatrix} 1 \\ 0 \end{pmatrix} = |0\rangle$，即该量子神经元实现了量子非门的运算功能。

（2）Hadamard 门。将式（8.3.10）中算子 $\hat{\boldsymbol{F}}$ 改变为

$$\hat{\boldsymbol{F}} = \hat{\boldsymbol{H}} = \frac{1}{\sqrt{2}}\begin{pmatrix} 1 & 1 \\ 1 & -1 \end{pmatrix} \tag{8.3.11}$$

式中，$\hat{\boldsymbol{H}}$ 是 Hadamard 变换。对应于输入 $|0\rangle$ 态和 $|1\rangle$ 态，可以得到量子神经元的输出分别为

$$|y\rangle = \hat{\boldsymbol{F}}\boldsymbol{W}|0\rangle = \frac{1}{\sqrt{2}}(|0\rangle + |1\rangle) \tag{8.3.12}$$

$$|y\rangle = \hat{\boldsymbol{F}}\boldsymbol{W}|1\rangle = \frac{1}{\sqrt{2}}(|0\rangle - |1\rangle) \tag{8.3.13}$$

式（8.3.12）相当于将输入 $|0\rangle$ 态顺时针方向旋转 45°，式（8.3.13）相当于将输入 $|1\rangle$ 态逆时针方向旋转 135°，即量子神经元完成了 Hadamard 变换，实现了量子 H 门的功能。

（3）量子异或（XOR）门。考虑一个具有两个输入端的量子神经元模型，即令图 8.3.1 中 $N=2$，如图 8.3.4 所示。

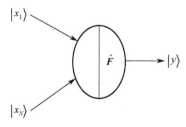

图 8.3.4 两个输入端的量子神经元模型

根据式（8.3.2）有

$$|y\rangle = \hat{F}\sum_{j=1}^{2}W_j|x_j\rangle = \hat{F}\left(W_1|x_1\rangle + W_2|x_2\rangle\right) \tag{8.3.14}$$

经分析发现，若令权值矩阵 W_j 和算子 $\hat{F}$ 分别为

$$W_1 = W_2 = \hat{H} = \frac{1}{\sqrt{2}}\begin{pmatrix} 1 & 1 \\ 1 & -1 \end{pmatrix} \tag{8.3.15}$$

$$\hat{F} = \frac{1}{\sqrt{2}}\begin{pmatrix} 0 & 1 \\ 1 & -1 \end{pmatrix}\begin{pmatrix} \text{sign}(\cdot) & 0 \\ 0 & \text{sign}(\cdot) \end{pmatrix} \tag{8.3.16}$$

式中，$\text{sign}(\cdot)$ 为符号函数，则可以证明该量子神经元的输出为异或（XOR）函数。具体证明如下。

当 $|x_1\rangle = |x_2\rangle = |0\rangle$ 时

$$W_1|x_1\rangle = W_2|x_2\rangle = \frac{1}{\sqrt{2}}\begin{pmatrix} 1 & 1 \\ 1 & -1 \end{pmatrix}\begin{pmatrix} 1 \\ 0 \end{pmatrix} = \frac{1}{\sqrt{2}}\begin{pmatrix} 1 \\ 1 \end{pmatrix} \tag{8.3.17}$$

则

$$\begin{aligned} |y\rangle &= \hat{F}\left(W_1|x_1\rangle + W_2|x_2\rangle\right) \\ &= \frac{1}{\sqrt{2}}\begin{pmatrix} 0 & 1 \\ 1 & -1 \end{pmatrix}\begin{pmatrix} \text{sign}(\cdot) & 0 \\ 0 & \text{sign}(\cdot) \end{pmatrix}\begin{pmatrix} \sqrt{2} \\ \sqrt{2} \end{pmatrix} \\ &= \begin{pmatrix} 0 & 1 \\ 1 & -1 \end{pmatrix}\begin{pmatrix} 1 \\ 1 \end{pmatrix} = \begin{pmatrix} 1 \\ 0 \end{pmatrix} = |0\rangle \end{aligned} \tag{8.3.18}$$

当 $|x_1\rangle = |0\rangle$，$|x_2\rangle = |1\rangle$ 时

$$W_1|x_1\rangle = \frac{1}{\sqrt{2}}\begin{pmatrix} 1 & 1 \\ 1 & -1 \end{pmatrix}\begin{pmatrix} 1 \\ 0 \end{pmatrix} = \frac{1}{\sqrt{2}}\begin{pmatrix} 1 \\ 1 \end{pmatrix} \tag{8.3.19}$$

$$W_2|x_2\rangle = \frac{1}{\sqrt{2}}\begin{pmatrix} 1 & 1 \\ 1 & -1 \end{pmatrix}\begin{pmatrix} 0 \\ 1 \end{pmatrix} = \frac{1}{\sqrt{2}}\begin{pmatrix} 1 \\ -1 \end{pmatrix} \tag{8.3.20}$$

则

$$\begin{aligned} |y\rangle &= \hat{F}\left(W_1|x_1\rangle + W_2|x_2\rangle\right) \\ &= \frac{1}{\sqrt{2}}\begin{pmatrix} 0 & 1 \\ 1 & -1 \end{pmatrix}\begin{pmatrix} \text{sign}(\cdot) & 0 \\ 0 & \text{sign}(\cdot) \end{pmatrix}\begin{pmatrix} \sqrt{2} \\ 0 \end{pmatrix} \\ &= \begin{pmatrix} 0 & 1 \\ 1 & -1 \end{pmatrix}\begin{pmatrix} 1 \\ 0 \end{pmatrix} = \begin{pmatrix} 0 \\ 1 \end{pmatrix} = |1\rangle \end{aligned} \tag{8.3.21}$$

当 $|x_1\rangle = |1\rangle$，$|x_2\rangle = |0\rangle$ 及 $|x_1\rangle = |x_2\rangle = |1\rangle$ 时，证明过程类似，证明结果如表 8.3.1 所示。

表 8.3.1　XOR 运算功能

$|x_1\rangle$	$|x_2\rangle$	$W_1|x_1\rangle + W_2|x_2\rangle$	$|y\rangle$
$|0\rangle$	$|0\rangle$	$(\sqrt{2},\sqrt{2})^{\mathrm{T}}$	$|0\rangle$
$|0\rangle$	$|1\rangle$	$(\sqrt{2},0)^{\mathrm{T}}$	$|1\rangle$
$|1\rangle$	$|0\rangle$	$(\sqrt{2},0)^{\mathrm{T}}$	$|1\rangle$
$|1\rangle$	$|1\rangle$	$(\sqrt{2},-\sqrt{2})^{\mathrm{T}}$	$|0\rangle$

可见，单个量子神经元能实现 XOR 功能。根据经典人工神经网络理论，单个经典神经元无法实现 XOR 运算，需构成两层 NN 即可。这正是 QNN 具有量子并行性的有效验证。

（4）Walsh 变换。Hadamard 变换是量子计算领域的一个十分重要的变换，将 Hadamard 变换 $\hat{\boldsymbol{H}}$ 分别作用于 n 个 $|0\rangle$ 态量子位，则有

$$
\begin{aligned}
&(\hat{\boldsymbol{H}} \otimes \hat{\boldsymbol{H}} \otimes \cdots \otimes \hat{\boldsymbol{H}})|00\cdots0\rangle \\
&= 1\big/\sqrt{2^n}\,(|0\rangle+|1\rangle)\otimes(|0\rangle+|1\rangle)\otimes\cdots\otimes(|0\rangle+|1\rangle) \\
&= \frac{1}{\sqrt{2^n}}\sum_{j=1}^{2^n}|x_j\rangle
\end{aligned}
\tag{8.3.22}
$$

式（8.3.22）所示变换即 Walsh 变换，或称 Walsh-Hadamard 变换。该变换能产生 2^n 个基本量子态的叠加，即产生从 0 到 2^n-1 的所有二进制数，这些二进制数同时存在，存在的概率均为 $1/2^n$，此即量子并行计算的基础。

考虑一个多输入的量子神经元，如图 8.3.1 所示。令式（8.3.4）中 $N=2^n$，权值矩阵和算子分别为 $\boldsymbol{W}_j=1\big/\sqrt{2^n}\,\hat{\boldsymbol{I}}$ 和 $\hat{\boldsymbol{F}}=\hat{\boldsymbol{I}}$，则其输出为

$$
|y\rangle = \frac{1}{\sqrt{2^n}}\sum_{j=1}^{2^n}|x_j\rangle
\tag{8.3.23}
$$

将式（8.3.22）与式（8.3.23）比较可知，两式相等。所以，图 8.3.1 所示的量子神经元能实现 Walsh 变换。以该量子神经元为单元构成的 QNN 将能很好地利用量子并行计算的优势，进一步提升网络的并行处理能力。

8.3.5　量子神经元的非线性映射特性

图 8.3.1 所示的量子神经元的输入输出关系可由式（8.3.1）和式（8.3.2）改写为

$$
\begin{aligned}
|y\rangle &= \hat{\boldsymbol{F}}\sum_{j=1}^{N}\boldsymbol{W}_j|x_j\rangle = \hat{\boldsymbol{F}}\sum_{j=1}^{N}\begin{pmatrix} w_{1j} & w_{3j} \\ w_{2j} & w_{4j} \end{pmatrix}\begin{pmatrix} a_j \\ b_j \end{pmatrix} \\
&= \hat{\boldsymbol{F}}\sum_{j=1}^{N}\begin{pmatrix} w_{1j}a_j + w_{3j}b_j \\ w_{2j}a_j + w_{4j}b_j \end{pmatrix} = \hat{\boldsymbol{F}}\begin{pmatrix} \displaystyle\sum_{j=1}^{N}w_{1j}a_j + \sum_{j=1}^{N}w_{3j}b_j \\ \displaystyle\sum_{j=1}^{N}w_{2j}a_j + \sum_{j=1}^{N}w_{4j}b_j \end{pmatrix}
\end{aligned}
\tag{8.3.24}
$$

将式（8.3.24）可进一步改写为

$$
\begin{aligned}
|y\rangle &= \hat{\boldsymbol{F}}\begin{pmatrix} \displaystyle\sum_{j=1}^{N}w_{1j}a_j + \sum_{j=1}^{N}w_{3j}b_j \\ \displaystyle\sum_{j=1}^{N}w_{2j}a_j + \sum_{j=1}^{N}w_{4j}b_j \end{pmatrix} = \hat{\boldsymbol{F}}\left(\begin{pmatrix} \displaystyle\sum_{j=1}^{N}w_{1j}a_j \\ \displaystyle\sum_{j=1}^{N}w_{2j}a_j \end{pmatrix} + \begin{pmatrix} \displaystyle\sum_{j=1}^{N}w_{3j}b_j \\ \displaystyle\sum_{j=1}^{N}w_{4j}b_j \end{pmatrix}\right) \\
&= \hat{\boldsymbol{F}}\begin{pmatrix} \displaystyle\sum_{j=1}^{N}w_{1j}a_j \\ \displaystyle\sum_{j=1}^{N}w_{2j}a_j \end{pmatrix} + \hat{\boldsymbol{F}}\begin{pmatrix} \displaystyle\sum_{j=1}^{N}w_{3j}b_j \\ \displaystyle\sum_{j=1}^{N}w_{4j}b_j \end{pmatrix}
\end{aligned}
\tag{8.3.25}
$$

令

$$\hat{\boldsymbol{F}} = \begin{pmatrix} f(\cdot) & 0 \\ 0 & f(\cdot) \end{pmatrix} \tag{8.3.26}$$

则

$$|y\rangle = \begin{pmatrix} f(\sum_{j=1}^{N} w_{1j}a_j) \\ f(\sum_{j=1}^{N} w_{2j}a_j) \end{pmatrix} + \begin{pmatrix} f(\sum_{j=1}^{N} w_{3j}b_j) \\ f(\sum_{j=1}^{N} w_{4j}b_j) \end{pmatrix}$$

$$= \begin{pmatrix} f(\sum_{j=1}^{N} w_{1j}a_j) + f(\sum_{j=1}^{N} w_{3j}b_j) \\ f(\sum_{j=1}^{N} w_{2j}a_j) + f(\sum_{j=1}^{N} w_{4j}b_j) \end{pmatrix} \tag{8.3.27}$$

若将量子态 $|y\rangle$ 编码为矢量形式 $|y\rangle = (y_1 \ y_2)^{\mathrm{T}}$，则对应有

$$\begin{cases} y_1 = f(\sum_{j=1}^{N} w_{1j}a_j) + f(\sum_{j=1}^{N} w_{3j}b_j) \\ y_2 = f(\sum_{j=1}^{N} w_{2j}a_j) + f(\sum_{j=1}^{N} w_{4j}b_j) \end{cases} \tag{8.3.28}$$

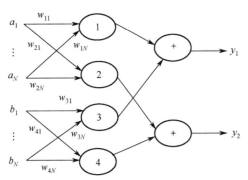

图 8.3.5　经典两层 ANN

将 y_1、y_2 作为经典 ANN 的输出，构造一个具有 $2N$ 个输入节点、4 个隐藏层节点和两个输出节点的经典 ANN，如图 8.3.5 所示。

图 8.3.5 中，ANN 输出矢量 $\boldsymbol{y}$ 为

$$\boldsymbol{y} = \begin{pmatrix} y_1 \\ y_2 \end{pmatrix} = \begin{pmatrix} f(\sum_{j=1}^{N} w_{1j}a_j) + f(\sum_{j=1}^{N} w_{3j}b_j) \\ f(\sum_{j=1}^{N} w_{2j}a_j) + f(\sum_{j=1}^{N} w_{4j}b_j) \end{pmatrix} \tag{8.3.29}$$

比较式（8.3.27）与式（8.3.29），可以得到 $|y\rangle = \boldsymbol{y}$，即图 8.3.1 所示的单个量子神经元与图 8.3.5 所示经典两层前向 ANN 具有相同的计算能力。

由此得到结论：单个量子神经元具有与两层前向 ANN 相同的计算能力，可以实现非线性映射。上节所证单个量子神经元即具有 XOR 运算能力就是对这一结论的有效验证。我们将在下一节用实验验证这一结论。

8.4　应用实例

8.4.1　量子 BP 神经网络用于函数逼近

为验证量子神经网络的特性，利用 MATLAB 编写算法来进行仿真，并与常用的网络进行比较分析。

测试函数为

$$f(x) = \frac{\mathrm{e}^{-x}\sin 5x + 0.6}{1.4}, (0 \leqslant x \leqslant 2) \tag{8.4.1}$$

网络结构为 2-10-1 型，学习速率取 0.003，目标误差为 0.01，采样点数为 20，仿真结果如图 8.4.1 和图 8.4.2 所示。

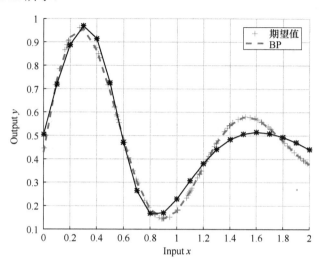

图 8.4.1　BP 神经网络用于函数逼近

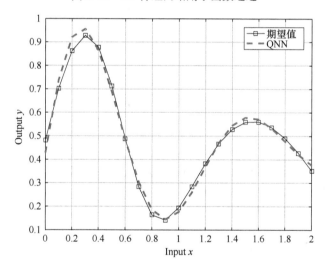

图 8.4.2　量子 BP 神经网络用于函数逼近

对比图 8.4.1 和图 8.4.2 可以发现，量子神经网络比传统的 BP 神经网络的效果好得多，证明了量子神经网络的优越性。

8.4.2　量子神经元实现非线性映射的实验验证

本节在经典计算机上仿真实现了一个具有两个输入端的量子神经元，并对其输出特性进行了评估。

在式（8.3.24）中选择 $N=2$，$\hat{\boldsymbol{F}} = \hat{\boldsymbol{I}}$ 和不同的权值矩阵 $\boldsymbol{W}_j$，我们可以得到不同的量子

神经元输出。图 8.4.3（a）是权值矩阵为 $W_1 = W_2 = \dfrac{1}{\sqrt{2}}\begin{pmatrix} 1 & 1 \\ 1 & -1 \end{pmatrix}$ 的输出；图 8.4.3（b）是权值矩阵为 $W_1 = \dfrac{1}{2}\begin{pmatrix} \sqrt{3} & 1 \\ -1 & \sqrt{3} \end{pmatrix}$，$W_2 = \begin{pmatrix} 1 & 0 \\ 0 & -1 \end{pmatrix}$ 的输出。

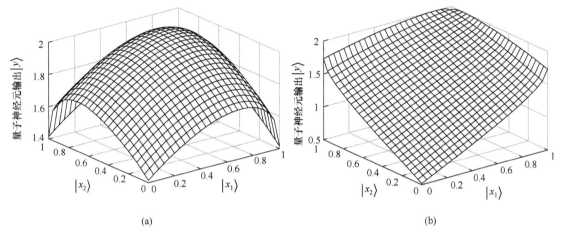

(a)   (b)

图 8.4.3　不同权值矩阵的输出

图 8.4.3（a）及图 8.4.3（b）中 $|x_1\rangle|x_2\rangle$ 为输入，$|y\rangle$ 为输出，从输入/输出映射关系可见，单个量子神经元已经具备非线性映射能力，无须如经典 ANN 要构成网络方可实现非线性映射。

思　考　题

1．ANN 向 QNN 演变的动因有哪些？
2．如何调和神经网络模型的非线性特征与量子计算中线性幺正变换之间的关系。
3．与经典 ANN 相比，QNN 具有哪几方面的优势？
4．请说明量子衍生神经网络模型的设计思想。
5．什么是量子隐形传态？
6．如何理解量子神经元的学习过程。

参　考　文　献

[1] 徐国标. 基于量子与经典神经网络的语音增强技术的研究[D]. 2009.

[2] 李飞, 郑宝玉, 赵生妹. 量子神经网络及其应用[J]. 电子与信息学报, 2004, 26(8):1332-1339.

[3] 吕芬.基于量子神经网络的模式识别技术研究[D].江苏:南京邮电大学,2006. DOI:10.7666/d.y850883.

[4] 解光军, 庄镇泉. 量子神经计算模型研究[J]. 电路与系统学报, 2002, 7(2):83-88.

[5] 李滨旭, 姚姜虹. 一种量子衍生神经网络模型[J]. 计算机系统应用, 2016, 25(8):206-210.

[6] 李盼池, 李士勇. 一种量子自组织特征映射网络模型及聚类算法[J]. 量子电子学报, 2007, 24(4):110-123.

[7] VENTURA D, MARTINEZ T. An Artificial Neuron with Quantum Mechanical Properties[M]// Artificial Neural Nets and Genetic Algorithms. Springer Vienna, 1998.

[8] 李飞，赵生妹，郑宝玉. 具有非线性映射特性的量子神经元[C]// 现代通信理论与信号处理进展——2003 年通信理论与信号处理年会论文集，2003.

[9] 李士勇，李盼池. 量子计算与量子优化算法[M]. 哈尔滨: 哈尔滨工业大学出版社，2009.

第 9 章 量子遗传算法

量子遗传算法（QGA）是量子计算与遗传算法相结合的产物。QGA 建立在量子的态矢量表述基础上，将量子比特的几率幅表示方法应用于染色体的编码上，使一条染色体可以表达多个态的叠加，并利用量子旋转门和量子非门实现染色体的更新操作，从而实现目标的优化求解。QGA 与经典遗传算法相比，区别在于 QGA 采用了量子比特编码方法、量子坍塌过程来取代经典遗传算法的交叉操作以及量子变异的方法。

9.1 量子遗传算法基础

9.1.1 量子比特编码

在量子计算中，充当信息存储单元的物理介质是一个双态量子系统，称为量子比特（qubit）。在 QGA 中，采用量子比特存储和表达一个基因。该基因可以为"0"态或"1"态，或它们的任意叠加态，即该基因所表达的不再是某一确定的信息，而是包含所有可能的信息，对该基因的任一操作也会同时起作用于所有可能的信息。

QGA 使用一种基于量子比特的编码方式，即用一对复数定义一个量子比特位。一个有 k 个量子比特位的系统描述为

$$\begin{bmatrix} \alpha_1 \mid \alpha_2 \mid \cdots \mid \alpha_k \\ \beta_1 \mid \beta_2 \mid \cdots \mid \beta_k \end{bmatrix}, \mid \alpha_i \mid^2 + \mid \beta_i \mid^2 = 1, i = 1, 2, \cdots, k \tag{9.1.1}$$

其中，α_i, β_i 是两个复数，是第 i 个量子比特的概率幅，其模满足归一化条件。$\mid \alpha_i \mid^2$ 表示测量时发现 $\mid 0\rangle$ 的概率，$\mid \beta_i \mid^2$ 表示发现 $\mid 1\rangle$ 的概率。这种表示可表征任意的线性叠加态，例如，有一个 3 量子比特系统为

$$\begin{bmatrix} \dfrac{1}{2^{\frac{1}{2}}} \Bigg| \dfrac{3^{\frac{1}{2}}}{2} \Bigg| \dfrac{1}{2} \\[3mm] \dfrac{1}{2^{\frac{1}{2}}} \Bigg| \dfrac{1}{2} \Bigg| \dfrac{3^{\frac{1}{2}}}{2} \end{bmatrix} \tag{9.1.2}$$

则系统的状态表示为

$$\frac{3^{1/2}}{4 \cdot 2^{1/2}} \mid 000 > + \frac{3}{4 \cdot 2^{1/2}} \mid 001 > + \frac{1}{4 \cdot 2^{1/2}} \mid 010 > + \frac{3^{1/2}}{4 \cdot 2^{1/2}} \mid 011 > +$$

$$\frac{3^{1/2}}{4 \cdot 2^{1/2}} \mid 100 > + \frac{3}{4 \cdot 2^{1/2}} \mid 101 > + \frac{1}{4 \cdot 2^{1/2}} \mid 110 > + \frac{3^{1/2}}{4 \cdot 2^{1/2}} \mid 111 > \tag{9.1.3}$$

式（9.1.3）表示状态|000>、|001>、|010>、|011>、|100>、|101>、|110>、|111>出现的概率分别是 3/32、9/32、1/32、3/32、3/32、9/32、1/32、3/32。随着 α、β 趋于 1 或 0，这时种群多样性消失，算法收敛。

采用量子比特编码使一条染色体可以同时表达多个态的叠加，量子遗传算法比经典遗

传算法拥有更好的多样性特性。

9.1.2　量子旋转门策略

QGA 中的染色体处于叠加或纠缠状态，因而 QGA 的遗传操作不能采用传统 GA 的选择、交叉和变异等操作方式，而采用将量子门分别作用于各叠加态或纠缠态；子代个体的产生不是由父代群体决定的，而是由父代的最优个体及其状态的概率幅度决定的。量子遗传操作主要是将构造的量子门作用于量子叠加态或纠缠态的基态，使其相互干涉，相位发生改变，从而改变各基态的概率幅。因此，量子门的构造既是量子遗传操作要解决的主要问题，又是 QGA 算法的关键问题，它直接关系 QGA 的性能好坏。

在 QGA 中，使用量子门变换，由于概率归一化的条件，变换矩阵必须是幺正矩阵，常用的量子逻辑门有非门、异或门、受控的异或门和旋转门等。由于量子旋转门的参数可调整性，其通用性更强，因此主要采用量子旋转门，并且在进行遗传操作的时候针对不同规模和特点的问题，通过调整旋转门的操作有可能提高算法的收敛速度和改善算法的计算性能。

旋转角为 θ 的量子旋转门 $\boldsymbol{U}(\theta)$ 可以表示为

$$\boldsymbol{U}(\theta) = \begin{pmatrix} \cos\theta & -\sin\theta \\ \sin\theta & \cos\theta \end{pmatrix} \tag{9.1.4}$$

显然 $\boldsymbol{U}(\theta)$ 是个酉正矩阵。量子旋转门的调整操作如式（9.1.5）所示

$$\begin{pmatrix} \alpha_i' \\ \beta_i' \end{pmatrix} = \boldsymbol{U}(\theta_i) \cdot \begin{pmatrix} \alpha_i \\ \beta_i \end{pmatrix} = \begin{pmatrix} \cos\theta_i & -\sin\theta_i \\ \sin\theta_i & \cos\theta_i \end{pmatrix} \begin{pmatrix} \alpha_i \\ \beta_i \end{pmatrix} \tag{9.1.5}$$

其中，旋转角度 $\theta_i = s(\alpha_i, \beta_i) \cdot \Delta\theta_i$ 可由表 9.1.1 得到，$s(\alpha_i, \beta_i)$ 用来控制旋转角的方向，$\Delta\theta_i$ 用来控制旋转角的大小。δ 为旋转角度调整的步长，δ 太小将影响算法收敛的速度，太大可能会使结果发散，或早熟收敛到局部最优解。

表 9.1.1 中 x_i 为当前染色体的第 i 位，b_i 为当前最优染色体的第 i 位，$f(x)$ 和 $f(b)$ 分别为当前染色体和当前最优染色体的适应度函数。$\Delta\theta_i$ 为旋转角度的大小，当 $x_i = b_i$ 时，$\Delta\theta_i = 0$；当 $x_i \neq b_i$ 时，$\Delta\theta_i = \delta$。$s(\alpha_i, \beta_i)$ 为旋转角度的方向，保证算法的收敛。

表 9.1.1　旋转角选择策略

x_i	b_i	$f(x) > f(b)$	$\Delta\theta_i$	$s(\alpha_i, \beta_i)$			
				$\alpha_i\beta_i > 0$	$\alpha_i\beta_i < 0$	$\alpha_i = 0$	$\beta_i = 0$
0	0	False	0	—	—	—	—
0	0	True	0	—	—	—	—
0	1	False	δ	+1	−1	0	±1
0	1	True	δ	−1	+1	±1	0
1	0	False	δ	−1	+1	±1	0
1	0	True	δ	+1	−1	0	±1
1	1	False	0	—	—	—	—
1	1	True	0	—	—	—	—

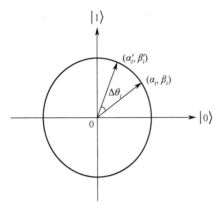

图 9.1.1　量子旋转门示意图

该调整策略是将当前染色体的适应度函数 $f(x)$ 与当前最优染色体的适应度函数 $f(b)$ 进行比较，若 $f(x) > f(b)$，则调整当前染色体中相应位 qubit 基因，使得几率幅对 (α_i, β_i) 向着有利于 x_i 出现的方向演化；反之，若 $f(x) < f(b)$，则调整当前染色体中相应位 qubit 基因，使得几率幅对 (α_i, β_i) 向着有利于 b_i 出现的方向演化。

图 9.1.1 为量子旋转门示意图，我们用图 9.1.1 说明为什么采用量子旋转门变异策略能够保证算法很快收敛到具有更高适应度的染色体。如当 $x_i = 0$，$b_i = 1$，$f(x) < f(b)$ 时，为使当前解收敛到一个具有更高适应度的染色体，应增大当前解取 $|0\rangle$ 态的概率，即要使 $|\alpha_i|^2$ 变大，那么，若 (α_i, β_i) 在第一、第三象限，即 $\alpha_i \cdot \beta_i > 0$，则 θ_i 应为顺时针方向旋转角，因而 $s(\alpha_i, \beta_i)$ 取 -1；若 (α_i, β_i) 在第二、第四象限，即 $\alpha_i \cdot \beta_i < 0$，则 θ_i 应为逆时针方向旋转角，因而 $s(\alpha_i, \beta_i)$ 取 $+1$。

9.1.3　量子变异操作

变异的作用主要在于阻止未成熟收敛和提高算法局部搜索能力。在 QGA 中，我们通过量子非门设计了一种量子变异操作，其具体方法如下。

（1）以确定的概率 P_m 从种群中选取若干个个体。

（2）对选中的个体按确定的概率确定一个或多个变异位。

（3）对选中位量子比特的几率幅执行量子非门操作，即完成该量子比特的变异操作。

量子变异操作实际上是更改了该量子比特态叠加的状态，使原来倾向于坍缩到状态"1"的变为倾向于坍缩到状态"0"，或者相反。

9.1.4　量子交叉操作

在遗传算法中，交叉的作用是实现两个个体间结构信息的互换，通过这种互换使得具有低阶、短距、高平均适应度的模式能够合并而产生高阶、高适应度的个体。量子交叉也应具有这种能力。部分文献提出的 QGA 由于没有交叉操作，利用量子门演化策略时所有个体都朝一个目标演化，极有可能陷入局部最优，因此利用量子的相干特性构造了一种量子交叉操作。设种群大小为 n，染色体长度为 m。不同于经典的遗传算法，交叉仅限于在两条染色体间进行，量子遗传算法采用的是一种全干扰的交叉，即全部的染色体均参与到交叉操作中来。量子交叉的具体过程如下。

（1）将种群中 nm 个 qubit 基因随机排序后分成 m 组。

（2）在区间 $[1, n]$ 内选择一个随机数 j，选取每组的第 j 个 qubit 基因构成一个新的个体作为新种群中第一个量子染色体。

（3）循环往复，依次选择每组的第 $j+1, \cdots, n$，$1, \cdots, j-1$ 个 qubit 基因构成新的量子染色体，直至构成大小为 n 的新的种群。

上述量子交叉操作借鉴了量子的相干特性，充分利用了种群中尽可能多的量子染色体的信息，在种群进化出现早熟时能够产生新的个体，克服了进化后期的早熟现象，能有效防止算法陷入局部最优。

9.1.5　算法描述

QGA 是一种和 GA 类似的概率算法，种群由量子染色体构成，在第 t 代的种群为 $\boldsymbol{Q}(t) = \{\boldsymbol{q}_1^t, \boldsymbol{q}_2^t, \cdots, \boldsymbol{q}_n^t\}$，其中 n 为种群大小；k 为量子染色体的长度；$\boldsymbol{q}_j^t$ 定义为如下的染色体：

$$\boldsymbol{q}_j^t = \begin{bmatrix} \alpha_1^t \mid \alpha_2^t \mid \cdots \mid \alpha_k^t \\ \beta_1^t \mid \beta_2^t \mid \cdots \mid \beta_k^t \end{bmatrix}, \quad j = 1, 2, \cdots, n \qquad (9.1.6)$$

下面给出 QGA 的一般步骤。

（1）初始化种群 $\boldsymbol{Q}(t)$。

（2）由 $\boldsymbol{Q}(t)$ 量子坍塌生成 $\boldsymbol{P}(t)$。

（3）对群体 $\boldsymbol{P}(t)$ 进行适应度评估，取其中最佳个体作为该个体下一步演化的目标值。

（4）停止条件判断：当满足时，输出当前最佳个体，算法结束；否则继续。

（5）利用量子旋转门对种群 $\boldsymbol{Q}(t)$ 进行更新。

（6）进行量子变异，交叉操作，$t=t+1$，转到步骤（2）。

由此可见，QGA 与 GA 的不同仅仅在于步骤（2）、（5）和（6）。在步骤（1）中，初始种群中的全部染色体的所有基因 α_i^t, β_i^t 初始化为 $1/2^{1/2}$，表示所有可能的叠加态以相同的概率出现；在步骤（2）中，通过量子坍塌生成 $\boldsymbol{P}(t) = \{x_1^t, x_2^t, \cdots, x_n^t\}$，其中 x_j^t 为第 t 代种群中的第 j 个解，也就是第 j 个个体的测量值，表现形式为长度为 k 的二进制串，其中每位均为 0 或 1，是根据量子比特的概率选择确定的。具体过程是：随机产生一个属于[0, 1]的数，若它大于 $|\alpha_i^t|^2$，x_j^t 取值 1，否则取值 0；在步骤（5）中，由于量子旋转门是幺正矩阵，可以用作更新操作的量子门；在步骤（6）中，量子变异的作用主要在于阻止未成熟收敛和提供算法局部搜索能力。具体方法为：首先，以一定的概率 P_m 从种群中随机选取若干个体；然后，对选中的个体按确定的概率随机确定一个变异位；最后，将该位量子比特的几率幅位置对调。将量子比特的几率幅的位置进行对调，实际上就是更改了该量子比特态叠加的状态，使原来倾向于坍塌到状态 $|1\rangle$ 的变为倾向于坍塌到状态 $|0\rangle$，或者相反。QGA 的算法流程如图 9.1.2 所示。

在搜索过程中，QGA 通过选择使具有较高适应度的个体不断增多，并且根据量子坍塌的机理，采用随机观察方法产生新的个体，不断探索未知空间，像 GA 那样，使搜索过程得到最大的积累收益；其次，QGA 采用量子染色体的表示形式，使一个量子染色体上携带着多个状态的信息，能带来丰富的种群，进而保持群体的多样性，克服早熟。另外，QGA 对量子染色体采用一种"智能"进化的策略来引导进化，提高收敛速度，由于 QGA 中量子染色体实际上是一种概率表示，QGA 中的交叉

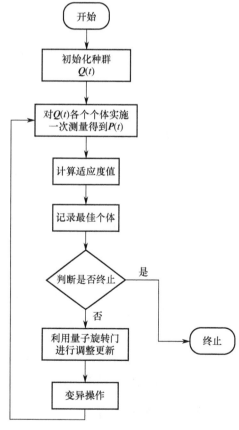

图 9.1.2　QGA 的算法流程

和变异操作是等效的，因此，在算法中主要对量子染色体采用变异操作。

9.1.6　算法实现及性能测试

为了验证算法的可行性和有效性，下面通过一个复杂函数进行验证，如式（9.1.7）所示，以 Coldstein-Price 函数为例。

$$f_2(x,y) = [1 + (x + y + 1)^2 \cdot (19 - 14x + 3x^2 - 14y + 6xy + 3y^2)] \cdot [30 + (2x - 3y)^2 \cdot$$
$$(18 - 32x + 12x^2 + 48y - 36xy + 27y^2)], \ -2 \leqslant x, \ y \leqslant 2 \tag{9.1.7}$$

我们主要采用遗传算法（GA）和量子遗传算法（QGA）对函数 $f_2(x,y)$ 求最小值。实验测试的结果如图 9.1.3 所示。

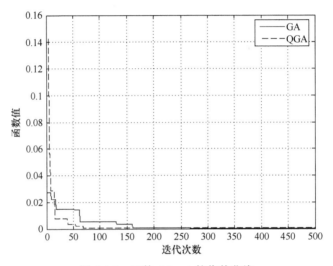

图 9.1.3　函数 $f_2(x,y)$ 的收敛曲线

由图 9.1.3 可以很明显地看出，经典遗传算法的收敛效果不是太理想。与经典遗传算法比较，量子遗传算法不仅函数值起点低，而且收敛速度更快，最重要的是量子遗传算法所得到的最终收敛值更接近函数目标值。

9.2　改进量子遗传算法

9.2.1　改进思路

遗传算法与量子遗传算法都是根据适应度函数优劣作为种群演化的唯一标准，无法使用待求问题的其他先验知识，同时，最优个体仅仅作为种群演化的目标，没有充分利用最优个体每个基因位的信息。因此，将免疫算法的免疫算子引入量子遗传算法中，提出量子免疫算法，可以充分利用问题的先验知识，以及迭代中产生的最优个体，加快算法的收敛速度与搜索最优解的能力。

9.2.2　算法流程

量子免疫算法的流程如图 9.2.1 所示。

（1）获取疫苗。考虑到量子免疫算法的应用对象主要是 NP 类问题，而这类问题在规模较小时一般易于求解，容易发现局部条件下的求解规律。因此，在获取疫苗时，既可以根据问题的特征来构造疫苗，也可以在分析需求解问题的基础上降低原问题的规模，增设局部条件来简化问题，用简化后的问题来作为选取疫苗的一种途径。同时，由于每个疫苗都是通过某一局部信息来探求全局最优解，没有必要对每个疫苗都做到精确无误，因此，可以根据问题的特征，对原问题选用一些迭代优化算法来提取疫苗。

由于在量子遗传算法中，每次迭代都会产生局部最优解，为了充分利用当前最优解的信息，本文提出一种新的疫苗产生方式，即将当前最优解的特征与问题的先验知识结合，形成混合疫苗，由于最优解的个体携带了更适合问题的基因，因此，这种方式制备的疫苗可能会更加适合算法的全局寻优。

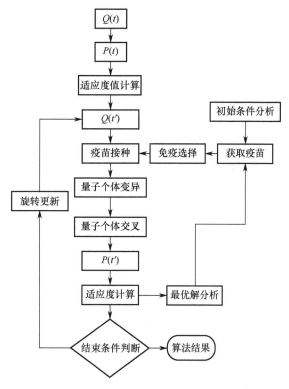

图 9.2.1　量子免疫算法的流程

（2）免疫选择。免疫选择，即对接种疫苗的范围和浓度进行选择。

由于疫苗可能从问题的先验知识中取得，或从局部最优解中取得，因此，要选择疫苗接种的范围和浓度。

免疫选择可以表示为

$$n_0 = \alpha n \tag{9.2.1}$$

式（9.2.1）表示在某代的所有 n 个个体中，按照比例 $\alpha(0 < \alpha \leqslant 1)$ 随机抽取 an 个个体进行注射，α 即抗体浓度。

（3）疫苗接种。疫苗接种，即将选定的疫苗注射到个体的基因中。假设选定的疫苗为 $\boldsymbol{P}(t)$，量子种群为 $\boldsymbol{Q}(t)$，则疫苗接种可以表示为

$$\text{Immune}(\boldsymbol{Q}(t)) = \beta \boldsymbol{P}(t) + (1-\beta)\boldsymbol{Q}(t) \quad \beta \in [0.1, 0.9] \tag{9.2.2}$$

式中，β 表示疫苗对种群的影响因子。

0–1 背包问题是经典的组合优化问题，描述如下：我们有 n 种物品，物品 j 的重量为 w_j，价格为 p_j。我们假定所有物品的重量和价格都是非负的。背包所能承受的最大重量为 W。如果限定每种物品只能选择 0 个或 1 个，则问题称为 0–1 背包问题。可以用式（9.2.3）表示为

$$\text{maximize} \sum_{j=1}^{n} p_j x_j$$

$$\text{目标：} \sum_{j=1}^{n} w_j x_j \leqslant W, \quad x_j \in \{0,1\} \tag{9.2.3}$$

对此问题经常采用贪婪算法，贪婪算法使用一系列的选择得到问题的解，在每次的选

择中总是做出当前状态来看最优的选择。即通过局部最优来达到全局最优。这种启发式策略不一定总是获得全局最优解，但多数情况下都可以获得问题的较优解。

在 0-1 背包问题中，一般选择如下贪婪算法：价值密度最大比贪婪算法。选择准则为：从剩余物品中选择 p_i/w_i 值最大的物品装入背包，这也是直觉上最好的选择。但对于 0-1 背包问题，不一定能够获得全局最优解，并且有时与最优解相去甚远。

求解 0-1 背包问题时，将染色体长度设为 n，其中 n 为可以放入背包中的物品总数，也即每条量子染色体拥有 n 个量子基因。量子坍塌后的每条染色体即代表一种背包问题的装入方案，某位取 1 表示将此物品放入背包中，取 0 则相反，如图 9.2.2 所示。

| 物品1(0/1) | 物品2(0/1) | 物品3(0/1) | ... | 物品n(0/1) |

图 9.2.2　0-1 背包问题编码方案

针对每条染色体确定的物品装入方案，计算背包的总价值作为此染色体的适应度函数的评价标准，总价值越高，则适应度函数越大。如果背包总重量超过所能承受的最大重量，则把适应度函数设为最小。

对 0-1 背包问题进行分析，在最优分配方案中，一定具备以下特征：价值较大、重量较小的物品，即价值密度比较大的物品，会出现在背包中。重量大于背包承受重量的物品，一定不会出现在背包中。可以根据以上两个先验知识来制备疫苗。对于具备第一个特征的物品，接种疫苗基因位置 1。具备第二个特征的物品，接种疫苗基因位置 0。而对于迭代过程中产生的局部最优解，直接使用其基因作为疫苗。

免疫选择和疫苗接种均使用上节介绍的方法，而疫苗接种时影响因子 β 为

$$\beta = 0.9 - \frac{0.8t}{T} \tag{9.2.4}$$

其中，t 为量子免疫算法当前迭代次数；T 表示量子免疫算法迭代总次数。使用式（9.2.4）在算法迭代初期，可以扩大疫苗的作用范围，加快算法的收敛速度；而在迭代中期，β 影响因子变小，可以降低疫苗选群对种群的影响，扩大搜索的范围。

当算法迭代值达到规定的迭代代数时算法终止，输出结果。

9.2.3　算法实现及性能测试

使用以下数据对算法进行仿真。

第一组物品数量 n=30，最大重量 Y=150。

第二组物品数量 n=40，最大重量 Y=200。

对于以上数据，分别使用贪婪算法、量子遗传算法、量子免疫算法进行最优值求解仿真。

量子遗传算法：初始种群规模大小为 40，进化代数 500 次，采用量子全干扰交叉，量子变异概率为 0.15。

量子免疫算法：初始种群规模大小为 40，进化代数 500 次，采用量子全干扰交叉，量子变异概率为 0.15，疫苗浓度 α 为 0.4。

对于每组数据，都使用贪婪算法、量子遗传算法、量子免疫算法各独立运行 50 次，统计运行结果如表 9.2.1 所示。

表 9.2.1　三种算法仿真结果

测试使用数据	算法	最优值	算法平均运行时间	平均收敛代数
第一组数据	贪婪算法	351	0.005316	无
	QGA 算法	369	0.643356	240.8
	QIA 算法	369	0.649120	152.4
第二组数据	贪婪算法	763	0.005513	无
	QGA 算法	816	0.653031	260.6
	QIA 算法	816	0.674332	192.2

图 9.2.3（a）和图 9.2.3（b）分别显示了第一、第二组数据的迭代过程。

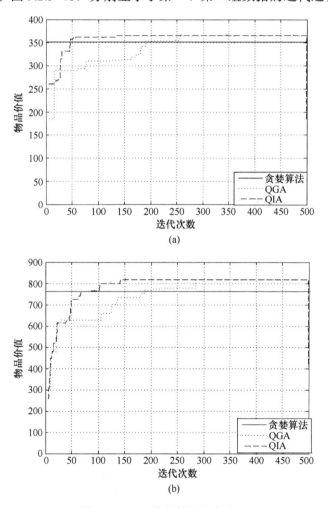

(a)

(b)

图 9.2.3　0-1 背包数据仿真结果

各算法的性能可以用算法搜索到的最优值和收敛状况来评价，从表 9.2.1 和图 9.2.3（a）、图 9.2.3（b）中可以得出各算法性能的优劣。贪婪算法在解决 0-1 背包问题中，运算速度较快，但其全局寻优能力明显低于量子遗传算法和量子免疫算法。同时，从表中也可以看出，量子免疫算法的全局寻优速度明显加快。但由于其增加了接种疫苗操作和免疫选择操作，该算法平均运行时间要稍长于量子遗传算法。

将免疫算法的免疫算子和疫苗接种引入量子遗传算法中，提出了量子免疫算法，可以有效地利用问题的先验知识和迭代中产生的局部最优解信息，加快算法向全局最优解收敛的速度，在求解 0-1 背包问题中表现出了较量子遗传算法更加优异的性能。

9.3 量子遗传算法的其他改进形式

9.3.1 改进的模拟退火算法

在对遗传算法的众多改进算法研究中，有许多学者提出了将遗传算法同模拟退火原理相结合的混合遗传算法，混合算法克服了遗传算法过早收敛、容易陷入局部最优解的不足，引入了模拟退火的思想，增强了算法的全局收敛性，提高了算法的收敛速度，本文借鉴此原理，将模拟退火理论同量子遗传算法相结合来改进算法的搜索能力。

模拟退火（Simulated Annealing，SA）算法的思想也是模拟自然界某种自然规律的一种算法，其作为一种随机性的全局优化算法，通过赋予搜索过程一种可控的突跳概率来避免陷入局部极小。算法通过模拟高温物体退火过程的方法来找到优化问题的全局最优或近似全局最优解。从统计物理学的观点看，随着温度的降低，物质的能量将逐渐趋近于一个较低的状态，并最终达到某种平衡。该算法是一个全局优化算法，在初始温度足够高、温度下降足够慢的情况下，能够以概率 1 收敛到全局最优解。算法采用 Metropolis 接受准则判断新状态的接受程度。Metropolis 准则可用式（9.3.1）描述

$$P_{i \to j} = \begin{cases} 1, & \Delta \leqslant 0 \\ \exp\left(\dfrac{-\Delta}{T}\right), & \Delta > 0 \end{cases}$$（9.3.1）

式中，$P_{i \to j}$ 表示由当前状态 i 向这新状态 j 的转换接受概率；$\Delta = f(j) - f(i)$ 表示状态间能级的差值，当能级增量 $\Delta \leqslant 0$ 时，接受新状态，否则以某一概率接受新状态。

目前，模拟退火算法广泛应用于求解各种优化模型和算法。设组合问题的一个解 i 及其目标函数 $f(i)$ 分别与固体的一个微观状态 i 及其能量 $E(i)$ 等价，令随算法进程递减的控制函数 t 担当固体退火过程中的温度 T，对于控制参数 t 的每一取值，算法重复进行："产生新状态—判断—接受/舍弃"的迭代过程就对应着固体在某一恒定温度下趋于热平衡的过程，也就是执行了一次 Metropolis 算法。Metropolis 算法从某一状态出发，通过计算系统的时间演化过程，求出系统达到的状态相似；模拟退火算法从某个初始解出发，经过大量解的变换后，可以求得在某一温度下优化问题的相对最优解，然后减少控制参数 t 的值。重复执行 Metropolis 算法，就可以在控制参数 t 趋于零时，最终求得组合问题的整体最优解。

模拟退火算法也是一种迭代求解的过程，算法反复执行"产生新状态—计算目标函数—判断能否接受新状态—接受/舍弃"过程，其基本流程如下。

（1）初始化：初始温度 T，初始解状态 S，每个 T 值的迭代次数 L。

（2）对 $k=1,\cdots,L$ 进行第（3）～（6）步操作。

（3）产生新解 S'。

（4）计算增量 $\Delta = E(S') - E(S)$，其中 $E(S)$ 为目标函数。

（5）若 $\Delta < 0$，则接受 S' 作为新的当前解；否则，以概率 exp $(-\Delta/T)$ 接受 S' 作为新的当

前解。

（6）若满足终止条件，则输出当前解作为最优解，结束程序。

（7）T 逐渐减小，且 $T \to 0$，然后转步骤（2）。

在算法执行过程中，为了保证算法的收敛能力，要保证退火初始温度 T 尽可能高，一般情况下 T 取 1000，L 表示对于每个温度取值 T 进行的迭代运算的次数，考虑到算法的运行时间我们通常取值范围为 10～50。

新状态的产生通常有两种方法：一种方法是在当前解的基础上随机产生一个扰动，得到了一组新的状态，可表述为 $S' = S + S \times \mathrm{rand}(-0.1, 0.1)$，具体操作就是随机生成一组取值在 -0.1～0.1 的数值，新的状态可以用当前状态与当前状态乘以随机值的和来表达。这种方式产生的新解其操作简单，但其新解的种群单调，不利于种群随着算法具体情况的改变而改变，算法收敛情况一般。另外一种比较常用的新解的产生方法为

$$S' = \begin{cases} S, & U(0,1) > P \\ S + \eta \times U(-1,1), & \text{其他} \end{cases} \tag{9.3.2}$$

$$S' = \begin{cases} S, & U(0,1) > P \\ S \times U(1 - sR, 1 + sR), & \text{其他} \end{cases} \tag{9.3.3}$$

式中，S、S' 表示当前的状态和新状态；$U(a, b)$ 表示随机产生的 a～b 之间的任意数值；P 为某一概率；sR 为算法搜索半径；η 为学习步长。在具体操作时，当温度取值较大时，采用式（9.3.2）产生新解，否则采用式（9.3.3）进行。通过实验我们可以看到算法中采用第二种方法产生新解要比第一种方法有更好的搜索能力。

温度降低的方式也称为温度的管理，在算法进行中，我们采用如下表达式来对物体进行降温：$T' = \lambda \times T$，其中，λ 为略小于 1 的常数。

从算法的执行过程我们可以看出，模拟退火算法除接受优化的解外，还以某一概率接受恶化的解，当算法运行开始温度较高时，接受恶化解的概率较大；当温度降低到一定温度时，接受恶化解的概率趋于 0，则只接受优化解，算法趋于收敛到最优。

模拟退火算法通过控制初温和温降过程来控制算法的搜索过程，高温时搜索算法具有较高的突跳性，可以避免陷入局部极值，而低温时有很好的保优搜索性能，模拟退火的这种搜索模式增强了算法的搜索能力和效率。量子遗传算法是一种新的基于量子理论的算法，它采用量子编码方式，从而可以在遗传过程中进行有指导的搜索，在算法的搜索过程中能利用当前最优解的信息，避免了搜索的盲目性，增大了收敛到全局最优解的概率。把模拟退火算法作为一个算子引入量子遗传算法中，把量子算法的多点并行搜索和模拟退火算法较好的单点串行搜索能力相结合，我们称这种算法为基于模拟退火的量子遗传算法（SQGA）。在算法中，两种搜索性能相互补充，在解空间中的搜索能力和搜索效率均有所提高，可以以较快的速度和较少的计算量获得高质量的解。

将量子遗传算法和模拟退火算法相结合，在模拟退火算法中通过实数编码的变异操作来产生新的解，实数编码为函数变量组成的向量，如 $[X_1, X_2, \cdots, X_m]$ 为个体的实数编码，在算法的遗传过程中，两种编码方式要相互映射。模拟退火算法中的实数编码为

$$\boldsymbol{X} = (X_1, X_2, \cdots, X_m), \ X_i \in [a, b], \ i \in (1, 2, \cdots, m) \tag{9.3.4}$$

其中，$[a, b]$ 为解的搜索区间，由于量子编码中的 $\alpha_i, \beta_i \in (0,1)$，因此必须将实数编码按一定规则映射到区间 $(0,1)$ 中，本文采用式（9.3.5）进行映射

$$\alpha_i = \frac{X_i - a}{b - a}, \quad \beta_i = \sqrt{1 - \alpha_i^2}, \quad i \in (1, 2, \cdots, m) \tag{9.3.5}$$

经过上述方式的映射后就成为量子比特编码，对量子染色体进行遗传操作后，还需要映射回实数编码方式，以便模拟退火算子以实数变异方式进行搜索，可用如下公式进行映射

$$X_i = (b - a)\alpha_i + a, \quad i \in (1, 2, \cdots, m) \tag{9.3.6}$$

量子遗传操作主要有利用量子旋转门进行更新操作和全干扰交叉操作。最常用的变异算子为量子旋转门变异，由于混合算法使用实数编码，因此旋转角选择策略与二进制编码相比较简单，常用旋转角选择策略，如表9.3.1所示。

表9.3.1 旋转角选择

$X_i \geqslant \text{best}_i$	$X_i < \text{best}_i$	$f(X) \geqslant f(\text{best})$	$\Delta\theta_i$
False	True	False	-0.01π
True	False	False	0.01π
False	True	True	-0.01π
True	False	True	0.01π

具体变异操作为：随机产生$[0, \Delta\theta_i]$之间的角度θ，产生新的量子编码为

$$\begin{bmatrix} \alpha_i^{t+1} \\ \beta_i^{t+1} \end{bmatrix} = \begin{bmatrix} \cos\theta & -\sin\theta \\ \sin\theta & \cos\theta \end{bmatrix} \begin{bmatrix} \alpha_i^t \\ \beta_i^t \end{bmatrix}, \quad i \in (1, 2, \cdots, m) \tag{9.3.7}$$

表9.3.1中best为当前最优个体，X为种群中任一个体。为了使算法收敛，则应使个体朝着最优个体的方向进化，θ为负时表示顺时针旋转，为正时表示逆时针旋转。

在模拟退火操作中新状态的产生采用上面介绍的第二种方法，即高温时采用式（9.3.2），低温时采用式（9.3.3）。在模拟退火算子中，初温选的越大，退温系数越大（小于1），收敛到全局最优解的概率就越大，收敛时间也越长。因此进行参数选择的同时要考虑搜索效率和求解质量。在模拟退火算子执行完后，同样需要把每个个体的实数编码反映射为量子编码，以便下一次迭代时量子遗传算法的操作。算法运行过程中P一般选取0.3～0.4，学习步长一般选取0.2～0.3，搜索半径取0.1，退温时退温系数λ取为0.95。

9.3.2 分组量子遗传算法

分组量子遗传算法运行N代，每代即一层，每层随机产生n个样本，然后对每层子种群按类运行各自的量子遗传算法，这些遗传算法在设置特性上应具有较大差异，这样可保持种类的多样性。计算每代适应度值后都保留本代最优适应度值，最后在每代计算中比较得出全局最优。此算法首先将种群分为两组：奇数代为第一组，偶数代为第二组，计算出每代的1的个数并算出它与总数所占比例。若是第一类则量子角旋转方向朝同方向偏，即若原来种群1多，则它下一代产生1的概率更大；若原来种群0多，则它下一代产生0的概率更大。若是第二类则往不同方向偏，即如果原来种群1多，则量子门旋转使下一代0产生概率增大；若原来种群0多，则量子门旋转使下一代1产生概率增大。这样就对解空间的各个方向作了试探，增加了染色体的多样性。分组量子遗传算法流程如图9.3.1所示。

9.3.3　混沌量子免疫遗传算法

混沌量子免疫遗传算法（Chaos Quantum Immune Genetic Algorithm，CQIGA）是融合混沌优化和免疫优化各自的空间搜索优势及量子遗传算法优化的高效性而提出的一种新型遗传算法。该算法在保留原算法优良特性的前提下，力图有选择、有目的地利用待求问题中的一些特征信息或先验知识，抑制或避免求解过程中的一些重复或无效的工作，以提高算法的整体性能。

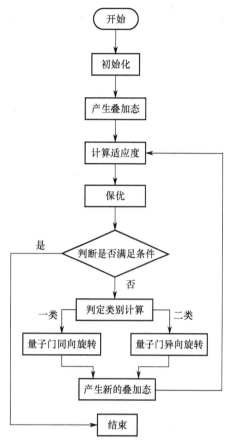

混沌现象是无固定周期的循环行为，即非周期的具有渐进的自相似有序性的现象。混沌现象的特点：随机性，即混沌现象具有类似随机变量的杂乱表现；遍历性，即混沌现象能够不重复的经历一定状态空间中的所有状态；规律性，即混沌现象由具有确定性的迭代方程产生。

混沌现象介于确定性和随机性之间，具有丰富的时间状态、系统动态的演变可导致吸引子的转移。混沌用于优化设计的根本点在于混沌的一个轨道可以在其吸引子中稠密，根据混沌吸引子的这种特性，当时间足够长，这根轨道就能以任意精度逼近吸引子的任意点，在优化设计领域中也可利用混沌现象的遍历性特点作为搜索过程中避免陷入局部极小的一种优化机制。混沌优化

图 9.3.1　分组量子遗传算法流程

方法在搜索空间小时效果显著，但搜索空间大时其效果却不理想。

混沌优化中用于产生混沌变量的混沌系统一般为虫口模型。虫口模型是在一定地域范围内，统计昆虫数目时得到的昆虫数目变化的简单数学模型，也称为 Logistic 映射，即

$$\delta^{j+1} = u\delta^j(1-\delta^j) \tag{9.3.8}$$

式中，u 是混沌吸引子，当 $u=4$ 时，系统进入混沌状态，产生混沌变量 δ^j（j = 1,2,…），其值在区间[0,1]内，特点是对初始条件有很强的敏感性。

若将 r 维连续空间优化问题的解看作 r 维空间中的点或向量，则连续优化问题可表述为

$$\max f(X_1, X_2, \cdots, X_r) \tag{9.3.9}$$

式中，$a_i \leq X_i \leq b_i$；$i = 1,2,\cdots,r$；r 为优化变量数目；$[a_i, b_i]$ 为优化变量 X_i 的定义域。用 CQIGA 优化计算时，抗原对应于要优化的问题，抗体对应于问题的可行解，抗体亲和力对应于由式（9.3.9）计算得到的目标函数值。下面给出 CQIGA 的具体操作。

（1）产生初始群体。利用以下 r 个 Logistic 映射产生 r 个混沌变量，即

$$c_{n+1}^i = \mu_i c_n^i(1-c_n^i), i = 1,2,\cdots,r \tag{9.3.10}$$

式中，$\mu_i = 4$，i 是混沌变量的序号。令 $n=0$，分别给定 r 个混沌变量不同的初始值，利用式（9.3.10）产生 r 个混沌变量 $c_1^i(i=1,2,\cdots,r)$。利用这 r 个混沌变量初始化群体中第一个抗体上的量子位；令 $n=1,2,\cdots,N-1$，按照上述方法产生另外 $N-1$ 个抗体。这 N 个抗体组

成了初始种群。以第 n 个抗体 $\boldsymbol{P}_n$ 为例，初始化的结果为

$$\boldsymbol{P}_n = \begin{pmatrix} x_n^1 & x_n^2 & \cdots & x_n^r \\ \alpha_n^1 & \alpha_n^2 & \cdots & \alpha_n^r \\ \beta_n^1 & \beta_n^2 & \cdots & \beta_n^r \end{pmatrix} \tag{9.3.11}$$

式中，$x_n^i = a_i + c_n^i(b_i - a_i)$；$\alpha_n^i = \cos(2x_n^i\pi)$；$\beta_n^i = \sin(2x_n^i\pi)$。

（2）实施克隆扩增。为了对优秀抗体进行克隆扩增，需要计算群体中每个抗体的亲和力来选择优秀抗体。从 N 个抗体的群体中选出 q 个亲和力最高的抗体进行克隆（$q < N$），并利用选出的抗体和克隆生成的抗体组成新的群体。抗体亲和力越高，其克隆产生的抗体数目就越多。设选出的 q 个抗体按亲和力降序为 $\boldsymbol{P}_1, \boldsymbol{P}_2, \cdots, \boldsymbol{P}_q$，则第 k 个抗体 $\boldsymbol{P}_k(1 \leq k \leq q)$ 克隆产生的抗体数目为：

$$N_k = \left[\frac{\rho N}{k} \right] \tag{9.3.12}$$

式中，$[\cdot]$ 表示按四舍五入取整算符；ρ 为给定的控制参数。为保持群体规模稳定，若 $\sum_{i=1}^{q} N_i < N - q$ 时，则产生新的抗体补充；否则，取前 $N-q$ 个抗体作为新群体。

克隆扩增的具体过程是由量子旋转门改变抗体上量子位的相位来实现的。对于量子旋转门转角的遍历范围，首先定义一个克隆幅值 λ_k，然后按式 $\Delta\theta_i^k = \lambda_k c_{n+1}^i$ 确定转角。为使遍历范围呈现双向性，混沌变量 c_{n+1}^i 的计算公式为

$$c_{n+1}^i = 8c_n^i(1 - c_n^i) - 1 \tag{9.3.13}$$

此时，$\Delta\theta_i^k$ 的遍历范围为 $[-\lambda_k, \lambda_k]$。对于需要扩增的母体，亲和力越高，扩增时所叠加的混沌扰动应越小，因此，λ_k 可选为

$$\lambda_k = \lambda_0 \exp((k-q)/q) \tag{9.3.14}$$

其中，量子旋转门更新抗体的三倍染色体中的相位幅部分，实数部分由式（9.3.15）更新为

$$x_n^i = \frac{1}{2}[b_i(1 + \alpha_n^i) + a_i(1 - \alpha_n^i)] \tag{9.3.15}$$

（3）较差个体的变异操作。对克隆扩增后的群体计算每个抗体的亲和力。与克隆扩增类似，通过量子旋转门对抗体量子位的相位施加混沌扰动，来实现对亲和力最低的 $m(m < N)$ 个抗体的变异操作。首先，定义一个变异幅值 $\tilde{\lambda}_k$ 表示量子旋转门的转角范围，然后，引入混沌变量确定量子旋转门的转角大小。母体的亲和力越低，突变时所叠加的混沌扰动就越大。对于选出的 m 个亲和力最低的抗体，按亲和力升序排列，第 k 个母体的变异幅值 $\tilde{\lambda}_k$ 可按式（9.3.16）确定，即

$$\tilde{\lambda}_k = \tilde{\lambda}_0 \exp((m-k)/m) \tag{9.3.16}$$

（4）选择替代操作。将经过克隆扩增和变异后的群体按亲和力大小排序，把其中 d 个亲和力最低的抗体生成新的抗体所替代，其中（$d < N$）。这一操作相当于在整个解空间内进行混沌搜索，即在全局范围内搜索亲和力更高的抗体，以避免陷入局部最优解。

总结上述过程，混沌量子免疫遗传算法的步骤描述如下。

（1）产生初始种群。产生 N 个抗体，组成初始种群。

（2）计算抗体亲和力。从群体中选出亲和力高的 q 个抗体。

（3）克隆扩增操作。对选出的抗体确定扩增数目，用基于小区间混沌遍历的量子旋转门进行克隆扩增。

（4）变异操作。从种群中选出 m 个亲和力低的抗体，用基于大区间混沌遍历的量子旋转门进行变异。

（5）选择替代操作。对克隆扩增和变异后的抗体进行选择，用生成的新抗体取代其中的一部分亲和力最低的抗体。

（6）最优抗体保存。若当前群体中的最好抗体的亲和力低于上一代的，则用上一代的最好抗体取代当前的最差抗体。

（7）返回步骤（2），循环计算步骤（2）～（7），直到满足收敛条件。

9.4　应用实例

9.4.1　基于量子遗传算法的认知无线电频谱共享

针对非合作博弈模型的特点，并在经典遗传算法和非合作博弈模型结合的基础上，本节提出一种基于量子遗传算法的两用户非合作博弈模型算法。量子遗传算法相对于经典遗传算法具有很多的优点，包括更为强大的搜索功能，搜索的精度也有很大的提高等，下面分两种情况讨论量子遗传算法和非合作博弈模型结合的算法过程。

两用户非合作博弈模型研究相对简单些，所以还是先从两用户的情况入手，算法解决的目标还是两用户的信道容量的使用情况，以此为效用函数，即量子遗传算法里的目标函数，具体的算法过程如下。

（1）染色体编码方案。与经典算法类似，用染色体来表示功率，总共有两组染色体，每组种群数为 60 个，一条染色体长度为 m，根据系统的信道 k 确定（$m = 10 \times k$）。这里信道数也为 2，所以染色体长度为 20，采用的二进制数编码，染色体编码方案如图 9.4.1 所示。

信道1十位码	信道2十位码	信道3十位码	…	信道N十位码

图 9.4.1　染色体编码方案

（2）种群初始化。一般情况下，种群初始化是在待求问题的解空间中随机选取的，仿真时，将初始种群中的量子染色体的 qubit 基因均初始化为 $\left(\dfrac{1}{\sqrt{2}}, \dfrac{1}{\sqrt{2}} \right)$，这样，一条染色体所表达的是其全部可能状态的叠加，可以保证所有用户的均衡性，同时种群就具有更好的多样性特征，可以克服早熟收敛。

（3）适应度函数。适应度函数是用来评价每个染色体好坏的，并且都是非负的。为了评价每次生成方案的好坏，使用如下的适应度函数，与上节的适应度函数相似，选用的是系统的总信道容量，即

$$U = \sum_{i=1}^{k} C_i \tag{9.4.1}$$

其中，k 为用户数，在这里 $k=2$。

（4）量子交叉操作。使用量子全干扰交叉。

（5）量子变异操作。除了以上提到的变异策略，为了有效利用当前代信息，使用以下

变异操作：首先，由当前最优个体推出一个指导染色体，然后，在它周围随机散布量子染色体作为下一代的量子种群，即

$$Q_g(t) = \alpha \cdot P_c(t) + (1-\alpha) \cdot (1-P(t))$$
$$Q_g(t+1) = Q(t) + b \cdot \text{normrnd}(0,1)$$

(9.4.2)

其中，$\alpha \in [0.1, 0.5]$；$b \in [0.05, 0.15]$。

（6）终止条件。设定遗传操作代数为 G，当算法迭代次数达到 G 时，算法终止。

其他步骤都与前面介绍的遗传算法相同，作为染色体分配的各信道功率满足一定的条件，及 $\sum_{i \in M, j=1}^{j=N} p_{ij} = P_i$，这点始终贯彻算法的始末。基于量子遗传算法的两用户模型算法的仿真图如图 9.4.2 所示。

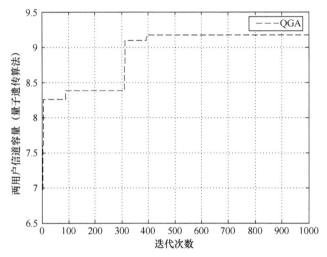

图 9.4.2 基于量子遗传算法的两用户模型算法的仿真图

上面讲了两用户模型的算法过程，为研究多用户模型起到了铺垫作用，算法过程基本上继承了上面的步骤，在这基础上也有一些根据多用户模型的实际用户数和信道数的变化而进行的补充和改动，相对而言比较复杂，首先是编码部分，在染色体的设置上，考虑到多个信道上功率之和是定值，所以在染色体选择上有一定的条件，产生本文算法所需的种群体。具体步骤如下。

（1）染色体编码方案。与上面内容基本类似，用染色体来表示功率，总共有 N 组染色体，每组种群数为 40 个，染色体的构造相对复杂得多，生成染色体的代码也相当复杂一些，其中一条染色体长度为 m，m 是根据系统的信道 k 确定（$m = 10 \times k$）。这里信道数大于 2，所以染色体长度大于 20，采用的二进制数编码，染色体编码方案如图 9.4.1 所示。

（2）种群初始化。一般情况下，种群初始化是在待求问题的解空间中随机选取的，仿真时，将初始种群中的量子染色体的 qubit 基因均初始化为 $(\frac{1}{\sqrt{2}}, \frac{1}{\sqrt{2}})$，这样，一条染色体所表达的是其全部可能状态的叠加，保证收敛性，同时种群就具有更好的多样性特征，可以克服早熟收敛。

（3）目标函数。目标函数是通过算法计算每个用户在这些信道上的容量和，是评价的标准，同经典遗传算法里使用的目标函数 C_i 一样。

（4）适应度函数。适应度函数是用来评价每个染色体的好坏，并且都是非负的。为了评价每次生成方案的好坏，使用如下的适应度函数，与上节的适应度函数相似，选用的是系统的总信道容量，即

$$U = \sum_{i=1}^{k} C_i \tag{9.4.3}$$

其中，k 为用户数。

（5）量子交叉操作。使用量子全干扰交叉。

（6）量子变异操作。除了以上提到的变异策略，为了有效利用当前代信息，使用以下变异操作：首先，由当前最优个体推出一个指导染色体，然后，在其周围随机散布量子染色体作为下一代的量子种群，用式（9.4.4）表示

$$Q_g(t) = \alpha \cdot P_c(t) + (1-\alpha) \cdot (1-P(t))$$
$$Q_g(t+1) = Q(t) + b \cdot \text{normrnd}(0,1) \tag{9.4.4}$$

式中，$\alpha \in [0.1, 0.5]$，$b \in [0.05, 0.15]$。

（7）终止条件。设定遗传操作代数为 G，当算法迭代次数达到 G 时，算法终止。其他步骤都与前面介绍的量子遗传算法相同，作为染色体分配的各信道功率满足一定的条件，及 $\sum_{i \in M, j=1}^{j=N} p_{ij} = P_i$，这点始终贯彻算法的始末。基于量子遗传算法的多用户非合作博弈的算法仿真图如图 9.4.3 所示（三用户四信道的系统博弈模型）。

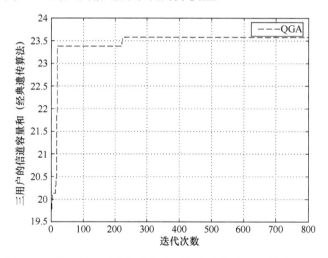

图 9.4.3　基于量子遗传算法的多用户非合作博弈的算法仿真图

本节的重点是建立认知无线电频谱分配的非合作博弈模型，包含简单的两用户两信道模型和复杂的多用户多信道模型，在建立好的非合作博弈模型基础上，提出了运用量子遗传算法进行解决该问题模型，首先是针对两用户模型，把两用户信道容量的和作为一个整体，给出了详细的算法步骤。

三个用户的信道容量来衡量系统是否达到均衡，算法过程相对比较复杂，耗时相对比两用户模型多。

9.4.2 基于量子遗传算法的 MIMO-OFDM 系统信号检测

基于量子遗传算法的 MIMO-OFDM 系统信号检测方案如图 9.4.4 所示。在接收端，每副天线接收到从 N 副不同天线发送并经过 MIMO-OFDM 信道线性叠加的信号后，对每路数据流都要进行串并转换并去掉循环前缀。然后按照接收天线分别做 K 点的 FFT 变换，从时域变换到频域。在检测部分，应用量子遗传算法作为检测算法，将并行的数据流检测解调后，通过并/串转换器得到恢复的信息比特流。

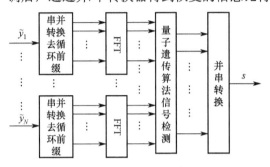

图 9.4.4 基于量子遗传算法的 MIMO-OFDM 系统信号检测方案

在量子遗传算法中，旋转门是最终实现演化操作的执行机构。旋转角有两种调整策略：固定旋转角策略和动态旋转角策略。其中动态旋转角策略是根据遗传代数的不同，将步长值的大小在 $0.005\pi \sim 0.1\pi$ 之间动态调整。

为了了解 QGA 算法不同旋转角策略的性能，我们对基于这两种策略的 QGA 算法进行了仿真，仿真结果如图 9.4.5 所示。所得出的仿真结果是建立在以下参数的基础上的：OFDM 的子载波数 $K=16$，每个载波发送的符号数为 160；假设信道矩阵 $\boldsymbol{H}$ 已知，在每 $T=160$ 个符号周期内都保持不变；而且，假设接收端知道精确的信道状态信息；发送端使用的是未编码的 BPSK 调制；用户发送功率为 1，噪声为服从均值为零的独立同分布的加性复高斯白噪声；4×4 的单径 MIMO-OFDM 系统。其中横坐标代表信噪比（SNR），纵坐标代表误比特率（BER）。

在图 9.4.5 中，QGA-S 表示基于固定旋转角策略的量子遗传算法，QGA-M 表示基于动态旋转角策略的量子遗传算法。由图 9.4.5 可以看出，在同一调制方式下，采用动态旋转角的 QGA 算法的性能要优于采用固定旋转角的 QGA 算法性能。

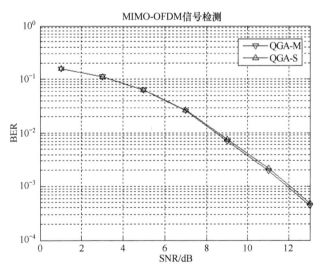

图 9.4.5 4×4 天线下 BPSK 调制时采用不同旋转角的 QGA 的检测性能

在量子遗传算法中，算法性能的好坏还与遗传代数相关，仿真结果如图 9.4.6 所示。

在图 9.4.6（a）中，QGA-25 表示 QGA 的遗传代数为 25，QGA-10 表示 QGA 的遗传代数
为 10。在图 9.4.6（b）中，QGA-25 表示 QGA 的遗传代数为 25，QGA-50 表示 QGA 的遗
传代数为 50。由图 9.4.6（a）和图 9.4.6（b）可以看出，量子遗传算法随着遗传代数的增
加，算法的性能有所提高，但到达一定代数后，算法性能将不随遗传代数的增加而改善。

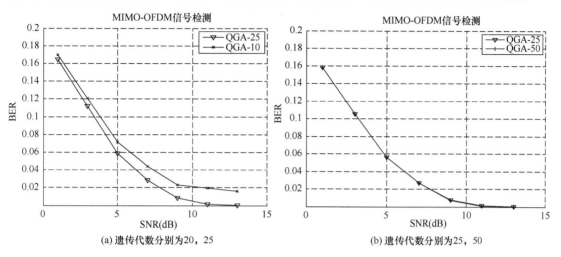

(a) 遗传代数分别为20，25　　　　　　　　　(b) 遗传代数分别为25，50

图 9.4.6　4×4 天线下 BPSK 调制时采用不同遗传代数的 QGA 的检测性能

为了了解 QGA 算法的性能，我们将 QGA 算法和 ML 算法、BLAST 算法和 GA 算法进行
比较。所得出的仿真结果是建立在以下参数的基础上的：OFDM 的子载波数 $K=16$，每个载波
发送的符号数为 160；假设信道矩阵 $\boldsymbol{H}$ 已知，在每 $T=160$ 个符号周期内都保持不变；而且，假
设接收端知道精确的信道状态信息；发送端使用的是未编码的 QPSK 调制；用户发送功率为
1，噪声为服从均值为零的独立同分布的加性复高斯白噪声；使用 4*4 的单径 MIMO-OFDM 系
统。其中横坐标代表信噪比（SNR），纵坐标代表误比特率（BER），如图 9.4.7 所示。

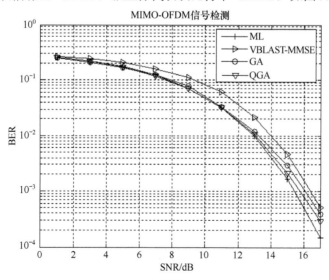

图 9.4.7　4×4 天线下 QPSK 调制时 GA、QGA、BLAST 和 ML 的检测性能

由图 9.4.7 可以看出，在低信噪比时，QGA 算法的检测性能曲线与 GA 算法、BLAST
算法和 ML 算法的检测性能曲线很接近。随着信噪比的增加，QGA 算法的性能曲线开始比

BLAST 算法的性能曲线下降得快，同时也比 GA 算法下降得快，即在同一横坐标时，QGA 算法的性能曲线与 BLAST 算法和 GA 算法的性能曲线距离拉大，此时 QGA 算法的检测性能比 BLAST 算法和 GA 算法的检测性能好。这是因为在 QGA 算法中，采用了量子并行计算的特性，在算法速度上，比 GA 算法要快。同时 ML 算法的性能优于 QGA 算法，但 ML 算法的复杂度随着天线数和调制阶数的增加而呈指数增加，比 QGA 算法的复杂度高。在实际应用中，一般 SNR 为 8～12dB。

如果将 QPSK 调制改成 BPSK 调制，采用 4×4 的 MIMO-OFDM 系统，其他条件不变，得出的仿真图如图 9.4.8 所示。由图 9.4.7 和图 9.4.8 比较可以看出，QGA 算法在 BPSK 调制下的性能曲线与在 QPSK 调制下的性能曲线的变化趋势基本一致。但是，QGA 算法在 BPSK 调制下的性能曲线比在 QPSK 调制下的性能曲线下降得快，也就是说，在 BPSK 调制下的检测性能比较好。

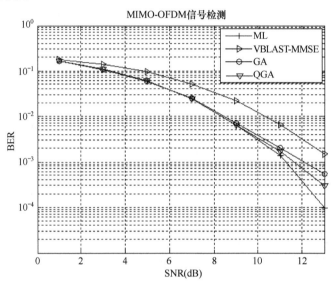

图 9.4.8　4×4 天线下 BPSK 调制时 GA、QGA、BLAST 和 ML 的检测性能

本节将量子遗传算法应用到 MIMO-OFDM 系统信号检测中，提出了一种基于量子遗传算法的 MIMO-OFDM 系统信号检测方案，并通过仿真实验对所设计的方案进行性能分析。首先，对在不同旋转策略下的量子遗传算法的性能进行了仿真，得出采用动态旋转角的 QGA 算法的性能要优于采用固定旋转角的 QGA 算法的性能。其次，对在不同遗传代数下的 QGA 算法进行了性能仿真，从仿真结果看出，QGA 随着遗传代数的增加，算法的性能有所提高，但到达一定步数后，算法性能将不随遗传代数的增加而改善。最后，对在不同调制方式下的 QGA 算法的性能进行了仿真，仿真结果显示，QGA 在 BPSK 调制下的检测性能比在 QPSK 调制下的检测性能好。

思　考　题

试用量子遗传算法求函数 $f(x,y) = -(x^2 + 2y^2 - 0.3\cos(3\pi x) - 0.4\cos(4\pi y)) + 4$ 的最大值。

参 考 文 献

[1]　周敏，李飞，郑宝玉. 基于量子算法的 MIMO-OFDM 信号检测研究[J].南京邮电大学学报（自然科学版），2011，31(02):78-82+93.

[2]　张豫婷，李飞. 一种基于细菌趋药行为的量子算法[J].计算机工程，2013，39(9):196-200.

[3]　李兆华，李飞，郑宝玉，等. 量子免疫算法及在 0—1 背包问题中的应用[J]. 南京邮电大学学报(自然科学版)，2011，31(2):36-39.

[4]　李兆华. 基于量子遗传算法的 OFDM 自适应调制技术[C]// 2009 年通信理论与信号处理学术年会论文集，2009:350-355.

[5]　周敏. 基于量子遗传神经网络的 MIMO 信号检测技术[C]// 2009 年通信理论与信号处理学术年会论文集, 2009:75-80.

[6]　郭明. 一种解决认知无线电频谱分配的量子遗传算法[C]// 2009 年通信理论与信号处理学术年会论文集, 2009:418-423.

[7]　郑冬生，李飞.量子遗传算法及其在多用户检测中的应用[J].计算机工程与应用，2006(23):229-232.

[8]　YU-FANG C, HAO X, Wen-Cong H, et al. An Improved Multi-Objective Quantum Genetic Algorithm Based on Cellular Automaton[C]// IEEE International Conference on Software Engineering & Service Science. IEEE, 2018:342-345.

[9]　YANG, CHENGLIN. Parallel-Series Multiobjective Genetic Algorithm for Optimal Tests Selection With Multiple Constraints[J]. IEEE Transactions on Instrumentation & Measurement, 2018:1-18.

[10]　JIN Z, HOU Z, YU W, et al. Target tracking approach via quantum genetic algorithm[J]. Iet Computer Vision, 2018, 12(3):241-251.

第10章　量子免疫算法

量子免疫算法（Quantum Immune Algorithm，QIA）通过将量子计算和遗传算法中的免疫算法相结合，采用量子编码，使得对于抗体的一些操作实现了并行性；而且将量子计算的理论融入了亲和力计算和克隆变异的过程中，从而使得对大规模数据的求解模式更加的优化，使种群的收敛速度更加迅速，具有较好的全局搜索和寻优能力。

由于量子免疫算法在编码和计算中都使用了量子计算的相关理论进行了优化，能够较好地克服传统免疫算法过早收敛现象。

量子免疫算法是量子计算和免疫算法相互结合的产物，是一种新兴发展起来的概率进化算法。它是基于量子计算的基本概念、理论和原理，充分利用量子计算的高效并行性，不但能够保持抗体群的多样性，而且还能快速收敛到最优解。

量子免疫算法是将抗体用量子比特的概率幅编码，使一个抗体可以表示多个态的叠加状态；而抗体的更新是由量子旋转门和量子变异实现的，用来实现抗体群的优化目的。

10.1　量子免疫算法基础

10.1.1　量子比特编码

在量子免疫算法（Quantum Immune Algorithm，QIA）中，最小的信息单位是一个量子位，通常称为量子比特。一个量子比特的状态可以是 0 或 1 纯态，也可以是两者之间的叠加态。

与免疫算法常用的二进制、十进制和符号编码方式不同，在量子免疫算法中，采用的是量子比特编码。量子比特编码是以一对复数来表示一个量子比特，而一个抗体通常会由多个量子比特组成，所以一个量子抗体由多对复数表示。

量子免疫算法的抗体编码不表达确切的信息，而是表示包含所有可能的信息，并以概率形式表示抗体中某位态出现的概率。此种表达方式可以使一个抗体中蕴含多种信息，极大丰富了免疫算法中抗体的多样性。

一个量子位的状态可表示为

$$|\psi\rangle = \alpha|0\rangle + \beta|1\rangle \tag{10.1.1}$$

其中，α 和 β 是任意复数，且 $|\alpha_i|^2 + |\beta_i|^2 = 1$。

由此，一个由 n 个量子比特位组成的系统，其量子比特编码表示为

$$Q = \begin{bmatrix} \alpha_1 & \alpha_2 & \alpha_3 & \cdots & \alpha_n \\ \beta_1 & \beta_2 & \beta_3 & \cdots & \beta_n \end{bmatrix} \tag{10.1.2}$$

其中，$|\alpha_i|^2 + |\beta_i|^2 = 1$；$i = 1, 2, 3, \cdots, n$。

量子比特可以为一个 0 态或一个 1 态，也可以是它们的任意叠加状态。换句话说，一个抗体是由许多个量子态的叠加态，可以同时表达多个状态。

一个具体的例子如下，它描述了一个 3 比特量子系统，假设三对概率幅为

$$\begin{bmatrix} 1/\sqrt{2} \\ 1/\sqrt{2} \end{bmatrix} \begin{bmatrix} 1 \\ 0 \end{bmatrix} \begin{bmatrix} 1/2 \\ \sqrt{3}/2 \end{bmatrix} \tag{10.1.3}$$

则系统可描述为

$$\frac{1}{2\sqrt{2}}|000\rangle + \frac{\sqrt{3}}{2\sqrt{2}}|001\rangle + \frac{1}{2\sqrt{2}}|100\rangle + \frac{\sqrt{3}}{2\sqrt{2}}|101\rangle \tag{10.1.4}$$

上式的结果表明，一个系统由 4 个态叠加而成，分别为 $|000\rangle$、$|001\rangle$、$|100\rangle$ 和 $|101\rangle$，并且它们分别对应的概率为 1/8、3/8、1/8、3/8。也就是说，一个系统可以同时表示 4 个状态，它们都是由概率的形式表示出来。

10.1.2 量子门更新

量子门更新操作通常使用量子旋转门来实现量子态的转换。量子旋转门的操作过程就是通过改变角度来实现量子位上概率幅的变化，从而在观察量子位时，使它们趋向 0 或 1 的概率发生变化。

量子旋转门表示为

$$\boldsymbol{U}(\Delta\theta_i) = \begin{bmatrix} \cos(\Delta\theta_i) & -\sin(\Delta\theta_i) \\ \sin(\Delta\theta_i) & \cos(\Delta\theta_i) \end{bmatrix} \tag{10.1.5}$$

量子旋转门具体实现的更新过程为

$$\begin{bmatrix} \alpha_i' \\ \beta_i' \end{bmatrix} = \boldsymbol{U}(\Delta\theta_i)\begin{bmatrix} \alpha_i \\ \beta_i \end{bmatrix} = \begin{bmatrix} \cos(\Delta\theta_i) & -\sin(\Delta\theta_i) \\ \sin(\Delta\theta_i) & \cos(\Delta\theta_i) \end{bmatrix}\begin{bmatrix} \alpha_i \\ \beta_i \end{bmatrix} \tag{10.1.6}$$

式中，$\begin{bmatrix} \alpha_i' \\ \beta_i' \end{bmatrix}$ 和 $\begin{bmatrix} \alpha_i \\ \beta_i \end{bmatrix}$ 分别代表抗体上第 i 个量子位在量子比特旋转门进行操作前后的概率幅；$\Delta\theta_i$ 为旋转角度，此处是个关键点，因为它的值决定了量子旋转门更新量子比特相位的大小和更新的策略，它的大小可以依据不同策略进行事先设定或者依据条件的变化进行适当的调整。

由上式还可以做如下表述：

$$\begin{cases} \alpha_i' = \alpha_i \cos(\Delta\theta_i) - \beta_i \sin(\Delta\theta_i) \\ \beta_i' = \alpha_i \cos(\Delta\theta_i) + \beta_i \sin(\Delta\theta_i) \end{cases} \tag{10.1.7}$$

$$|\alpha_i'|^2 + |\beta_i'|^2 = (\alpha_i \cos(\Delta\theta_i) - \beta_i \sin(\Delta\theta_i))^2 + (\alpha_i \cos(\Delta\theta_i) + \beta_i \sin(\Delta\theta_i))^2 = |\alpha_i|^2 + |\beta_i|^2 = 1$$

所以，可以看出变化之后概率幅的平方和仍为 1，量子旋转门实施的是幺正变换。

使用量子旋转门进行量子门的更新操作的问题关键点在于量子旋转门转角的方向选择和量子旋转门转角的大小选择，它们两者直接影响到算法的收敛速度和效果。首先介绍一个常用的量子旋转门角度调整策略表如下。

假设 x_i 为当前抗体的第 i 位，best_i 为当前的最优抗体的第 i 位，$f(x)$ 是亲和度函数，$s(\alpha_i,\beta_i)$ 为旋转角的方向，$\Delta\theta_i$ 为旋转角的大小，则它的角度旋转策略表如表 10.1.1 所示。

调整策略是将当前抗体测量亲和度值与该种群当前最优抗体的亲和度值相互比较。若当前测量抗体的亲和度值大于当前最优抗体，即 $f(x) \geq f(\text{best})$，则调整当前抗体相应的量子比特编码，使概率幅向着容易出现 x 值的方向演化；若当前测量抗体的亲和度值小于当

前最优抗体，即 $f(x) < f(\text{best})$ 时，则应该调整抗体使概率幅值向着容易出现最优抗体的方向演化。

表 10.1.1 角度旋转策略表

x_i	best_i	$f(x) \geqslant f(\text{best})$	$\Delta\theta_i$	$s(\alpha_i,\beta_i)$			
				$\alpha_i\beta_i>0$	$\alpha_i\beta_i<0$	$\alpha_i=0$	$\beta_i=0$
0	0	假	0	0	0	0	0
0	0	真	0	0	0	0	0
0	1	假	0.01π	+1	−1	0	±1
0	1	真	0.01π	−1	+1	±1	0
1	0	假	0.01π	−1	+1	±1	0
1	0	真	0.01π	+1	−1	0	±1
1	1	假	0	0	0	0	0
1	1	真	0	0	0	0	0

1．量子旋转门的转角方向

对于旋转角的方向，通常的做法是构造一个查询表（如上面提到的一个角度旋转策略表），但是由于涉及多路条件判断，会使算法的效率降低。

此外，另一种方法是不用查表，直接通过计算来得出选择的方向。假设 $\begin{bmatrix} \alpha_0 \\ \beta_0 \end{bmatrix}$ 为当前全局最优解中的某一个概率幅，而 $\begin{bmatrix} \alpha_i \\ \beta_i \end{bmatrix}$ 为当前解中相应量子位的概率幅，那么，计算下面行列式的值，即

$$A = \begin{vmatrix} \alpha_0 & \alpha_i \\ \beta_0 & \beta_i \end{vmatrix} \tag{10.1.8}$$

当此行列式值不等于零时，即 $A\neq0$ 时，方向取为 $-\text{sgn}(A)$；而当此行列式值为零时，即 $A=0$ 时，方向正负均可。

2．量子旋转门的转角大小

量子旋转门转角大小通常是在一个区间 $(0.005\pi,0.1\pi)$ 内。至于角度大小选择方法，可以用固定的旋转角策略（如上面量子旋转表中提到的角度选择就是固定的），也可以是根据进化进程动态地调整量子门的选择角度大小。例如，有一种自适应调整转角迭代步长的策略，它是让步长（角度的大小）随进化代数增加逐渐减小。也有考虑目标函数在搜索点处的变化趋势，并且把此处的信息应用在角度步长调整的策略上，即如果搜索点在目标函数变化率比较大时，就适当地缩减转角的步长；在目标函数变化率比较小时，旋转角度的步长就大些。

本节将采用下面的一种调整搜索步长的方式，它是随迭代的代数增大而减小，并且也随亲和度的增高而步长逐渐减小。其表达式为

$$\Delta\theta = \theta_0 \exp\left(1-\frac{t}{T}\right)\exp\left(\frac{i}{N}\right) \tag{10.1.9}$$

其中，θ_0 表示初始选择角；t 表示进化代数，而 T 表示在计算之前确定好的最大进化代

数；i 表示抗体亲和度排名的位置，而 N 表示抗体群的规模[2]。

10.2 量子免疫克隆算法

量子力学是 20 世纪最重要的物理学发展之一，而量子信息科学便是物理科学与信息科学融合产生的交叉学科。不同于经典信息处理中以离散 0、1 序列表征信息，数位状态不是 0 就是 1，一个二状态的量子系统实际上可以在任何时间处于除两个本征态之外的这两个本征态的叠加态。

量子免疫克隆算法（Quantum-Inspired Immune Clonal Algorithm，QICA）将量子搜索机制与免疫算法克隆选择原理相融合，利用量子编码的叠加性构造抗体，采用克隆操作产生原始种群的克隆子群实现种群扩张，使搜索空间扩大，提高局部搜索能力；对于克隆子群，文献[4]、[5]中利用最优抗体控制变异，文献[6]采用量子旋转门进行演进；同时借助全干扰交叉操作避免陷入局部最优。QICA 在组合优化问题中有良好表现。

QICA 流程如图 10.2.1 所示。

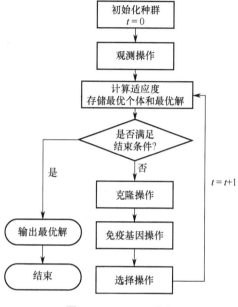

图 10.2.1 QICA 流程

10.2.1 量子种群

同其他量子进化算法或量子仿生算法一样，量子免疫克隆算法（QICA）是基于量子位和量子叠加态的概念提出的，采用的是量子位编码方式。量子位，即量子比特，是量子计算机中的最小信息单位。一个量子位状态可以表示为

$$|\psi\rangle = \alpha|0\rangle + \beta|1\rangle \tag{10.2.1}$$

式中，α 和 β 是表示相应状态的概率幅的复数。一个量子位可以处于 $|0\rangle$ 态、$|1\rangle$ 态、$|0\rangle$ 和 $|1\rangle$ 态之间的任意叠加态。α 和 β 满足归一化条件

$$|\alpha_i|^2 + |\beta_i|^2 = 1 \tag{10.2.2}$$

一个由 m 个量子位构成的抗体可以描述为

$$\begin{pmatrix} \alpha_1 & \alpha_2 & \cdots & \alpha_m \\ \beta_1 & \beta_2 & \cdots & \beta_m \end{pmatrix} \tag{10.2.3}$$

由上述内容可知，QICA 是一种概率搜索算法。规模为 n 的量子种群表示为：$\boldsymbol{Q}(t) = \{\boldsymbol{q}_1^t, \boldsymbol{q}_2^t, \cdots, \boldsymbol{q}_n^t\}$，其中，一个抗体可以定义为

$$\boldsymbol{q}_i^t = \begin{bmatrix} \alpha_1^t \\ \beta_1^t \end{bmatrix} \begin{vmatrix} \alpha_2^t \\ \beta_2^t \end{vmatrix} \cdots \begin{vmatrix} \alpha_m^t \\ \beta_m^t \end{bmatrix} \tag{10.2.4}$$

其中，m 是量子位数，t 表示种群代数。

10.2.2 观测操作

对于量子的运动，一观测就坍塌，微小的量子最易受外界的影响而瞬间发生改变，即不再是影响前的状态了。对一个量子态进行观测，将坍塌到一个确定态（确定的某一个二进制数表示）。

对于二进制编码问题，采用如下观测方式将一个量子抗体生成一个二进制编码的普通抗体，设 $Q(t)$ 为第 t 代的量子种群，$P(t)$ 为二进制种群，在第 t 代中，$P(t) = \{x_1^t, x_2^t, \cdots, x_m^t\}$，每个二进制解是以 $\left|\alpha_i^t\right|^2$（或 $\left|\beta_i^t\right|^2$）（$i = 1, 2, \cdots, m$）为概率选择得到的，观测 $Q(t)$ 获得二进制串 $P(t) = \{x_1^t, x_2^t, \cdots, x_m^t\}$ 的具体过程是：生成一个随机数 $p \in [0,1]$，若 p 大于概率幅 $\left|\alpha_i^t\right|^2$（或 $\left|\beta_i^t\right|^2$）（$i = 1, 2, \cdots, m$），则普通抗体 $P(t)$ 对应二进制位取"1"；否则取"0"。

10.2.3 克隆操作

假设克隆前，种群为 $Q(t) = \{q_1^t, q_2^t, \cdots, q_n^t\}$（其中 q_i^t 按照式（10.2.4）定义，$i=1, 2, \cdots, n$，t 为当前种群代数），则进行克隆操作后的种群为 $Q'(t) = \{Q(t), C(t)\}$，其中，$C(t)$ 为克隆产生的子群，$C(t) = \{q_1{'}, q_2{'}, \cdots, q_n{'}\}$，$q_i{'} = I_i q_i^t (i = 1, 2, \cdots, n)$，$I_i$ 是 D_i 维单位向量。D_i 定义为

$$D_i = \left\lfloor N_c \times \frac{F(q_i)}{\displaystyle\sum_{i=1}^{n} F(q_i)} \right\rfloor \tag{10.2.5}$$

其中，$F(\cdot)$ 为亲和度函数；$N_c(N_c > n)$ 是与克隆规模相关的常量；$\lfloor \cdot \rfloor$ 是向下取整符号，则 $\lfloor x \rfloor$ 是小于 x 的最大整数。

由此可知，子群 $C(t)$ 中，$q_i{'} = \{q_{i1}^t, q_{i2}^t, \cdots, q_{iD_i}^t\}$，$q_{ij}^t = q_i^t (j = 1, 2, \cdots, D_i)$。

10.2.4 免疫遗传操作

免疫遗传操作由变异操作和交叉操作组成。

1. 变异操作

在此介绍文献[4]中使用的量子旋转门策略。采用的量子旋转门为

$$U(\theta) = \begin{bmatrix} \cos(\theta) & -\sin(\theta) \\ \sin(\theta) & \cos(\theta) \end{bmatrix} \tag{10.2.6}$$

其中，旋转角 θ 控制收敛速度，这里 θ 定义为

$$\theta = k \times f(\alpha_l, \beta_l) \tag{10.2.7}$$

系数 k 决定收敛速度，定义为与克隆规模相关的变量，即

$$k = 10 \times \exp(-C_i / N_c) \tag{10.2.8}$$

其中，C_i 是克隆规模，$6 N_c$ 是一个相关常数。

式（10.2.7）中，函数 $f(\alpha_l, \beta_l)$ 决定收敛方向，这里采用通用方式查表确定。Lookup Table 参见文献[6]。

2．交叉操作

为了构造更加健壮的交叉操作，本节引入了全干扰交叉操作。假设一个种群包含 5 个长度为 8 的抗体，表 10.2.1 展现了全干扰交叉操作。

表 10.2.1　全干扰交叉操作

序号	Antibody							
1	A(1)	E(2)	D(3)	C(4)	B(5)	A(6)	E(7)	D(8)
2	B(1)	A(2)	E(3)	D(4)	C(5)	B(6)	A(7)	E(8)
3	C(1)	B(2)	A(3)	E(4)	D(5)	C(6)	B(7)	A(8)
4	D(1)	C(2)	B(3)	A(4)	E(5)	D(6)	C(7)	B(8)
5	E(1)	D(2)	C(3)	B(4)	A(5)	E(6)	D(7)	C(8)

10.2.5　选择操作

免疫选择的目标就是选择较好的抗体，选择的对象是子代个体 W 及父代当中的优秀抗体。免疫选择是从经克隆免疫基因操作后的各自子代和相应父代中选择优秀的抗体，从而形成新的种群。

具体地，根据亲和力，若搜索目标函数的最大值，且变异观察到的二进制抗体 $b_i (\forall i=1,2,\cdots,n)$ 符合 $D(b_i)=\max\{D(x_{ij})|j=2,3,\cdots,C_i\}$，即 $D(b_i)>D(x_i')$，那么在原种群中用 b_i 取代原抗体 x_i'，否则保持不变。克隆之后记录相应的量子比特，并将其作为下一代种群 $Q(t+1)$。

10.3　量子免疫克隆算法的改进

在量子免疫克隆算法（QICA）中仍采用观测量子位状态进行二进制编码，这种编码方式虽然能够有效地保证种群多样性和进化的方向性，但也具有随机性和盲目性。与此同时，此编码方式编码复杂，受编码位数的限制计算精度不高，频繁的编解码操作大大增加了不必要的计算量，使算法的效率和寻优速度下降，不适合连续空间多极值函数的优化问题。

本节在量子免疫克隆算法的研究基础上提出一种基于实数编码的量子免疫克隆算法（Quantum-inspired Immune Clonal Algorithm Based on Real Encoding，RQICA）。该算法采用实数编码方案，避免了频繁的解码操作，使搜索速度加快；采用量子旋转门更新种群，在确定旋转角的方向时，借鉴文献[9]提出的一种简单实用的确定规则，而旋转角大小则由 Logistic 映射产生混沌变量确定，在简单易行的基础上充分考虑了收敛速度和效率。

下面将详细介绍 RQICA 的关键操作。

10.3.1　编码方案的改进

在本节提出的实数编码量子免疫克隆算法（RQICA）中，直接用量子位对应态的概率幅进行实数编码。考虑概率幅的约束条件式（10.2.2），可以采用以下方式编码

$$q_i=\begin{bmatrix}\left|\cos(\omega_{i1})\right|\left|\cos(\omega_{i2})\right|\cdots\left|\cos(\omega_{im})\right| \\ \left|\sin(\omega_{i1})\right|\left|\sin(\omega_{i2})\right|\cdots\left|\sin(\omega_{im})\right|\end{bmatrix} \tag{10.3.1}$$

其中，$\omega_{ij}=2\pi\times\text{rnd}$，其中 rnd 为区间(0, 1)内的随机数；$i=1, 2, \cdots, n$；$j=1, 2, \cdots, m$；$n$ 为种群

规模；m 为量子位数。在初始化时，将 n 个抗体的 ω_{ij} 都初始化为 $\pi/4$，这样每一个抗体都以相同概率处于所有可能状态的线性叠加态中。

10.3.2 变异操作的改进

抗体的变异操作能够提高算法的全局搜索能力，通常变异策略多种多样。在文献[4]中采用在指导量子染色体的周围随机散布量子染色体的方式达到变异目的；文献[6]中采用了最常见的量子旋转门操作，量子旋转门转角方向通过查表完成。通常转角 $\theta \in (0.005\pi, 0.1\pi)$。常用量子旋转门如式（10.2.6），式中转角 θ 的大小直接影响算法的收敛速度，θ 的方向将影响算法的收敛效率。

本节算法中用到的变异操作包括两种：量子旋转门策略进行的克隆分化变异和种群抗体突变变异。

1．克隆分化变异

本节算法 RQICA 同样采用量子旋转门（如式（10.2.6））实现克隆抗体的分化变异目的，但摒弃了烦琐的传统查表方式。

本节利用混沌系统原理确定转角大小。混沌是自然界中普遍存在的一种非线性现象，行为复杂，看似随机，却又存在精致的内在规律。混沌优化中用于产生混沌变量的混沌系统一般选为虫口模型。虫口模型是在一定地域范围内，统计昆虫数目时得到的昆虫数目随时间变化的一种数学模型，亦称 Logistic 映射，即

$$\varDelta_{n+1} = \mu \varDelta_n (1 - \varDelta_n) \tag{10.3.2}$$

其中，μ 是混沌吸引子，当 $\mu=4$ 时，系统进入混沌状体，产生混沌变量 $\varDelta_n (n=1,2,\cdots)$，其值在[0,1]区间内。一般地，混沌系统用于优化问题，主要利用的是对初始条件的敏感依赖和对搜索空间的便利性。

我们在此定义转角大小为

$$\theta = k \times \varDelta \times e^{(-1/G)} \tag{10.3.3}$$

其中，k 为调节因子，$k \in [0.01\pi, 0.15\pi]$；$\varDelta$ 由式（10.3.2）获得；t 为当前进化代数；G 为总进化代数。

每次变异操作我们将由式（10.3.3）产生一系列 θ 值，需进行变异的抗体对应的亲和度与最优抗体对应亲和度相差越大，对应的转角 θ 也将越大；同时，随着搜索的进行，转角 θ 范围缩小。式（10.3.3）方法简单高效。

本节算法采用文献[9]中提出的方案确定转角方向，转角 θ 的方向确定规则为

$$A = \begin{vmatrix} \alpha_0 & \alpha_1 \\ \beta_0 & \beta_1 \end{vmatrix} \tag{10.3.4}$$

当 $A \neq 0$ 时，方向为 $-\text{sgn}(A)$；当 $A=0$ 时，方向取正负均可。

式（10.3.4）中，$[\alpha_0, \beta_0]^T$ 是当前全局最优解对应的量子位的概率幅，$[\alpha_1, \beta_1]^T$ 是当前解量子位的概率幅。

2．突变变异

抗体种群中部分抗体会在免疫过程中产生突变，这也是一种保持种群多样性的策略。本节算法采用简单替换操作实现。具体操作过程如下。

（1）确定突变规模。我们将替换概率 p_r 取不定值，$p_r \in (0,1)$，$n' = [p_r * n]$。其中 $[\cdot]$ 为取整操作。

（2）将经过克隆和变异操作的群体按亲和力大小排序，选取亲和力最差的 n' 个抗体。

（3）根据式（10.3.1）产生 n' 个新抗体，将这些新抗体与步骤（2）中选取的抗体按照亲和力大小排序，选取亲和力较大的 n' 个抗体替换原种群中的抗体，作为突变后的抗体。

10.3.3　算法步骤

以上过程可以归纳为以下实施步骤：

（1）产生初始种群。$Q(t)$，$t = 0$。按式（10.3.1）产生 n 个抗体组成的初始种群。

（2）克隆操作。按式（10.2.6）进行克隆操作，产生种群 $Q'(t) = \{Q(t), C(t)\}$。

（3）克隆分化变异操作。对克隆生成的种群用本节量子旋转门策略进行变异。

（4）突变变异操作，生成种群 $Q''(t)$。

（5）选择操作。将种群 $Q''(t)$ 按亲和力优劣排序，选取较优的 N 个抗体组成下一代种群 $Q(t+1)$。

（6）保存最优解。若当前最优解比上代最优解差，则用上一代最优解替换。

（7）判断是否满足终止条件。若满足，则输出最优解；否则，返回步骤（2）。

10.3.4　算法性能测试及结果分析

为了验证该算法的有效性，下面选取三个常用测试函数进行测试，并将测试结果与普通量子免疫克隆算法（QICA）、量子遗传算法（QGA）进行比较。

1. 测试函数

（1）Shaffer's F6 函数为

$$f_2(x, y) = 0.5 - \frac{\sin^2 \sqrt{x^2 + y^2} - 0.5}{(1 + 0.001 \times (x^2 + y^2))^2}, \quad x, y \in (-100, 100)$$

测试函数（见图 10.3.1）具有无数个局部极大值点，全局最大值为 1，最大值点为 $(0,0)$。一般情况下，若优化结果大于 0.995，则认为算法有效收敛。

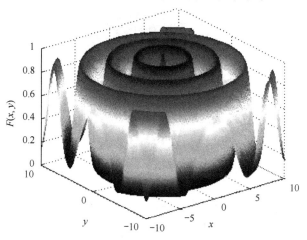

图 10.3.1　Shaffer's F6 函数

（2）多峰函数为

$$f_3(x,y) = -(x^2 + y^2)^{0.25}(\sin^2(50(x^2 + y^2)^{0.1}) + 1.0)，x,y \in (-5.12, 5.12)$$

多峰函数（见图 10.3.2）存在大量局部极大值，其中只有一个(0,0)为全局极大，全局极大值为 0。若优化结果大于-0.05，则可判定算法收敛。

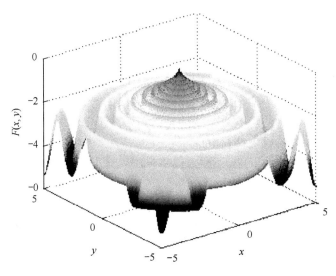

图 10.3.2　多峰函数

（3）Shaffer's F1 函数为

$$f(x,y) = 10\cos(2\pi x) + 10\cos(2\pi y) - x^2 - y^2 - 20, \ x,y \in (-5.12, 5.12)$$

Shaffer's F1 函数（见图 10.3.3）也是一个典型的多峰函数，存在大量的局部极大值点，全局极大值为 0，全局极大值点为(0,0)。算法是否收敛的判定条件是优化结果是否大于-0.005。

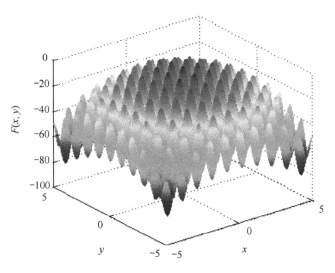

图 10.3.3　Shaffer's F1 函数

2．测试结果及分析

对以上三个测试函数，分别用本节算法和量子免疫克隆算法（QICA）、普通量子遗传算法（QGA）各优化 10 次，种群规模均取 20，限定优化代数为 300 代。QICA 和 QGA 中每个变量用 16 个二进制位描述，且采用全干扰量子交叉操作，QGA 变异概率 $p_m = 0.15$；RQICA 中 logsitic 映射混沌因子为 4。

（1）Shaffer's F6 函数。三种算法对此函数极值问题的优化结果如表 10.3.1 所示，图 10.3.4 为对此函数优化算法收敛曲线。

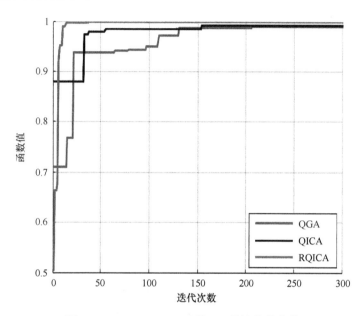

图 10.3.4　Shaffer's F6 函数——算法收敛曲线

从图 10.3.4 可以看出，本节提出的实数编码量子免疫克隆算法（RQICA）能够很快收敛得到全局最大值，量子免疫克隆算法（QICA）和量子遗传算法（QGA）进化速度较慢，本次优化中这两种算法在 300 次迭代结束时收敛过程并未结束。

表 10.3.1 记录了三种算法针对 Shaffer's F6 函数进行的 10 次优化结果，可以得出下述分析：在 10 次优化中，RQICA 算法每次都能有效收敛，QICA 和 QGA 算法收敛次数相当，从平均结果看，两种算法的优化结果也相差不多；从算法收敛所需的平均迭代步数来看，RQICA 远远少于 QICA 和 QGA，而 QICA 和 QGA 所需要的步数近似相同。

表 10.3.1　三种算法对 Shaffer's F6 函数的优化结果

算法	最优结果	最差结果	平均结果	300 代内收敛次数	平均步数
RQICA	1.0000	0.9969	0.9991	10/10	18
QICA	1.0000	0.9847	0.9953	6/10	72
QGA	1.0000	0.9876	0.9964	7/10	71

（2）多峰函数。三种算法对多峰函数的优化结果如表 10.3.2 所示，图 10.3.5 为三种算法的收敛曲线。

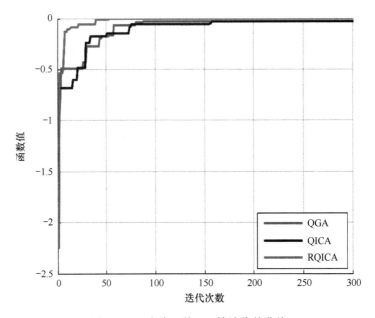

图 10.3.5 多峰函数——算法收敛曲线

从图 10.3.5 可以看出，本节提出的实数编码量子免疫克隆算法（RQICA）能够很快收敛到理论上的最大值，量子免疫克隆算法（QICA）和量子遗传算法（QGA）开始阶段收敛较快，但逐渐在接近全局最优值时，进化速度变慢，本次优化中这两种算法在 300 次迭代结束时收敛，但并未达到理论上的最大值。

表 10.3.2 描述了三种算法分别对该函数进行 10 次优化得到的结果以及收敛次数和收敛需要的平均步数。分析上表可以看出，RQICA 算法在十次优化中均能收敛，且平均收敛步数与 QGA 算法相当；QICA 算法和 QGA 算法有效收敛次数较少，平均结果均明显差于本节提出的算法，其中 QICA 收敛需要的步数超过 QGA 的两倍。

表 10.3.2 三种算法对多峰函数的优化结果

算法	最优结果	最差结果	平均结果	300 代内收敛次数	平均步数
RQICA	−0.0016	−0.0152	−0.0089	10/10	66
QICA	−0.0158	−0.2400	−0.0929	4/10	150
QGA	−0.0158	−0.2500	−0.0969	4/10	67

（3）Shaffer's F1 函数。三种算法对此函数极值问题的优化结果如表 10.3.3 所示，图 10.3.6 是对此函数优化算法收敛曲线。

表 10.3.3 三种算法对 Shaffer's F1 函数的优化结果

算法	最优结果	最差结果	平均结果	300 代内收敛次数	平均步数
RQICA	0	0	0	10/10	37
QICA	-2.4219×10^{-6}	−0.2715	−0.0293	7/10	96
QGA	-2.4219×10^{-6}	−1.1844	−0.3180	6/10	77

图 10.3.6 表明，本节提出的实数编码量子免疫克隆算法（RQICA）收敛到全局最大值所需的迭代次数非常少。量子免疫克隆算法（QICA）在本次优化中达到了理论最优值，但是，迭代次数约为 RQICA 的 2.5 倍。量子遗传算法（QGA）进化速度在优化初始阶段较

快，超越了 QICA 算法，但是很快陷入了局部收敛，在本次优化 300 次迭代结束时也未跳出局部最优达到有效收敛值。

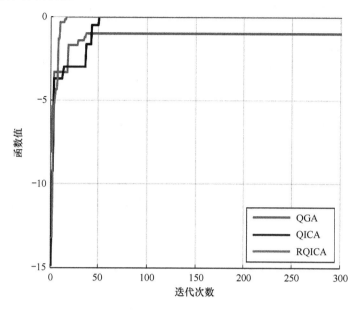

图 10.3.6　Shaffer's F1——算法收敛曲线

表 10.3.3 记录了运用三种算法对 Shaffer's F1 函数多次优化的结果，对其进行分析可以发现：本节提出的 RQICA 算法 10 次优化均有效收敛，同时每次都能够收敛到理论最优值，QICA 和 QGA 算法收敛得到的结果均比 RQICA 差；从需要的平均步数看，RQICA 依旧保持快速收敛，QICA 和 QGA 收敛较慢，但都能够保持在 100 步以内。

3．结论

由三幅收敛曲线对比图可以直观地看出本节提出的 RQICA 算法收敛速度最快，而且优化结果最优。分析表 10.3.1、表 10.3.2、表 10.3.3 的数据，可以客观地分析得到同样的结论：① 从收敛次数多少来看，RQICA 算法收敛次数最多，对以上三个测试函数均能够达到每次都有效收敛，体现出很好的稳定性，而 QICA 算法和 QGA 算法收敛次数相对较少，而且对第二个测试函数优化达到有效收敛的次数过少；② 从优化最优值、最差值和平均值三个指标看，RQICA 优化结果最优，而且绝大多数情况下能够达到理论最优；③ 分析收敛需要的平均迭代次数可以看出，RQICA 算法能够在最短时间内找到正确的优化方向，一般能够在 50 次内收敛，QICA 和 QGA 算法多数情况下需要的迭代次数约为 RQICA 的两倍，有些情况下（如对高峰函数的优化），QICA 算法需要的迭代次数远大于 QGA。此外，在编程运算过程中，从消耗的时间方面看，RQICA 算法耗时最短，QGA 算法次之，QICA 算法由于除了频繁的解码操作外还增加了克隆与选择操作，耗时最长。

10.4　混沌量子免疫克隆算法

基于对混沌映射的深入研究，本节提出了一种混沌量子免疫克隆算法（A Novel Chaos Quantum-inspired Immune Clonal Algorithm，CQICA）。该算法融合了混沌优化中混沌变量

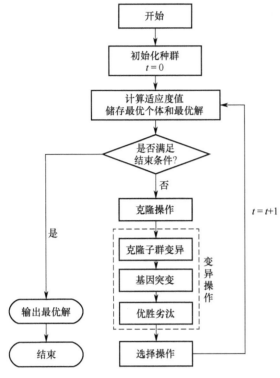

图 10.4.1 CQICA 算法流程

的随机性、便利性和规律性三大特性和量子免疫克隆算法的高效性。本节提出的新的量子免疫克隆算法基本流程如图 10.4.1 所示。

10.4.1 种群初始化

为了提高算法效率，CQICA 采用实数编码方式。现阶段存在以下几种具有代表性的实数编码方式。

1．利用量子位的概率幅进行实数编码

这种实数编码方式与第二小节中提出的实数编码的量子免疫克隆算法中的实数编码方式一致。如果种群规模为 N，抗体长度为 m，第 i 个抗体编码为

$$\boldsymbol{q}_i = \begin{pmatrix} \alpha_{i1} & \alpha_{i2} & \cdots & \alpha_{im} \\ \beta_{i1} & \beta_{i2} & \cdots & \beta_{im} \end{pmatrix}, \ i = 1, 2, \cdots, N$$

（10.4.1）

解码过程摒弃经典量子进化算法通过观测操作解码，而采用式（10.4.2）的方法

$$x_{ik} = \frac{1}{2} \times [\text{rangeMax} \times (1 + \alpha_{ik}) + \text{rangeMin} \times (1 - \alpha_{ik})], k = 1, 2, \cdots, m \quad (10.4.2)$$

这样就要求抗体长度与变量数目相同，x_{ik} 就是第 k 个变量，变量的取值区间为 $(\text{rangeMin}, \text{rangeMax})$。

2．三链实数编码

此种编码方式中，一个抗体不再只由量子比特（qubit）的两条链构成，而是表示成三条链的方式：

$$\boldsymbol{p}_i = \begin{pmatrix} x_{i1} & x_{i2} & \cdots & x_{im} \\ \alpha_{i1} & \alpha_{i2} & \cdots & \alpha_{im} \\ \beta_{i1} & \beta_{i2} & \cdots & \beta_{im} \end{pmatrix}, \ i = 1, 2, \cdots, N \quad (10.4.3)$$

$x_{ik}(k = 1, 2, \cdots, m)$ 是目标函数的第 i 个变量，向量 $(x_{i1}, x_{i2}, \cdots, x_{im})$ 是目标函数的一个解。

3．球面坐标三倍体编码

此种编码方式理论基础是：在三维 Bloch 球面可以将量子比特表示为

$$|\psi\rangle = \cos\frac{\theta}{2}|0\rangle + \mathrm{e}^{j\phi}\sin\frac{\theta}{2}|1\rangle \quad (10.4.4)$$

且满足 $\left|\cos\dfrac{\theta}{2}\right|^2 + \left|\mathrm{e}^{j\phi}\sin\dfrac{\theta}{2}\right|^2 = 1$。

在 Bloch 球面上，量子位可由角度 θ 和 φ 表示。因此，编码方法为

$$p_i = \begin{pmatrix} \cos\varphi_{i1}\sin\theta_{i1} & \cos\varphi_{i2}\sin\theta_{i2} & \cdots & \cos\varphi_{im}\sin\theta_{im} \\ \sin\varphi_{i1}\sin\theta_{i1} & \sin\varphi_{i2}\sin\theta_{i2} & \cdots & \sin\varphi_{im}\sin\theta_{im} \\ \cos\theta_{i1} & \cos\theta_{i2} & \cdots & \cos\theta_{im} \end{pmatrix}, \ i=1,2,\cdots,N \tag{10.4.5}$$

这种编码方式每条链均代表一个最优解，因此，除避免观测操作带来的随机性及频繁的解码操作外，还能够扩展全局最优解数量。

可以根据不同问题选用不同的编码方式，本节算法采用第二种方式进行实数编码。在初始化阶段，产生规模为 N 的抗体种群：$Q_t = \{q_1, q_2, \cdots, q_N\}$，种群中的每个个体均表示成式（10.4.3）的形式。量子比特概率幅构成的两条基因链可以表示为

$$\alpha = \cos(2\pi c), \quad \beta = \sin(2\pi c) \tag{10.4.6}$$

式中，c 是由 Arnold's Cat 映射产生的混沌变量；而第一条链的 x 则可由式（10.4.2）得到。

10.4.2　克隆操作

克隆选择学说认为抗原进入生物体内，相应的抗体会活化增殖，即发生克隆现象。由于克隆过程为简单复制过程，所以，若假设克隆前种群为 $Q(t) = \{q_1^t, q_2^t, \cdots, q_n^t\}$（$N$ 为原抗体种群规模），那么克隆后种群可表示为

$$Q'(t) = \{Q(t), C(t)\} = \{q_1^t, q_2^t, \cdots, q_N^t, q_{11}^t, q_{12}^t, \cdots, q_{1m_1}^t, \cdots, q_{N1}^t, q_{N2}^t, \cdots, q_{Nm_N}^t\} \tag{10.4.7}$$

式中，m_i 为第 i 个抗体的克隆规模。

克隆规模的确定有多种方法，现举例如下。

1．固定数值

此方法最为简便，在克隆算子中给定一个抗体克隆规模常数 c 即可。还有一种方式可看作固定值确定方法的变体，克隆规模由式（10.4.8）确定

$$m_i = \text{round}(\alpha \times N) \tag{10.4.8}$$

其中，m_i 为每一抗体相应克隆数目；α 为给定的乘积因子；N 为种群规模。

但是，这种方法针对性不强，所有个体克隆规模相同，每一代个体克隆规模也相同，克隆操作只起到种群局部扩增的作用，扩大搜索范围并不能加速收敛。

2．轮盘赌方法

轮盘赌方法是应用最为广泛的一种方式，此种方法中克隆规模由式（10.4.9）给出

$$m_i = \left\lceil n_c \times \frac{f(q_i)}{\sum\limits_{k=1}^{N} f(q_k)} \right\rceil, \ i=1,2,\cdots,N \tag{10.4.9}$$

其中，m_i 是种群中第 i 个个体的克隆规模，n_c 是与克隆规模相关且大于种群规模 N 的常数；$f(q_i)$ 是第 i 个抗体的适应度值；符号 $\lceil \lambda \rceil$ 代表取比 λ 大的最小整数，有时也可以用 $\lfloor \lambda \rfloor$（取比 λ 小的最大整数）替换。

3．按照抗体与抗原适应度大小按比例分配

该种确定方案和抗体与抗原适应度大小有关，却又不同于上述的轮盘赌方法。具体的确定方案：首先计算抗体种群的适应度，然后根据适应度值大小排序（若最佳为最大值，

则从大到小排序；反之，从小到大排序。也可将求最小值问题转化为求最大值问题），最后由式（10.4.10）给出克隆规模

$$m_i = \text{round}\left(\frac{\beta \times N}{i}\right), \quad i = 1, 2, \cdots, N \tag{10.4.10}$$

m_i 为适应度值排序排在 i 的抗体的克隆规模大小，其中，对于求适应度函数最大值的问题，适应度值最大的抗体排在第一位，$i=1$；β 是确定规模的乘数因子；N 是种群大小。根据上式，克隆子群的规模为

$$N_{\text{clone}} = \sum_{i=1}^{N}\left(\frac{\beta \times N}{i}\right) \tag{10.4.11}$$

本节提出的改进算法 CQICA 选用第三种按照抗体-抗原适应度大小按比例分配的方式确定克隆规模。这种方式进行克隆，不会导致适应度值非常大的抗体克隆规模过大，而其他抗体克隆规模过小，从而致使种群退化，丧失多样性。

10.4.3 变异操作

在克隆过程中，父代抗体细胞进行的是无性繁殖，因此，与子代之间只是简单的复制，并没有进行信息的交流，克隆过程并未促进种群进化。但是，由于生物遗传特点，免疫细胞在增殖的过程中会产生基因突变，使免疫细胞呈现出多样性。所以，一般情况下，经典量子免疫克隆算法，会在克隆操作之后对克隆子群进行变异操作。在此新算法中，除了对克隆子群进行变异操作，还将对原始种群进行单基因位变异操作。现在，分别介绍如下。

1. 克隆子群变异操作

经典量子智能算法的变异操作方法是使用量子旋转门的更新。

$$\begin{pmatrix} \alpha_i' \\ \beta_i' \end{pmatrix} = \boldsymbol{U}\begin{pmatrix} \alpha_i \\ \beta_i \end{pmatrix} = \begin{pmatrix} \cos(\Delta\theta) & -\sin(\Delta\theta) \\ \sin(\Delta\theta) & \cos(\Delta\theta) \end{pmatrix}\begin{pmatrix} \alpha_i \\ \beta_i \end{pmatrix}, \quad i = 1, 2, \cdots, m \tag{10.4.12}$$

文献[14]和文献[18]均采用查表方式确定旋转角 θ 的大小和方向，这种方式涉及多路选择，在一定程度上会降低效率；另外，查表的方法旋转角的大小是固定的，难以做到随着进化的深入自适应地调整。文献[16]利用亲和度函数的梯度定义旋转角步长，这种方法提高了算法的适应性，但是计算复杂。

克隆子群的变异在此借鉴式（10.4.12），但是对于旋转角的确定采用混沌映射产生。产生混沌变量 t_{n+1}，为使转角具有方向性，一般的简单处理如下：

$$t_{n+1}' = 2t_{n+1} - 1 \tag{10.4.13}$$

经式（10.4.13）处理，转角将具有双向性。但是并未获得明确的方向性，不能确定转角方向是否向着优化的方向旋转，这种盲目性会使算法效率下降。这里，可以借鉴 10.2 节提出的新算法采用的方式确定。式（10.3.4）在此可以写为

$$A = \begin{vmatrix} \alpha_{\text{best}} & \alpha_{ij} \\ \beta_{\text{best}} & \beta_{ij} \end{vmatrix} \tag{10.4.14}$$

$(\alpha_{\text{best}j}, \beta_{\text{best}j})^{\text{T}}$ 是当前全局最优解对应的第 j 个量子位。方向判断规则相同：当 $A\neq0$ 时，方向为 $-\text{sgn}(A)$；当 $A=0$ 时，方向正负均可。此时，$t_{n+1}' = s \times t_{n+1}$（$s$ 是通过式（10.4.14）确定的方向，$s \in \{-1,1\}$）。

同时，为了使旋转角大小也具有适应性，提高收敛效率，可以添加转角幅度控制因子 l，而上式中的 t_{n+1}' 作为扰动与之相乘，此时，旋转角 $\Delta\theta = l \times t_{n+1}'$。对于适应度高的抗体，可以适当减小 l，令 $\Delta\theta$ 在一个较小范围内变化；而对于适应度低的抗体，将 l 适当放大，另 $\Delta\theta$ 变化范围增大，更利于寻找最优解。鉴于自然指数函数单调递增的特性，可以将 l 定义为

$$l = \varepsilon \mathrm{e}^{\frac{k-N}{N} \times \frac{-\mathrm{now}G}{\mathrm{genNum}}}$$

（10.4.15）

其中，k 是抗体按照亲和力从高到低排序后的序号，例如，亲和力最大的抗体序号为 1，亲和力最小的编号为 N；N 为抗体种群规模；$\mathrm{now}G$ 是当前进化代数，genNum 是预设的进化代数；$\mathrm{e}^{\frac{k-N}{N} \times \frac{-\mathrm{now}G}{\mathrm{genNum}}} \in (0,1]$；乘法因子 $\varepsilon = \lambda \times \pi$（$\lambda \in [0.01, 0.15]$）。

2．种群基因突变操作

文献[17]通过理论分析及仿真实验证明单基因变异比多基因或全基因变异更具有局部搜索能力，而且计算量更小，尤其是对于高维问题。本节新算法中对于种群基因突变操作便是以此理论为基础进行变异算子的设计。

随机选取抗体 q_i（$q_i \in \{Q_t, Q_{\mathrm{clone}}\}$）中的某一个抗体基因位，假设为 j（$j=1, 2, \cdots, m$ 中某一值），则假设被选中的三倍体基因位是 $(x_{ij}, \alpha_{ij}, \beta_{ij})^{\mathrm{T}}$，依旧运用量子旋转门进行变异。旋转角大小 $\Delta\theta = t$（t 为 Arnold's Cat 映射式产生的混沌变量），旋转角方向采用克隆子群变异中的方式确定。

通过式（10.4.12）得到新的量子位 $(\alpha_{ij}', \beta_{ij}')^{\mathrm{T}}$，然后通过式（10.4.2）计算得到 x_{ij}'。

若新抗体的亲和力比原抗体的小，则表示此次变异失败，保留原抗体；反之，变异成功，用新抗体取代原抗体。可以预先设定变异成功次数，然后每次从种群中随机选取一个抗体进行基因突变操作，若变异失败，则重复进行此过程直至达到预设次数；一般情况下，基因突变概率很小，所以预设值一般较小。但是，这个过程也隐含一定的随机性，无法估计其消耗的时间。因此，本节算法采用对种群中的每个抗体均进行一次基因突变操作的方式，这样，该步操作的时间可以确定，而变异成功次数隐含随机性。这与生物学上的基因突变原理有一定的呼应。

3．抗体的淘汰机制

根据生物学免疫克隆学说提到的，在每次的免疫应答过程中，除了增殖和变异外，还会有抗体死亡以及新的抗体产生，即新生抗体补偿淘汰抗体，该机制是达尔文的优胜劣汰理论在微观上的表现。这个淘汰机制尽管简单，但是为抗体种群带来了不容小觑的帮助，那就是避免陷入局部收敛、保证种群的多样性。

该步骤操作简述：计算抗体种群适应度，选取少量（如 $\mathrm{round}(0.3 \times \mathrm{Size})$，$\mathrm{Size}$ 为种群大小，$\mathrm{round}(\cdot)$ 为四舍五入操作），适应度值小的抗体丢弃；然后产生等量新抗体进行补足。

10.4.4　选择操作

选择操作就是从群体中选出 N 个亲和力最大的抗体，它可以保证抗体种群中的最优解不会变差，可以有效地调节过度竞争，以保持抗体群的多样性。其实质就是在一代进化

中，在候选解集的附近，根据亲和度大小，产生一个变异解的群体。

最简单且行之有效的选择方案是：

（1）分别计算变异后的原始种群的适应度和变异克隆子群的适应度。

（2）根据适应度值的大小排序。

如果是求目标函数的最大值为最优解，选取从大到小前 N 个适应度值对应的抗体作为下一代种群；反之，则选取从小到大排列的前 N 个适应度值对应的抗体作为下一代种群。

10.4.5 算法步骤

结合上面对各操作过程和算子的介绍，归纳本节提出的混沌量子免疫克隆算法步骤如下。

（1）设定算法相关重要参数：进化代数 genNum、种群规模 popSize、变量个数 numVar 和取值范围 rangeMax、rangeMin 等。

（2）根据式（10.4.3）、式（10.4.6）和式（10.4.2）初始化种群 Q_t，t=0。

（3）计算适应度值，保存最优解 bestSolution 和最优个体 bestIndiv。

（4）判断是否满足结束条件，若满足，则输出结果；若不满足，继续步骤（5）。

（5）根据式（10.4.10）确定克隆规模 cloneSize，进行克隆操作，产生克隆子群 Q_{clone}。

（6）对克隆子群进行变异操作，变异后种群记为 Q'_{clone}。

（7）对种群 $\{Q_t, Q'_{clone}\}$ 进行单基因突变操作，获得种群 $\{Q_t', Q^*_{clone}\}$。

（8）进行"优胜劣汰"淘汰操作，得到种群 $\{Q_t^*, Q^\#_{clone}\}$。

（9）选择种群 $\{Q_t^*, Q^\#_{clone}\}$ 中最优的前 popSize 个抗体构成下一代种群 Q_t，t=t+1，接下来转步骤（3）。

10.4.6 算法性能测试及结果分析

为测试本章 10.4 节提出的新的量子免疫克隆算法的特性，将其与量子遗传算法（QGA）、经典量子免疫克隆算法（QICA）及其 10.4.2 节提出的改进量子免疫克隆算法（RQICA）进行对比实验。

1．测试函数

为测试算法性能，选取三个具有代表性的常用测试函数进行仿真实验；测试函数可以继续延用 10.2 节中的三个测试函数，但为体现测试函数的多样性与算法的普适性，本节另选三个各具特点的函数进行测试，其中第一个和第三个函数具有全局最大值，第二个函数具有全局最小值；第一个和第二个函数具有病态特性，第三个函数则存在大量的局部最优解。

（1）Needle-in-Haystack 函数为

$$f(x,y) = \left(\frac{3}{0.05 + x^2 + y^2}\right)^2 + (x^2 + y^2)^2$$

$$x, y \in [-5.12, 5.12]$$

Needle-in-Haystack 函数在点(0, 0)处具有最大值 3600，该函数在优化时极易陷入局部最优，4 个局部最优点分别为（5.12,5.12）、（5.12,−5.12）、（−5.12,5.12）和（−5.12,−5.12）。一

般在进行算法测试时，若优化结果大于 3599，就视为算法有效收敛。该函数的空间特征如图 10.4.2 所示。

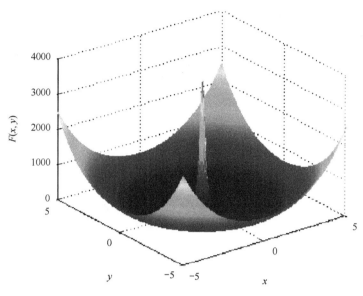

图 10.4.2　Needle-in-haystack 函数空间特征

（2）Himmelbau 函数为

$$f(x,y) = (x^2 + y - 11)^2 + (x + y^2 - 7)^2$$
$$x, y \in [-6, 6]$$

Himmelbau 函数具有全局最小值 0，有 4 个最有效值点$(x, y) \in \{(3.0,\ 2.0)、(3.5844, -1.8482)、(-2.8051, 3.1313)、(-3.7793, -3.2832)\}$。一般情况下，若优化值取得小于 0.005，则可以认为算法达到有效收敛。Himmelbau 函数的空间特征如图 10.4.3 所示。

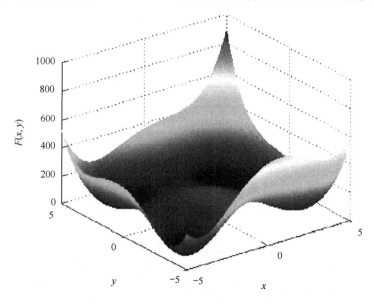

图 10.4.3　Himmelbau 函数的空间特征

（3）Bohachevsky 函数为

$$f(x,y) = 0.3\cos(0.3\pi x) - 0.3\cos(4\pi y) - x^2 - y^2 - 0.3$$
$$x, y \in [-1, 1]$$

以上多峰函数具有最大值 0.240034，该值分别在两个点取得，即$(x,y) \in \{(0,-0.23), (0, 0.23)\}$。该函数在最大值点附近存在大量的局部极大值，在优化中极易陷入局部最优。一般在测试算法性能时，若取得结果大于 0.2400，就可认为算法有效收敛。该函数的特征空间如图 10.4.4 所示。

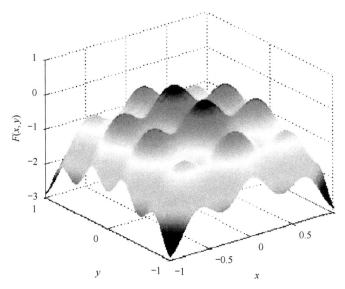

图 10.4.4　Bohachevsky 函数的特征空间

2．测试结果及分析

针对上述 3 个测试函数，用以下 4 种算法进行优化：本节提出的新的混沌量子免疫克隆算法（CQICA）、10.2 节提出的改进实数量子免疫克隆算法（RQICA）、经典量子遗传算法（QGA）、量子免疫克隆算法（QICA）。算法参数设置如表 10.4.1 所示。

表 10.4.1　算法参数设置

常规参数	优化次数：10；种群规模：10；进化代数：300
其他参数	QGA：变异概率 p_m=0.15；QICA：克隆规模控制参数 N_c=2； QGA 和 QICA 中每个变量使用 16 个二进制位表示，交叉操作采用全干扰交叉

（1）Needle-in-Haystack 函数测试结果。图 10.4.5 为 10 次优化中的一次优化收敛曲线对比图。从图中可以看出本节提出的混沌量子免疫克隆算法比 QGA 和 QICA 更快速地达到全局最大值，但 RQICA 在此次运算中表现更优，QICA 在 300 次迭代中并未达到理论最优解。

针对 Needle-in-Haystack 函数，4 种算法经过 10 次优化结果综合对比如表 10.4.2 所示。

从表 10.4.2 可以看出，本节提出的 CQICA 算法与 RQICA 算法每次都能收敛到理论最大值，对于 QGA 和 QICA 算法达到收敛所需的步数而言非常少。QICA 和 QGA 用于 Needle-in-Haystack 函数优化效果并不显著，除了达到收敛的次数少，对少数能够达到收敛的优化，所需的迭代次数对于 CQICA 而言非常多。这与该函数极易陷入局部收敛有关系。

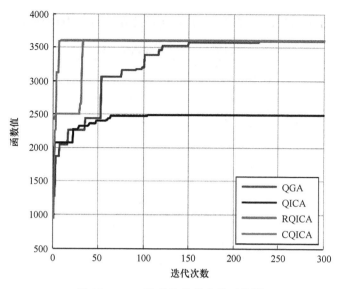

图 10.4.5 一次优化收敛曲线对比图

表 10.4.2 4 种算法优化对比

算法名称	最优解	最差解	平均解	收敛次数 （优化 10 次）	收敛时迭代次数（平均） （每次优化迭代 300 次）
QGA	3600	2476.3	3024.8	3	106.33
QICA	3600	2484.9	3135.6	5	203.6
RQICA	3600	3600	3600	10	17.8
CQICA	3600	3600	3600	10	21.2

（2）Himmelbau 函数测试结果。图 10.4.6 为 10 次优化中的某一次优化收敛曲线对比图。从图中可以看出本节提出的混沌量子免疫克隆算法达到全局最优解用了极其小的迭代步数，RQICA、QICA 和 QGA 在 300 次迭代中也达到了理论最优解，但迭代步数相对大。

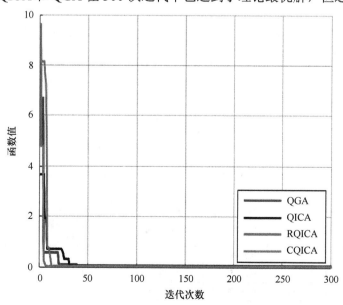

图 10.4.6 一次优化收敛曲线对比图

四种算法针对 Himmelbau 函数进行的 10 次优化结果综合对比如表 10.4.3 所示。

表 10.4.3　4 种算法优化对比

算法名称	最优解	最差解	平均解	收敛次数（优化 10 次）	收敛时迭代次数（平均）（每次优化迭代 300 次）
QGA	2.9486E-004	1.4832	0.1643	3	84.7
QICA	1.1419E-006	0.9749	0.1024	7	62.3
RQICA	8.0397E-009	9.2695E-007	2.4784E-07	10	22.1
CQICA	1.6440E-005	0.1196	0.0124	9	56.3

从表 10.4.3 可以看出，尽管本节提出的 CQICA 算法的最优解不如 RQICA 和 QICA 算法更加接近理论最优值，但是 CQICA 的最差解以及 10 次优化的平均解都明显优于 QICA 算法，体现出更好的稳定性。QGA 算法明显差于另外三种算法，RQICA 算法无疑表现最优。

（3）Bohachevsky 函数测试结果。对 Bohachevsky 函数进行 10 次优化中的一次优化收敛曲线对比图如图 10.4.7 所示。从图中可以看出本节提出的混沌量子免疫克隆算法几乎立刻就进化到全局最大值，也是理论最优解；RQICA 算法略慢；QGA 最开始的进化趋势比 QICA 更优，但是很快就落后于 QICA 算法。最终 RQICA、QGA 和 QICA 也较快的收敛到了全局最优值。

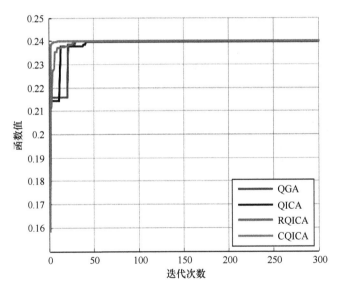

图 10.4.7　一次优化收敛曲线对比图

4 种算法对测试函数 Bohachevsky 进行 10 次优化结果综合对比如表 10.4.4 所示。

表 10.4.4　4 种算法优化对比

算法名称	最优解	最差解	平均解	收敛次数（优化 10 次）	收敛时迭代次数（平均）（每次优化迭代 300 次）
QGA	0.2400	0.2298	0.2383	3	73.7
QICA	0.2400	0.2365	0.2393	5	112.6
RQICA	0.2400	0.2400	0.2400	10	22.5
CQICA	0.2400	0.2400	0.2400	10	46.7

从表 10.4.4 可以得到以下分析：①本节提出的 CQICA 算法和 RQICA 能够次次优化得到理论最优值，而 QGA 和 QICA 显然在用于 Bohachevsky 函数优化时效果不显著；②从收敛所需的平均迭代次数来看，RQICA 需要的迭代次数最少，RQICA 和 CQICA 均能够维持在 50 步以内，QICA 尽管优化收敛次数比 QGA 略多，但是所需的迭代次数远多于 QGA 算法，是四种算法中收敛最慢的。

3．结论

前面对三个测试函数：Needle-in-haystack 函数、Himmelbau 函数、Bohachevsky 函数，用四种算法：本节提出的混沌量子免疫克隆算法（CQICA）、10.2 节提出的改进的实数量子免疫克隆算法（RQICA）、经典量子遗传算法（QGA）、经典量子免疫克隆算法（QICA），分别进行 10 次优化，并对得到的优化结果分别进行了单次优化对比和多次优化综合分析。从前面的分析，以及对程序运行中的细节分析，可以总结出以下结论：①CQICA 算法和 RQICA 算法相对于 QGA 和 QICA 算法更具有稳定性，针对以上常用测试函数均表现出很高的收敛率，并均可达到函数的理论最优值；②比起 QGA 和 QICA 算法，CQICA 算法能更好地克服局部收敛缺陷，能够很好地解决易陷入局部收敛的优化问题；③CQICA 算法比 QGA、QICA 算法收敛更快，后两种算法达到收敛所需的迭代次数一般情况下是 CQICA 的两倍或两倍以上，但收敛速度不如 RQICA 算法；④若考虑算法的时间成本，在 Windows XP 系统（1G 内存，主频 1.6GHz），实验软件 MATLAB R2010b 的环境下，四种算法运行时间（平均情况）为 CQICA——0.87s、RQICA——0.88s、QGA——1.73s、QICA——6.39s，即 CQICA 算法程序运行时间最短，RQICA 算法次之，而 QICA 算法程序运行时间远远大于前两种算法。

通过以上结论，可知本节提出的 CQICA 算法在寻优中具有非常显著的优势，也再次验证了 10.2 节提出的改进算法 RQICA 的有效性。

10.5　免疫算法的应用

10.5.1　基于混沌量子免疫克隆算法的压缩感知数据重构

贪婪算法引入了迭代搜索机制，正交匹配追踪算法（Orthogonal Matching Pursuit，OMP）是最早的贪婪算法之一，该算法解决的是最小 ℓ_0 范数问题，且是匹配追踪（Matching Pursuit，MP）算法的一种有效改进。OMP 算法虽然依旧沿用 MP 算法的原子选择准则，但是克服了 MP 算法关键步骤中由于信号在选定的感知矩阵列向量构成的原子集合上投影的非正交性而导致迭代结果非一定最优从而使迭代次数增加的问题，因此 OMP 算法比 MP 算法收敛迅速高效。

文献[18]中提出的理论指出：确定 $\delta \in (0, 0.36)$，并选择 $M \geqslant Kn\ln(N/\delta)$（这里 K 是一个绝对常数）；假设 s 为 $\mathbf{R}^N$ 空间中任意的 m-稀疏信号，从标准高斯分布中独立选取 M 个观测向量 $\mathbf{x}_1, \mathbf{x}_2, \cdots, \mathbf{x}_M$；设 $\{s, \mathbf{x}_i : n = 1, 2, \cdots, M\}$，则正交匹配追踪能够以超过 $1 - 2\delta$ 的概率重构信号。

OMP 算法的核心思想是：以贪婪迭代方式选取感知矩阵 $\mathbf{A}$ 的列向量，使被选中的列向量与当前残差向量具有最大相关度；然后，从观测向量中减去相关量；重复这个过程直至迭代次数达到已知稀疏度 n。

OMP 算法完整步骤如下。

（1）首先定义算法输入参数：感知矩阵 $\boldsymbol{A}$（即 $\boldsymbol{A}^{CS} = \boldsymbol{\Phi\Psi}$，矩阵规模 $M \times N$，每列构成的列向量记为 $\boldsymbol{\alpha}_k, k = 1, 2, \cdots, N$），观测向量 $\boldsymbol{Y}$（$M \times 1$），稀疏度 n；然后明确算法需要获取的输出量：n–稀疏信号 $\boldsymbol{c}$ 的逼近结果 $\tilde{\boldsymbol{c}}$；最后进行算法准备工作，进行参量设置：残差向量 $\boldsymbol{r}_0$，索引集 Λ_0。

（2）将残差向量 $\boldsymbol{r}$ 与感知矩阵 $\boldsymbol{A}$ 的各列向量进行内积运算，找出最大内积值，记相应的下标为 λ_t，即求解如下优化问题。

$$\lambda_t = \arg \max_{j=1,2,\cdots,N} \left| \left\langle \boldsymbol{r}_{t-1}, \boldsymbol{\alpha}_j \right\rangle \right| \tag{10.5.1}$$

（3）更新索引集 $\Lambda_t = \Lambda_{t-1} \cup \{\lambda_t\}$，选中列向量构成的矩阵更新为 $\boldsymbol{A}_t = \left[\boldsymbol{A}_{t-1}, \boldsymbol{A}_{\lambda_t} \right]$（约定 $\boldsymbol{A}_0$）。

（4）求解最小二乘问题获得新的信号估计：

$$\boldsymbol{x}_t = \arg \min_{\boldsymbol{x}} \left\| \boldsymbol{Y} - \boldsymbol{A}_t \boldsymbol{x} \right\|_2 \tag{10.5.2}$$

（5）更新残差向量：$\boldsymbol{r}_t = \boldsymbol{Y} - \boldsymbol{A}_t \boldsymbol{x}_t$。

（6）迭代计数更新：$t = t+1$；如果 $t < n$，跳转回步骤（2）。

（7）原始信号的估计值 $\tilde{\boldsymbol{c}}$ 在 Λ_n 中列出的元素具有非零索引，$\tilde{\boldsymbol{c}}$ 中第 λ_j 个元素的值等于 $\boldsymbol{x}_t$ 的第 j 个元素。

虽然正交匹配追踪算法信号重构的精确度不够高，但是，因为 OMP 算法实现简单而且重构速度较快，所以仍旧成为一种普遍的选择，该算法得到了广泛的关注和应用，发展迅速，在此基础上提出的改进算法层出不穷。例如，文献[18]对 OMP 算法进行了延伸改进，提出了不涉及迭代更易实现的 SSOMP（Single-step OMP），后又消除了 OMP 算法中矩阵求逆计算，并在低稀疏度信号中展现出较好性能；再如，D. Needell 和 J. A. Tropp 在 OMP 的基础上提出一种压缩采用匹配追踪算法（Compressive Sampling Matching Pursuit，CoSaMP），该算法给出了严格的计算成本和存储成本，时间复杂度为 $O\left(N \log^2 N \right)$（其中 N 为信号长度），而且该算法在采用过程中对噪声具有更强的鲁棒性。

10.5.2　基于混沌量子免疫克隆算法的 OMP 数据重构

文献[21]将单独求解均有各自缺陷的正则化技术与遗传算法相结合来解决心电逆问题，具体实现是先应用正则化方法求得心电逆问题的解，然后把前述的解赋给遗传算法的初始种群，进行进一步优化以获取更加精准的解，文献中通过实验证实了以上方案的有效性。

根据以上思想，本节提出一种基于混沌量子免疫克隆算法（CQICA）的 OMP 重构方法（OMP-CQICA）：将混沌量子免疫克隆算法与正交匹配追踪算法结合进行数据重构。此种重构方法的理论流程如图 10.5.1 所示。

OMP-CQICA 重构方法的具体操作步骤如下（假设信号本身不稀疏）。

（1）对输入信号进行预处理，如语音信号的分帧等。

（2）选择合适的稀疏基或稀疏字典矩阵对信号进行稀疏化，得到稀疏系数。

（3）选择观测矩阵对稀疏数据进行测量操作，得到观测向量。

（4）采用正交匹配追踪算法初步处理，然后用本节提出的混沌量子免疫克隆算法进行寻优操作，输出重构的稀疏信号。

（5）利用步骤（4）得到的结果和步骤 2 中选用的稀疏基进行逆运算，最终得到原始信号的重构信号。

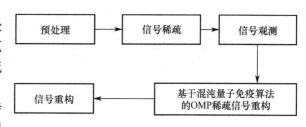

图 10.5.1　OPM-CQICA 理论流程

性能测试

采用短语语音作为输入对以上提出的 OMP-CQICA 重构方法进行多次性能测试，其中，①CQICA 的目标函数为 $\min\|Y - Ac\|_2$（Y 为信号观测向量，A 为感知矩阵，c 为稀疏向量）；②语音预处理以语音的分帧操作为主，帧长为 256；③仅测试了 1/2 一种压缩比；④输出图像纵轴对应声波幅值，横轴不代表真实声波延续时间，而是用离散值表征时间。本节仅从中选取一段中文短语语音（"排除万难"：256 像素×51 像素）和一段英文单词语音（"lonely"：256 像素×123 像素）进行详细分析。

图 10.5.2 上部分是中文短语"排除万难"的原始波形与 OMP 重构波形的对比图，下部分是原始波形与 OMP-CQICA 重构波形的对比图；图 10.5.3 上部分是英文单词"lonely"的原始波形与 OMP 重构波形的对比图，下部分是原始波形与 OMP-CQICA 重构波形的对比图。对两图进行直观观察，可以看出 OMP-CQICA 重构的实线波形对虚线原始波形的匹配相对更加完美。

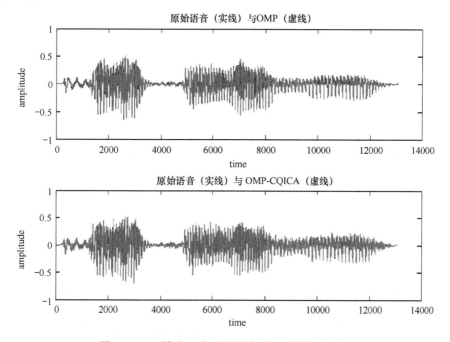

图 10.5.2　"排除万难"原始波形与重构波形对比

尽管只有一个短语或单词，但数据量依旧很大，直观地看图 10.5.2 和图 10.5.3 并不能观察到细节。下面图 10.5.4 和图 10.5.5 从中抽取了"排除万难"的第 8～12 帧对应的一段浊音和单词"lonely"的第 99～103 帧对应的一段浊音所做的对比图。

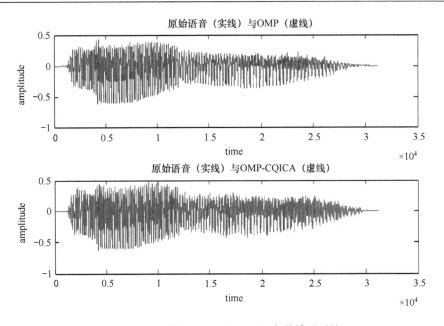

图 10.5.3 "lonely"完整波形对比

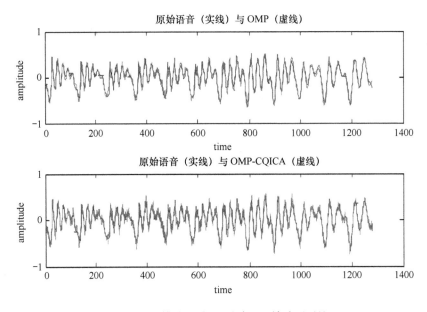

图 10.5.4 "排除万难"（浊音）5 帧波形对比

首先仍是直观观察这两图，发现无论是 OMP 重构还是 OMP-CQICA 重构方法，对浊音的重构准确率都较高，但仔细观察可以发现，后一种方法对细节的重构更优，尤其是"lonely"对应的一图。提取其他浊音段观察可以得到同样的结论。

图 10.5.6 和图 10.5.7 则展示了中文短语 34～38 帧和英文单词 157～161 帧对应的清音段的波形重构对比图。可以看出，OMP 方法对清音的重构无论是中文短语还是英文单词都仅重构出了波形的趋势而不能很好地拟合；OMP-CQICA 方法在"排除万难"的清音中似乎重构优于 OMP 方法，但比起浊音段要差，对英文单词的清音段重构与 OMP 方法类似，甚至某些细节部分更差一些。

前面仅是从直观上的定性分析，表 10.5.1 则展示的是客观的定量分析。误差的计算采用的是以下方法：对长度为 n 的一帧重构数据（向量）x 误差为：（s 为原始数据）

$$d = |x_1 - s_1| + |x_2 - s_2| + \cdots + |x_n - s_n| \tag{10.5.3}$$

对于 k 帧语音数据，求取平均值作为衡量标准：$\overline{d} = \dfrac{\sum\limits_{i=1}^{i=k} d_i}{k}$。

表 10.5.1 中每种重构方法从上到下指标依次是：k 帧数据中误差最大值、误差最小值和平均误差值。

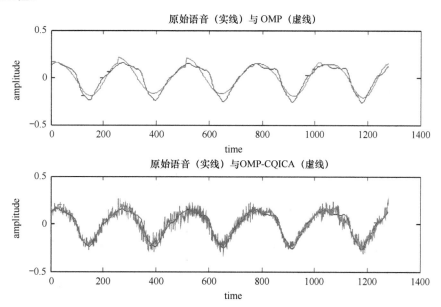

图 10.5.5　"lonely"（浊音）5 帧波形对比

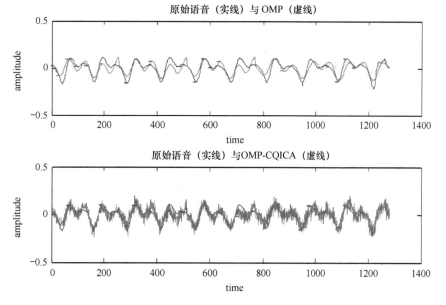

图 10.5.6　"排除万难"（清音）5 帧波形对比

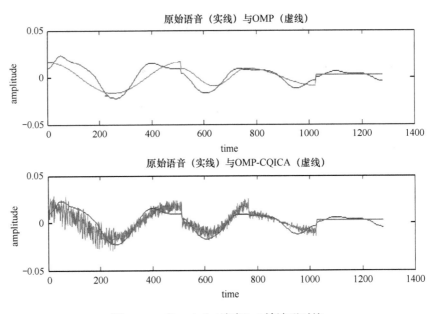

图 10.5.7 "lonely"（清音）5 帧波形对比

表 10.5.1 重构误差比较

算法	测试语音					
	"排除万难"			"lonely"		
	整体	浊音（5帧）	清音（5帧）	整体	浊音（5帧）	清音（5帧）
OMP	16.1474	14.3021	10.4114	12.0651	9.7671	2.1743
	0.6280	10.3992	8.2008	0	7.1565	0.5880
	9.2056	12.5714	9.0220	7.6712	8.3989	1.3409
OMP-CQICA	16.3902	14.8265	10.7733	15.0652	11.5686	2.3715
	0.6280	9.6231	7.4554	0	5.3433	0.5880
	9.8056	13.1636	9.2432	7.6262	7.9027	1.2490

从两方面对表 10.5.1 进行分析，可以发现：①对于中文短语和英文单词重构后的完整波形无论是最大误差还是平均误差，OMP-CQICA 方法都不比 OMP 方法有优势，只有最小误差稍有优势。②从清浊音角度来看，中文短语的清音和浊音最大误差及平均误差 OMP-CQICA 方法要差于 OMP 方法，但最小误差优势明显；英文单词的清音和浊音尽管最大误差 OMP-CQICA 方法相对大，然而，最小误差和平均误差均明显比 OMP 方法小。

同样，对其他的中文短语和英文单词进行测试可以得到类似结论，尽管该结论不能完全证明 OMP-CQICA 重构方法一定优于 OMP 方法，但可以说明的是，该方法在对某些细节的重构上具有一定的优势，这种优势在英文单词的重构上表现得更明显一些，这与汉语和英语的发音特点有关系。尽管如此，该方法的提出仍旧为解决压缩感知数据重构提供了新的思路。

思　考　题

1. 请使用流程图描述量子免疫克隆算法。

2．请简述量子免疫克隆算法的改进在哪些方面。

3．对于所提出的改进的量子免疫克隆算法，请使用文中所用的标准测试函数进行验证，并将结果与文中的结果对比，是否能够得出与文中一致的结论？

4．使用量子免疫克隆算法和混沌量子免疫克隆算法解决相关目标优化问题，并比较二者算法性能。

5．文中将混沌量子免疫算法用来求解压缩感知数据重构问题，除此以外，试讨论该算法能否用来解决 K-均值算法的问题？

参 考 文 献

[1] 胡震云, 叶燕杰, 陈志明, 等. 基于量子免疫的 RBF 神经网络在上市公司财务预警中的应用[J]. 河南科学, 2015(12):2222-2229.

[2] 张征杰. 基于量子免疫算法的文本分类算法的研究[D]. 郑州: 河南工业大学.

[3] 李士勇, 李盼池. 量子计算与量子优化算法[M]. 哈尔滨: 哈尔滨工业大学出版社, 2009.

[4] LICHENG JIAO, YANGYANG LI. Quantum-inspired Immune Clonal Optimization[C]. Neural Networks and Brain, 2005. ICNN&B'05. International Conference on, 2005: 461-466.

[5] YANGYANG LI, LICHENG JIAO. Quantum-inspired immune clonal algorithm and its application[C]. Proceedings of 2007 International Symposium on Intelligent Signal Processing and Communication Systems, 2007: 670-673.

[6] LICHENG JIAO, YANGYANG LI, MAOGUO GONG，et al. Quantum-imspired Immune Clonal Algorithm for Global Optimization[C]. Systems, Man and Cybernetics, Part B: Cybernetics, IEEE Transactions on, 2008.10: 1234-1253.

[7] NARAYANAN A, MOORE M. Quantum–inspired genetic algorithms[C]. Proceedings of IEEE International Conference on Evolutionary Computation, Nagoya, Japan, 1996: 61-66.

[8] LI BING, JIANG WEISUN. Chos Optimization algorithm and Its Application [J]. Journal of Control Theory and Applications, 1997, 14(4): 613-615.

[9] 李士勇，李盼池. 基于实数编码和目标函数梯度的量子遗传算法[J]. 哈尔滨工业大学学报, 2006, 8(8): 1216-1223.

[10] KUK-HYUN HAN, JONG-HWAN KIM. Genetic Quantum Algorithm and its Application to Combinatorial Optimization Problem[C]. Proceedings of the International Congress on Evolutionary Computation, IEEE Press, 2000: 1354-1360.

[11] XINLI XU, JIAJING JIANG, JING JIE, et al. An improved real coded quantum genetic algorithm and its applications[C]. 2010 International Conference on Computational Aspects of Social Networks (CAo N), 2010: 307-310.

[12] RUI ZHANG, HUI GAO. Real-coded quantum evolutionary algorithm for complex functions with high-dimension[C]. Proceedings of the 2007 IEEE International Conference on Mechatronics and Automation, 2007: 2974-2979.

[13] LI P C，Li S Y. Quantum-inspired evolutionary algorithm for continous spaces optimization based on Bloch coordinates of qubits [J]. Neurocomputing，2008，72: 581-591.

[14] 常志英，韩莉，姜大伟. 改进的克隆选择算法及其应用[J].计算机工程，2011，37(1): 173-174.

[15] LEANDRO N. de Castro, Fernando J. Von Zuben. Learning and optimization using the clonal selection principle[C]. IEEE Transactions on Evolutionary Computation, 2002: 239-251.

[16] 许少华，许辰，郝兴，等. 一种改进的双链量子遗传算法及其应用[J].计算机应用研究，2010，27(6): 2090-2092.

[17] 王湘中，喻寿益.适用于高维优化问题的改进进化策略[J].控制理论与应用, 2006，23(1) : 148-151.

[18] MAJUMDAR A, KRISHNAM N, SIBI RAJ B P，et al. Extensions to orthogonal matching pursuit for compressed sensing[C]. 2011 National Conference on Communications (NCC), 2011: 1-5.

[19] JOEL A. TROPP, ANNA C. Gilbert. Signal recovery from random measurements via orthogonal matching pursuit [J]. IEEE Transactions on Information Theory, 53(12): 4655-4666.

[20] NEEDELL D, TROPP J A. Co Sa MP：Iterative signal recovery from incomplete and inaccurate samples [J]. Applied and Computational Harmonic Analysis, 2009，26(3): 301-321.

[21] 蒋明峰. 正则化技术与动态心电逆问题研究[D]. 杭州: 浙江大学, 2008.

第11章　量子群智能算法

　　量子算法是当前信息领域里研究很热门的一类算法，是量子力学直接进入算法领域的产物。20 世纪量子力学的研究发展促进了量子信息学的产生。量子的波粒二象性、量子态的叠加、相干纠缠、不可克隆以及测量导致的量子坍塌等都是宏观粒子所不具备的许多特性。量子态表示的不是一个物体固定的状态，而是处于几个可能状态的叠加态，假设用二进制 0 和 1 表示经典的一位的信息比特，那么量子比特就是表示 0 和 1 之间的任意叠加态，一个 n 位二进制的串在量子体系中就可以同时表示 2^n 个信息，而对于每个叠加分量实现的变换则体现了量子计算机的优势，即它的指数级的存储容量和强大的量子并行处理能力。

　　1996 年，Ajit Narayanan 将量子力学的理论引入了优化算法中用来解决组合优化问题，这是历史上将传统进化算法与量子力学理论原理结合的第一次大胆尝试，并且成功地解决了旅行商问题，这一壮举开启了量子优化算法发展的大门。2000 年，Kuk-Hyun Han 等提出了一种新的算法——量子遗传算法，该算法的特点是：用量子染色体和量子比特编码，并且使用量子旋转门进行量子变异操作，在求解组合优化问题中得以验证成功。从此，量子进化算法便登上了历史舞台，基于量子机制的仿生智能优化算法，如量子神经网络（QNN）、量子蚁群优化算法（QCA）、量子免疫克隆算法（QICA）、量子粒子群优化算法（QPSO）等逐渐发展活跃起来。

　　量子群智能算法将量子机制融合到群智能优化算法中，用二进制编码的量子位构造寻优个体，构造量子旋转门进行个体上的量子位更新，从而实现与传统优化算法截然不同的量子搜索算法，利用量子算法的并行性优势加快求解最优化问题的速度。

11.1　量子粒子群算法

　　目前主要存在两种量子粒子群算法：一种是李士勇等通过将改进后的量子进化算法（QEA 算法）融合到 PSO 算法中提出的量子粒子群算法——基于概率幅的量子粒子群算法（P-QPSO 算法）；另一种是孙俊等于 2004 年提出的基于量子力学波函数的量子粒子群算法——基于量子行为的粒子群算法（QPSO 算法）。

11.1.1　基于概率幅的量子粒子群算法

　　若将 n 维空间优化问题的解看作 n 维空间中的点或向量，则连续优化问题可表述为 $\max f(x_1,\cdots,x_n)$，其中 $a_i \leqslant X_i \leqslant b_i, i=1,2,\cdots,n$；$n$ 为优化变量的数目；$[a_i,b_i]$ 为变量 X_i 的定义域；f 为目标函数，其值可作为粒子的适应度。下面给出 P-QPSO 的具体实现步骤。

1. 产生初始种群

　　在 P-QPSO 中，直接采用量子位的概率幅作为粒子当前位置的编码。考虑到种群初始化时编码的随机性，采用编码方案

$$\boldsymbol{P}_i = \begin{bmatrix} \cos(\theta_{i1}) & \cos(\theta_{i2}) & \cos(\theta_{in}) \\ \sin(\theta_{i1}) & \sin(\theta_{i2}) & \sin(\theta_{in}) \end{bmatrix} \tag{11.1.1}$$

式中，$\theta_{ij} = 2\pi \times \text{rnd}$；rnd 为区间(0,1)内的随机数；$i = 1,2,\cdots m$；$j = 1,2,\cdots n$；$m$ 是种群规模；n 是空间维数。由此可见，种群中每个粒子占据遍历空间中如下两个位置，它们分别对应量子态 $|0\rangle$ 和 $|1\rangle$ 的概率幅为

$$\boldsymbol{P}_{ic} = (\cos(\theta_{i1}), \cos(\theta_{i2}), \cdots, \cos(\theta_{in})) \tag{11.1.2}$$

$$\boldsymbol{P}_{is} = (\sin(\theta_{i1}), \sin(\theta_{i2}), \cdots, \sin(\theta_{in})) \tag{11.1.3}$$

为表述方便，称 $\boldsymbol{P}_{ic}$ 为余弦位置，称 $\boldsymbol{P}_{is}$ 为正弦位置。

2. 解空间变换

在 P-QPSO 中，由于粒子的遍历空间每维均为[-1,1]，为计算粒子目前位置的优劣性，需要进行解空间变换，将每个粒子占据的两个位置由单位空间 $i = [-1,1]^n$ 映射到优化问题的解空间。量子位的每个概率幅对应解空间的一个优化变量。记粒子 $\boldsymbol{P}_j$ 上第 i 个量子位为 $[\alpha_i^j, \beta_i^j]$，则相应的解空间变量为

$$X_{ic}^j = 0.5[b_i(1+\alpha_i^j) + a_i(1-\alpha_i^j)] \tag{11.1.4}$$

$$X_{is}^j = 0.5[b_i(1+\beta_i^j) + a_i(1-\beta_i^j)] \tag{11.1.5}$$

因此，每个粒子对应优化问题的两个解。

3. 粒子群状态更新

在量子粒子群算法中，粒子位置的移动由量子旋转门实现。因此，普通 PSO 中粒子移动速度的更新转换为量子旋转门转角的更新，粒子位置的更新转换为粒子上量子位概率幅的更新。设粒子 $\boldsymbol{P}_i$ 当前搜索到的最优位置为余弦位置，即

$$\boldsymbol{P}_{i1} = (\cos(\theta_{il1}), \cos(\theta_{il2}), \cdots, \cos(\theta_{iln})) \tag{11.1.6}$$

整个种群目前搜索到的最优位置为

$$\boldsymbol{P}_g = (\cos(\theta_{g1}), \cos(\theta_{g2}), \cdots, \cos(\theta_{gn})) \tag{11.1.7}$$

基于以上假设，粒子状态更新规则可描述如下。

（1）粒子 $\boldsymbol{P}_i$ 上量子位幅角增量的更新为

$$\Delta\theta_{ij}(t+1) = \omega\Delta\theta_{ij}(t) + c_1 r_1(\Delta\theta_l) + c_2 r_2(\Delta\theta_g) \tag{11.1.8}$$

其中

$$\Delta\theta_l = \begin{cases} 2\pi + \theta_{ilj} - \theta_{ij}, & \theta_{ilj} - \theta_{ij} < -\pi \\ \theta_{ilj} - \theta_{ij}, & -\pi \leqslant \theta_{ilj} - \theta_{ij} \leqslant \pi \\ \theta_{ilj} - \theta_{ij} - 2\pi, & \theta_{ilj} - \theta_{ij} > \pi \end{cases} \tag{11.1.9}$$

$$\Delta\theta_g = \begin{cases} 2\pi + \theta_{gj} - \theta_{ij}, & \theta_{gj} - \theta_{ij} < -\pi \\ \theta_{gj} - \theta_{ij}, & -\pi \leqslant \theta_{gj} - \theta_{ij} \leqslant \pi \\ \theta_{gj} - \theta_{ij} - 2\pi, & \theta_{gj} - \theta_{ij} > \pi \end{cases} \tag{11.1.10}$$

（2）基于量子旋转门的量子位概率幅更新为

$$\begin{bmatrix} \cos(\theta_{ij}(t+1)) \\ \sin(\theta_{ij}(t+1)) \end{bmatrix} = \begin{bmatrix} \cos(\Delta\theta_{ij}(t+1)) & -\sin(\Delta\theta_{ij}(t+1)) \\ \sin(\Delta\theta_{ij}(t+1)) & \cos(\Delta\theta_{ij}(t+1)) \end{bmatrix} \begin{bmatrix} \cos(\theta_{ij}(t)) \\ \sin(\theta_{ij}(t)) \end{bmatrix} = \begin{bmatrix} \cos(\theta_{ij}(t) + \Delta\theta_{ij}(t+1)) \\ \sin(\theta_{ij}(t) + \Delta\theta_{ij}(t+1)) \end{bmatrix}$$

$$\tag{11.1.11}$$

式中，$i = 1, 2, \cdots, m$；$j = 1, 2, \cdots, m$。

粒子 $\boldsymbol{P}_i$ 更新后的两个新位置分别为

$$\tilde{\boldsymbol{P}}_{ic} = (\cos(\theta_{i1}(t) + \Delta\theta_{i1}(t+1)), \cdots, \cos(\theta_{in}(t) + \Delta\theta_{in}(t+1))) \tag{11.1.12}$$

$$\tilde{\boldsymbol{P}}_{is} = (\sin(\theta_{i1}(t) + \Delta\theta_{i1}(t+1)), \cdots, \sin(\theta_{in}(t) + \Delta\theta_{in}(t+1))) \tag{11.1.13}$$

4. 变异处理

在 LQPSO 中，由量子非门实现的变异操作过程为

$$\begin{bmatrix} 0 & 1 \\ 1 & 0 \end{bmatrix} \begin{bmatrix} \cos(\theta_{ij}) \\ \sin(\theta_{ij}) \end{bmatrix} = \begin{bmatrix} \sin(\theta_{ij}) \\ \cos(\theta_{ij}) \end{bmatrix} = \begin{bmatrix} \cos(\pi/2 - \theta_{ij}) \\ \sin(\pi/2 - \theta_{ij}) \end{bmatrix} \tag{11.1.14}$$

式中，$i \in \{1, 2, \cdots, m\}, j \in \{1, 2, \cdots, n\}$。

令变异概率为 p_m，每个粒子在区间 $(0,1)$ 内设定一个随机数 rnd_i，若 $\mathrm{rnd}_i < p_m$，则随机选择该粒子上 $\lceil n/2 \rceil$ 量子位，用量子非门兑换两个概率幅，该粒子记忆的自身最优位置和转角向量仍保持不变。

5. P-QPSO 算法流程

P-QPSO 算法流程如下。

（1）粒子群初始化。根据式（11.1.1）生成粒子位置组成初始种群。

（2）根据式（11.1.4）、式（11.1.5）进行解空间变换，计算每个粒子的适应度。若粒子目前位置优于自身记忆的最优位置，则用目前位置替换；若目前全局最优位置优于到目前为止搜索到的全局最优位置，则用目前全局最优位置替换。

（3）根据式（11.1.8）、式（11.1.11）实现粒子状态更新。

（4）对每个粒子依变异概率，根据式（11.1.14）实现变异操作。

（5）返回步骤（2）循环计算，直到达到终止条件。

11.1.2　基于量子行为的粒子群算法

孙俊等提出的量子粒子群算法是一种基于量子力学波函数，以 DELTA 势阱为基础的新型的粒子群算法。在量子空间中，由于不能同时确定粒子的位置和速度，因此粒子的状态必须用波函数 $\psi(\boldsymbol{X}, t)$ 来描述，其中，$\boldsymbol{X}$ 是粒子的位置向量。波函数的物理意义是：其模的平方表示粒子出现在空间 $\boldsymbol{X}$ 位置的概率密度，即

$$|\psi|^2 \mathrm{d}x\mathrm{d}y\mathrm{d}z = Q\mathrm{d}x\mathrm{d}y\mathrm{d}z \tag{11.1.15}$$

式中，Q 是概率密度函数，满足归一化条件，即

$$\int_{-\infty}^{+\infty} |\psi|^2 \mathrm{d}x\mathrm{d}y\mathrm{d}z = \int_{-\infty}^{+\infty} Q\mathrm{d}x\mathrm{d}y\mathrm{d}z = 1 \tag{11.1.16}$$

粒子位置是通过 Monte Carlo 随机模拟的方式得到的，其更新方程如式（11.1.17）到式（11.1.21）。

$$P(t) = \theta \cdot P_b(t) + (1-\theta)P_g(t) \tag{11.1.17}$$

$$m(t) = \frac{1}{N}\sum_{i=1}^{N} P_{bi}(t) \tag{11.1.18}$$

$$L(t+1) = 2\alpha \cdot |m(t) - X(t)| \tag{11.1.19}$$

$$\alpha = \alpha - (a - b) \cdot \frac{t}{G_{\max}} \tag{11.1.20}$$

$$X(t) = P(t) \pm \frac{L}{2} \ln\left(\frac{1}{u}\right) \tag{11.1.21}$$

式中，P_b 和 P_g 分别代表粒子的个体最优位置和种群的全局最优位置；θ 是在[0,1]上服从均匀分布的随机数；$P(t)$ 为粒子第 t 次迭代的局部吸引域，表示每个粒子的位置是介于个体最优位置和全局最优位置之间的随机位置；$m(t)$ 是种群中所有粒子的个体最优位置的平均值；N 表示种群的大小，即粒子的个数；L 表示粒子与种群平均最优位置的带权距离；u 是在[0,1]上服从均匀分布的随机数；α 称为收缩—扩张系数，用来控制粒子的收敛速度，随着迭代的进行，α 线性地从 a 变化到 b，通常 $a = 1$，$b = 0.5$；$G_{\max}$ 表示最大迭代次数。

综合式（11.1.17）～式（11.1.21）可得

$$X(t+1) = P(t) \pm \alpha \, |m(t) - X(t)| \cdot \ln(1/u) \tag{11.1.22}$$

QPSO 算法流程如下。

（1）初始化参数。粒子群大小 N，粒子维度 D，粒子初始位置以及个体最优位置。

（2）通过计算粒子的适应度函数值，求出初始个体最优值、全局最优值以及全局最优位置。

（3）根据式（11.1.17）～式（11.1.21）更新每个粒子的位置。

（4）计算粒子的适应度函数值。

（5）假设目标是求解适应度函数的最小值，则粒子的个体最优位置 P_{bi} 的更新方式如式（11.1.23）所示。

$$P_{bi}(t+1) = \begin{cases} P_{bi}(t), & f(X_i(t+1)) \geqslant f(P_{bi}(t)) \\ X_i(t+1), & f(X_i(t+1)) < f(P_{bi}(t)) \end{cases}, \quad i = ,1,2,\cdots,N \tag{11.1.23}$$

（6）根据式（11.1.24）更新全局最优位置 P_g。

$$P_g(t+1) = \arg \min_{1 \leqslant i \leqslant N} \{f[P_{bi}(t+1)]\} \tag{11.1.24}$$

（7）判断是否达到终止条件，若没有达到终止条件，则转步骤（3）；否则，结束。

11.1.3 量子粒子群算法的改进

针对标准 QPSO 迭代后期种群多样性下降、收敛速度慢、易陷入局部最优的缺点，本节提出了一种改进的量子粒子群算法——自适应收扩系数的双中心协作量子粒子群（AQPSO）算法。该算法从两个方面进行改进。其一，自适应调整收缩—扩张系数 α。近年来，该系数一直是改进算法的研究热点，但其中有些改进方法虽然提高了算法的寻优能力，但极大地增加了时间和空间的复杂度。本节提出一种较为简单的自适应方法，帮助粒子跳出局部最优，提高了粒子的全局搜索能力，并且在保证提高寻优能力的同时，大大降低了复杂度。其二，双重更新全局最优位置策略。在每次迭代中，先后分别采用两种不同的方式更新全局最优位置。第一种方式和标准 QPSO 算法一致。在第二种方式中，首先引入双中心粒子——广义中心粒子和狭义中心粒子，然后使双中心粒子和当前全局最优位置在相应维度上合作，从而达到更新全局最优位置的目的。此双重更新策略增强了全局最优位置的指引作用，改善了算法的局部搜索能力，提高了收敛速度。AQPSO 算法将这两个改进点巧妙结合，在保证复杂度较低的前提下，大大提高了算法的全局和局部搜索能力。

1．对自适应收缩——扩张系数改进算法

（1）改进算法的适应前提是求解适应度函数的最小值，并且适应度函数值理论上均为非负数。如果要求解适应度函数的最大值，则前面的条件判断句改成以下形式，其他保持不变即可。

```
If fitness(Pg)==0
    then hi=1
    else hi=fitness(Xi)/fitness(Pg)
Endif
```

（2）X_i 表示第 i 个粒子的位置，$i = 1, 2, \cdots, N$；$y = \text{fitness}(\boldsymbol{X})$ 是适应度函数的表达式，即需要被优化的目标函数，因此，$\text{fitness}(X_i)$ 表示 X_i 的适应度函数值；P_g 表示全局最优位置；h_i 表示当前全局最优位置的适应度函数值和当前第 i 个粒子的适应度函数值的比值；$h_{\max}$ 和 $h_{\min}$ 分别表示所有粒子中 h 的最大值和最小值；$\alpha_{\max} = 1.7$，$\alpha_{\max} = 0.5$，具体的取值依据将在下面的算法性能分析中详细阐述。

此处对 α 的改进算法的伪代码如下：

```
If fitness(Xi)==0
    then hi=1
        else hi=fitness(Pg)/fitness(Xi)                           （11.1.25）
Endif
hmax=max(h)
hmin=min(h)
If hmax==hmin
        then αi= αmin+(αmax-αmin)*hmax                            （11.1.26）
        else αi=(αmax-αmin)/( hmax-hmin)*hi+(αmin*hmax-αmax*hmin)/(hmax-hmin)   （11.1.27）
Endif
```

2．自适应收缩-扩张系数改进算法性能分析

在 QPSO 中，收缩-扩张系数 α 决定了粒子的收敛性，α 越大，收敛性越弱，全局搜索能力越强；反之，收敛性越强，局部搜索能力越强。

标准 QPSO 的优化能力主要存在以下几个问题。首先，标准 QPSO 的 α 值随着迭代次数的增加而线性递减，而实际的搜索过程是非线性的，所以不能适应复杂的非线性寻优过程。其次，在当前迭代次数下，所有粒子的 α 值均相等，然而粒子所处的位置并不同，有的距离全局最优位置近，有的距离远，这决定了粒子的地位不同。若此时所有粒子的 α 值均相等，则必然会忽略实验搜索过程中粒子的个体因素，降低粒子的自适应能力。最后，在迭代的后期，α 很小，粒子很难跳出局部最优点，算法容易陷入局部最优。

本节基于上述因素考虑，根据粒子位置的不同，设置不同的 α 值。由式（11.1.25）知，h_i 反映粒子和全局最优位置的距离，并且 $h_i \in [0,1]$。h_i 越大，表明该粒子越靠近全局最优位置，此时若 α_i 较大，则能够提高其全局搜索能力，帮助粒子跳出局部最优点；反之，h_i 越小，则应该使 α_i 较小，提高局部搜索能力，加速收敛。另外，在每次迭代中，α

在 h 的变化范围内均匀地从 $\alpha_{\min}$ 变化到 $\alpha_{\max}$，这有利于在整个群体中均匀分配粒子的收敛能力，提高种群之间分工协作的能力，从而达到平衡整个种群的全局搜索能力和局部搜索能力的目的。已有文献证明：当 $\alpha < 1.7$ 时，粒子收敛于当前全局最优位置；当 $\alpha < 1.8$ 时，粒子发散，将逃离全局最优位置区域。所以为了保证粒子的收敛性，本节取 $\alpha_{\max} = 1.7$，$\alpha_{\min} = 0.5$。由以上分析可知，该改进算法能够提高 QPSO 算法的收敛速度，提高寻优能力。

3. 全局最优位置的双重更新策略

由标准 QPSO 基本原理可知，全局最优位置 P_g 是一个至关重要的位置，它指引着整个种群向最优解靠近，影响着最优解的质量和整体的收敛速度。有文献提出双中心粒子（广义中心粒子和狭义中心粒子）的思想，并利用该思想优化粒子群算法，但并未充分利用该双中心粒子。而另有文献提出每个粒子生成 5 个粒子，将这 5 个粒子在相应维度上协作，进而得到最优秀的一个位置，并将其作为最终的下一代。实验表明，相较于标准的 QPSO 算法，该算法具有更强的稳定性和寻优能力。但是也大大提高了算法的时间复杂度。本节从这两篇论文的思想出发，去粗取精，在复杂度和有效性之间寻找到一个平衡，提出一种全局最优位置的双重更新策略。第一种更新方式延续标准 QPSO 算法的更新思想。在第二种更新方式中，首先，将双中心思想从处于经典领域的 PSO 算法中移植到处于量子领域的 QPSO 算法中；其次，通过双中心粒子和当前全局最优位置在相应维度上合作来更新全局最优位置。在每次迭代中，两种更新方式交替进行。实验表明，此双重更新策略在保证复杂度相对较低的情况下，加速了全局最优位置向理论最优位置的逼近，增强了全局最优位置在种群中的指引作用，提高了算法的寻优能力和收敛速度。

由于双重更新思想的第一种更新方式和标准 QPSO 算法一致，因此重点介绍第二种更新方式，以求解适应度函数的最小值为例，具体阐述如下。

（1）双中心粒子——广义中心粒子（X^g）和狭义中心粒子（X^n），分别代表当前所有粒子个体最优位置中心和所有粒子当前位置中心。在本质上和其他粒子相同，是群体的组成部分，参与粒子间的共存与合作、个体优劣的比较以及全局最优位置的竞争等行为。其更新方式如式（11.1.28）、式（11.1.29）所示。

$$X^g = \frac{1}{N-2}(\sum_{i=1}^{N-2} P_{bi}) \tag{11.1.28}$$

$$X^n = \frac{1}{N-2}(\sum_{i=1}^{N-2} X_i) \tag{11.1.29}$$

式中，N 为粒子的个数；P_{bi} 为第 i 个粒子的个体最优位置。

（2）设

$$Y_1 = X^g = \frac{1}{N-2}(\sum_{i=1}^{N-2} P_{bi}) \tag{11.1.30}$$

$$Y_2 = X^n = \frac{1}{N-2}(\sum_{i=1}^{N-2} X_i) \tag{11.1.31}$$

$$Y_3 = P_g \tag{11.1.32}$$

引入替换合作机制，更新全局最优位置方法如图 11.1.1 所示，共分为以下 3 个步骤。

（1）分别将 $\boldsymbol{Y}_1$、$\boldsymbol{Y}_2$、$\boldsymbol{Y}_3$ 代入适应度函数中，保存适应度值最优的位置，设为 $\boldsymbol{Y}_1$；

（2）对于 $\boldsymbol{Y}_1$ 的每一维度，分别用 $\boldsymbol{Y}_2$、$\boldsymbol{Y}_3$ 的相应维度值进行替换，分别将替换后的位置代入适应度函数中，判断该位置是否比替换前优秀。若替换后的位置更加优秀，则用该位置更新 $\boldsymbol{Y}_1$。举例说明如下，对于 $\boldsymbol{Y}_1$ 的第一维 y_{11}，分别用 y_{21}、y_{31} 替换，可得到 $\boldsymbol{Y}_1' = (y_{21}, y_{12}, y_{13}, \cdots, y_{1D})$、

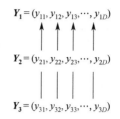

图 11.1.1　粒子各维度替换示意图

$\boldsymbol{Y}_1'' = (y_{31}, y_{12}, y_{13}, \cdots, y_{1D})$，将它们和 $\boldsymbol{Y}_1 = (y_{11}, y_{12}, y_{13}, \cdots, y_{1D})$ 分别代入适应度函数中，选出最优的位置，并用该位置更新 $\boldsymbol{Y}_1$。其他维度上类似，最终得到的最优位置不妨设为 $\boldsymbol{Y}'$。

（3）更新全局最优位置，令 $\boldsymbol{P}_g = \boldsymbol{Y}'$。

4．改进量子粒子群算法性能分析

（1）广义中心粒子和狭义中心粒子携带了群体的社会知识，如果对其充分利用，则能提高粒子的社会学习能力，加速收敛。而标准 QPSO 中并未涉及该双中心粒子。

（2）在全局最优位置的双重更新方式中，第一种方式延续了标准 QPSO 的更新思想，具有简单易操作、时间复杂度低的特点，但也存在着不足，具体分析如下。在第一种更新方式中，如果当前位置比全局最优位置优秀，则全局最优位置被该位置整体代替。而对于单个维度来说，并不意味着该维度值向着理论最优位置的相应维度值靠近了；因为虽然当前位置比全局最优位置优秀，只能说明当前位置的适应度函数值比全局最优值好，并不能说明当前位置的每一维度都更接近于理论全局最优位置。举例说明：假设求解某适应度函数的最小值，其理论最优位置为 $\boldsymbol{X}_g = (20, 20, 20)$，当前最优位置为 $\boldsymbol{X}_g' = (10, 11, 12)$，当前粒子位置为 $\boldsymbol{X} = (19, 3, 8)$，若 $\mathrm{fitness}(\boldsymbol{X}) < \mathrm{fitness}(\boldsymbol{X}_g')$，则更新 $\boldsymbol{X}_g'$，$\boldsymbol{X}_g' = \boldsymbol{X}$。由更新前后的全局最优位置对比可知，更新后的全局最优位置，虽然适应度函数值优化了，但是第二维和第三维的维度值却距离理论最优位置更远了。所以更新策略并不好。第二种更新方式充分考虑到第一种方式的不足，利用合作机制更新全局最优位置，能够使全局最优位置的每一维度值，根据自身具体的情况灵活地选择更有利于自身发展的值，避免了第一种方式维度同时更新的缺点。由此可见，本节提出的双重更新思想，将更新方式一和方式二有效结合，保持了方式一算法简单、时间复杂度低的优点，同时，方式二在保持算法复杂度相对较低的前提下，大大加速了全局最优位置向理论最优位置的逼近步伐，提高了全局最优位置在迭代过程中的指导作用，从而加快了种群的收敛速度。

11.1.4　算法性能测试

通过 4 个常用测试函数，从固定迭代次数和固定精度两个角度，比较标准 QPSO 算法、应用文献[4]双中心思想的 QPSO 算法（记为 DQPSO）及本节提出的 AQPSO 算法的性能，并对其分析。测试函数如表 11.1.1 所示。

表 11.1.1　测试函数描述

函数	表　达　式	初始化范围	搜索范围	最小值位置	最小值	函　数　特　点
Sphere 函数	$f_1(x) = \sum_{i=1}^{D} x_i^2$	[50,100]	[-100,100]	[0,0,…,0]	0	非线性对称单峰函数，主要用于检测算法的寻优精度

（续表）

函数	表 达 式	初始化范围	搜索范围	最小值位置	最小值	函 数 特 点
Rosenbrock 函数	$f_2(x)=\sum_{i=1}^{D}(100(x_{i+1}-x_i^2)+(x_i-1)^2)$	[15,30]	[-30,30]	[1,1,⋯,1]	0	最小值位于抛物线形的山谷中（又称香蕉山谷），山谷值变化很小，很难找到全局最小值
Rastrigrin 函数	$f_3(x)=\sum_{i=1}^{D}(x_i^2-10\cos(2\pi x_i)+10)$	[2.56,5.12]	[-5.12,5.12]	[0,0,⋯,0]	0	复杂的多峰函数，具有大量的局部最优点，算法容易陷入局部最优
Griewank 函数	$f_4(x)=\frac{1}{4000}\sum_{i=1}^{D}x_i^2-\prod_{i=1}^{D}\cos(\frac{x_i}{\sqrt{i}})+1$	[300,600]	[-600,600]	[0,0,⋯,0]	0	旋转、不可分离的多峰函数，维度越高，局部最优的范围越窄，寻优越容易

首先，在固定迭代次数进行测试时，参数设置为：粒子数 $N=20$；运行 50 次；维度用 D 表示；最大迭代次数用 G_{max} 表示。测试结果如表 11.1.2 和图 11.1.2 所示。

表 11.1.2　固定迭代次数的测试结果

函数	D	G_{max}	算法	平均值	最优值	最差值	标准差
f_1	10	1000	QPSO	3.141e-38	2.487e-54	1.503e-36	1.125e-37
			DQPSO	5.629e-35	2.555e-49	2.786e-33	3.939e-34
			AQPSO	4.675e-126	6.703e-144	2.283e-124	3.228e-125
	20	1500	QPSO	1.200e-20	1.908e-27	4.193e-19	6.045e-20
			DQPSO	1.524e-21	3.269e-27	2.604e-20	4.495e-21
			AQPSO	1.600e-116	1.029e-127	7.075e-115	9.994e-116
	30	2000	QPSO	2.224e-13	2.275e-18	9.110e-12	1.286e-12
			DQPSO	1.851e-15	3.060e-20	7.605e-14	1.079e-14
			AQPSO	1.360e-98	1.300e-109	6.711e-97	9.489e-98
f_2	10	1000	QPSO	17.633	0.022	245.698	45.322
			DQPSO	16.453	0.262	355.087	49.222
			AQPSO	13.171	1.057	23.467	6.037
	20	1500	QPSO	73.473	10.230	485.351	97.062
			DQPSO	82.116	3.702	371.944	68..521
			AQPSO	17.619	0.676	212.227	28.644
	30	2000	QPSO	86.882	15.898	506.583	97.265
			DQPSO	74.512	0.170	263.626	46.895
			AQPSO	22.021	0.518	219.647	41.180
f_3	10	1500	QPSO	4.497	4.583e-4	10.959	2.410
			DQPSO	5.949	1.097	24.875	4.661
			AQPSO	1.606e-6	0	8.030e-5	1.136e-5
	20	2000	QPSO	19.076	6.972	65.670	12.079
			DQPSO	19.704	5.970	99.506	14.206
			AQPSO	0	0	0	0
	30	2500	QPSO	42.461	17.938	92.953	17.098
			DQPSO	39.782	14.933	88.518	15.668
			AQPSO	0	0	0	0

（续表）

函数	D	$G_{\max}$	算法	平均值	最优值	最差值	标准值
f_4	10	1000	QPSO	7.580e-2	7.700e-3	2.035e-1	5.120e-2
			DQPSO	7.200e-2	5.551e-16	1.439e-1	3.440e-2
			AQPSO	5.150e-2	1.962e-8	1.156e-1	3.040e-2
	20	1500	QPSO	2.480e-2	0	1.732e-1	3.190e-2
			DQPSO	1.690e-2	0	9.340e-2	1.920e-2
			AQPSO	3.890e-2	0	1.178e-1	2.840e-2
	30	2000	QPSO	1.180e-2	5.107e-15	4.190e-2	1.220e-2
			DQPSO	6.400e-3	0	3.680e-2	9.000e-3
			AQPSO	2.810e-2	0	1.566e-1	3.270e-2

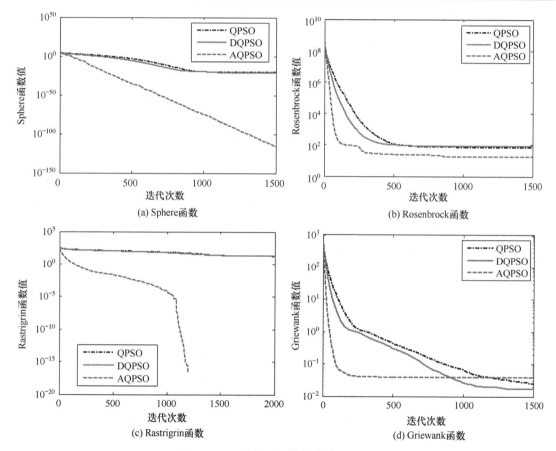

图 11.1.2 4 种测试函数的算法性能比较

对于函数 f_1、f_3，从各个参数角度分析，AQPSO 的性能均远远优于 QPSO 和 DQPSO；而 f_1 主要用于测试算法的寻优精度，f_3 主要用于测试算法跳出局部最优的能力，所以 AQPSO 算法的寻优能力和避免早熟的能力较强，验证了前面的结论。对于函数 f_2，低维时，AQPSO 的平均值稍优，最优值稍差，但是最差值和标准差的性能却远远好于 QPSO 和 DQPSO；高维时，AQPSO 较优。综合评估，在优化 f_2 时，AQPSO 仍然优于 QPSO 和 DQPSO。但是相对于 f_2 的理论最优值，AQPSO 的寻优结果仍然不够理想。这是因为 f_2 本身就是一个病态函数，全局最优点位于平滑且变化缓慢的抛物形山谷中，目前的群智能算法大都很难找到该全局最优点。对于函数 f_4，低维时，AQPSO 优于另外两种算法；高维时，AQPSO 稍差。

对于函数 f_1，AQPSO 具有一直逼近全局最优位置的趋势，而 QPSO 和 DQPSO 在迭代中期就陷入了局部最优。对于函数 f_2，AQPSO 在 250 次左右收敛，而 QPSO 和 DQPSO 要在 500 次左右才收敛，AQPSO 的收敛速度较快，并且其收敛函数值也较优。对于函数 f_3，QPSO 和 DQPSO 的适应度函数值在整个迭代过程中变化很小，在迭代初期就陷入了局部最优，克服早熟的能力较差；而 AQPSO 算法的收敛速度较快，并且在迭代 1200 次左右时就达到了理论最优值 0。对于函数 f_4，AQPSO 的最终适应度函数值虽然相对 QPSO 和 DQPSO 稍差，但其收敛速度却提高了许多。综上所述，相比于 QPSO 和 DQPSO，AQPSO 的收敛速度较快，寻优能力较强。

其次，在固定精度的测试中，参数设置为：粒子数 $N = 20$，运行 50 次；f_1 的终止精度为 10^{-10}，f_2 终止精度为 20，f_3 的终止精度为 0.1，f_4 的终止精度为 0.1。测试结果如表 11.1.3 所示。其中，成功次数指 50 次运行中，在最大迭代次数的限制下，能够达到所需精度的运行次数；失败次数=50-成功次数；平均迭代次数指在成功运行条件下的平均迭代次数；平均时间指成功运行条件下的平均消耗时间。平均迭代次数和平均时间分别为

$$平均迭代次数 = (\sum_{i=1}^{n} m_i)/n \tag{11.1.33}$$

$$平均时间 = (\sum_{i=1}^{n} t_i)/n \tag{11.1.34}$$

式中，n 表示成功次数；m_i 是第 i 个成功运行过程终止时的迭代次数；t_i 表示第 i 个成功运行过程终止时所消耗的时间。

表 11.1.3　固定精度的测试结果

函数	D	G_{max}	算法	平均迭代次数	平均时间	成功次数	失败次数
f_1	10	1000	QPSO	329.700	0.308	50	0
			DQPSO	313.020	0.273	50	0
			AQPSO	107.220	0.148	50	0
	20	1500	QPSO	689.380	0.689	50	0
			DQPSO	620.760	0.580	50	0
			AQPSO	173.280	0.318	50	0
	30	2000	QPSO	1094.620	1.214	50	0
			DQPSO	944.340	0.990	50	0
			AQPSO	266.820	0.641	50	0
f_2	10	1000	QPSO	242.476	0.217	42	8
			DQPSO	264.313	0.210	48	2
			AQPSO	195.511	0.325	47	3
	20	1500	QPSO	514.316	0.491	19	31
			DQPSO	509.476	0.452	21	29
			AQPSO	188.455	0.488	44	6
	30	2000	QPSO	988.000	1.047	1	49
			DQPSO	985.167	0.924	6	44
			AQPSO	311.884	1.064	43	7

（续表）

函数	D	G_{max}	算法	平均迭代次数	平均时间	成功次数	失败次数
f_3	10	1500	QPSO	—	—	0	50
			DQPSO	985.000	0.906	1	49
			AQPSO	207.360	0.230	50	0
	20	2000	QPSO	—	—	0	50
			DQPSO	—	—	0	50
			AQPSO	245.060	0.341	50	0
	30	2500	QPSO	—	—	0	50
			DQPSO	—	—	0	50
			AQPSO	319.900	0.566	50	0
f_4	10	1000	QPSO	677.300	0.685	40	10
			DQPSO	639.421	0.607	38	12
			AQPSO	84.520	0.125	50	0
	20	1500	QPSO	748.100	0.851	50	0
			DQPSO	735.939	0.738	49	1
			AQPSO	97.913	0.217	46	4
	30	2000	QPSO	908.660	1.069	50	0
			DQPSO	774.540	0.857	50	0
			AQPSO	198.660	0.621	47	3

说明："—"表示此项不存在，说明成功次数为 0，不存在平均迭代次数或平均时间。

由此可知，对于函数 f_1，成功次数均为 50，表明在规定的最大迭代次数内，三种算法均能达到固定精度 10^{-10} 的要求，说明三种算法的可行性和稳定性都较好；但是 AQPSO 的平均迭代次数和平均迭代时间远远小于另外两种算法，说明 AQPSO 的收敛速度得到了很大的提升。对于函数 f_2，在平均时间上三者相差不大，但是 AQPSO 的成功次数远远多于另外两种算法，说明虽然 AQPSO 的收敛速度优势不大，但是在可行性和稳定性方面具有很大的优势。对于函数 f_3，QPSO 和 DQPSO 的成功次数均接近于 0，而 AQPSO 却均为 50。说明要求达到固定精度 0.1 时，QPSO 和 DQPSO 几乎不可行，而 AQPSO 可行。对于函数 f_4，三者在成功次数上相近，说明其可行性和稳定性相近；但在平均迭代次数和平均时间方面，AQPSO 较小，体现了 AQPSO 在收敛速度方面具有较大的优势。综上所述，AQPSO 的收敛速度和寻优能力远远优于 QPSO 和 DQPSO。

11.2　量子蚁群优化算法

11.2.1　二进制编码的量子蚁群优化算法

2007 年，王灵等提出了一种二进制编码的量子蚁群优化算法（QACO）。它采用量子比特编码表示蚂蚁的信息素，寻优迭代过程中通过量子旋转门对信息素进行更新操作，其基本思想为：① 采用量子比特编码表示蚁群信息素，通过量子旋转门更新全局信息素值；② 采用伪随机概率判定机制，通过测量量子比特信息素得到蚂蚁信息素选择路径。

1. QACO 算法原理

在 QACO 中, 蚂蚁通过伪随机概率选择机制, 测量得出由蚂蚁出发点到达食物 (目标点) 的一条路径, 该路径被视为当前寻找到的一组目标解的二进制表示。伪随机概率选择机制, 如图 11.2.1 所示。

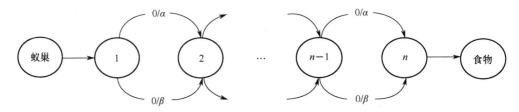

图 11.2.1　QACO 伪随机选择

对于图 11.2.1 中的路径点 $j=1,2,\cdots,n$, 采用的是量子位的二进制编码表示形式, 表示当前路径点上信息素的量子比特状态, 则整个路径的量子信息素可以表示为

$$\boldsymbol{\tau} = \begin{bmatrix} \tau_{1,\alpha} & \tau_{2,\alpha} & \cdots & \tau_{n,\alpha} \\ \tau_{1,\beta} & \tau_{2,\beta} & \cdots & \tau_{n,\beta} \end{bmatrix} \tag{11.2.1}$$

QACO 的伪随机概率选择过程就是基于概率的量子态测量过程, 即

若 $p>p_e$, 则

$$\text{path}_{i,j} = \begin{cases} 0, & \tau_{i,\alpha}^2 \geqslant \tau_{i,\beta}^2 \\ 1, & \text{其他} \end{cases} \tag{11.2.2}$$

若 $p \leqslant p_e$, 则

$$\text{path}_{i,j} = \begin{cases} 0, & r \geqslant c \\ 1, & \text{其他} \end{cases} \tag{11.2.3}$$

式中, r 为区间 [0,1] 内的随机数; c 为区间 [0,1] 内的一个常数。在选择的过程中, p 是随机产生的一个区间 [0,1] 内的随机数; p_e 是伪随机选择过程的一个重要参数, 当 p_e 取值较大时, 能够有效加速算法的收敛; 当 p_e 取值较小时, 能够有效避免算法陷入局部最优。

当通过伪随机概率选择公式, 完成蚂蚁路径判定之后, 需要通过量子旋转门, 对当前状态下量子信息素进行更新操作, 具体的量子旋转角采用查表法, 如表 11.2.1 所示。

表 11.2.1　量子旋转角查询表

x_i	b_i	$f(x)>f(b)$	$\Delta\theta_i$	$s(\alpha_i,\beta_i)$			
				$\alpha_i\beta_i>0$	$\alpha_i\beta_i<0$	$\alpha_i=0$	$\beta_i=0$
0	0	False	0.01π	-1	$+1$	±1	±1
0	0	True	0.01π	-1	$+1$	±1	±1
0	1	False	0.025π	-1	$+1$	±1	±1
0	1	True	0.025π	$+1$	-1	±1	±1
1	0	False	0.025π	$+1$	-1	±1	±1
1	0	True	0.025π	-1	-1	±1	±1
1	1	False	0.01π	$+1$	-1	±1	±1
1	1	True	0.01π	$+1$	-1	±1	±1

2. QACO 算法流程

QACQ 算法流程如下。

（1）算法参数初始化。设定蚂蚁个数 K、节点数 n、p_e 及 c 的值。

（2）信息素初始化。

（3）构造可行解。利用伪随机概率选择过程，选择出蚂蚁由"蚁巢"到"食物"的相应路径，每条路径及对应为一条优化目标的可行解，对应计算出其适应度值。

（4）记录最优解，并采用查表法更新量子旋转门，依据最优解对信息素进行全局更新。

（5）判断是否达到最大迭代次数，若是，则转至步骤（6）；否则，跳回至步骤（3）。

（6）算法终止，输出最优解。

11.2.2　连续量子蚁群优化算法

2009 年，李士勇、李盼池等提出了一种连续量子蚁群优化算法（Continuous Quantum Ant Colony Optimization Algorithm，CQACO），该算法对蚂蚁位置采用量子比特编码表示，通过量子旋转门完成蚂蚁位置的更新操作，其基本思想为：① 采用量子比特编码表示蚂蚁位置，通过量子旋转门实现蚂蚁位置移动；② 蚂蚁信息素更新采用驻留点式更新，信息素不是分散在全部路径上，而是集中于目标位置点上；③ 引入量子变异操作。CQACO 的基本原理和主要框架如下。

1. CQACO 原理

蚂蚁种群数目为 m，蚂蚁 $k(k=1,2,\cdots,m)$ 所占据的初始位置用量子比特表示为

$$X_k = \begin{vmatrix} \cos\varphi_{k1} & \cos\varphi_{k2} & \cdots & \cos\varphi_{kn} \\ \sin\varphi_{k1} & \sin\varphi_{k2} & \cdots & \sin\varphi_{kn} \end{vmatrix} \tag{11.2.4}$$

设 $\tau(x_r)$ 为第 k 只蚂蚁在位置 x_r 处的信息素强度，$\eta(x_r)$ 为 x_r 处的可见度，初始时刻将信息素强度及可见度全部设为一个定值。在该算法中，蚂蚁采用如下转移概率公式实现蚂蚁的位置移动。

$$x_s = \begin{cases} \arg\max\limits_{x_s \in X}\{[\tau(x_s)]^{\alpha}[\eta(x_s)]^{\beta}\}, & q \leqslant q_0 \\ \tilde{x}_s & , q > q_0 \end{cases} \tag{11.2.5}$$

$$p(x_s) = \frac{[\tau(x_s)]^{\alpha}[\eta(x_s)]^{\beta}}{\sum\limits_{x_s,x_u \in X}[\tau(x_u)]^{\alpha}[\eta(x_u)]^{\beta}} \tag{11.2.6}$$

式中，q 为区间 $[0,1]$ 内的随机数；q_0 为一个区间 $[0,1]$ 内的常数。

在 CQACO 中，蚂蚁通过量子旋转门实现由当前蚂蚁位置点到目标蚂蚁位置点的移动，该过程通过量子旋转门改变自身携带的量子比特相位实现，即

$$X_s = U(\theta) \cdot X_r \tag{11.2.7}$$

式中，X_r 为当前蚂蚁所在位置的量子比特矩阵表示；X_s 为目标位置的量子比特矩阵表示。$U(\theta)$ 为量子旋转门，其量子旋转角 θ 表示为

$$\theta = -\mathrm{sgn}(A_i)\theta_0 \mathrm{e}^{-t} \tag{11.2.8}$$

其中

$$A_i = \begin{vmatrix} \cos\varphi_{ri} & \cos\varphi_{si} \\ \sin\varphi_{ri} & \sin\varphi_{si} \end{vmatrix} \tag{11.2.9}$$

式中，θ_0 为迭代初值；t 为优化步数。

CQACO 中引入了变异机制，其变异思想为：随机选择若干只蚂蚁，再随机对其携带的若干个量子比特通过量子非门作用，实现两个概率幅的互换，达到空间位置的变异作用。具体变异过程可描述为

$$\begin{bmatrix} 0 & 1 \\ 1 & 0 \end{bmatrix} \begin{bmatrix} \cos\varphi_{si} \\ \sin\varphi_{si} \end{bmatrix} = \begin{bmatrix} \sin\varphi_{si} \\ \cos\varphi_{si} \end{bmatrix} \tag{11.2.10}$$

由于蚂蚁的位置的表示采用的是实数编码的形式，其取值范围对应为[-1,1]，因此，每只蚂蚁完成一步搜索后，需要将当前位置的解空间映射到优化问题的解空间，解空间之间映射的操作过程描述为

$$X_{isc} = \frac{1}{2}[b_i(1+\cos\varphi_{si}) + a_i(1-\cos\varphi_{si})] \tag{11.2.11}$$

$$X_{iss} = \frac{1}{2}[b_i(1+\sin\varphi_{si}) + a_i(1-\sin\varphi_{si})] \tag{11.2.12}$$

式中，a_i 和 b_i 分别为优化问题解空间的变量取值范围（这里假设待优化问题为二维空间的优化问题），X_{isc} 和 X_{iss} 分别为空间映射之后的解。

在蚂蚁完成一步搜索及解空间映射后，需要信息素及可见度做局部更新操作，记蚂蚁前一位置为 x_q，当前位置为 x_r，移动后的位置为 x_s，局部更新规则为

$$\tau(x_s) = \tau(x_r) + \operatorname{sgn}(\Delta fit) \times |\Delta fit|^\alpha \tag{11.2.13}$$

$$\Delta fit = fit(x_s) - fit(x_r) \tag{11.2.14}$$

$$\eta(x_s) = \eta(x_r) + \operatorname{sgn}(\Delta\partial fit) \times |\Delta\partial fit|^\beta \tag{11.2.15}$$

$$\Delta\partial fit = \max_{1\leqslant i\leqslant n}\left(\frac{\partial fit}{\partial x_{si}}\right) - \max_{1\leqslant i\leqslant n}\left(\frac{\partial fit}{\partial x_{ri}}\right) \tag{11.2.16}$$

当 fit 不是可微函数时，$\Delta\partial fit$ 采用其一阶差分，为

$$\Delta\partial fit = \max_{1\leqslant i\leqslant n}\left(\frac{fit(x_s) - fit(x_r)}{x_{si} - x_{ri}}\right) - \max_{1\leqslant i\leqslant n}\left(\frac{fit(x_r) - fit(x_q)}{x_{ri} - x_{qi}}\right) \tag{11.2.17}$$

式中，α 和 β 分别为表征信息素和可见度重要程度的系数，$0\leqslant\alpha,\beta\leqslant 1$。

当所有蚂蚁完成一次循环之后，进行信息素全局更新，更新公式为

$$\tau(x_u) = \begin{cases} (1-\rho)\tau(x_u) + \rho\, fit(x_u), & x_u = \tilde{x} \\ (1-\rho)\tau(x_u) & , x_u \neq \tilde{x} \end{cases} \tag{11.2.18}$$

2. CQACO 流程

CQACO 流程如下。

（1）初始化。设定初始蚂蚁个体信息素和可见度为一个常数值 c，设定变异概率为 p_m，全局最大迭代为 Max，当前迭代次数 t 为 0。随机产生初始种群

$$X_k = \begin{vmatrix} \cos\varphi_{k1} \\ \sin\varphi_{k1} \end{vmatrix} \begin{vmatrix} \cos\varphi_{k2} \\ \sin\varphi_{k2} \end{vmatrix} \cdots \begin{vmatrix} \cos\varphi_{kn} \\ \sin\varphi_{kn} \end{vmatrix} \tag{11.2.19}$$

（2）选择蚂蚁的移动目标，通过量子旋转门实现蚂蚁的位置移动，按变异概率对蚂蚁位置用量子非门进行变异操作。

（3）进行当前解空间与优化目标解空间的映射，计算相应适应度函数值以偏导数。

（4）更新局部信息素和可见度，判断是否所有蚂蚁全部完成当前目标位置移动，若是，则进入步骤（5）；否则，跳回步骤（2）。

（5）更新全局信息素。

（6）判定算法是否达到最大选代Max，若未达到，则转回至步骤（2），否则，输出结果。

11.2.3　量子蚁群优化算法的改进策略

量子蚁群优化算法的改进策略是借鉴于 QACO 的寻优策略，并引入了自适应相位旋转的特点，而提出的一种基于自适应相位旋转角的二进制量子蚁群优化算法（Adaptive Phase Binary Quantum Ant Colony Optimization Algorithm，BQACO）。该算法的核心思想是：① 采用量子比特编码表示蚂蚁信息素，通过量子旋转门实现信息素矩阵的更新；② 采用自适应相位调制量子旋转角的大小和方向；③ 引入了量子变异操作。

设定蚂蚁数目为 m，寻优路径上信息素点数为 n，对应每个路径点上的信息素，用二进制编码的量子比特表示为 $\boldsymbol{\tau}_i = \begin{bmatrix} \tau_{i0} \\ \tau_{i1} \end{bmatrix}$，其中 $i = 1, 2, \cdots, n$，则整个路径上的信息素矩阵可表示为

$$\boldsymbol{\tau} = \begin{bmatrix} \tau_{10} & \tau_{20} & \cdots & \tau_{n0} \\ \tau_{11} & \tau_{21} & \cdots & \tau_{n1} \end{bmatrix} \tag{11.2.20}$$

1．路径上信息素的选择

对于 BQACO 信息素矩阵的更新，采用的是 QACO 中信息素的路径选择策略，即对应任意点 $i = 1, 2, \cdots, n$ 上量子比特所表示的信息素，采用概率选择的方式，依据概率幅和设定的概率大小，通过测量得到一个确定的信息素选择点，从而依次测量路径上的 n 个信息素点，完成一次蚂蚁的路径选择，具体如下。

设定一个常数值 c，随机产生一个区间 $[0,1]$ 内的 p，信息素路径选择规则为

若 $p \leqslant p_e$，则

$$\text{path}_{i,i+1} = \begin{cases} 0, & \tau_{i0}^2 \geqslant \tau_{i1}^2 \\ 1, & \tau_{i0}^2 < \tau_{i1}^2 \end{cases} \tag{11.2.21}$$

若 $p > p_e$，随机产生一个区间 $[0,1]$ 内的 r，则

$$\text{path}_{i,i+1} = \begin{cases} 0, & r \geqslant c \\ 1, & r < c \end{cases} \tag{11.2.22}$$

式中，p_e 为一个重要参数，关于 p_e 取值大小对算法性能的影响，现做以下理论分析。

当 p_e 较大时，大多数路径选择满足式（11.2.21），则蚂蚁选择下一个信息素点是依据量子比特概率幅的大小，而概率幅越大则表示当前点的信息素越多，蚂蚁越会朝着信息素多的点聚集。

当 p_e 较小时，大多数路径选择满足式（11.2.22），则蚂蚁选择下一个信息素点是依据概率判断来决定，使得蚂蚁的路径选择具有一定的随机性，这样可以有效地避免因概率幅过大而导致的局部收敛的问题。

本节的 p_e 参考 QACO 选取为

$$p_e = 0.93 - 0.15(t + G_{\max}) / G_{\max} \tag{11.2.23}$$

式中，t 为当前迭代次数，$G_{\max}$ 为限度最大迭代次数。

2．量子旋转角自适应

每当蚂蚁完成当前的路径选择，通过量子旋转门对路径上的信息素进行更新操作，这里的量子旋转角 $\Delta\theta_i$ 更新公式为

$$\Delta\theta_i = -\mathrm{sgn}(A_i)\cdot\Delta\theta \qquad (11.2.24)$$

式中，$-\mathrm{sgn}(A_i)$ 为量子旋转角的方向；$\Delta\theta$ 为量子旋转角的大小。

$$A_i = \begin{bmatrix} \alpha_0 & \alpha_1 \\ \beta_0 & \beta_1 \end{bmatrix} \qquad (11.2.25)$$

式中，α_0 和 β_0 对应为当前搜索到的全局最优解相应量子位的信息素概率幅；α_1 和 β_1 对应为当前解中相应量子位的信息素概率幅。当 $A_i \neq 0$ 时，转角方向为 $-\mathrm{sgn}(A_i)$；当 $A_i = 0$ 时，方向取正、负均可。量子旋转门中旋转角大小的调整策略，即

$$\Delta\theta = P - \frac{P-Q}{G_{\max}}t \qquad (11.2.26)$$

其中，P 为转角取值上界；Q 为转角取值下界；$G_{\max}$ 为全局最大迭代次数；t 为当前迭代次数。当迭代 t 较小时，可知 $\Delta\theta$ 接近 P，也就是转角取值上界，此时旋转角度较大，能够保证在算法初期通过量子旋转门快速旋转至目标点。当迭代 t 较大时，此时 $\Delta\theta$ 逐渐接近 Q，即转角取值下界，此时旋转角度较小，能够保证算法通过量子旋转门在局部目标区域内搜索，有效提高了算法的搜索精度。

3．量子非门变异

本节采用量子非门对量子比特编码的信息素矩阵进行变异操作，首先根据变异概率随机选择一只蚂蚁所对应的信息素矩阵，通过量子非门对随机选择的若干个量子位施加变换，使该对应位置的两个概率幅互换。变异过程可描述为

$$\begin{bmatrix} 0 & 1 \\ 1 & 0 \end{bmatrix}\begin{bmatrix} \tau_{i0} \\ \tau_{i1} \end{bmatrix} = \begin{bmatrix} \tau_{i1} \\ \tau_{i0} \end{bmatrix} \qquad (11.2.27)$$

4．BQACO 流程

BQACO 流程如下。

（1）算法参数初始化。蚂蚁个数 m，路径信息素点数 n，设定 p_e、c 及变异概率 p_m 的值。

（2）初始化 $\boldsymbol{\tau} = [\tau_1, \tau_2, \cdots \tau_m]$，其中

$$\tau_i = \begin{bmatrix} 1/\sqrt{2} & 1/\sqrt{2} & \cdots & 1/\sqrt{2} \\ 1/\sqrt{2} & 1/\sqrt{2} & \cdots & 1/\sqrt{2} \end{bmatrix}_{2\times m} \qquad (11.2.28)$$

（3）构造可行解。每只蚂蚁通过信息素路径选择规则选择出一条路径，即当前蚂蚁的可行解，对应计算其适应度值。

（4）记录最优解。采用自适应旋转角的量子旋转门进行信息素更新操作，更新需依据当前解以及全局最优解。

（5）用量子非门按照变异概率实现信息素矩阵的变异操作。

（6）判断是否达到最大迭代次数，若不满足，则跳转至步骤（3）；否则，转至步骤（7）。

（7）算法终止，输出最优解。

11.2.4　算法性能测试

采用 5 个常用的标准测试函数，验证提出的改进的 BQACO，并通过对比 QACO 与 CQACO 来检验 BQACO 的性能。

Rosenbrock 函数为

$$f_1(x,y)=100(x^2-y)^2+(1-x)^2 \tag{11.2.29}$$

其中，$x \geqslant -2.048, y \leqslant 2.048$，该函数为单峰函数，具有全局极小值 $f(1,1)=0$。

Bohachevsky 函数为

$$f_2(x,y)=0.3\cos3\pi x-0.3\cos4\pi y-x^2-y^2-0.3 \tag{11.2.30}$$

其中，$x \geqslant -1, y \leqslant 1$，该函数为多峰函数，具有全局极大值 0.24003441039434。

Coldsterin-Price 函数为

$$f_3(x,y)=[1+(x+y+1)^2 \cdot (19-14x+3x^2-14y+6xy+3y^2)] \cdot$$
$$[30+(2x-3y)^2 \cdot (18-32x+12x^2+48y-36xy+27y^2)] \tag{11.2.31}$$

其中，$x \geqslant -2, y \leqslant 2$。

Shaffer 函数为

$$f_4(x,y)=10\cos(2\pi x)+10\cos(2\pi y)-x^2-y^2-20 \tag{11.2.32}$$

其中，$x \geqslant -5.12, y \leqslant 5.12$，该函数为典型的多峰函数，有很多个局部极大值，全局极大值为 0，对应的全局极大值点为(0,0)。

多峰函数为

$$f_5(x,y)=-(x^2+y^2)^{0.25}(\sin^2(50(x^2+y^2)^{0.1})+1.0) \tag{11.2.33}$$

其中，$x \geqslant -5.12, y \leqslant 5.12$，该函数有无数个局部极大值点，全局极大值为 0，对应的全局极大值点为(0,0)。

下面给出基于以上 F1～F5 这 5 个标准测试函数的 BQACO、QACO 及 CQACO 的优化结果对比，结果如表 11.2.2 及图 11.2.2 所示。

表 11.2.2　三种算法的优化性能对比

函数	算法	最优值	最差值	平均值	收敛次数	平均步数
F1	BQACO	1.239e−06	5.436e−04	2.813e−05	49	43
	QACO	2.934e−04	1.874e−02	7.436e−03	45	126
	CQACO	1.127e−04	4.139e−03	5.872e−04	46	78
F2	BQACO	0.2400	0.2347	0.2393	50	66
	QACO	0.2399	0.2218	0.2318	44	156
	CQACO	0.2400	0.2005	0.2288	47	84
F3	BQACO	3.0001	3.0895	3.0038	50	98
	QACO	3.0041	3.1462	3.0274	48	244
	CQACO	3.0023	3.0986	3.0249	46	167
F4	BQACO	−1.135e−05	−2.784e−04	−1.943e−04	48	178
	QACO	−8.129e−02	−1.064e−01	−3.571e−01	43	367
	CQACO	−2.647e−04	−1.054e−02	−7.836e−03	47	283
F5	BQACO	−0.0089	−0.4066	−0.1008	46	165
	QACO	−0.0203	−0.1005	−0.0724	43	338
	CQACO	−0.0144	−0.9078	−0.0647	46	217

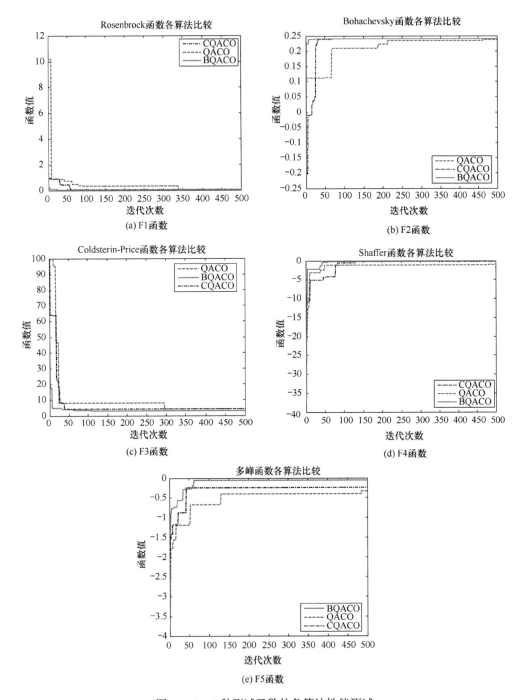

图 11.2.2　5 种测试函数的各算法性能测试

　　从表 11.2.2 和图 11.2.2 可以看出，对于 F1～F4 函数，BQACO 平均迭代次数比 QACO 和 CQACO 小，收敛次数最多，且优化结果最接近最优值，同时收敛稳定性最佳。对于 F5 多峰函数，BQACO 平均迭代次数比 QACO 和 CQACO 小，收敛次数与 CQACO 相当，优化结果最接近最优值，同时算法收敛性、稳定性最佳。结果验证了 BQACO 的优越性，表明了对蚂蚁信息素采用量子比特编码，通过自适应相位旋转更新和变异操作，能够有效加快算法收敛，并显著提高算法全局寻优收敛能力。无论是从数据对比还是图形收敛曲线，

BQACO 均达到了很好的效果。

11.3 量子菌群优化算法

量子菌群优化算法（Quantum Bacterial Foraging Optimization, QBFO）是把量子进化算法和菌群优化算法相结合形成的一种新的优化算法。在 QBFO 中，引入量子染色体和基因的概念，将细菌种群和位置信息分别编码成量子染色体和基因信息，对染色体进行二进制编码，借助量子遗传算法的思想，由于染色体的状态处于叠加或纠缠状态，每个状态并不是确定的，而是概率存在的，因此要对染色体进行测量坍缩成固定态。而同时采用将量子旋转门作用于量子染色体更新其状态，这样趋化操作不是针对每个细菌个体分别进行翻转和前进操作，而是将旋转门进行旋转，使其相位发生改变，从而改变各基态的概率幅。

11.3.1 量子染色体与量子二进制编码

QBFO 是一种基于量子比特的编码方式，把细菌个体看作量子染色体，细菌种群均由量子染色体构成，用一对复数定义量子比特位，一个系统如果只有一个量子位，则量子位状态可以描述为 $|\psi = \alpha|0 + \beta|1$，其中 α 和 β 称为量子态的概率幅，二者均为复数，并且始终满足式 $|\alpha|^2 + |\beta|^2 = 1$。若一个系统由 m 个量子位组成，则该系统可以同时描述 2^m 个状态，类似一个量子位的概率幅表示式 $\begin{bmatrix} \alpha \\ \beta \end{bmatrix}$，则 m 个量子位可以定义为

$$\begin{bmatrix} \alpha_1 & \alpha_2 & ... & \alpha_m \\ \beta_1 & \beta_2 & ... & \beta_m \end{bmatrix} \tag{11.3.1}$$

式中，α_i 和 β_i 满足

$$|\alpha_i|^2 + |\beta_i|^2 = 1, i = 1, 2, \cdots, m \tag{11.3.2}$$

式中，$|\alpha_i|^2$ 和 $|\beta_i|^2$ 分别表示测量时系统坍塌成 $|0\rangle$ 和 $|1\rangle$ 的概率。

假如有一个 4 比特量子系统，若有 4 对概率幅

$$\begin{bmatrix} 1/\sqrt{2} & 1 & 1/2 & 1/3 \\ 1/\sqrt{2} & 0 & \sqrt{3}/2 & 2\sqrt{2}/3 \end{bmatrix} \tag{11.3.3}$$

则该系统状态可以描述为

$$\frac{1}{6\sqrt{2}}|0000\rangle + \frac{1}{3}|0001\rangle + \frac{1}{2\sqrt{6}}|0010\rangle + \frac{1}{\sqrt{3}}|0011\rangle +$$

$$\frac{1}{6\sqrt{2}}|1000\rangle + \frac{1}{3}|1001\rangle + \frac{1}{2\sqrt{6}}|1010\rangle + \frac{1}{\sqrt{3}}|1011\rangle \tag{11.3.4}$$

以上结果说明，系统呈现 $|0000\rangle$ 和 $|1000\rangle$ 的概率均为 $\frac{1}{72}$，$|0001\rangle$ 和 $|1001\rangle$ 的概率均为 $\frac{1}{9}$，$|0010\rangle$ 和 $|1010\rangle$ 的概率均为 $\frac{1}{24}$，$|0011\rangle$ 和 $|1011\rangle$ 的概率均为 $\frac{1}{3}$，$|0100\rangle$、$|0101\rangle$、$|0110\rangle$、$|0111\rangle$、$|1100\rangle$、$|1101\rangle$、$|1110\rangle$、$|1111\rangle$ 的概率均为 0。所以由式（11.3.4）描述的 4 比特量子系统能够同时包含 8 个状态的信息。

由于量子系统可以表示叠加态，因此基于量子位编码的进化算法，比传统的进化算法

的种群多样性更好。对于式（11.3.4）描述的染色体而言，传统的进化算法中至少需要 8 条染色体(0000)、(0001)、(0010)、(0011)、(1000)、(1001)、(1010)、(1011)来表示，但是量子染色体仅需要 1 条就足以描述该系统。

11.3.2　量子细菌趋化

不同于经典菌群优化算法通过翻转和前进两步来完成趋化操作，在量子菌群优化算法中采用将量子旋转门作用于量子染色体更新其状态，这样趋化操作不是针对每个细菌个体分别进行翻转和前进操作，而是将旋转门进行旋转，改变各基态的概率幅，从而改变各细菌的位置信息。通常量子旋转门为

$$U(\theta) = \begin{bmatrix} \cos\theta & -\sin\theta \\ \sin\theta & \cos\theta \end{bmatrix} \tag{11.3.5}$$

细菌种群由量子染色体构成，在第 t 代的种群为 $Q(t) = \{q_1^t, q_2^t, \cdots, q_n^t\}$，染色体 q_j^t 定义为

$$q_j^t = \begin{bmatrix} \alpha_1^t & \alpha_2^t & \cdots & \alpha_m^t \\ \beta_1^t & \beta_2^t & \cdots & \beta_m^t \end{bmatrix}, \qquad j = 1, 2, \cdots, n \tag{11.3.6}$$

式中，n 是种群大小，m 是量子染色体的长度。

首先，种群初始化。将全部 n 条染色体的 $2mn$ 个概率幅都初始化为 $1/\sqrt{2}$，那么在第一代时，所有染色体均以相同的概率 $1/\sqrt{2^m}$ 处于所有可能状态的线性叠加态之中，即

$$\left| \varphi_{q_j}^0 \right\rangle = \sum_{k=1}^{2^m} \frac{1}{\sqrt{2^m}} |s_k\rangle \tag{11.3.7}$$

其中，s_k 是由二进制串 $(x_1, x_2, \cdots, x_m)$ 描述的第 k 个状态，$x_i = 0, 1, i = 1, 2, \cdots, m$。

其次，通过观察测量 $Q(t)$ 的状态来生成二进制解集 $P(t) = (x_1, x_2, \cdots, x_n)$，每个解 $x_j^t (j = 1, 2, \cdots, m)$，是一个由 0 和 1 组成的长度为 m 的二进制串，其值是 0 还是 1 要由相应量子位的观测概率 $\left| a_i^t \right|^2$ 或 $\left| \beta_i^t \right|^2$（$i = 1, 2, \cdots, m$）决定。然后计算 $P(t)$ 中每个解的适应度值，并存储最优解。

在趋化过程中，首先通过观察种群 $Q(t-1)$ 的状态，获得二进制解集 $P(t)$，计算种群中每个个体的适应度值。然后将当前最优解与存储的最优解比较，若当前最优解比存储的最优解更优，则替换；否则淘汰掉当前最优解，然后继续用量子旋转门更新种群位置。

11.3.3　量子细菌繁殖

量子繁殖行为就是染色体通过优胜劣汰的原则进行演化的过程，定义量子趋化过程中量子染色体的适应值累加和为细菌健康度值，即适应度值的累加和为

$$\text{Jhealth}(i) = \sum_{j=1}^{N_c} \text{fitness}(i, j) \tag{11.3.8}$$

式中，$\text{Jhealth}(i)$ 表示第 i 个细菌在一个生命周期内（N_c 次趋化）的健康度值；N_c 表示细菌量子趋化的最大次数；$\text{fitness}(i)$ 表示细菌 i 第 j 次趋化时的适应度值。

通过计算每个细菌在一个生命周期内的健康度值，并且将健康度值进行排列，淘汰掉健康度值差的一半细菌，健康度值较好的半数细菌繁殖成两个子细菌，子细菌继承母细菌

相同的位置及能量等生物特性，即要将上一代量子染色体的种群信息 $Q(t)$ 和 $P(t)$ 等分别复制到子代。

11.3.4　量子迁徙

为了防止算法陷入局部最优解，需要进行迁徙/驱散操作。量子染色体在进行若干次量子繁殖后，将以一定概率 P_{ed} 被驱散到搜索空间中的任意位置。具体操作如下。

对群体中的每条染色体都进行驱散判断，随机产生介于 $0 \sim 1$ 的判断值 rand。将此随机产生的判断值与迁徙概率 P_{ed} 进行比较。

若产生的随机判断值小于迁徙概率 P_{ed}，则此染色体被随机驱散，并在驱散后的位置再生成新的个体，使用式（11.3.7）来重新初始化被驱散的染色体位置信息，重新进行坍塌测量得到新的 $P(t)$，并计算适应度值。

若随机数大于迁徙概率 P_{ed}，则该染色体保持原来的位置和适应度值等信息不变，直接将上一代信息复制到子代。

11.3.5　量子菌群优化算法流程

（1）参数初始化。量子趋化次数 N_c，繁殖次数 N_{re}，迁徙次数 N_{ed}，种群个数 S，迁徙概率 P_{ed} 以及种群 $Q(t)$，每个量子染色体的初始状态为

$$\begin{bmatrix} \dfrac{1}{\sqrt{2}} & \dfrac{1}{\sqrt{2}} & \cdots & \dfrac{1}{\sqrt{2}} \\ \dfrac{1}{\sqrt{2}} & \dfrac{1}{\sqrt{2}} & \cdots & \dfrac{1}{\sqrt{2}} \end{bmatrix}_{2 \times n} \tag{11.3.9}$$

（2）对 $Q(t)$ 进行测量，由 $Q(t)$ 量子坍塌生成 $P(t)$，即生成由二进制 0 和 1 组成的随机序列。

（3）对群体 $P(t)$ 进行适应度评估，将二进制数转换成十进制数，即细菌坐标，然后计算测试函数的适应度值，记录跟踪当前最佳适应度值及最佳个体的状态信息，并将其作为该种群下一步演化的目标值。

（4）执行量子趋化操作，利用量子旋转门对种群 $Q(t)$ 进行更新，然后对群体 $P(t)$ 进行适应度值评估，并将当代最优解与当前存储的最优解比较，若当代最优解比当前存储的最优解更优，则替换，取其中最佳适应度个体作为该个体下一步演化的目标值。

（5）当量子趋化周期完成时，进入量子繁殖操作，将适应度值比较差的一半染色体淘汰，将适应度值比较好的一半染色体复制，染色体数目（种群内细菌数目）保持不变。

（6）当量子繁殖周期完成，为了防止算法陷入局部最优，则进入迁徙操作，生成一个随机概率，若小于 P_{ed} 就进行细菌迁徙，重新更新位置；否则，继续保留上一代的所有信息。

（7）循环终止条件判断。当算法达到收敛或达到最大设定代数时，输出当前最佳个体和最优适应度值，算法结束；否则，继续循环执行步骤（2）。

11.3.6　量子菌群优化算法性能测试

为了验证 QBFO 算法的性能，选取 5.3.2 节中的 4 个标准函数外加两个复杂多峰函数进行测试，并且与量子遗传算法（QGA）、经典菌群优化算法（BFO）进行性能比较。

Shaffer's F1 函数为

$$f(x,y) = 10\cos(2\pi x) + 10\cos(2\pi y) - x^2 - y^2 - 20 \qquad (11.3.10)$$

其中，$x \geq -5.12$，$y \leq 5.12$，此函数有很多个局部极大点，只有一个全局极大值 0，全局极大点为 $(0,0)$。当优化结果大于 -0.005 时认为算法收敛。

多峰函数 2 为

$$f(x,y) = -(x^2 + y^2)^{0.25}(\sin^2(50(x^2 + y^2)^{0.1}) + 1.0) \qquad (11.3.11)$$

其中，$x \geq -5.12$，$y \leq 5.12$，此函数为典型的多峰函数，有无穷多个局部极大值点，其中只有一个 $(0,0)$，全局极大值为 0。当优化结果大于 -0.05 时认为收敛。

参数选取：对于 BFO 算法，Shaffer's F1 函数和多峰函数 2 中，均取 $C(i) = 0.01$；在 QGA 中，种群规模 $S = 20$，染色体长度 $\text{length} = 44$，交叉概率 $p_c = 0.7$，变异概率 $p_m = 0.15$，转角步长 $\theta_0 = 0.08\pi$，限定代数 $\text{maxgen} = 500$。在 QBFO 中，种群规模 $S = 40$，量子趋化代数 $N_c = 40$，繁殖代数 $N_{re} = 5$，迁徙代数 $N_{ed} = 2$，迁徙概率 $P_{ed} = 0.25$，染色体长度 $\text{length} = 44$，转角步长 $\theta_0 = 0.08\pi$，其他参数同 2.3.3 节，程序运行 20 次，表中统计的最少迭代次数、平均迭代次数和运行平均时间都统计的是算法达到规定的收敛值的迭代次数和运行时间，并不是运行到最终结果的迭代次数和时间，则仿真结果如下。

从表 11.3.1 和图 11.3.1 可以清晰地看出，对于简单平滑函数 Sphere 函数，三种算法都能够收敛，但是 QBFO 显示出了非常好的优化效果，优化的最优值、最差值、平均值方面都比 QGA 和 BFO 要好，精度非常高，收敛速度也是很快的，而且程序运行 20 次 QBFO 收敛 20 次，平均运行时间和迭代次数比 QGA 要少，并且算法性能稳定，标准差也是最小的。

表 11.3.1　Sphere 函数的优化结果

算法	最优值	最差值	平均值	标准差
BFO	2.6980e-07	8.6672e-04	6.8164e-05	1.8469e-04
QGA	1.3296e-04	6.1000e-02	5.4486e-03	1.2980e-02
QBFO	1.1369e-09	1.6220e-04	1.5472e-05	4.1785e-05
算法	最少迭代次数	平均迭代次数	运行平均时间	成功次数
BFO	30	156.67	0.932624	20
QGA	209	421.52	5.669402	9
QBFO	19	284.81	3.743355	20

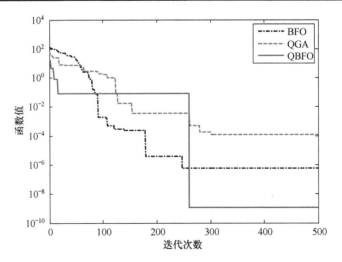

图 11.3.1　Sphere 函数的三种算法比较

由表 11.3.2 和图 11.3.2 可以看出，对于复杂多峰函数而言，QBFO 比 QGA 和 BFO 的收敛效果要好，搜索的最优值和平均值都是最大的，并且速度极快，但是 BFO 却不能搜索到最优值，不容易跳出局部最优值，运行 20 次只有 3 次收敛，而 QBFO 运行 20 次有 15 次收敛。

表 11.3.2　多峰函数 1 的优化结果

算法	最优值	最差值	平均值	标准差
BFO	511.7078	497.2463	503.7723	4.5548
QGA	511.5752	501.3417	508.4660	2.9080
QBFO	511.7319	501.8813	510.7167	2.2493
算法	最少迭代次数	平均迭代次数	运行平均时间	成功次数
BFO	129	479.85	2.370211	3
QGA	52	436.10	5.800089	4
QBFO	9	182.00	2.490855	15

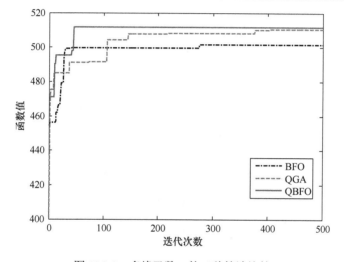

图 11.3.2　多峰函数 1 的三种算法比较

由表 11.3.3 和图 11.3.3 可以看出，对于 Shaffer's F6 函数，QGA 和 BFO 都不容易搜索到最优值，均容易陷入局部最优值，并且 BFO 完全失效，运行 20 次没有一次成功，而 QBFO 不但能搜索到全局最优值 1，搜索速度也非常快，从搜索最差值和平均值及方差来看，QBFO 性能也是最好的，BFO 性能最差。

表 11.3.3　Shaffer's F6 函数的优化结果

算法	最优值	最差值	平均值	标准差
BFO	0.9903	0.7268	0.9457	0.0656
QGA	0.9982	0.9900	0.9918	0.0031
QBFO	1.0000	0.9903	0.9989	0.0030
算法	最少迭代次数	平均迭代次数	运行平均时间	成功次数
BFO	500	500	2.873371	0
QGA	216	448.40	6.312885	4
QBFO	9	230.40	3.001256	15

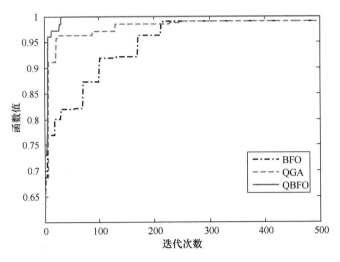

图 11.3.3　Shaffer's F6 函数的三种算法比较

　　由表 11.3.4、图 11.3.4 及第 4 章的细菌分布图可以看出，BFO 经常无法寻优，20 次中只有 6 次搜索成功，经常会陷入处于边界的 4 个局部最优值 2748.8，对于 QGA 和 QBFO 都能寻找到全局最优值 3600，而 QBFO 收敛速度非常快，20 次都能成功收敛，平均迭代次数也是最少的，性能明显优于 QGA 和 BFO。

表 11.3.4　Needle-in-Haystack 函数的优化结果

算法	最优值	最差值	平均值	标准差
BFO	3600	2748.8	3004.2	400.2022
QGA	3600	3594	3598.7	1.6706
QBFO	3600	3599	3599.9	0.2471
算法	最少迭代次数	平均迭代次数	运行平均时间	成功次数
BFO	385	481.45	2.551758	6
QGA	57	361.8	4.893244	12
QBFO	254	295.3	3.808226	20

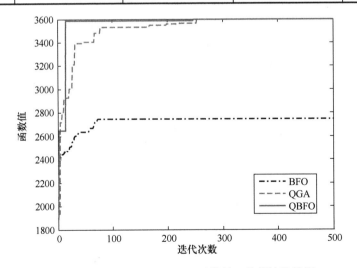

图 11.3.4　Needle-in-Haystack 函数的三种算法比较图

由表 11.3.5 和图 11.3.5 看出，对于 Shaffer's F1 函数而言，QBFO 表现出了非常棒的收敛性能，收敛精度能达到-10 次方级，运行 20 次有 19 次能成功，改善了 BFO 不容易寻优的缺陷，并且收敛效果远比 QGA 好。

表 11.3.5　Shaffer's F1 函数的优化结果

算法	最优值	最差值	平均值	标准差
BFO	−3.5006e−07	−1.9899	−0.7963	0.5206
QGA	−2.1075e−05	−2.7135e−02	−2.6700e−03	0.0062
QBFO	−5.9125e−10	−2.1400e−02	1.4302e−03	0.0049
算法	最少迭代次数	平均迭代次数	运行平均时间	成功次数
BFO	47	412.25	2.289111	5
QGA	89	336.95	4.522331	18
QBFO	21	243.50	3.102041	19

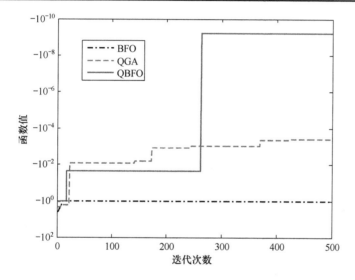

图 11.3.5　Shaffer's F1 函数的三种算法比较

由表 11.3.6 和图 11.3.6 可以看出，BFO 经常无法寻优，20 次中没有一次搜索成功，QGA 也仅有 4 次成功，而 QBFO 几乎都能寻找到全局最优值，QBFO 无论是在运行时间、平均迭代次数、收敛次数还是搜索到的全局最优值等方面，都表现出了非常好的性能。

表 11.3.6　多峰函数 2 的优化结果

算法	最优值	最差值	平均值	标准差
BFO	−0.4931	−1.3596	−0.8579	−0.2516
QGA	−0.0152	−0.1190	−0.0632	0.0268
QBFO	−0.0015	−0.0503	−0.0093	0.0126
算法	最少迭代次数	平均迭代次数	运行平均时间	成功次数
BFO	500	500	2.942468	0
QGA	260	463.5	6.183662	4
QBFO	14	232.9	3.067216	19

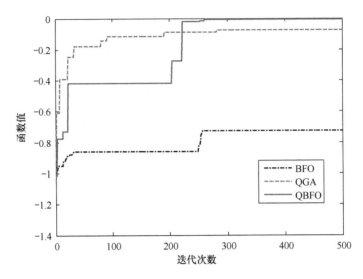

图 11.3.6 多峰函数 2 的三种算法比较

11.3.7 自适应量子菌群优化算法

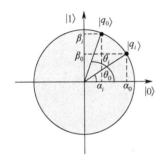

图 11.3.7 当前细菌与当前
最优细菌的某个量子比特

由 11.3.7 节可知，QBFO 算法的性能要明显优于经典的 BFO 算法。然而，固定的旋转相位是制约 QBFO 算法提高精度的一个主要问题，因此本节设计一种自适应旋转相位的量子菌群优化算法——AQBFO 算法来解决这个问题。AQBFO 算法和 QBFO 算法的思路基本一致，但 AQBFO 用自适应相位的量子旋转门代替了 QBFO 中的固定相位的量子旋转门。

如前所述，量子态的概率幅是复数，但是此处只关心其幅值的变化，因此可以用二维平面上的单位圆来表示量子态，如图 11.3.7 所示。

图 11.3.7 中 $|q_0\rangle$ 和 $|q_i\rangle$ 分别表示当前最优细菌和当前细菌的某个量子比特，α_0、β_0 和 α_i、β_i 分别是其概率幅，θ_0 和 θ_i 分别表示当前最优细菌和当前细菌的某个量子比特在单位圆上的角度。在 QBFO 算法中，无论角度差 $\theta_0 - \theta_i$ 比较大还是比较小，$|q_i\rangle$ 向 $|q_0\rangle$ 的旋转角度都是一个常数，但这并不符合细菌觅食的过程，没有体现出细菌发现食物的本领和在局部精确搜索的能力。

因此，我们根据此思路提出旋转相位的自适应调整策略，其相位旋转可以通过式（11.3.12）确定

$$\Delta \vec{\theta}_i = -\mathrm{sgn}(A_i) \cdot \Delta \theta_i \tag{11.3.12}$$

其中

$$A_i = \begin{vmatrix} \alpha_0 & \alpha_i \\ \beta_0 & \beta_i \end{vmatrix} \tag{11.3.13}$$

$-\mathrm{sgn}(A_i)$ 表示旋转相位的方向，当 $A_i \neq 0$ 时，相位旋转方向为 $-\mathrm{sgn}(A_i)$；当 $A_i = 0$ 时，方向取正负均可。$\Delta \theta_i$ 表示旋转相位的大小，即

$$\Delta\theta_i = \left| \frac{\theta_0 - \theta_i}{\dfrac{\pi}{2} - \left(-\dfrac{\pi}{2}\right)} \right| (\theta_{max} - \theta_{min}) + \theta_{min} \tag{11.3.14}$$

其中，θ_{max} 和 θ_{min} 分别表示旋转相位的转角的上界和下界。

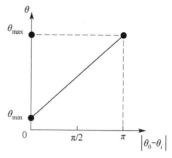

图 11.3.8　旋转相位与细菌角度差的关系

根据式（11.3.14），旋转相位与细菌角度差的关系如图 11.3.8 所示，当细菌距离种群最优细菌比较远，即角度差比较大时，相位旋转比较大，加快搜索速度；当细菌距离种群最优细菌比较近，即角度差比较小时，相位旋转较小，可以对局部进行精确搜索，避免错过最优解。这样，根据当前细菌和种群最优细菌的距离，动态确定旋转相位的大小，可以有效加快算法的收敛速度，并减少早熟收敛的发生。

11.4　应用实例

11.4.1　基于量子粒子群算法的认知无线电频谱分配

在通信行业，频谱分配一直是研究热点，然而，目前的频谱分配技术不够完善，导致频谱的使用存在许多不合理现象，例如，固定频谱分配策略导致某些频段过于紧张，有些频段却过于空闲。所以，如何发展更为完善的频谱分配技术是迫切需要解决的问题。为了提高频谱利用率，缓解频谱资源的紧张局面，认知无线电频谱分配技术应运而生。认知无线电频谱分配是指采用认知无线电技术，按照某种策略为无线用户分配频谱。该策略的好坏直接影响着系统的性能，例如，频谱利用率、信道容量等。频谱分配策略的选择决定系统容量、频谱利用率以及实时性。

首先，介绍两用户模型，假定有两对认知用户，每对用户由一个发射机和一个接收机构成，它们共享两个独立的信道（带宽各为 1，带内噪声功率均为 N），对应发射机和接收机的增益均为 $h=1$，干扰增益分别为 g_1 和 g_2。设认知用户的发射功率上限分别为 P_1 和 P_2，用户 U1 在信道 1 上的发射功率为 P_{11}，在信道 2 上的功率为 P_{12}；用户 U2 在信道 1 上的发射功率为 P_{21}，在信道 2 上的功率为 P_{22}。所以，$P_{11} + P_{12} \leqslant P_1$，$P_{21} + P_{22} \leqslant P_2$，此处考虑边界情况，即 $P_{11} + P_{12} = P_1$，$P_{21} + P_{22} = P_2$。在非合作博弈中，用户为了最大化自身的效用函数，贪婪地占用频谱，两用户的容量分别如式（11.4.1）和式（11.4.2）所示。

$$C_1 = \log_2\left(1 + \frac{P_{11}}{N + g_2 P_{21}}\right) + \log_2\left(1 + \frac{P_{12}}{N + g_2 P_{22}}\right) \tag{11.4.1}$$

$$C_2 = \log_2\left(1 + \frac{P_{21}}{N + g_1 P_{11}}\right) + \log_2\left(1 + \frac{P_{22}}{N + g_1 P_{12}}\right) \tag{11.4.2}$$

为了避免浪费频谱资源，规定认知用户必须占用整个信道频带。两用户频谱共享的博弈过程如下所述。① 初始时，两认知用户共享频谱空间；② 由于是非合作博弈形式，认知用户的一方为了最大化自身的信道容量，合理分配在两信道上的功率，此时可能导致另一方的信道容量下降；③类似第 2 步，认知用户的另一方做出同样的行为。于是两用户交叉迭代拓展频带，最终达到纳什均衡状态。

1. 基于 AQPSO 的两用户两信道算法流程

随机产生两个大小为 N 的种群，每个种群均对应一个用户，种群中粒子的维度 D 表示信道数，此处 $D=2$，维度值表示该用户在两信道中的功率分配。具体算法步骤如下。

（1）初始化种群规模 N，维度 $D=2$。分别随机初始化两个用户的前 $N-2$ 个粒子的位置，然后根据这些位置计算并初始化双中心粒子的位置。

（2）根据式（11.4.1）计算用户 1 的前 $N-2$ 个粒子的效用函数值。

（3）采用标准 QPSO 算法中的更新方式更新用户 1 的前 $N-2$ 个粒子的个体最优位置和全局最优位置。

（4）计算用户 1 的双中心粒子位置。

（5）根据式（11.4.1）计算用户 1 的双中心粒子的效用函数值。

（6）类似步骤 3，更新用户 1 的双中心粒子的个体最优位置和全局最优位置。

（7）更新用户 1 的全局最优位置。

（8）计算前 $N-2$ 个粒子对应的 α 值，并更新用户 1 前 $N-2$ 个粒子的位置。

（9）用类似步骤 2 至步骤 8 的方式对用户 2 进行操作。

（10）由式（11.4.3）计算适应度函数值。

$$
\begin{aligned}
C = C_1 + C_2 = & \log_2\left(1+\frac{P_{11}}{N+g_2 P_{21}}\right) + \log_2\left(1+\frac{P_{12}}{N+g_2 P_{22}}\right) + \\
& \log_2\left(1+\frac{P_{21}}{N+g_1 P_{11}}\right) + \log_2\left(1+\frac{P_{22}}{N+g_1 P_{12}}\right)
\end{aligned}
\tag{11.4.3}
$$

（11）更新适应度函数最优值。

（12）判断迭代是否满足终止条件，若没有满足终止条件，则转步骤（2）；否则，退出。

2. 认知无线电频谱分配算法性能分析

选择量子遗传算法（QGA）、量子粒子群算法（QPSO）和改进的量子粒子群算法（AQPSO）进行认知无线电频谱分配的实验性能分析。由文献[9]知，在基于量子遗传算法的认知无线电频谱分配的博弈论模型中，当染色体的个数为 60 时，性能最佳，因此，本节选择种群的个数为 60。参数设置：运行 20 次，迭代 800 次，干扰因子 $g_{ji}=0.3, i,j=1,2,\cdots,n, i\neq j$，带内噪声功率均为 0.001，种群大小 $N=60$，仿真结果如图 11.4.1 和表 11.4.1 所示。

由图 11.4.1 可知，在搜索能力方面，6 个图中，均为 AQPSO>QPSO>QGA；在收敛速度方面，2 用户 2 信道时收敛速度最快，用户数和信道数越大收敛速度越慢。当信道数固定时，随着用户的增加，信道容量和呈下降趋势，原因是用少许的信道容量的下降来换取频谱利用率；同时，收敛速度也呈下降趋势，原因是用户数和信道数越大，寻优过程越复杂。

由表 11.4.1 可知，在"平均值""最优值""最差值"方面的性能排序是 AQPSO>QPSO>QGA。在"标准差"方面，QGA 最好，AQPSO 和 QPSO 相当，但三者差距很小。

在"平均耗时"方面,QPSO 最好,AQPSO 稍差,QGA 远远差于 QPSO 和 AQPSO。综合以上几个方面,AQPSO 的性能优于 QPSO 和 QGA。所以,在基于 QGA、QPSO、AQPSO 算法的认知无线电频谱分配非合作博弈论模型中, AQPSO 和 QPSO 在收敛速度、寻优能力以及时间复杂度等方面均远远优于 QGA,所以研究 QPSO 算法应用于认知无线电频谱分配中具有重要的意义。

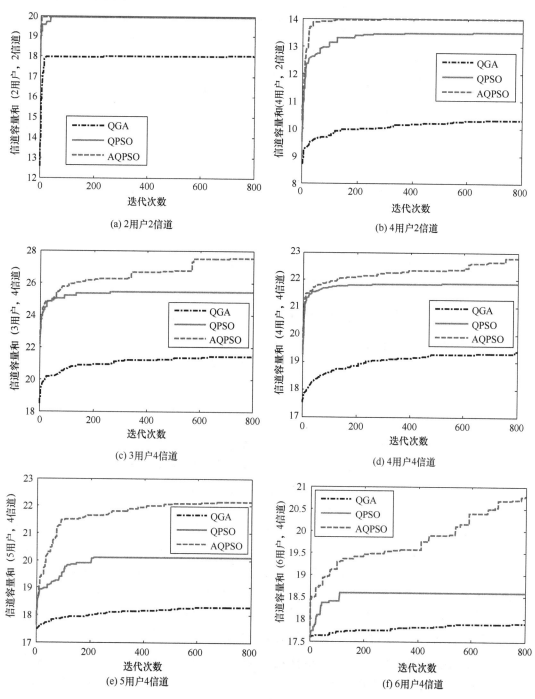

图 11.4.1　不同数量用户不同数量信道下信道容量和示意图

表 11.4.1　三种算法的仿真结果

用户数 n	信道数 m	算法	平均值	最优值	最差值	标准差	平均耗时
2	2	QGA	17.936	17.937	19.933	0.0014	2.839
		QPSO	19.934	19.934	19.934	0	0.820
		AQPSO	19.934	19.934	19.934	0	1.0094
4	2	QGA	10.305	13.557	9.414	0.884	47.737
		QPSO	13.487	14.208	8.984	1.131	15.543
		AQPSO	13.985	14.208	13.410	0.279	21.532
3	4	QGA	21.444	22.481	20.874	0.451	69.364
		QPSO	25.443	27.196	21.655	1.297	12.555
		AQPSO	27.534	37.745	25.546	2.642	17.527
4	4	QGA	19.383	20.407	18.766	0.456	94.422
		QPSO	21.850	22.535	21.082	0.374	17.969
		AQPSO	22.790	25.318	21.755	1.033	25.443
5	4	QGA	18.290	18.900	17.927	0.222	119.377
		QPSO	20.088	22.450	17.592	1.792	23.992
		AQPSO	22.156	23.714	21.372	0.523	34.567
6	4	QGA	17.898	18.432	17.718	0.200	145.391
		QPSO	18.593	21.586	17.607	1.454	30.810
		AQPSO	20.778	22.083	18.547	1.063	46.413

11.4.2　基于量子蚁群优化算法的 LTE 系统信号检测

从 5.4.2 节基于蚁群优化算法的 LTE 系统信号检测研究可知，蚁群优化算法可以用作 LTE 系统信号检测，但有其本身所固有的缺陷，即蚁群优化算法容易陷入局部极优，并且收敛速度过慢，这种缺陷随着信噪比的不断增大表现的愈加明显。量子蚁群优化算法结合了蚁群优化算法和量子计算的双重优势，比传统蚁群优化算法更适合解决多种组合优化问题。因此，这里将改进的量子蚁群优化算法 BQACO 应用于 LTE 系统信号检测中，以期利用量子蚁群优化算法的优势，达到较好的信号检测性能。

对于量子蚁群优化算法的信号检测方案，首先确定所找寻目标的优化函数，采用式（5.4.10）和式（5.4.11），初始时刻，设定蚂蚁的种群数目 m，二进制的编码位数为 $N = N_t \times \text{BitNum}$，其中 N_t 为发送端天线数目；BitNum 为发送端星座调制所需的编码位数，如 QPSK 下，对应的 BitNum 为 2。对于 BQACO 中路径点数，即二进制编码位数 N。量子蚁群优化算法由于量子态的叠加性，在相同种群数目下，可使空间搜索加倍，从而提高搜索速度。当蚂蚁完成一次路径选择后，对应一次量子态的测量过程，从而对应找到一条目标优化解，在下一次迭代之前，根据当前的目标最优解和全局最优解，确定量子旋转门大小以及方向，通过量子旋转门动态更新路径上的信息素。

1. 基于 BQACO 的 LTE 系统信号检测算法流程

步骤 1：初始化蚂蚁种群数 m，根据发送天线数目以及星座调制阶数，确定路径上信息素点数 N，初始化信息素值 $\tau = [\tau_1, \tau_2, \cdots, \tau_N]$，所有 τ_i 中 α_i 和 β_i 的概率幅均设为 $1/\sqrt{2}$，设定 p_e、c 值，设定变异概率 p_m，最大迭代次数 $G_{\max}$。

步骤 2：采用信息素路径选择规则，"测量"得到每只蚂蚁对应的路径 Tabulist，每只蚂蚁所对应的路径即所搜寻的一条目标函数解。

步骤 3：记录当前最优解，并初始化全局最优值以及局部最优值。

步骤 4：进入循环，循环中部分伪码实现如下。

```
while (not the  G_max ) do
begin
t ← t +1
make Tabulist(t) by observing the states of  τ(t-1)
evaluate Tabulist(t)
store the best solutions into pBest(t)
update  τ(t) using Q-gates
mutate τ(t) with the NOT-gates with probability ratio p_m
end
```

这里的 Tabulist(t)表示第 t 次迭代"测量"所对应的目标路径，$\tau(t-1)$ 表示 t-1 次迭代所对应的路径信息素值，Q-gates 对应为量子旋转门，NOT-gates 对应为量子非门，pBest(t) 为当前迭代次数下所找到的最优解。

步骤 5：算法终止，输出最优值。

2．LTE 系统信号检测算法性能分析

仿真环境参数：系统传输带宽选为 5M，对应频域上取 25 个资源块，时域上每个时隙为 7 个 OFDM 符号，采用理想的信道估计，即接收端已知信道增益 H，无线信道选用平坦衰落的单径 Rayleigh 信道模型，信道编码采用码率为 1/3 的 Turbo 码，下行传输模式采用 MIMO 下的空间复用模式。用户发送功率为 1，信道噪声为均值为零且独立同分布的高斯白噪声。在仿真图中，横坐标为信道噪声功率比 SNR（dB），纵坐标为误码率 BER，横坐标 SNR 取值范围是 0～20dB。

为了验证蚂蚁数目以及迭代次数对于量子蚁群优化算法应用于 LTE 系统信号检测性能的影响，这里分别对相同种群数目下、不同迭代次数和相同迭代次数下、不同种群数目两种情况下的 BQACO 应用于 LTE 信号检测的算法性能进行了比较，为了能够更好地分析出不同种群数目以及不同迭代次数对算法检测性能的影响，仿真实验中统一选取 4 发 4 收天线以及 QPSK 调制方式，对比结果如图 11.4.2 和图 11.4.3 所示。

从图 11.4.2 可以看出，4 发 4 收 QPSK 调制方式下，相同种群数目，蚂蚁个数均为 5 只时，BQACO 的信号检测性能随着迭代次数的增大，性能曲线之间的差距也在逐渐增大。迭代次数越高，则算法的检测性能越好。在低信噪比时，迭代次数的不同取值对算法的检测性能影响不大，但随着信噪比的不断增大，不同迭代次数对算法检测性能曲线的影响逐渐增大，5 只蚂蚁 300 次迭代下的性能曲线，在信噪比为 14 dB 时，即达到相同蚂蚁个数 20 次迭代下，信噪比为 16dB 时的性能曲线，少用了 2dB。

从图 11.4.3 可以看出，4 发 4 收 QPSK 调制方式下，相同迭代次数，迭代次数均为 300 次时，不同种群数目，蚂蚁个数分别为 5 只、10 只和 20 只时，三种算法之间的性能差距，随着信噪比的不断增大，种群规模越大，则算法的检测性能越佳，但三种种群规模下的性能曲线之间的差距并不是非常明显。在低信噪比时，三种种群规模的性能曲线相同；在高信噪比时，种群规模较大的性能曲线表现较佳。

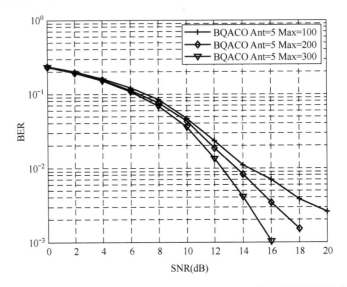

图 11.4.2　相同种群数目不同迭代次数下 BQACO 算法检测性能比较

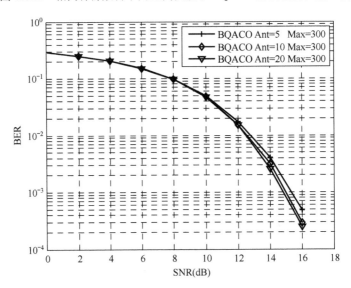

图 11.4.3　相同迭代次数不同种群规模下 BQACO 算法检测性能比较

　　基于以上实验仿真结果，综合考虑算法实现的复杂度问题，这里选取最大迭代次数为 300 次，蚂蚁种群规模为 5 只，进行算法检测性能的仿真研究。

　　下面给出同一调制方式 QPSK 下，采用不同的天线数目 2×2 及 4×4 时，BQACO 算法与 ML 及 V-BLAST 算法的检测性能曲线比较，如图 11.4.4 和图 11.4.5 所示，其中五角星标记曲线为所研究的 BQACO 检测算法。

　　首先，从图 11.4.4 或者图 11.4.5 可以看出，在同一种调制方式 QPSK 下，低信噪比时，BQACO 检测算法与 ML 算法非常接近，但随着信噪比的增大，BQACO 检测算法开始逐渐偏离 ML 检测算法，信噪比越大，性能曲线越偏离 ML 检测算法；BQACO 检测算法的性能曲线整体上要优于 V-BLAST 算法，在低信噪比时，BQACO 检测算法与 V-BLAST 算法之间的差距不大，但随着信噪比的不断增大，BQACO 检测算法与 V-BLAST 算法之间性能曲线的差距表现得越来越明显。

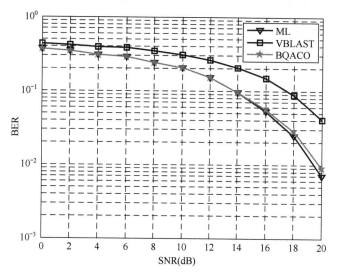

图 11.4.4　2×2 QPSK 下 ML、VBLAST、BQACO 算法检测性能比较

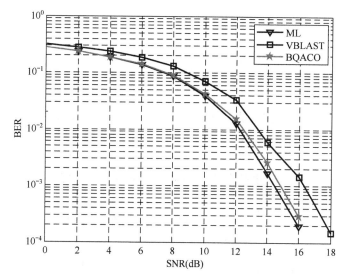

图 11.4.5　4×4 QPSK 下 ML、VBLAST、BQACO 算法检测性能比较

　　其次，对比图 11.4.4 和图 11.4.5 可以看出，在 2×2 天线条件下，在 0～14dB 时，BQACO 检测算法的性能均达到或接近 ML 算法，比 V-BLAST 算法具有明显优势，在 14～20dB 时 BQACO 检测算法的性能开始逐渐劣于 ML 检测算法，最终 BQACO 检测算法性能劣于 ML 算法，但相比于 V-BLAST 算法仍具有明显优势。在 4×4 天线条件下，在 0～10dB 时，BQACO 检测算法的性能逐渐达到或接近 ML 检测算法，在 10～20dB 时，算法的性能开始逐渐劣于 ML 检测算法，最终 BQACO 检测算法性能劣于 ML 算法，但相比于 V-BLAST 算法仍具有明显优势。对比 2×2 和 4×4 天线条件下，BQACO 检测算法在同一调制方式下，

算法在 2×2 天线条件下的性能要好于 4×4 天线条件下的检测性能，天线数目的增多，算法检测性能呈逐渐下降趋势。

11.4.3　量子菌群优化算法求解组合优化问题

背包问题（Knapsack Problem）是个典型的 NP 难解问题，在过去的几十年里，国内外研究者对于背包问题的研究从未间断过，随着研究的深入和扩展，背包问题的形式多种多样，目前已经形成了背包问题家族，主要包括 0-1 背包问题、有界背包问题、无界背包问题、有依赖的背包问题、多选择背包问题、多维背包问题、多维多选择背包问题等。这里将 QBFO 算法用于 0-1 背包问题中，首先介绍 0-1 背包问题。

1．0-1 背包问题

0-1 背包问题是最简单的一类背包问题，其一般模型可以描述为：有一个背包，能装载物品的最大重量（或提供的最大容积、空间等）为 W，有 n 种（也是 n 个）物品，每种物品都有自己的重量和价格，物品 i 的重量为 w_i，价格为 p_i，在不超过最大重量 W 的情况下，每种物品最多只能选择一件，从 n 件物品种任意选择若干件物品装入背包，使得总价值数最大。

假定所有物品的重量和价格均是非负的，0-1 背包问题的数学模型描述为

$$\max \sum_{i=0}^{n} p_i x_i \tag{11.4.4}$$

$$\text{s.t.} \sum_{i=1}^{n} w_i x_i \leqslant W \tag{11.4.5}$$

$$x_i \in \{0,1\}, i = 1, 2, \cdots, n \tag{11.4.6}$$

式中，$x_i = 1$ 表示将 i 物品装入背包，$x_i = 0$ 表示 i 物品未装入背包。

采用二进制编码，将染色体个数即细菌种群个数设为 S，染色体编码长度为 n，同时 n 也是可以放入背包中供选择的物品总数，二进制编码 1 表示该物品在背包中，0 表示该物品不在背包中，如1100100…1序列表示第1,2,5,…,n 个物品在背包中，其他物品均不在背包中。

适应度函数取放入背包的物品总价值，总价值越高，适应度函数值越大。但是这个求取最大值的过程不是无限制的，当背包物品总重量超过所能承受的最大重量 W 时，所获取的适应度函数值没有意义，因此可以设置为 0，不影响继续寻优。

2．QBFO 算法应用于 0-1 背包问题的算法流程

（1）参数初始化。趋化次数 N_c，繁殖次数 N_{re}，迁徙次数 N_{ed}，种群个数 S，迁徙概率 P_{ed} 及种群 $Q(t)$。

（2）对 $Q(t)$ 进行测量，由 $Q(t)$ 量子坍塌生成 $P(t)$，即生成由二进制 0 和 1 组成的随机序列。

（3）对群体 $P(t)$ 进行适应度评估，适应度函数 pay_all 用每个物品的价格矩阵 p 乘以染色体基因序列 $P(t)$ 的累加和表示，而约束条件总重量 weight_all 则是用每个物品的重量矩阵 w 乘以染色体基因序列 $P(t)$ 的累加和表示，然后计算测试函数的适应度值和累计重量，若超过约束条件范围，则将该染色体的适应度 pay_all 值设置为 0，最后统计出当代最优解，取当前最佳适应度值作为该种群下一步演化的目标值。

（4）执行量子趋化操作，利用量子旋转门对种群 $Q(t)$ 进行更新，然后对群体 $P(t)$ 进行

适应度评估，如果累加重量 weight_all 超过背包所能承受的最大重量 W，则将次染色体的适应度值 pay_all 设置为 0，最后统计出当代最优解，并将当代最优解与当前存储的最优解比较，若当代最优解比当前存储的最优解更优，则替换，取其中最佳适应度个体作为该个体下一步演化的目标值。

（5）当量子趋化周期完成，进入繁殖操作，将适应度值比较差的一半染色体淘汰，将适应度值比较好的一半染色体复制，染色体数目（种群内细菌数目）保持不变。

（6）当繁殖周期完成，为了防止算法陷入局部最优，则进入迁徙操作，生成一个随机概率，如果小于 P_{ed} 就进行迁徙操作，则进行重新更新染色体序列；否则继续保留上一代的所有信息。

（7）停止条件判断。当算法达到收敛条件或达到最大设定代数时，输出当前最佳个体，算法结束，否则继续循环执行步骤（2）。

3. QBFO 算法应用于 0–1 背包问题的性能分析

为了验证量子菌群优化算法应用在 0–1 背包问题上的性能，使用以下数据对算法进行仿真。

第一组物品数量 $n=20$，最大重量 $W=85$。

物品重量 $w=\{7\ \ 44\ \ 10\ \ 96\ \ 0\ \ 77\ \ 81\ \ 86\ \ 8\ \ 39\ \ 25\ \ 80\ \ 43\ \ 91\ \ 18\ \ 26\ \ 14$
　　　　　　13　86　57}。

物品价值 $p=\{54\ \ 14\ \ 85\ \ 62\ \ 35\ \ 51\ \ 40\ \ 7\ \ 23\ \ 12\ \ 18\ \ 23\ \ 41\ \ 4\ \ 90\ \ 94$
　　　　　　49　48　33　90}。

第二组物品数量 $n=30$，最大重量 $W=150$。

物品重量 $w=\{42\ \ 50\ \ 8\ \ 26\ \ 80\ \ 2\ \ 92\ \ 73\ \ 48\ \ 57\ \ 23\ \ 45\ \ 96\ \ 54\ \ 52\ \ 23$
　　　　　　48　62　67　39　36　98　3　88　91　79　9　33　67　13}。

物品价值 $p=\{50\ \ 47\ \ 5\ \ 68\ \ 4\ \ 7\ \ 52\ \ 9\ \ 81\ \ 81\ \ 72\ \ 14\ \ 65\ \ 51\ \ 97\ \ 64$
　　　　　　80　45　43　82　8　13　17　39　83　80　6　39　52　41}。

第三组物品数量 $n=40$，最大重量 $W=200$。

物品重量 $w=\{36\ \ 11\ \ 78\ \ 38\ \ 24\ \ 40\ \ 9\ \ 13\ \ 94\ \ 95\ \ 57\ \ 5\ \ 23\ \ 35\ \ 82\ \ 1$
　　　　　　4　16　64　73　64　45　54　29　74　1　68　18　36　62　78　8
　　　　　　92　77　48　43　44　30　50　51}。

物品价值 $p=\{81\ \ 79\ \ 64\ \ 37\ \ 81\ \ 53\ \ 35\ \ 93\ \ 87\ \ 55\ \ 62\ \ 58\ \ 20\ \ 30\ \ 47\ \ 23$
　　　　　　84　19　22　17　22　43　31　92　43　90　97　43　11　25　40
　　　　　　59　26　60　71　22　11　29　31}。

分别使用贪婪算法、量子遗传算法和量子菌群优化算法进行最优值求解仿真。

（1）设定算法参数　QGA：种群规模为 40，量子交叉概率 $p_c=0.7$，量子变异概率 $p_m=0.15$，转角步长 $\theta_0=0.08\pi$，最大迭代次数为 500 次。QBFO：初始规模大小为 $S=40$，趋化代数 $N_c=50$，繁殖代数 $N_{re}=5$，迁徙代数 $N_{ed}=2$，迁徙概率 $P_{ed}=0.25$，转角步长 $\theta_0=0.08\pi$。

（2）经实验得：针对第一组数据，当装入背包的物品序号为 1 3 5 9 15 16 17 时，总重量 $W=83$，最大价值为 pay = 430。针对第二组数据，当装入背包的物品序号为 3 4 6 11 15 16 23 30 时，总重量 $W=150$，最大价值为 pay = 371。针对第三组数据，当装入背包的物品序号为 1 2 5 6 7 8 12 16 17 24 28 32 时，总重量 $W=198$，最大价值为 pay = 816。如图 11.4.6 所示。

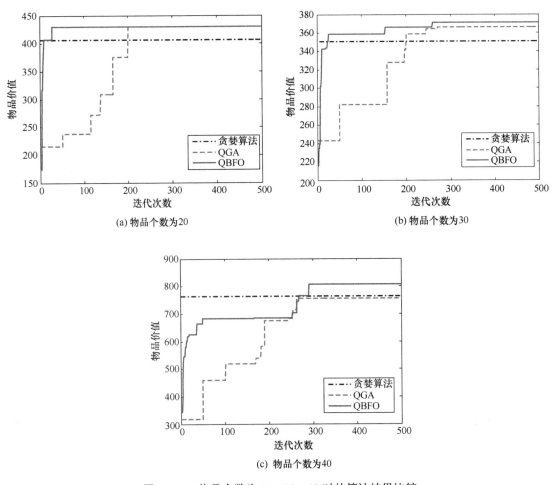

(a) 物品个数为20   (b) 物品个数为30

(c) 物品个数为40

图 11.4.6 物品个数为 20、30、40 时的算法结果比较

由表 11.4.2 和图 11.4.6 可以看出，QBFO 算法在搜索最优值上比贪婪算法和 QGA 有明显的优势，三组数据测试时，QBFO 均能搜索到全局最优值，但是 QGA 只有在第一组测试数据中才搜到全局最优值，其他两组只能搜索到次优值，而贪婪算法在三组测试数据中均无法搜索到全局最优值。另外，QBFO 搜索到的最优值均大于 QGA 和贪婪算法搜索到的最优值，更接近全局最优。

表 11.4.2 三种不同算法应用 0-1 背包结果比较

测试使用数据	算法	搜索最优值	搜索平均值	搜索最差值	算法平均搜索步数
第一组数据	贪婪算法	406	406	406	无
	QGA	430	430	430	208.95
	QBFO	430	430	430	68.7
第二组数据	贪婪算法	351	351	351	无
	QGA	366	348.63	307	367.8
	QBFO	371	359.25	334	254.92
第二组数据	贪婪算法	763	763	763	无
	QGA	806	769.33	689	376.5
	QBFO	816	787.56	714	281.45

11.4.4　基于量子菌群优化算法的 5G 移动通信系统中信道估计

近年来，第 5 代（Fifth Generation，5G）移动通信技术得到了学术界及工业界的广泛关注以及研究，5G 具有低时延、低功耗、高可靠的优点，已经并非原有的单一的无线接入技术，而发展为多种新型的无线接入技术与 4G 现有天线的后演进的集合。随着有源天线阵列的实用化研究与应用，使传统的二维多输入多输出——2D MIMO 信道模型得以扩展到三维多输入多输出——3D MIMO 信道模型，主要贡献在于将垂直角度纳入系统设计的考量之中，从而有利于信道中垂直维的自由度，并且更好地贴近电磁波在实际环境中的传输三维性。对于传统的天线架构而言，2D MIMO 传输一般只能实现对信号的水平面控制，尚未利用垂直空间的自由度。如图 11.4.7 所示，因为只考虑水平面的角度影响，对于簇中每条子径具有以下特征变量：时延 τ_q，发送端离开角 $\varphi_{q,s}$（Angle of Departure，AOD），接收到达角 $\gamma_{q,s}$（Angle of Arrival，AOA），其中，q 代表簇索引；下标 s 代表簇中子径的索引。

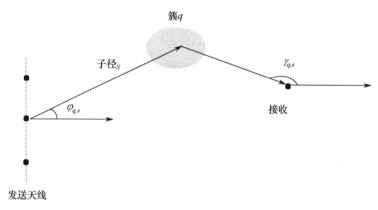

图 11.4.7　子径中到达角 $\gamma_{q,s}$ 与离开角 $\varphi_{q,s}$ 示意图

假定无线信道由 Q 条径组成，而每条径有 S_q 条子径，发送以及接收天线均为偶极子天线，并且组成均匀线性阵列（Uniform Linear Array，ULA），du 代表发送天线阵元之间的间隔，du_r 代表接收天线阵元之间的间隔。同时假定径 q 中所有 S_q 条子径具有相同的功率，这点很符合无线信道标准中的假设。此时，对于 OFDM 符号 l 中的 k 子载波发送天线阵元 u 以及接收天线阵元 u_r 之间的信道建模为

$$H(u,u_r,k,l)=\sum_{q=1}^{Q}A_q\sum_{s=1}^{S_q}\left(e^{j\vartheta_{q,s}}\cdot e^{j\frac{2\pi}{\lambda}du\sin\varphi_{q,s}}\cdot e^{j\frac{2\pi}{\lambda}du_r\sin\gamma_{q,s}}\cdot e^{j2\pi f_{D,q,s}lT_{sym}}\cdot e^{-j2\pi\frac{k}{T_C}\tau_q}\right) \quad (11.4.7)$$

式中，$-\pi\leqslant\varphi_{q,s}\leqslant\pi$；$-\pi\leqslant\gamma_{q,s}\leqslant\pi$；$A_q$ 为径 q 的加权系数；T_{sym} 为加入循环前缀之后的符号持续的时间；T_c 为有效的信号传输时间；$f_{D,q,s}$ 为径 q 中子径 s 的多普勒频移；$\vartheta_{q,s}$ 表示径 q 中子径 s 的随机相位，一般服从高斯分布。式（11.4.7）即 2D MIMO 的信道频域响应。

3D MIMO 信道建模方面在学术界与工业界已经得到了一定的研究应用。1979 年，Aulin 首次将俯仰角加入 2D Clark 模型进行研究；2003 年，Kimmo Kalliola 首次对终端 3D 信道角度分布进行分析；2006 年，shafi 首次将 SCM 模型从 2D 扩展到 3D 研究，从

而使 3D MIMO 信道得到广泛的关注。

3D MIMO 技术相比 2D MIMO 技术，信道建模过程中考虑到了垂直维度的俯仰角影响。图 11.4.8 给出 3D MIMO 信道模型的示意图。

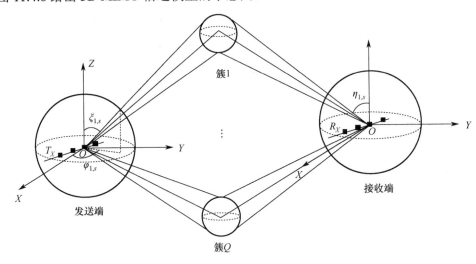

图 11.4.8　3D MIMO 信道模型

显而易见，3D MIMO 与 2D MIMO 相比，主要在于引入另外两个参数来表征子径的方向，包括俯仰离开角（Elevation Angle of Departure，EAOD）$\xi_{q,s}$，以及俯仰到达角（Elevation Angle of Arrival，EAOA）$\eta_{q,s}$。对于 OFDM 符号 l 中的 k 子载波发送天线阵元 u 以及接收天线之间的信道建模为

$$H(u,k,l)=\sum_{q=1}^{Q}A_q\sum_{s=1}^{S_q}\left(\sin\xi_{q,s}\cdot\sin\eta_{q,s}\cdot e^{j\vartheta_{q,s}}\cdot e^{j\frac{2\pi}{\lambda}du\sin\varphi_{q,s}}\cdot e^{j\frac{2\pi}{\lambda}\sin\gamma_{q,s}}\cdot e^{j2\pi f_{D,q,s}lT_{sym}}\cdot e^{-j2\pi\frac{k}{T_C}\tau_q}\right)$$

(11.4.8)

式中，$0\leqslant\xi_{q,s}\leqslant\pi$；$0\leqslant\eta_{q,s}\leqslant\pi$；其他各个参量含义与 2D MIMO 信道模型中的各个变量含义完全相同。而有相关文献已证明，3D MIMO 信道具有稀疏性，这是因为在实际的无线通信系统中，尽管多径分量很多，但大部分的路径能量值为零或者接近噪声的能量（没有意义），仅少量的路径具有很大的能量，所以表现出稀疏性。

本节中使用如下信道模型，输出端信号与输入端信号关系式频域表示为

$$Y=XH+W \tag{11.4.9}$$

式中，噪声 $W\in C^{K*1}$ 为加性高斯白噪声（AWGN），信道矩阵为

$$H=[H_1 \quad H_2 \quad \cdots \quad H_{N_t}]^{\mathrm{T}}=[Fh_1 \quad Fh_2 \quad \cdots \quad Fh_{N_t}]^{\mathrm{T}} \tag{11.4.10}$$

$h_i=[h_i(0) \quad h_i(1) \quad \cdots \quad h_i(L-1)]^{\mathrm{T}}$ 为第 i 根发送天线与接收天线之间的信道脉冲响应。矩阵 F 为 FFT 矩阵的前 L（信道长度）列，即

$$F=\begin{bmatrix} F_{0,0} & \cdots & F_{0,L-1} \\ \vdots & \ddots & \vdots \\ F_{K-1,0} & \cdots & F_{K-1,L-1} \end{bmatrix} \tag{11.4.11}$$

从而可得该系统频域关系式为

$$Y = XH + W = [X_1 \quad X_2 \quad \cdots \quad X_{N_t}] \begin{bmatrix} Fh_1 \\ Fh_2 \\ \vdots \\ Fh_{N_t} \end{bmatrix} + W$$

$$= [X_1 F \quad X_2 F \quad \cdots \quad X_{N_t} F] \begin{bmatrix} h_1 \\ h_2 \\ \vdots \\ h_{N_t} \end{bmatrix} + W = Ah + W, \tag{11.4.12}$$

式中，$A = [X_1 F \quad X_2 F \quad \cdots \quad X_{N_t} F] \in C^{K*LN_t}$，可以看为测量矩阵，$h \in C^{N_t L*1}$ 为需要估计的稀疏信道脉冲响应，具体表示为

$$h_i(l) \begin{cases} \neq 0, & l \in \xi \\ = 0, & \text{其他} \end{cases}, \quad 0 \leqslant l \leqslant L-1 \tag{11.4.13}$$

式中，L 为信道长度；ξ 为多径集合。

1. QBFO 算法应用于 3D MIMO 稀疏信道估计原理

使用 QBFO 算法进行 3D MIMO 稀疏信道估计问题的研究，对于接收端而言，已知 Y、A，对 h 进行信道估计。关键第一步在于估计准则的选取，在 QBFO 算法中将该准则（函数）称为适应度函数。将稀疏信道估计问题建模为 $\ell_1 - \ell_2$ 组合优化问题

$$f(h) = \frac{1}{2} \| Y - Ah \|_2^2 + \lambda \| h \|_1 \tag{11.4.14}$$

式中，$\lambda \in [0,1]$ 表示接收信号 Y 与 Ah 之间的允许偏差，主要通过仿真确定。其中，$\| Y - Ah \|_2^2$ 项主要表示信道估计的精确度，而 $\| h \|_1$ 项表示估计的复杂度。式（11.4.14）实际上是对估计误差及稀疏性的一种统合折中考虑，属于一种组合优化问题。

在将 QBFO 应用于 3D MIMO 稀疏信道估计中，选用式（11.4.14）作为适用度函数值。采用二进制编码，将量子态细菌表示为一种信道脉冲响应 h 的取值可能取值情况。具体步骤如下：首先将每个量子态进行测量坍缩到经典态二进制（类似1000…11），然后进行解码，将其解码为十进制，从而使每个细菌代表一种 h 的取值，而细菌种群个数为 S，所以对于寻优第一代，一共有 S 种 h 的对应取值情况。

适应度函数选取式（11.4.14），将上步骤所得到的 S 种 h 的对应取值代入适应度函数，从而得到适应度函数值，再根据 S 个适应度函数值的大小关系以及各个细菌之间的相对位置关系进行 N_C 次的趋化寻优操作，完成后进行繁殖操作以及相应的驱散操作，最终经过 $N_C * N_{re} * N_{ed}$ 代寻优后所得到的最优适应度函数值即式（11.4.14）所得到的最小值，而此时量子细菌解码所得到的 h 即使用 QBFO 算法解决 3D MIMO 稀疏信道估计所得到的信道脉冲响应 $\hat{h}_{\text{QBFO}}$。

2. QBFO 应用于 3D MIMO 稀疏信道估计的算法流程

（1）参数初始化。量子趋化次数 N_C、繁殖次数 N_{re}、迁徙次数 N_{ed}、大肠埃希菌种群个数 S、迁徙概率 P_{ed} 以及种群 $Q(t)$，每个量子细菌的初始状态为

$$Q(t_0) = \begin{bmatrix} \dfrac{1}{\sqrt{2}} & \dfrac{1}{\sqrt{2}} & \cdots & \dfrac{1}{\sqrt{2}} \\ \dfrac{1}{\sqrt{2}} & \dfrac{1}{\sqrt{2}} & \cdots & \dfrac{1}{\sqrt{2}} \end{bmatrix}_{2\times n}$$ （11.4.15）

式中，$n = L \times N_t \times m$；$L$ 为单天线信道脉冲响应的信道长度；N_t 为发送天线数目；m 为二进制编码精度（本节研究选取精度 $m=16$）。

（2）测量 $Q(t)$，坍塌生成经典态 $P(t)$，$P(t)$ 为 0 和 1 组成的随机二进制的序列。

（3）使用适应度函数评估群体 $P(t)$，解码二进制序列得到细菌坐标，同时也是估计的信道脉冲响应值，然后计算适应度函数（信道估计准则，即式（11.4.14））的适应度值，记录最优值。

（4）量子旋转门进行趋化操作，实现对大肠埃希菌种群 $Q(t)$ 的更新，评估 $P(t)$，记录该代的适应度最优值，若优于上代，则保存；否则，仍保留上代最优值。

（5）N_C 次趋化操作完成，求和适应度函数值得到健康值函数，优的一般大肠埃希菌个体繁殖，另一半直接淘汰掉。

（6）N_{re} 量子繁殖操作后，进入迁徙操作，每个细菌个体生成一个自己的随机概率，如果小于 P_{ed} 则执行细菌驱散，重新更新位置，以避免算法陷入局部最优情况。

（7）$N_C \times N_{re} \times N_{ed}$ 代后输出最优适应度函数值与此时对应的大肠埃希菌个体位置。

3．3D MIMO 稀疏信道估计算法性能分析

系统参数为：3D MIMO 场景参数为子载波数（OFDM 尺度）$K=1024$，天线邻阵子间隔 $d=0.075$，载波频率 2GHz，载波间隔 20MHz，发送天线数目 $N_T=2$，接收天线数目 $N_R=1$（方便仿真，不影响分析）。QBFO 参数选取情况为：$S=40$，$N_C=50$，$N_{re}=5$，$N_{ed}=2$，$P_{ed}=0.2$。SNR（Signal-to-Noise Ratio，信噪比）取值为 0:5:20dB，分别使用 LS、IRLS、MP、OMP、QBFO 算法用于稀疏信道估计。

使用 LS、IRLS、MP、OMP、QBFO 算法用于稀疏信道估计得到的 MSE（Mean Square Error）与 BER（Bit Error Ratio）结果如图 11.4.9、图 11.4.10 所示。

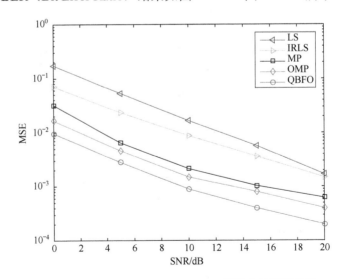

图 11.4.9　QBFO、LS、IRLS、MP、OMP 算法估计所得信道 MSE

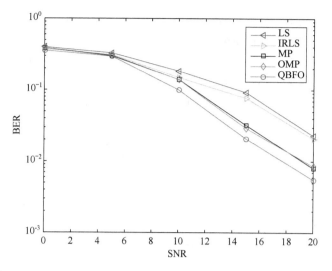

图 11.4.10　QBFO、LS、IRLS、MP、OMP 算法估计所得信道 BER

从图 11.4.9 中及图 11.4.10 显然可以看出,对于几种算法估计 3D MIMO 稀疏信道所得的 MSE(均方误差)、BER(误比特率)情况而言,所提出 QBFO 信道估计机制明显相对于非智能算法(LS、IRLS、MP、OMP)改善了信道估计的精确度。

思 考 题

1. 请使用基于概率幅的量子粒子群算法和基于量子行为的粒子群算法解决目标优化问题,比较二者的区别。

2. 对于改进的量子粒子群算法——自适应收扩系数的双中心协作量子粒子群算法,是否理解改进的两个方面?

3. 对于所提出的改进量子蚁群优化算法,请使用文中所用的标准测试函数进行验证,并将结果与文中的结果对比,是否能够得出与文中一致的结论?

4. 使用菌群优化算法和量子菌群优化算法解决相关目标优化问题,并比较二者算法性能。

5. 文中将量子菌群优化算法用来求解组合优化问题中的背包问题,除了背包问题,旅行商问题也是组合优化问题中的难解问题,能否使用量子菌群优化算法来解决旅行商问题?

参 考 文 献

[1] CHENG W, CHEN S F. 权重自适应调整的混沌量子粒子群优化[J]. 计算机工程与应用,2010, 46(9):46-48.

[2] SUN J, FANG W, WU X-J. Quantum-behaved particle swarm optimization: Analysis of the individual particle's behavior and parameter selection[J]. Evolutionary Computation, 2012, 20(3):349-393.

[3] 陈伟, 孙俊等. 一种采用完全学习策略的量子行为粒子群优化算法[J]. 控制与决策, 2012, 27(5):719-730.

[4] 汤可宗, 柳炳祥.双中心粒子优化算法[J]. 计算机研究与发展, 2012, 49(5):1086-1094.

[5] LI Y-Y, XIANG R-R, JIAO L- C. An improved cooperative quantum-behaved particle swarm optimization[J]. Springer-Verlag, 2012, 16(6):1061-1069.

[6] WANG LING, NIU QUN, FEI MINRUI. A novel Quantum Ant Colony Optimization Algorithm[C]// LectureNotes in Computer Science, 2007:277-286.

[7] 李士勇, 李盼池. 量子计算与量子优化算法[M]. 哈尔滨: 哈尔滨工业大学出版社, 2009.

[8] 丁颖. 量子粒子群算法的改进及其在认知无线电频谱分配中的应用[D]. 南京: 南京邮电大学, 2013.

[9] 朱东坡. 量子遗传算法在认知无线电博弈论模型频谱分配中的应用研究[D]. 南京: 南京邮电大学, 2011.

[10] 王灵, 王秀亭, 俞金寿. 基于自适应量子蚁群算法的石脑油裂解炉故障诊断[J]. 化工学报, 2009, 60(2):401-408.

[11] 洪超. 量子蚁群算法的改进及其在 LTE 系统信号检测中的应用[D]. 南京: 南京邮电大学, 2013.

[12] LEE J, STORER J. A new Parallel Algorithm for the Knapsack Problem and its Implementation on a Hypercube[C].//Proceedings of the 3rd Symposium on the Frontiers of Massively Parallel Computation. College Park, MD,USA,1990:2-7.

[13] 郭小花. 改进遗传算法及其在求解背包问题中的应用[D]. 南宁: 广西民族大学, 2010.

[14] 王娜. 背包问题的研究与算法设计[D]. 昆明: 昆明理工大学, 2012.

[15] HEILLILA M, KIPPOLA T, et al. Active antenna system (AAS) capabilities for 5G systems: A field study of performance [C]//International Conference on 5G for Ubiquitous Connectivity. 2014: 181-186.

[16] 张豫婷. 量子菌群算法的研究及应用[D]. 南京: 南京邮电大学, 2013.

[17] 吴九龙. 自适应量子菌群算法的研究及应用[D]. 南京: 南京邮电大学, 2013.

[18] 薛金鼎. 3D MIMO 系统中稀疏信道估计算法研究[D]. 南京: 南京邮电大学, 2013.

[19] 张豫婷, 李飞. 一种基于细菌趋药行为的量子算法[J]. 计算机工程, 2013, 39(9): 196-200.

[20] FEI LI, LIANG HONG, BAOYU ZHENG. Quantum Genetic Algorithm and its Application to Multi-user Detection [C]//2008 9th International Conference on Signal Processing. IEEE, 2008:1981-1984.

[21] LI F, ZHANG Y, WU J, et al. Quantum bacterial foraging optimization algorithm[C]//2014 IEEE Congress on Evolutionary Computation (CEC). IEEE, 2014:1265-1272.

[22] 吴九龙, 李飞, 郑宝玉. 自适应相位旋转的量子菌群算法[J]. 信号处理, 2015, 31(8):901-911.

[23] YANG ZHOU, SIJIA TAN, YUNCHAO SONG, et al. Quantum Bacterial Foraging Optimization Based Interference Coordination in 3D-MIMO Systems [C].//Congress on Evolutionary Computation. IEEE, Wellington, New Zealand, June.10-13, 2019: 611-617.

[24] XUE J, JIANG S, LIANG Y, et al. Quantum bacterial foraging optimization based sparse channel estimation for 3D MIMO systems[C]// Proc. 2016 WCSP, Yangzhou, Oct. 2016:1-5.

[25] IST-4-027756 WINNER Ⅱ, D1.1.2 WINNER Ⅱ channel models, 2010.

[26] 何小丹. 3D MIMO 信道估计技术研究[D]. 北京: 北京邮电大学, 2014.

[27] HE X, ZHANG J, Bao W. Pilot aided 3D channel estimation for MIMO-OFDM systems[C]//IEEE Vehicular Technology Conference (VTC). 2013:1-5.

[28] AULIN T. A modified model for the fading signal at a mobile radio channel [J]. IEEE Transactions on Vehicular Technology, 1979, 28(3): 182-203.

[29] KALLIOLA K, LAITINEN H, VAINIKAINEN P. 3-D double-directional radio channel characterization for urban macrocellular applications [J]. IEEE Transactions on Antennas and Propagation, 2003, 51(11): 3122-3133.

[30] ZIBULEVSKY M, ELAD M. L1-L2 optimization in signal and image processing [J]. IEEE Signal Processing Magazine, 2010, 27(3): 76-88.

第 12 章　量子机器学习

12.1　量子机器学习概述

近十几年，机器学习快速崛起，已经成为大数据时代的技术基石。机器学习根据已有数据进行学习策略的探索和潜在结构的发现，依据所得模型进行预测及分析。随着信息技术不断发展，信息化将各行业紧密联系起来，产业数据呈爆炸式增长。数据的增长不仅带来丰厚的利润，同时也带来技术的挑战。不少传统机器学习算法已无法应对大数据时代海量数据的处理和分析，所以不得不寻找新的方法来解决问题。

最近，不少研究机构及大型 IT 公司都将目光集中到了量子计算上，试图通过量子计算的独特性质，解决传统算法的运算效率问题。传统电子计算机存储的是电平的高低，每次只能处理 1 比特的状态数据。量子计算机存储的是量子比特，一个量子比特可表示量子态 $|0\rangle$ 和 $|1\rangle$ 的叠加，一次运算就可同时处理两个状态的信息。以此类推，经典计算机对 2^n 比特的数据执行相同计算需要 2^n 次操作，而量子计算机只需要对 n 个量子比特进行一次操作即可。理论上，量子计算的数据存储能力和数据处理能力都远超经典计算。

12.1.1　量子机器学习的发展

早在 1982 年，Feynman 指出基于量子力学建造的计算机对特定问题的求解是传统计算机无法比拟的。1994 年，Shor 提出了一种里程碑式的量子因子分解算法，称为 Shor 算法。计算步骤上，传统大数因子分解的最佳算法的时间复杂度随问题规模呈指数倍增加，而 Shor 算法则可在多项式时间内完成。1997，Grover 提出一种量子搜索算法，该算法与传统无序数据库搜索算法相比，有着平方级效率的提升。现有的量子算法，相较于对应的经典算法大多有明显提速效果。由此，研究学者猜想，既然量子计算对特定经典问题的求解有显著提速，是否可将其应用到机器学习领域，解决目前处理大数据时计算效率低的问题。

近年来，量子计算和机器学习相结合的研究越来越多。一方面，研究人员希望通过量子计算解决机器学习的运算效率问题；另一方面，研究人员希望通过探索使用量子力学的性质，开发更加智能的机器学习算法。虽然，量子计算机的研究不断深入，但依然有不少问题有待解决，例如，如何保持量子的相干性、如何降低苛刻的环境条件等。同时，量子计算机的建造以及量子算法的提出都涉及诸多领域要素，量子机器学习理论现在依旧处于一个起步阶段，至今没有形成如经典机器学习领域完备的理论体系，大多研究还处于探索实验阶段。

量子机器学习领域的研究最早可追溯到 1995 年对量子神经网络的研究：Kak 最先提出量子神经计算的概念。随后，研究人员提出了各类量子神经网络模型，如 Behrman 等提出的基于量子点神经网络模型、Toth 等提出的量子细胞神经网络、Ventura 等提出的使用量子叠加态表示网络、Matsui 等提出的通过量子门电路实现的神经网络、Zhou 等提出的量子感知机、Schuld 等提出的由量子随机行走构建神经网络等。这些不同种类的量子神经网络模型的构建，均是基于量子力学特性与不同数据结构的结合。该领域研究的一个难点在于：如何将神经网络的非线性映射结构同量子计算的线性变换结合在一起，即如何实现神经网络的量子演化。

研究人员发现量子特性有助于研究无监督聚类问题，故提出了量子无监督聚类算法。2001 年，Horn 等最早将量子力学特性引入传统聚类算法，将薛定谔方程与 Parzen 窗估量的极大值求解联系起来，用于发现数据的聚类中心。2013 年，Lloyd 等将量子态的叠加性应用到经典向量表示上，提出量子 K-means 算法，该算法理论上能够实现海量数据的高效聚类。同年，Aimeur 等提出了量子分裂聚类算法，其借助 Grover 变体算法进行子过程中最大距离的快速搜索。类似地，还有研究人员结合监督分类算法和量子计算，提出量子有监督分类算法，例如，微软的 wiebe 等 2014 年提出了用量子态的概率幅表示经典向量，并通过比较两个量子态间距离完成量子最近邻算法。同年，Rebentrost 等首次提出使用量子系统的密度矩阵进行支持向量机中核矩阵的表示。2016 年，微软的 Wiebe 等提出了量子深度学习的概念，首次将量子计算同深度学习相结合，通过量子采样实现受限玻尔兹曼机的梯度估计，旨在加速深度网络的训练。上述量子机器学习算法的核心大多还是与传统算法相同，主要区别在于通过量子计算的高并行性处理计算耗时的子步骤。

其他关于量子计算及机器学习核心问题的研究也进一步推动量子机器学习的发展。首先，Giovannetti 等于 2008 年提出了量子随机存取存储器（Quantum Random Access Memory，QRAM）。随后，许多量子机器学习算法相继产生，如 2014 年 Lloyd 等基于 QRAM 提出量子主成分分析（HHLPCA）算法等。其次，Harrow 等于 2009 年提出用量子算法解决线性系统的方程问题，常被研究人员称为 HHL 算法；2015 年，Childs 等也对该问题进行了相关研究，进一步拓展了量子算法对线性系统问题的解决能力。很多传统机器学习问题最终与最优化问题的求解相关，而最优化问题常涉及线性方程组的求解，所以通过该技术可有助于经典机器学习中最优化步骤的提速。例如，Rebentrost 等在 2014 年提出的量子支持向量机就用到了量子线性方程求解算法。很多算法是以 QRAM 物理实现为前提，利用 QRAM 实现任意量子态的制备，继而进行后续量子态计算。

对于量子机器学习的可学习性及其与经典算法的比较，也是研究人员的关注点之一。2004 年，Servedio 等对传统机器学习算法的可学习性与量子算法的可学习性进行了分析与比较。随后，2006 年，Aimeur 等提出了在量子环境下完成机器学习任务的猜想。Yoo 等在二分类问题上对量子机器学习与传统机器学习进行了比较，指出量子的叠加性原理使得量子机器学习算法运算效率明显优于传统算法；从学习的接受域上看，量子机器学习的接受域较大，这就决定了在学习效率上同样优于传统算法。随着大数据时代的到来，传统算法对于海量数据的处理能力，也日益捉襟见肘。这就进一步促使研究人员考虑量子机器学习对大数据问题的解决能力和可行性。2015 年年初，陆朝阳教授研究小组的相关研究开始关注量子机器学习与大数据的结合。随后，王书浩和龙桂鲁教授对量子机器学习及大数据领域的应用做了综述性介绍。这些都进一步推动了量子计算在数据挖掘和数据分析方面的研究和应用。

以 D-Wave 及 Google 为首的公司对量子机器学习也进行了研究。2008 年，Google 的 Nevern 及 D-Wave 公司的 Rose 等在其研发的超导绝热量子处理器上使用量子绝热算法解决图像识别问题，此后他们又做了一系列将量子绝热算法应用到人工智能领域的研究。这一系列量子绝热算法没有通过量子门电路进行量子计算，而是运行在 **D-Wave** 研发的特定量子芯片上，并且其运行的环境条件也相对苛刻。目前他们研究的算法还有很多限制，其商业领域的实际应用还有一段距离，不过已经向量子机器学习的产业化应用迈出了坚实的一步。

在量子机器学习的物理实验验证方面，全球的研究人员也在努力不懈。2015 年，潘建伟教授团队首次在小型光量子计算机上实现并验证了 Llyod 提出的 K-means 算法。Li 等也于同年实验验证了量子支持向量机算法，并进行了手写数字的二分类实验验证。虽然，实验的数据规模受限于当前量子计算机的量子比特数，但足以证明量子机器学习算法的可行性，且鼓舞我们在该领域进行更加深入的研究，以获得解决海量数据分析处理的有用工具。

12.1.2　量子机器学习原理

量子机器学习借助量子计算的高并行性，以进一步优化传统机器学习为目的。Servedio、Aaronson 及 Cheng 等对量子态的可学习性进行了研究。Servedio 等从信息论的角度指出量子信息和经典信息的可学习性是等价的，这也促进了量子机器学习研究的发展。

并非所有经典学习算法的步骤都可通过量子特性进行加速。量子力学公设指出封闭量子系统通过酉变换来刻画量子态的演化，即量子态演化需要由酉算子来实现。近年来，龙桂鲁教授研究小组提出使用酉变换的线性组合，也可实现量子计算。量子机器学习算法的基本原理是需将经典学习算法中的信息映射成量子态，然后对量子态进行酉演化操作，进而达到计算的目的。因此，只有满足以上计算条件的经典学习步骤才能实现加速。为使用量子特性达到加速的目的，就必须对传统算法进行相应的改写，使其满足上述量子计算的基本要求。当前的研究大多集中于用量子算法替代原有经典算法的特定子过程，进而达到降低计算复杂度、提高算法效率的目的。

1. 量子机器学习算法一般步骤

量子机器学习算法一般需要经过以下步骤。

（1）将经典信息转换成量子信息。为了发挥量子计算机的高并行特性，必须对经典信息进行编码，将其转换成量子信息，这就好比将一门语言翻译为另外一门语言。合适、巧妙的编码将更加有效地利用量子计算的潜力。

（2）传统机器学习算法的量子版转换。由于量子计算机和经典电子计算机的操作单元不同，无法将所有的经典计算机的方法都移植到量子计算机上，并且不是所有在量子计算机上的操作都会有指数性的加速。所以设计出适用于量子计算机的算法将十分重要。量子机器学习算法的设计，既要结合经典算法的数据结构、数据库等技术，也要不断设计出更多适合量子理论的算法模型。这个建模的过程，也是步骤（2）的重点和难点。

（3）提取最终计算结果。由于计算结果为量子态无法直接使用，需要经过量子测量操作，使量子叠加态波包塌缩至经典态，将经典信息提取出来。

2. 量子机器学习分类

已有的量子机器学习主要可以分为以下 3 类。

（1）第一类量子机器学习。该类算法将机器学习中复杂度较高的部分替换为量子版本进行计算，从而提高其整体运算效率。该类量子机器学习算法整体框架沿用原有机器学习的框架。其主体思想不变，不同点在于将复杂计算转换成量子版本运行在量子计算机上，从而得到提速。该类研究的代表性成果有：Llyod 教授提出的 QPCA、QSVM（Quantum Support Vector Machine）等。

（2）第二类量子机器学习。该类算法的特点是寻找量子系统的力学效应、动力学特性与传统机器学习处理步骤的相似点，将物理过程应用于传统机器学习问题的求解，产生新的机器学习算法。该类算法与第一类不同，其全部过程均可在经典计算机上进行实现。在其他领域也有不少类似思路的研究，如退火算法、蚁群算法等。该类量子机器学习算法的代表性研究有：Horn 等的基于量子力学的聚类算法。

（3）第三类量子机器学习。该类算法主要借助传统机器学习强大的数据分析能力，帮助物理学家更好地研究量子系统，更加有效地分析量子效应，作为物理学家对量子世界研究的有效辅助。该类算法的提出将促进我们对微观世界进一步的了解，并解释量子世界的奇特现象。该类算法的代表性研究有 Gross 的基于压缩感知的量子断层分析等。

由于量子机器学习的大多研究集中于第一类算法，第二类算法的研究还较少，第三类量子机器学习算法主要应用于物理领域。所以，本章后续小节将分别从 HHL、QPCA、QSVM、QDL 等几个方面着重介绍第一类量子机器学习算法。

12.2　基于线性代数的量子机器学习

量子计算机是利用量子力学以经典计算机所不能的方式进行计算的设备。对于某些问题，量子算法能够实现指数加速，最著名的例子是 Shor 的因子分解算法。已知的这样指数加速的例子是很少的，并且到目前为止，那些使用量子计算机模拟其他量子系统的方法在量子力学领域之外几乎没有用处。本节介绍了一种量子算法来估计一组线性方程组的解的特征，与用于相同任务的经典算法相比，此算法有指数加速。

线性方程在几乎所有科学和工程领域发挥着重要作用。定义方程的数据集的大小随着时间的推移而快速增长，因此可能需要处理太字节甚至数 PB 的数据才能获得解。在其他情况下，如当离散化偏微分方程时，线性方程可能会被隐式定义，因此，数据量比问题的原始描述要大得多。对于经典计算机来说，即使近似 N 个未知数的 N 个线性方程组的解，也至少需要 N 的时间复杂度。然而，通常人们并不是对方程的解感兴趣，而是对解的一些计算方法感兴趣，例如，如何确定某些指数子集的总权重等。在某些情况下，量子计算机可以在 $O(\log N)$ 的时间里近似这种函数的值，因此，在 N 很大的情况下，本节的算法是很有效的，甚至能够实现指数加速。

12.2.1　算法的基本原理

在这里先介绍下算法的基本思想，然后在后面的章节中详细地讨论它。给定一个 $N \times N$ 的 Hermitian 矩阵 A 和单位向量 b，目标是找到满足 $Ax = b$ 的 x。首先，将 b 表示为量子状态 $|b\rangle = \sum_{i=1}^{N} b_i |i\rangle$。其次，使用 Hamiltonian 模拟技术将 e^{iAt} 应用于 $|b\rangle$，表示不同时间 t 的叠加。这个阶段之后的系统状态接近于 $\sum_{j=1}^{N} \beta_j |u_j\rangle |\lambda_j\rangle$，其中 u_j 是 A 的特征向量基，

并且 $|b\rangle = \sum_{j=1}^{N} \beta_j |u_j\rangle$。然后，执行线性映射，将 $|\lambda_j\rangle$ 映射到 $C\lambda_j^{-1}|\lambda_j\rangle$，其中 C 是归一化常

数。在成功之后，不需要计算寄存器 $|\lambda_j\rangle$，并且能够得到与 $\sum_{j=1}^{N} \beta_j \lambda_j^{-1}|u_j\rangle = A^{-1}|b\rangle = |x\rangle$ 呈比

例的状态。

影响矩阵求逆算法性能的一个重要因素是 A 的条件数 k，是 A 最大和最小特征值的比值。随着条件数的增加，A 更接近不能求逆，并且解会变得不再稳定。这种矩阵被认为是"病态的"。此算法通常假设 A 的奇异值介于 $1/\kappa$ 和 1 之间，等价于 $\kappa^{-2}I \leqslant A^T A \leqslant I$。在这种情况下，算法的运行时间复杂度是 $k^2 \log(N)/e$，其中 e 是在输出状态 $|x\rangle$ 中得到的加性误差。因此，当 k 和 $1/e$ 都是 poly$(\log(N))$ 时，此算法相对于经典算法的最大优势就体现出来了。在这种情况下，它实现了指数加速。

该过程由矢量 x 产生其量子力学表示 $|x\rangle$。显然，要读出 x 的所有成员，需要执行该过程至少 N 次。然而，通常人们不会对 x 本身，而是对某些期望值 $x^T M x$ 感兴趣，其中 M 是一些线性算子。通过将 M 映射到量子力学算子，并执行对应于 M 的量子测量，能够获得期望值 $\langle x|M|x\rangle = x^T M x$ 的估计。矢量 x 的各种特征都可以用这种方式提取，包括归一化、状态空间不同部分的权重、矩等。

可以使用该算法的一个简单示例来查看两个不同的随机过程是否具有相似的稳定状态。考虑随机过程 $x_t = A x_{t-1} + b$，其中向量 x_t 中的第 i 个坐标表示 x_t 在时刻 t 的第 i 个值。该分布的稳定状态由 $|x\rangle = (I-A)^{-1}|b\rangle$ 给出。令 $x_t' = A' x_{t-1}' + b'$，$|x'\rangle = (I-A')^{-1}|b'\rangle$。为了知道 $|x\rangle$ 和 $|x'\rangle$ 是否相似，对它们进行 SWAP 测试，想要发现两个概率分布是否相似至少需要 $O(\sqrt{N})$ 个样本。

该算法的优势在于它仅需要 $O(\log N)$ 个量子比特寄存器，并且不必写下所有 A、b 或 x。在哈密顿模拟和非酉步骤仅产生 poly$(\log(N))$ 开销的情况下，这意味着此算法比传统计算机所需的时间要少得多。从这个意义上说，此算法与经典的蒙特卡罗算法有关，都通过处理来自相同概率分布的 N 个对象的样本，而不是通过写下分布的所有 N 个分量来实现显著的加速。然而，虽然这些经典算法是强大的，但相较于此量子算法，任何经典算法都需要额外的指数级时间来执行相同的矩阵求逆任务。

12.2.2 线性方程组的量子算法

本节给出算法的更详细解释。首先，将给定的 Hermitian 矩阵 A 转换为可以随意应用的酉运算符 e^{iAt}。当 A 是 s 稀疏并且矩阵的行可进行有效的计算时，这是可行的。如果 A 不是 Hermitian 矩阵，则定义

$$C = \begin{pmatrix} 0 & A \\ A^T & 0 \end{pmatrix} \tag{12.2.1}$$

由于 C 是 Hermitian 矩阵，可以通过求解方程 $C_y = \begin{pmatrix} b \\ 0 \end{pmatrix}$ 得到 $y = \begin{pmatrix} 0 \\ x \end{pmatrix}$。如有必要，则可使用此方法，本节的其余部分都假定 A 是 Hermitian 矩阵。

下一步是使用相位估计在特征向量的基础上进行分解 $|b\rangle$。用 $|u_j\rangle$ 表示 A 的特征向量，

并用 λ_j 表示相应的特征值。当 T 很大时，令

$$|\boldsymbol{\Psi}_0\rangle := \sqrt{\frac{2}{T}}\sum_{\tau=0}^{T-1}\sin\frac{\pi\left(\tau+\frac{1}{2}\right)}{T}|\tau\rangle \tag{12.2.2}$$

选择 $|\boldsymbol{\Psi}_0\rangle$ 的系数来最小化误差分析中出现的某个二次损失函数。

接下来，在 $|\boldsymbol{\Psi}_0{}^C\rangle\otimes|b\rangle$ 上应用条件哈密顿演化 $\sum_{\tau=0}^{T-1}|\tau\rangle\langle\tau|^C\otimes e^{iA\tau t_0/T}$，其中 $t_0=O(\kappa/\epsilon)$。
对第一个寄存器进行傅里叶变换得到状态

$$\sum_{j=1}^{N}\sum_{k=0}^{T-1}\alpha_{k|j}\beta_j|k\rangle|u_j\rangle \tag{12.2.3}$$

式中，$|k\rangle$ 是傅里叶基态，当且仅当 $\lambda_j\approx\frac{2\pi k}{t_0}$ 时，$|\alpha_{k|j}|$ 会很大。定义 $\tilde{\lambda}_k:=2\pi k/t_0$，可以重新标记 $|k\rangle$ 寄存器以获得 $\sum_{j=1}^{N}\sum_{k=0}^{T-1}\alpha_{k|j}\beta_j|\tilde{\lambda}_k\rangle|u_j\rangle$。添加 ancilla 量子位并以 $|\tilde{\lambda}_k\rangle$ 为条件进行旋转产生

$\sum_{j=1}^{N}\sum_{k=0}^{T-1}\alpha_{k|j}\beta_j|\tilde{\lambda}_k\rangle|u_j\rangle\left(\sqrt{1-\frac{C^2}{\tilde{\lambda}_k^2}}|0\rangle+\frac{C}{\tilde{\lambda}_k}|1\rangle\right)$，式中，$C=O(1/\kappa)$。现在撤销相位估计以解除 $|\tilde{\lambda}_k\rangle$ 的计算。若相位估计是完美的，当 $\tilde{\lambda}_k=\lambda_j$ 时，则会有 $\alpha_{k|j}=1$；否则为 0。现在假设，得到

$\sum_{j=1}^{N}\beta_j|u_j\rangle\left(\sqrt{1-\frac{C^2}{\lambda_j^2}}|0\rangle+\frac{C}{\lambda_j}|1\rangle\right)$。测量最后一个量子位来完成反演。在看到 1 的条件下，有

状态 $\sqrt{\frac{1}{\sum_{j=1}^{N}C^2|\beta_j|^2/|\lambda_j^2|}}\sum_{j=1}^{N}\beta_j\frac{C}{\lambda_j}|u_j\rangle$，它对应于 $|x=\sum_{j=1}^{n}\beta_j\lambda_j^{-1}|u_j\rangle$ 的标准化。可以从获得 1 的概率确定归一化因子。最后，对 $\boldsymbol{M}$ 进行测量，其期望值 $\langle x|M|x\rangle$ 对应于希望评估的 $\boldsymbol{x}$ 的特征。

12.2.3 复杂度对比

1. 误差和运行时间分析

这里给出误差来源的解释。通过模拟 e^{iAt} 来执行相位估计。假设 A 是 s 稀疏的，这可以通过与 $ts^2(t/e)^{o(1)}=:\tilde{O}(ts^2)$ 呈比例的误差 e 来完成。

主要的误差来源就是相位估计。该步骤在估计 λ 时误差为 $O(1/t_0)$，这转换为 λ^{-1} 中的 $O(1/\lambda t_0)$ 的相对误差。如果 $\lambda\geqslant 1/k$，则取 $t_0=O(k/e)$ 会导致最终误差为 ϵ。最后，考虑后选择过程的成功概率。由于 $C=O(1/k)$ 且 $\lambda\leqslant 1$，因此该概率至少为 $\Omega(1/k^2)$。使用振幅放大算法进行 $O(k)$ 次重复。综上所述，算法的运行时间是 $\tilde{O}(\log(N)s^2k^2/e)$。

2. 经典矩阵求逆算法

最好的经典矩阵求逆算法之一是共轭梯度法。当 A 正定时，使用复杂度为 $O(\sqrt{\kappa}\log(1/e))$ 的矩阵—向量乘法运算，每个运算时间为 $O(Ns)$，总运行时间为 $O(Ns\sqrt{k}\log(1/e))$（如果 A 不是正定的，则需要使用 $O(\kappa\log(1/e))$ 的乘法运算，总时间为

$O(Nsk\log(1/e))$)。一个重要的问题是当只有解的统计量时，如 $x^{\mathrm{T}}Mx$，经典方法是否可以改进。另一个问题是此量子算法是否可以改进，比如实现与 $\mathrm{poly}(\log(1/e))$ 呈比例的误差 e。复杂性理论中的论证表明，这两个问题的答案都是否定的。

3. 矩阵求逆的复杂性

一个使用 n 个量子位和 T 个门的量子电路可以通过对维数为 $N = O(2^n k)$ 的稀疏矩阵 A 求逆来模拟。如果需要 A 为正定阵，则条件数 k 为 $O(T^2)$；否则为 $O(T)$。这意味着经典的 $\mathrm{poly}(\log N, k, 1/e)$ 时间算法将能够在 $\mathrm{poly}(n)$ 时间内模拟 $\mathrm{poly}(n)$ 量子门算法。这样的模拟被强烈地推测为是错误的，并且已知当 oracles 存在时是不可能的。

从一般量子电路到矩阵求逆问题的反演也意味着此算法不能得到显著改善（在标准假设下）。如果运行时间可以变成 k 的多对数，则在 n 个量子位上可解决的任何问题都可以在 $\mathrm{poly}(n)$ 时间内解决（BQP = PSPACE），这是不可能的。甚至在 $\delta > 0$ 的情况下改善对 k 到 $k^{1-\delta}$ 的相关性都将允许任何时间 T 的量子算法在时间 $O(T)$ 中被模拟，这将再次暗示 BQP = PSPACE。类似地，改进对误差相关性到 $\mathrm{poly}(\log(1/\epsilon))$ 意味着 BQP 包括 PP，甚至微小的改进也会与 oracle 下界相矛盾。

4. 反演

现在展示从模拟量子电路到矩阵求逆的关键反演。设 C 是作用于 $n = \log N$ 量子位的量子电路，它应用 T 个双量子位门 $U_1, \cdots, U_T$。初始状态是 $|0^{\otimes n}\rangle$，并且通过测量最终状态的第一个量子位来确定答案。

现在连接一个维度为 $3T$ 的 Ancilla 寄存器并定义一个酉算子

$$U = \sum_{t=1}^{T} |t+1\rangle\langle t| \otimes U_t + |t+T+1\rangle\langle t+T| \otimes I +$$
$$|t+2T+1 \bmod 3T\rangle\langle t+2T| \otimes U_{3T-1-t}^{\mathrm{T}} \qquad (12.2.4)$$

选择 U 使得对于 $T+1 \leqslant t \leqslant 2T$，将 U^t 应用于 $|1\psi\rangle$ 可以得到 $|t+1\rangle \otimes U_T \cdots U_1 |\psi\rangle$。如果现在定义 $A = I - Ue^{-1/T}$，那么 $\kappa(A) = O(T)$，可以扩展

$$A^{-1} = \sum_{k \geqslant 0} U^k e^{-k/T} \qquad (12.2.5)$$

这可以解释为将 U^t 应用于一个几何分布的随机变量 t。由于 $U^{3T} = I$，可以假设 $1 \leqslant t \leqslant 3T$。如果测量第一个寄存器并获得 $T+1 \leqslant t \leqslant 2T$（发生概率为 $e^{-2}/(1+e^{-2}+e^{-4}) \geqslant 1/10$），那么将获得处于 $U_T \cdots U_1 |\psi\rangle$ 状态的第二个寄存器，这是一个成功的计算，允许从 $|x\rangle$ 计算结果中进行采样。这确定了矩阵求逆是完全 BQP 的，并且证明了上面关于改进算法的难度的观点。

12.2.4 算法讨论和扩展

有许多方法可以扩展此算法并放宽在讨论时所做的假设。首先讨论如何对更广泛的矩阵类求逆，然后考虑测量 x 的其他特征并在 A 上执行求逆之外的操作。

1. 广泛的矩阵类求逆

某些非稀疏矩阵 A 可以被模拟并因此被求逆。使用从非 Hermitian 到 Hermitian 矩阵给

出的反演方法，也可以对非方形矩阵求逆。

矩阵求逆算法还可以通过仅对矩阵的良好状态部分中的 $|b\rangle$ 的一部分求逆来处理病态矩阵。不是将 $|b\rangle = \sum_j \beta_j |u_j\rangle$ 变换为 $|x\rangle = \sum_j \lambda_j^{-1} \beta_j |u_j\rangle$，而是将其变换为接近 $\sum_{j, \lambda_j<1/\kappa} \lambda_j^{-1} \beta_j |u_j\rangle |\text{well}\rangle + \sum_{j, \lambda_j>1/\kappa} \beta_j |u_j\rangle |\text{ill}\rangle$ 的状态。它对于任何选择的 κ，都在时间上与 κ^2 呈比例。最后一个量子位是一个标志，使用户能够估计病态部分的大小，或以任何其他方式处理它。如果知道 A 不可逆并且感兴趣的是在 A 的良好状态部分上投影 $|b\rangle$，则这种方法可能是有用的。

2．病态矩阵处理

经典算法中常用于处理病态矩阵的另一种方法是应用预处理器。如果有一个生成预处理矩阵 B 的方法使得 $\kappa(AB)$ 小于 $\kappa(A)$，那么可以通过改为解决 $Ax = b$ 来解决可能更容易的矩阵求逆问题 $(AB)c = Bb$。此外，如果 A 和 B 都是稀疏的，那么 AB 也是如此。因此，只要能够有效地制备与 $B|b\rangle$ 呈比例的状态，如果使用合适的预处理器，则此算法可能运行得更快。

3．算法输出的推广

可以通过生成 k 个 $|x\rangle$ 的副本并测量在状态 $|x\rangle^{\otimes k}$ 中可观察的 $n \times k$ 个 qubit $\sum_{i_1,\cdots,i_k,j_1,\cdots,j_k} M_{i_1,\cdots,i_k,j_1,\cdots,j_k} |i_1,\cdots,i_k\rangle\langle j_1,\cdots,j_k|$ 来估计 x 的 $2k$ 阶多项式。或者，可以使用本节的算法生成蒙特卡洛的量子模拟，其中从向量 x 中采样的 A 和 b 已经给定，这意味着值 i 以概率 $|x_i|^2$ 出现。也许矩阵求逆算法最具深远意义的推广完全不是对矩阵求逆；相反，它对于任何可计算的 f，都可以计算出 $f(A)|b\rangle$。根据 f 的非线性程度，出现了准确性和效率之间的非平凡权衡。

12.3 量子主成分分析

量子层析是发现未知量子态 ρ 特征的过程。量子层析是一种广泛使用的工具，在光通道、原子钟等精密测量装置，量子计算等通信系统中具有重要的实际应用价值。量子层析的基本假设是在 d 维希尔伯特空间中给出一个 ρ 的多个副本，例如，原子钟中的原子状态或量子信道的输入和输出。各种测量技术允许人们提取所需的状态特征。例如，最近的发展表明，量子压缩传感可以为确定量子系统的未知状态或动态提供显著的优势，特别是当该状态或动态可以由低秩或稀疏矩阵表示时。矩阵的谱分解用其特征向量和相应的特征值表示矩阵。矩阵的最优低秩近似可以从具有特征值的相应分解构建，并且相应地指向低于阈值的特征向量。该过程通常被称为 PCA，并且可用于构造样本随机向量的半正定对称协方差矩阵的低秩近似。对于数量巨大的高维向量，PCA 的成本会非常高。

12.3.1 量子主成分分析原理

传统的量子层析通过对状态的多个副本进行测量来进行操作：状态扮演被动角色。本节表明，状态可以在分析中发挥作用。特别是，状态 ρ 的多重映射可用于实现酉算子 $e^{-i\rho t}$：

即状态作为能量算子或哈密顿量，起到对其他状态的变换作用。因此，密度矩阵的多个副本可用于以量子形式显示矩阵的特征向量和特征值。通过进一步的处理和测量，这种密度矩阵求幂可以为量子层析提供显著的优势。此外，它允许执行未知低秩密度矩阵的量子 PCA（QPCA）来构造对应于状态的大特征值（主成分）的特征向量。在时间 $O(\log d)$ 中，指数加速超过现有算法。本节还展示了 QPCA 如何提供状态识别和群集分配的新方法。

假设有 n 个状态 ρ 的副本。下面的公式允许人们将酉变换 $e^{-i\rho t}$ 应用于 t 中直到 n 阶的任何密度矩阵 σ。

$$tr_p e^{-iS\Delta t} \rho \otimes \sigma e^{iS\Delta t} = (\cos^2 \Delta t)\sigma + (\sin^2 \Delta t)\rho - i\sin\Delta t \cos\Delta t[\rho,\sigma]$$
$$= \sigma - i\Delta t[\rho,\sigma] + O(\Delta t^2) \tag{12.3.1}$$

式中，tr_p 是第一个变量的部分迹；S 是一个稀疏矩阵，其元素可以被高效计算，因此 $e^{-iS\Delta t}$ 可以被高效地执行。重复式（12.3.1）构建 $e^{-i\rho n\Delta t}\sigma e^{i\rho n\Delta t}$。与 Suzuki-Trotter 量子模拟理论的比较表明，要模拟 $e^{-i\rho t}$ 到精度 ϵ 需要 $n = O(t^2\epsilon^{-1}|\rho-\sigma|^2) \le O(t^2\epsilon^{-1})$ 步，其中 $t = n\Delta t$。因此，简单地对 $\rho\otimes\sigma$ 执行重复的无穷小交换操作允许构造酉算子 $e^{-i\rho t}$。量子矩阵反演技术允许使用密度矩阵 ρ 的多个副本来有效地为任何简单可计算的函数 $g(x)$ 实现 $e^{-ig(\rho)}$。

当 ρ 的一些特征值很大时，密度矩阵求幂是最有效的。如果所有特征值的大小为 $O(1/d)$，那么需要时间 $t = O(d)$ 来解析特征值。相反，如果密度矩阵由几个大的特征值控制，也就是说，当矩阵能够由其主要分量很好地表示时，那么该方法表现优秀。在这种情况下，存在维度 $R \ll d$ 的子空间，使 ρ 在该子空间上的投影接近 $\rho: \rho - P\rho P_1 \le \epsilon$，其中 P 是子空间上的投影。当矩阵是低秩矩阵时，投影是精确的。当要取幂的矩阵是稀疏的时，目前的矩阵求幂技术是有效的。这里的结构表明，只要相应的密度矩阵的多个副本可用，非稀疏但低秩矩阵也可以被有效地取幂。

现在密度矩阵求幂允许应用量子相位算法来找到未知密度矩阵的特征向量和特征值。如果有 n 个状态 ρ 的副本，就可以使用 $e^{-i\rho t}$ 来执行量子相位算法。特别地，量子相位算法使用 $e^{-i\rho t}$ 的条件应用来改变时间，以将任何初始状态 $|\psi\rangle|0\rangle$ 取为 $\sum_i \psi_i|\chi_i\rangle|\tilde{r}_i\rangle$，其中 $|\chi_i\rangle$ 是 ρ 的特征向量，$\tilde{r}_i$ 是用于估计的相应的特征值，$\psi_i = \langle\chi_i|\psi\rangle$。应用未知酉性的能力并不能自动转化为以条件方式应用酉性的能力。这里相反，可以简单地通过在上面的推导中用条件 SWAP 替换 SWAP 运算符来执行条件运算。更准确地说，取 $t = n\Delta t$，并应用酉算子 $\sum_n |n\Delta t\rangle\langle n\Delta t| \otimes \prod_{j=1}^n e^{-iS_j\Delta t}$ 到状态 $|n\Delta t\rangle\langle n\Delta t| \otimes \sigma \otimes \rho \otimes \cdots \otimes \rho$ 上，其中 $\sigma = |\chi\rangle\langle\chi|$ 和 S_j 用 ρ 的第 j 个副本交换 σ。取出 ρ 的部分即得到期望的条件运算 $|t\rangle|\chi\rangle \to |t\rangle e^{-i\rho t}|\chi\rangle$。在量子相位算法中插入此条件运算并使用改进的相位估计技术。通过对时间 $t = O(\epsilon^{-1})$ 应用量子相位算法，产生精度 ϵ 的特征向量和特征值，因此需要 $n = O(1/\epsilon^3)$ 个状态 ρ 的副本。使用 ρ 本身作为初始状态，量子相位算法产生状态

$$\sum_i r_i|\chi_i\rangle\langle\chi_i| \otimes |\tilde{r}_i\rangle\langle\tilde{r}_i| \tag{12.3.2}$$

从这种状态的采样允许展示特征向量的特征和 ρ 的特征值。使用状态的多个副本来构造其特征向量和特征值将在这里称为 QPCA。

如上所述，如果 ρ 具有小秩 R 或允许秩 R 近似，则 QPCA 是有用的。在这种情况下，只有最大的 R 特征值将在式（12.3.2）的特征向量/特征值分解中记为非零值，使用 ρ 的 mn 个副本获得式（12.3.2）分解的 m 个副本，其中第 i 个特征值 r_i 出现次数约等于 $R_i m$ 次。然后可以通过执行量子测量来确定第 i 个本征态的特征，对于 Hermitian 矩阵 M，获得具有的特征值 r_i 的特征向量的期望值 $\chi_i|M|\chi_i$。只要 M 是稀疏的或通过本节中给出的方法有效地模拟，那么该测量可以在时间 $O(\log d)$ 中进行。QPCA 有效地展示了未知密度矩阵 ρ 的特征向量和特征值，并允许人们探测它们的属性。例如，在凝聚相的多体量子系统中，相关电子系统和化学系统，模拟感兴趣的某些物理和化学性质（如相关函数、偶极矩、状态到状态跃迁、隧道效率、化学反应）是非常重要的。当知道系统处于基态或前几个激发态时，此量子算法可用于估计相应特征向量上的这种可观测量。

12.3.2　量子主成分分析的应用

1. 数据分析

作为数据分析的应用，假设密度矩阵对应于可以使用 oracle 在量子并行中生成的一组数据矢量 $a_i \in C^d$ 的协方差矩阵。QPCA 允许在 $O(\log d)$ 时间内找到并在数据空间中具有最大方差的方向上运算。定义协方差矩阵 $\Sigma = AA^\dagger$，其中 A 具有列 a_j，不一定要被归一化为 1。在量子力学形式中，$A = \sum_i |a_i||a_i\rangle\langle e_i|$，其中 $\langle e_i|$ 是标准正交基，并且 $|a_i\rangle$ 被归一化为 1。假设对 A 的列 $|a_i\rangle$ 及其规范 $|a_i|$ 进行了量子访问。也就是说，有一个量子计算机或量子随机存取存储器，它取 $|i\rangle|0\rangle|0\rangle \rightarrow |i\rangle|a_i\rangle|a_i\rangle$。量子随机存取存储器需要 $O(d)$ 硬件资源来存储矢量的所有系数和 $O(d)$ 开关以使它们可访问，$O(\log d)$ 操作来访问数据。对向量和范数的量子访问允许构造非标准化状态 $\sum_i |a_i||e_i\rangle|a_i\rangle$，第二个寄存器的密度矩阵与 Σ 呈比例。使用 $\Sigma/tr\Sigma$ 的 $O(t^2\epsilon^{-1})$ 个拷贝允许实现 $e^{-it\Sigma/tr\Sigma}$ 到时间精度 $O(n\log d)$。此方法允许在时间 $O(\log d)$ 中对任何低秩矩阵 Σ 取幂，只要它具有形式 $\Sigma = AA^\dagger$，并且能获得对 A 的列的量子访问。相反，使用更高阶 Suzuki-Trotter 扩展的现有方法需要 $O(d\log d)$ 运算来取幂非稀疏哈密顿量。密度矩阵求幂将 $e^{-i\Sigma t}$ 的有效实现扩展到非稀疏但低秩的矩阵 Σ 中。

量子态的 QPCA 可以通过使用 Choi-Jamiolkowski 状态 $((1/d)\sum_{ij}|i\rangle\langle j|\otimes S(|i\rangle\langle j|))$ 得到完全正映射 S，从而扩展到量子过程。例如，对于量子通道层析，Choi-Jamiolkowsk 状态是通过沿通道发送一半完全纠缠的量子态而获得的。然后可以使用 QPCA 来构造对应于该状态的主要特征值的特征向量，所得到的频谱分解依次封装了信道中许多重要的属性。

2. 层析成像

QPCA 是一种新的状态和过程层析成像原函数，它揭示了密度矩阵的特征向量和特征值。为了更清楚地了解 QPCA 的优缺点，本节将其与量子压缩感知进行比较，这是一种在稀疏和低秩密度矩阵上执行层析成像的有效方法。主要区别在于 QPCA 构建了特征向量并将它们在时间 $O(R\log d)$ 中与相应的特征值及时相关联；然后，可以量子形式获得特征向量，以便通过测量来测试它们的属性，并将其与特征值相关联。相比之下，压缩感知是一种状态和过程层析成像方法，它在时间 $O(Rd\log d)$ 中重建全密度矩阵的经典描述。仅采用单量子比特准备和测量。QPCA 也可以用于在特征向量上执行状态层析成像，在时间 $O(\mathrm{Rd}\log d)$ 中显示它们的分量。然后可以使用这种特征值和特征向量的经典描述来在时间 $O(\mathrm{Rd}\log d)$ 中再现全密度矩阵，与量子压缩感测相同，但依赖多量子比特无穷小交换操作。相反，要使用压缩感知构造特征向量和特征值，必须先重建密度矩阵，然后对其进行对角化，这需要时间大于 $O(d^2\log R + dR^2)$ 的用于低秩矩阵的随机算法。可以通过信息理论论证来证明，在没有先验知识的情况下通过采样找到低秩近似值的下限是 $\Omega(d)$。可以将 QPCA 与基于组表示的方法进行比较，以估计密度矩阵的频谱和特征向量。这些方法在时间 $O(poly(\log d))$ 中显示了光谱，但需要时间 $O(d^2)$ 来重建特征向量。

3．状态识别和分配

QPCA 也可用于状态识别和分配。例如，假设可以从两组 m 个样本中采样，第一组 $\{|\varphi_i\rangle\}$ 由密度矩阵 $\rho = (1/m)\sum_i |\varphi_i\rangle\langle\varphi_i|$ 表示，第二组 $\{|\psi_i\rangle\}$ 由密度矩阵 $\sigma = (1/m)\sum_i |\psi_i\rangle\langle\psi_i|$ 表示。现在给一个新的状态 $|\chi\rangle$。需要将状态分配给其中一组或另外一组。然后，密度矩阵求幂和量子相位估计允许根据 $\rho - \sigma$ 的特征向量和特征值来分解 $|\chi\rangle$：$|\chi\rangle|0\rangle \to \sum_j \chi_j |\xi_j\rangle |x_j\rangle$，式中，$|\xi_j\rangle$ 是 $\rho - \sigma$ 的特征向量；x_j 是相应的特征值。测量特征值寄存器，如果特征值为正，则将 $|\chi\rangle$ 分配给第一组；如果是负的，则分配给第二组。如果从两组中的一组中选择 $|\chi\rangle$，则该过程仅是最小错误状态判别，但是指数地更快。作为奖励，测量的特征值的大小是设定分配测量的置信度的度量：较大幅度的特征值在赋值中对应于较高的置信度，而幅度 1 对应于确定的情况，在这种情况下 $|\xi\rangle$ 与其中一组的所有成员正交。如果 $|\chi\rangle$ 是一些其他向量，则该方法提供了一个用于监督学习和聚类分配的方法：这两组是训练集，并且向量被分配给它更相似的向量集。

12.3.3　算法讨论

密度矩阵求幂是分析未知密度矩阵性质的有力工具。使用 ρ 的 n 个副本来应用酉算子 $e^{-i\rho t}$ 的能力允许将非稀疏 d 维矩阵取幂为精度 $\epsilon = O(t^2/n)$，并在时间 $O(R\log d)$ 中执行 QPCA 来构造低秩矩阵 ρ 的特征向量和特征值。QPCA 映射了一个经典的过程，该过程将系统维度中的多项式时间转换为量子过程，该过程在维数的对数中取多项式时间。这种指数压缩意味着 QPCA 只能揭示描述系统所需的全部信息的一小部分。然而，这一特定部分的信息可能非常有用，因为密度矩阵求幂重建其主成分的能力表明了这一点。

QPCA 将在各种量子算法和测量应用中发挥关键作用。正如量子聚类分配的例子所示，QPCA 可用于加速机器学习问题，如聚类和模式识别。识别矩阵的最大特征值以及相应的特征向量的能力对于大量高维数据的表示和分析可能是有用的。

12.4　量子支持向量机

机器学习可以分为两个分支：监督和无监督学习。在无监督学习中，任务是在未标记数据中找到结构，如一组数据点中的簇。监督学习涉及已经分类的数据的训练集，从中进行推断以对新数据进行分类。在这两种情况下，最近的应用都展示了越来越多的功能和输入数据。支持向量机（SVM）是一种有监督的机器学习算法，它根据给出训练数据，将特征空间中的向量分类为两组中的一组。该机器通过构造在原始特征空间或更高维度的内核空间中划分两组的最佳超平面来操作。支持向量机可以表示为二次规划问题，其可以在时间上与 $O(polyNM)$ 呈比例地求解，式中，N 是特征空间的维度；M 是训练向量的数量。

本节介绍了机器学习中的一个重要的分类器支持向量机，可以通过量子力学实现。此方法获得了特征大小和训练数据的指数加速，从而提供了量子"大数据"加速的一个示例。介绍了支持向量机的最小二乘公式，其允许使用相位估计和量子矩阵求逆算法。并介绍了一种新开发的非稀疏模拟技术用于 Hermitian 正定矩阵。当训练数据核矩阵由相对较少数量的主成分控制时，量子算法的速度达到最大。表明量子支持向量机可以在训练和分类阶段实现 $O(polyNM)$ 性能。N 中的指数加速是由于内积的快速量子评估方法。对于 M 中的指数加速，将 SVM 重新表示为近似最小二乘问题，其允许使用矩阵求逆算法的量子解。为此，采用了最近开发的技术来有效模拟非稀疏正定矩阵。这使得能够对在该上下文中产生的训练数据核和协方差矩阵以及其他机器学习算法进行量子并行主成分分析。

量子机器学习的另一个好处是数据隐私。支持向量机的用户使用训练数据作为量子状态进行操作，并且只能从这些状态进行采样。该算法从不需要每个训练样例的所有特征的显式 $O(MN)$ 表示，而是以量子并行方式生成必要的数据结构，即内积的核矩阵。一旦生成内核矩阵，训练数据的各个特征就完全隐藏在用户之外。

12.4.1 支持向量机

支持向量机代表了执行线性和非线性分类的有效方法。给定 M 个训练数据点 $i = \{(\boldsymbol{x}_j, y_j) : \boldsymbol{x}_j \in \mathbb{R}^N, y_j = \pm 1\}_{1\cdots M}$，其中 $y_j = 1$ 或 -1 取决于 $\boldsymbol{x}_j$ 所属的类。在线性支持向量机中，分类方法是找到最大边际超平面，该超平面将 $y_j = 1$ 的点与 $y_j = -1$ 的点分开。机器找到两个具有法向量 $\boldsymbol{u}$ 的平行的超平面，超平面之间的最大可能距离为 $2/|\boldsymbol{u}|$，用这两个超平面将两类训练数据分开，并且保证在超平面之间没有数据点。构造这些超平面，使得+1 类中的 $\boldsymbol{x}_j$ 的 $\boldsymbol{u} \cdot \boldsymbol{x}_j + b \geq 1$，$-1$ 类中的 $\boldsymbol{x}_j$ 的 $\boldsymbol{u} \cdot \boldsymbol{x}_j + b \leq -1$，其中 b 是超平面的偏移量。因此，寻找最大边缘超平面相当于最小化受不等式 $y_j(\boldsymbol{u} \cdot \boldsymbol{x}_j + b) \geq 1$ 约束的 $|\boldsymbol{u}|^2/2$。为了获得这双重形式，将 Karush-Kuhn-Tucker 乘子 α_j 用于不等式约束来得到最小/最大问题，这通过 $\boldsymbol{u} = \sum_{j=1}^{M} \alpha_j y_j \boldsymbol{x}_j$ 正式求解，并且 $b = y_j - \boldsymbol{u} \cdot \boldsymbol{x}_j$，其中 $\alpha_j \geq 0$ 且 $\sum_{j=1}^{M} y_j \alpha_j = 0$。这里，只有少数 α_j 是非零的：这些是对应于位于两个超平面上的 $\boldsymbol{x}_j$ 的那些支撑向量。对于 $\boldsymbol{u}$ 和 b 使用该解，问题的双重形式是在 α_j 上使受 $\sum_{j=1}^{M} y_j \alpha_j = 0$，$\alpha_j \geq 0$ 约束的函数（12.4.1）最大化为

$$L(\boldsymbol{\alpha}) = \sum_{j=1}^{M} \alpha_j - \sum_{j,k=1}^{M} \alpha_j y_j K_{jk} y_k \alpha_k \qquad (12.4.1)$$

引入了监督学习问题的中心量：核矩阵 $K_{jk} = k(\boldsymbol{x}_j, \boldsymbol{x}_k) = \boldsymbol{x}_j \cdot \boldsymbol{x}_k$，定义核函数 $k(x, x')$。下面将研究更复杂的非线性内核和软边距。求解双重形式包括评估核矩阵中的 $\dfrac{M(M-1)}{2}$ 个点积

运算 $\boldsymbol{x}_j \cdot \boldsymbol{x}_k$，然后通过二次规划找到最优 α_j 值，在非稀疏情况下需要 $O(M^3)$ 时间。由于每个点积运算需要时间 $O(N)$ 来评估，所以经典支持向量算法花费时间至少为 $O(M^2(N+M))$。结果就是下面的二元分类器，即

$$y(\boldsymbol{x}) = \text{sign}\left(\sum_{j=1}^{M} \alpha_j y_j k(\boldsymbol{x}_j, \boldsymbol{x}) + b\right) \tag{12.4.2}$$

当矢量 $\sum_{j=1}^{M} \alpha_j y_j \boldsymbol{x}_j$ 计算一次时分类时间为 $O(MN)$，如果核函数是线性的，分类所需时间是 $O(N)$。

12.4.2　量子内积评估

在量子设置中，假设为训练数据提供了 Oracles，这些数据返回量子向量 $|\boldsymbol{x}_j\rangle = 1/|\boldsymbol{x}_j| \sum_{k=1}^{N} (\boldsymbol{x}_j)_k |k\rangle$，范数 $|\boldsymbol{x}_j|$ 和标签 y_j。对单点积 $\boldsymbol{x}_j \cdot \boldsymbol{x}_k = |\boldsymbol{x}_j||\boldsymbol{x}_k|\langle \boldsymbol{x}_j|\boldsymbol{x}_k\rangle$ 进行评估需要 $O(\log N/\varepsilon)$ 的运行时间，其中 ε 是精度。一旦核矩阵中的所有点积被评估到精度 ε，就可以通过二次规划将最佳 α_j 确定为相同的精度。为了将量矢量 $\bar{\boldsymbol{x}}$ 分类为量子算法中的 +1 或 -1 集，假设将 $\boldsymbol{x}$ 作为归一化量子向量 $|\boldsymbol{x}\rangle$ 与归一化 $|\boldsymbol{x}|$ 同时给出。构造 $|\boldsymbol{u}\rangle \propto \sum_{j=1}^{M} \alpha_j y_j |\boldsymbol{x}_j\rangle$。如上所述评估点积 $\boldsymbol{u} \cdot \boldsymbol{x}$ 并将结果与 $b = y_j - \boldsymbol{u} \cdot \boldsymbol{x}_j$ 进行比较。将这种量子支持向量机与经典支持向量机进行比较，可以得到量子算法的运行时间为 $O(M^2(M + \log N/\varepsilon))$，而经典算法可以缩放为 $O(M^2(M + \text{poly}(N)/\varepsilon^2))$，取决于 $\boldsymbol{x}_j$ 的分量分布。下面讨论 M 中的大数据指数加速。

12.4.3　核矩阵的模拟

核矩阵在式（12.4.1）和下一节讨论的最小二乘法重构中起着至关重要的作用。此时，已经可以讨论归一化核矩阵 $\hat{\boldsymbol{K}} = \boldsymbol{K}/\text{tr}\boldsymbol{K}$ 的有效准备和模拟方法。传统上，设置内核矩阵需要 $O(M^2N)$ 运行时间。对于量子力学准备，首先用状态 $1/\sqrt{M} \sum_{i=1}^{M} |i\rangle$ 调用训练数据 Oracle。这在量子平行态 $|\chi\rangle = 1/\sqrt{N_\chi} \sum_{i=1}^{M} |\boldsymbol{x}_i||i\rangle|\boldsymbol{x}_i\rangle$ 中准备，其中 $N_\chi = \sum_{i=1}^{M} |\boldsymbol{x}_i|^2$，运行时间为 $O(\log NM)$。如果不用训练集寄存器，能够获得作为量子密度矩阵的核矩阵。这可以从部分迹中看出：

$$tr_2\{|\chi \chi|\} = \frac{1}{N_\chi} \sum_{i,j=1}^{M} |\boldsymbol{x}_i||\boldsymbol{x}_j||i\rangle\langle j| \sum_{m=1}^{N} m|\boldsymbol{x}_i\rangle\langle \boldsymbol{x}_j|m\rangle$$

$$= \frac{1}{N_\chi} \sum_{i,j=1}^{M} \langle \boldsymbol{x}_j|\boldsymbol{x}_i\rangle |\boldsymbol{x}_i||\boldsymbol{x}_j||i\rangle\langle j| = \frac{\boldsymbol{K}}{\text{tr}\boldsymbol{K}} \tag{12.4.3}$$

本节将展示如何在全量子力学算法中使用这种状态来近似求解支持向量机。

对于量子力学计算，诸如 $\hat{\boldsymbol{K}}^{-1}$ 的矩阵逆，需要能够有效地模拟 $e^{-i\hat{\boldsymbol{K}}\Delta t}$。然而，对于稀疏

模拟技术的直接应用，核矩阵 $\hat{K}$ 并不稀疏。使用非稀疏对称（或 Hermitian）矩阵的模拟策略来解决当前的问题。采用密度矩阵描述来扩展量子态 ρ 的可能的转移空间，即

$$e^{-i\hat{K}\Delta t}\rho e^{i\hat{K}\Delta t}=e^{-iL_{\hat{K}}\Delta t}(\rho) \qquad (12.4.4)$$

式中，超算子符号 $L_K(\rho)=[K,\rho]$ 或简单地 $L_K=[K,\cdot]$。可以得到

$$e^{-iL_{\hat{K}}\Delta t}\approx \mathrm{tr_1}\{e^{-iS\Delta t}\hat{K}\otimes(\cdot)e^{iS\Delta t}\}=(1-i\Delta t[\hat{K},\cdot])+O(\Delta t^2) \qquad (12.4.5)$$

这里，$S=\sum_{m,n=1}^{M}|m\rangle\langle n|\otimes|m\rangle\langle n|$ 是维度 $M^2\times M^2$ 的交换矩阵。式（12.4.5）是在执行机器学习的量子计算机上实现的操作。对于时间片 Δt，它包括环境状态 $\hat{K}$ 的准备和全局交换操作符在组合系统/环境状态的应用和环境自由度的丢弃。这表明，$e^{-i\hat{K}\Delta t}$ 的模拟在误差为 $O(\Delta t^2)$ 的条件下是可能的。有效准备和模拟包含训练数据信息并出现在许多机器学习问题中的核矩阵，能够使各种监督量子机器学习算法成为可能。

12.4.4 量子最小二乘支持向量机

这项工作的一个关键思想是采用支持向量机的最小二乘法重新规划，绕过二次规划并从线性方程组的解得到参数。中心简化是引入松弛变量 e_j，并用等式约束替换不等式约束：

$$y_j(\boldsymbol{u}\cdot\boldsymbol{x}_j+b)\geqslant 1\rightarrow(\boldsymbol{u}\cdot\boldsymbol{x}_j+b)=y_j+y_je_j \qquad (12.4.6)$$

除了约束之外，隐含的拉格朗日函数包含惩罚项 $\gamma/2\sum_{j=1}^{M}e_j^2$，其中用户指定的 γ 确定训练误差和 SVM 目标的相对权重。通过计算拉格朗日函数的偏导数并消除变量 $\boldsymbol{u}$ 和 e_j，得到问题的最小二乘近似：

$$\boldsymbol{F}\begin{pmatrix}b\\\boldsymbol{\alpha}\end{pmatrix}\equiv\begin{pmatrix}0 & \boldsymbol{1}^{\mathrm{T}}\\1 & \boldsymbol{K}+\gamma^{-1}\boldsymbol{I}\end{pmatrix}\begin{pmatrix}b\\\boldsymbol{\alpha}\end{pmatrix}=\begin{pmatrix}0\\\boldsymbol{y}\end{pmatrix} \qquad (12.4.7)$$

这里，$K_{ij}=\boldsymbol{x}_i^{\mathrm{T}}\cdot\boldsymbol{x}_j$ 是对称核矩阵，$\boldsymbol{y}=(y_1,\cdots,y_M)^{\mathrm{T}}$，$\boldsymbol{\alpha}=(\alpha_1,\cdots,\alpha_M)^{\mathrm{T}}$，$1=(1,\cdots,1)^{\mathrm{T}}$。矩阵 $\boldsymbol{F}$ 是 $(M+1)\times(M+1)$ 维的。由于非零的偏移 b，出现了具有 $\boldsymbol{1}$ 的附加行和列。支持向量机参数由 $(\boldsymbol{b},\boldsymbol{\alpha}^{\mathrm{T}})^{\mathrm{T}}=\boldsymbol{F}^{-1}(0,\boldsymbol{y}^{\mathrm{T}})^{\mathrm{T}}$ 确定。与二次规划公式一样，最小二乘支持向量机的复杂度为 $O(M^3)$。

对于量子支持向量机，想用矩阵求逆算法生成描述超平面的量子态 $|b,\alpha\rangle$，然后对状态 $|x\rangle$ 进行分类。对于量子矩阵求逆算法的应用，需要能够有效地模拟 $\boldsymbol{F}$ 的矩阵指数。首先，矩阵 $\boldsymbol{F}$ 被分为：

$$\boldsymbol{F}=\begin{pmatrix}0 & \boldsymbol{1}^{\mathrm{T}}\\1 & 0\end{pmatrix}+\begin{pmatrix}0 & 0\\0 & \boldsymbol{K}+\gamma^{-1}\boldsymbol{I}\end{pmatrix}\equiv\boldsymbol{J}+\boldsymbol{K}_\gamma \qquad (12.4.8)$$

矩阵 $\boldsymbol{J}$ 是量子力学可有效模拟的。$\boldsymbol{J}$ 的两个非零特征值是 $\lambda_\pm^{\mathrm{star}}=\pm\sqrt{M}$，并且相应的本征态是 $|\lambda_\pm^{\mathrm{star}}\rangle=\frac{1}{\sqrt{2}}\left(|0\rangle\pm\frac{1}{\sqrt{M}}\sum_{k=1}^{M}|k\rangle\right)$。单位矩阵 $\gamma^{-1}\boldsymbol{I}$ 可以简单地模拟。对于 $\boldsymbol{K}/\mathrm{tr}\boldsymbol{K}$ 的模拟，按照式（12.4.3）和式（12.4.5）进行。定义 $\hat{\boldsymbol{F}}=\boldsymbol{F}/\mathrm{tr}\boldsymbol{F}=\boldsymbol{J}/\mathrm{tr}\boldsymbol{K}_\gamma+\hat{\boldsymbol{K}}_\gamma$，其中 $\boldsymbol{K}_\gamma=\boldsymbol{K}_\gamma/\mathrm{tr}\boldsymbol{K}_\gamma$。Lie 乘积公式给出 $e^{-i\hat{F}\Delta t}=e^{-iJ\Delta t/\mathrm{tr}\boldsymbol{K}_\gamma}e^{-i\Delta t\boldsymbol{K}_\gamma}e^{-iK\Delta t/\mathrm{tr}\boldsymbol{K}}+O(\Delta t^2)=e^{-iJ\Delta t'/\mathrm{tr}K}e^{-iI\Delta t'/\mathrm{tr}K}e^{-i\hat{K}\Delta t'}+O(\Delta t^2)$，其

中 $\Delta t' = \dfrac{\mathrm{tr}\boldsymbol{K}}{\mathrm{tr}\boldsymbol{K}_\gamma}\Delta t$。该 $e^{-i\hat{F}\Delta t}$ 被用于相位估计。

假设归一化的量子态对应于式（12.4.7）的右边，$|\tilde{y}\rangle = 1/\sqrt{M}\sum\limits_{k=1}^{M} y_k |k\rangle$，可以有效地准备。可以将这种状态正式地扩展为具有相应的特征值 λ_j 的 $\hat{F}$ 的本征态 $|u_j\rangle$ 则 $|\tilde{y}\rangle = \sum\limits_{j=1}^{M+1}\langle u_j|\tilde{y}\rangle|u_j\rangle$。利用存储特征值的近似值的初始化为 $|0\rangle$ 的寄存器，可以用相位估计生成接近理想状态的状态：

$$|\tilde{y}\rangle|0\rangle \to \sum_{j=1}^{M+1}\langle u_j|\tilde{y}\rangle|u_j\rangle|\lambda_j\rangle|\lambda_j\rangle \tag{12.4.9}$$

执行受控旋转和不计算特征值寄存器的期望状态：

$$|b,\boldsymbol{\alpha}\rangle \propto \sum_{j=1}^{M+1}\frac{\langle u_j|\tilde{y}\rangle}{\lambda_j}|u_j\rangle \tag{12.4.10}$$

在训练集标签的基础上，扩展系数是期望的超平面参数：

$$|b,\boldsymbol{\alpha}\rangle = \frac{1}{\sqrt{C}}\left(b|0\rangle + \sum_{k=1}^{M}\alpha_k|k\rangle\right) \tag{12.4.11}$$

式中，$C = b^2 + \sum\limits_{k=1}^{M}\alpha_k^2$ 是归一化的。

12.4.5　分类

现在已经用式（12.4.11）构建了描述超平面的状态，并且想要对查询状态 $|x\rangle$ 进行分类。从状态 $|b,\boldsymbol{\alpha}\rangle$，通过调用训练数据 Oracle 来构造，即

$$|\tilde{u}\rangle = \frac{1}{\sqrt{N_{\tilde{u}}}}\left(b|0\rangle|0\rangle + \sum_{k=1}^{M}\alpha_k y_k|\boldsymbol{x}_k||k\rangle|\boldsymbol{x}_k\rangle\right) \tag{12.4.12}$$

$N_{\tilde{u}} = b^2 + \sum\limits_{k=1}^{M}\alpha_k^2|\boldsymbol{x}_k|^2$。另外，构造查询状态为

$$|\tilde{x}\rangle = \frac{1}{\sqrt{N_{\tilde{x}}}}\left(|0\rangle|0\rangle + \sum_{k=1}^{M}|\boldsymbol{x}||k\rangle|\boldsymbol{x}\rangle\right) \tag{12.4.13}$$

式中，$N_{\tilde{x}} = M|\boldsymbol{x}|^2 + 1$。对于分类，执行 Swap 测试。使用 Ancilla，构造状态 $|\psi\rangle = \dfrac{1}{\sqrt{2}}(|0|\tilde{u}\rangle + |1\rangle|\tilde{x}\rangle)$ 并测量状态为 $|\phi\rangle = \dfrac{1}{\sqrt{2}}(|0\rangle - |1\rangle)$ 的 Ancilla。测量的成功概率是 $P = |\langle\psi|\phi\rangle|^2 = \dfrac{1}{2}(1 - \langle\tilde{u}|\tilde{x}\rangle)$。内积由 $\langle\tilde{u}|\tilde{x}\rangle = \dfrac{1}{\sqrt{N_{\tilde{x}}N_{\tilde{u}}}}\left(b + \sum\limits_{k=1}^{M}\alpha_k y_k|\boldsymbol{x}_k||\boldsymbol{x}|\langle\boldsymbol{x}_k|\boldsymbol{x}\rangle\right)$ 给出。对于 $|x\rangle$ 的分类，若 $P < 1/2$，则将其分类为+1；否则，为−1。

12.4.6 核矩阵压缩和误差分析

1. 核矩阵压缩

在本节中，将展示量子矩阵求逆本质上是进行了核矩阵的主成分分析，并给出量子算法的运行时间/误差分析。所考虑的矩阵 $\hat{F} = F/\mathrm{tr}F$ 包含核矩阵 $\hat{K}_\gamma = K_\gamma/\mathrm{tr}K_\gamma$ 和由于偏移参数 b 产生的附加的行和列。在偏移可忽略的情况下，该问题仅减少到核矩阵 $\hat{K}_\gamma$ 的矩阵求逆。对于任何有限的 γ，有 $\hat{K}_\gamma > 0$，这意味着 $\hat{K}_\gamma$ 是可逆的。$\hat{F}$ 的条件数 κ 在经典和量子矩阵求逆中起重要作用。$\hat{F}$ 的正特征值由 $\hat{K}_\gamma$ 的特征值控制。此外，$\hat{F}$ 还有一个额外的负特征值，它与确定偏移参数 b 有关。$\hat{K}_\gamma$ 的最大特征值不大于 1，最小特征值为 $O(1/M)$。可以通过与其他样本零重叠的训练样本的可能性看出最小特征值。由于归一化，特征值将为 $O(1/M)$，并且在这种情况下条件数可能为 $O(M)$。这样的条件数将阻止 M 中的指数量子加速。为了解决这个问题，定义一个常数 ε_k，使得只有区间 $\epsilon_K \leqslant |\lambda_j| \leqslant 1$ 中的特征值才会被考虑，本质上是定义了一个有效条件数 $\kappa_{\mathrm{eff}} = 1/\varepsilon_K$。将一个三维辅助寄存器连接到量子态，并且当式（12.4.10）中的每个本征态的逆 $1/\lambda_j$ 相乘时，定义的滤波函数将丢弃低于 ε_K 的特征值。然后通过后选择辅助寄存器来获得期望的结果。

这种核矩阵压缩的合法性可以通过其与主成分分析的等价来合理化。定义 $N \times M$ 数据矩阵 $X = (\vec{x}_1, \cdots, \vec{x}_M)$。$M \times M$ 的核矩阵由 $K = X^{\mathrm{T}}X$ 给出，$N \times N$ 的协方差矩阵由 $\sum = XX^{\mathrm{T}} = \sum_{m=1}^{M} x_m x_m^{\mathrm{T}}$ 给出。如果假设数据是标准化的，则主成分分析将数据中的方向保持为具有最大方差的方向，这相当于将最大特征值保持在 $\sum$ 中。矩阵 XX^{T} 和 $X^{\mathrm{T}}X$ 具有相同的特征值，除了零特征值。因此，主成分的想法直接转换为内核空间。去除核矩阵的小特征值意味着去除了协方差矩阵的小特征值。保持核矩阵的大特征值意味着保留了协方差矩阵的主要成分。在本量子算法中，通过相位估计以量子并行方式执行核矩阵压缩。

2. 量子算法运行时间分析

间隔 Δt 可以写为 $\Delta t = t_0/T$，其中 T 是相位估计中的时间步数，并且总演变时间 t_0 确定了相位估计的误差。式（12.4.5）中使用的交换矩阵是 1 稀疏的，$e^{-iS\Delta t}$ 可以在可忽略的时间 $\tilde{O}(\log(M)\Delta t)$ 内有效地被模拟。$\tilde{O}$ 符号抑制了生长缓慢的因子，例如 $\log^* M$ 因子。对于相位估计，见式（12.4.5），传播器 $e^{-iL_{\hat{F}}\Delta t}$ 用误差 $\tilde{O}(\Delta t^2 \hat{F}^2)$ 来模拟。利用矩阵 A 的谱范数，$A = \max_{|\vec{v}|=1} |A\vec{v}|$，有 $\hat{F} = O(1)$。对于 $\tau = 0, \cdots, T-1$，对 $e^{-iL_{\hat{F}}\Delta t}$ 取幂得到 $e^{-iL_{\hat{F}}\tau\Delta t}$，最大误差 $\varepsilon = O(T\Delta t^2) = O(t_0^2/T)$。因此，运行时间是 $T = O(t_0^2/\varepsilon)$。考虑到在 $O(\log MN)$ 中的核矩阵的准备，因此运行时间是 $O(t_0^2 \log MN/\varepsilon)$。对于 $\lambda \geqslant \varepsilon_K$，相位估计的 λ^{-1} 的相对误差由 $O(1/t_0\lambda) \leqslant O(1/t_0\varepsilon_K)$ 给出。如果 t_0 取 $O(\kappa_{\mathrm{eff}}/\varepsilon) = O(1/\varepsilon_K\varepsilon)$，则该误差为 $O(\varepsilon)$。因此，运行时间为 $\tilde{O}(\log MN/\varepsilon_K^2\varepsilon^3)$。重复算法 $O(\kappa_{\mathrm{eff}})$ 次以实现后选择步骤的恒定成功概率，获得的最终运行时间 $\tilde{O}(\kappa_{\mathrm{eff}}^3 \log MN/\varepsilon^3)$。总而言之，本节介绍的量子支持向量机可以扩展为 $O(\log MN)$，这意味着在涉及许多训练样例的情况下具有量子优势。

12.4.7　非线性支持向量机

支持向量机最强大的用途之一是执行非线性分类。要执行非线性映射 $\phi(x_j)$ 到更高维向量空间，核函数在 x 中得变为非线性函数，即

$$k(x_j, x_k) = \phi(x_j) \cdot \phi(x_k) \tag{12.4.14}$$

如 $k(x_j, x_k) = (x_j, x_k)^d$。现在在更高维空间中执行支持向量分类。高维空间中的分隔超平面对应于分隔原始空间中的非线性表面。

量子计算机操纵高维向量的能力为多项式核机器提供了自然的量子算法。简单地将每个向量 $|x_j\rangle$ 映射到 d 倍张量积 $|\phi(x_j)\rangle \equiv |x_j\rangle \otimes \cdots \otimes |x_j\rangle$ 并使用 $\langle \phi(x_j)|\phi(x_k)\rangle = \langle x_j|x_k^d\rangle$ 的特征。可以使用此技巧构造任意多项式核。原始空间中的非线性多项式核的优化现在变为 d 倍张量积空间中的线性超平面优化。仅考虑向量空间维数中的加速，非线性 d 阶多项式量子核算法要达到精度 ε 需要 $O\left(d^2 \log \dfrac{N}{\varepsilon^2}\right)$ 的时间。与经典内核机器相比，量子内积评估的指数级优势允许量子内核机器直接在更高维空间中执行核评估。

12.4.8　总结

利用量子支持向量机，已经展示了一种重要的机器学习算法的有效量子实现，其在数据隐私方面也提供了优势，并且可以作为更大的量子神经网络中的一部分。

12.5　深度量子学习

使用量子算法来执行深度学习，在训练效率和模型质量方面是优于传统的、最先进的经典算法。深度学习是机器学习中最近使用的一种技术，它大大影响了分类、推理和人工智能任务的建模方式。它基于这样的前提：为了执行复杂的 AI 任务，如语音和视觉识别，可能需要允许机器学习包含原始输入数据的若干层抽象的模型。例如，训练用于检测汽车的模型可能首先接受以像素为单位的原始图像作为输入。在后续层中，它可以将数据抽象为简单形状。在下一层中，基本形状可以进一步抽象为聚合形式，如保险杠或轮子。在更高的层，形状可以用诸如"轮胎"或"引擎盖"之类的词来标记。因此，深度网络自动学习原始数据的复杂嵌套表示，类似于大脑中的神经元处理层，在理想情况下，学习的概念层次是人类可理解的。通常，深度网络可能包含多个抽象级别，这些抽象级别被编码到高度连接的复杂图形网络中，训练这种图形网络属于深度学习的范畴。

玻尔兹曼机器（BM）就是这样一种深度网络，它是一类具有无向边缘的递归神经网络，为数据提供了生成模型。从物理角度来看，BM 使用处于热平衡的 Ising 模型对训练数据进行建模。编码观察数据和输出的节点集称为可见单元（v），而用于对潜在概念和特征空间建模的节点称为隐藏单元（h）。BM 的两个重要类别是受限制的 Boltzmann 机器（RBM），它将底层图形作为完整的二分图，而深度受限的 Boltzmann 机器则由多层 RBM 组成，如图 12.5.1 所示。

其中，图 12.5.1a 表示一个 4 层深度受限玻尔兹曼机器（dRBM），每个黑色圆圈代表隐藏或可见单元，每个边缘代表相应的相互作用的非零权重。输出层通常被视为可见层，以提供图

形底部可见单元中数据输入的分类。图 12.5.1b 是 5 个单元全 Boltzmann 机器（BM）的一个例子。由于相同类型的单元之间的连接，可见单元和隐藏单元不再占据不同的层。

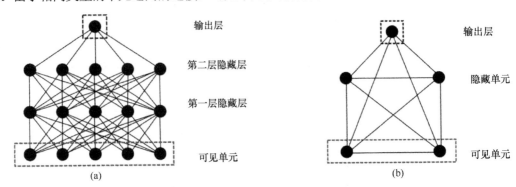

图 12.5.1　两种类型的玻尔兹曼机

Boltzmann 机器通过 Gibbs 分布模拟给定可见和隐藏单元配置的概率为

$$P(v,h) = e^{-E(v,h)} / Z \tag{12.5.1}$$

式中，Z 是称为分区函数的归一化因子；可见和隐藏单元的给定配置 $(v,\ h)$ 的能量 $E(v,\ h)$ 由下式给出

$$E(v,h) = -\sum_i v_i \boldsymbol{b}_i - \sum_j h_j \boldsymbol{d}_j - \sum_{i,j} w_{ij}^{vh} v_i h_j - \sum_{i,j} w_{i,j}^{v} v_i v_j - \sum_{i,j} w_{i,j}^{h} h_i h_j \tag{12.5.2}$$

式中，向量 $\boldsymbol{b}$ 和 $\boldsymbol{d}$ 是偏差，它为取值为 1 的单元提供能量损失，$w_{i,j}^{v,h}$，$w_{i,j}^{v}$ 和 $w_{i,j}^{h}$ 是权重，如果可见单元和隐藏单元都取值 1，则赋予能量惩罚。将 $[\boldsymbol{w}^{v,h}, \boldsymbol{w}^{v}, \boldsymbol{w}^{h}]$ 表示为 $\boldsymbol{w}$，并且令 n_v 和 n_h 分别是可见单元和隐藏单元。

给定一些先验观察数据（训练集），通过修改图中相互作用的强度来进行这些模型的学习，以最大化玻尔兹曼机器产生给定观察的可能性。因此，训练过程使用梯度下降来找到优化最大似然目标的权重和偏差

$$O_{ML} := \frac{1}{N_{\text{train}}} \sum_{v \in x_{\text{train}}} \log \left(\sum_{h=1}^{n_h} P(v,h) \right) - \frac{\lambda}{2} \boldsymbol{w}^{\mathrm{T}} \boldsymbol{w} \tag{12.5.3}$$

式中，N_{train} 是训练集的大小，x_{train} 是训练向量的集合，λ 是用于对抗过度拟合的 L2 正则化项。O_{ML} 相对于权重的导数为

$$\frac{\partial O_{ML}}{\partial w_{i,j}} = v_i h_{j\,\text{data}} - v_i h_{j\,\text{model}} - \lambda w_{i,j} \tag{12.5.4}$$

式中，尖括号表示 BM 的数据和模型的期望值。

直接用式（12.5.1）～式（12.5.4）计算 n_v 和 n_h 的梯度是非常困难的。因此，经典方法专注于一些近似算法，如对比散度（Contrastive Divergence）算法。不幸的是，CD 算法存在以下问题。

（1）不能提供任何真实目标函数的梯度。

（2）会导致次优解。

（3）不能保证在存在某些正则化函数的情况下收敛。

（4）不能直接用于训练一台完整的 Boltzmann 机器。

而量子计算可以为深度学习提供一个更好的框架，将通过提供这些方法的有效替代方

案来说明这一点。

12.5.1　基于量子采样的梯度估计

本节介绍了两种量子算法：基于量子采样（Gradient Estimation via Quantum Sampling）的梯度估计和基于量子幅度估计（Gradient Estimation via Quantum Amplitude Estimation）的梯度估计。这些算法为玻尔兹曼机器准备吉布斯状态的相干模拟，然后从结果状态中抽取样本以计算式（12.5.4）中的期望值。用于准备这些状态的现有算法往往不适用于机器学习，或者没有提供量子加速的明确证据。这些现有算法的复杂性及本节介绍的算法在表 12.5.1 中给出。

表 12.5.1　算法复杂性对比

算法	操作	qubits	准确度
ML	$\tilde{O}(N_{train}2^{n_v+n_h})$	0	Y
CD-k	$\tilde{O}(N_{train}\ell Ek)$	0	N
GEQS	$\tilde{O}(N_{train}E(\sqrt{\kappa}+\max_x\sqrt{\kappa_x}))$	$O(n_h+n_v+\log(1/\varepsilon))$	Y
GEQAE	$\tilde{O}(N_{train}E^2(\sqrt{\kappa}+\max_x\sqrt{\kappa_x}))$	$O(n_h+n_v+\log(1/\varepsilon))$	Y
GEQAE(QRAM)	$\tilde{O}(N_{train}E^2(\sqrt{\kappa}+\max_x\sqrt{\kappa_x}))$	$O(N_{train}+n_h+n_v+\log(1/\varepsilon))$	Y

本节介绍的算法通过对每个配置的概率使用非均匀的先验分布来解决这个问题，这是因为从权重和偏差的先验中知道某些配置和其他配置不太一样。通过使用对配置概率的平均场（MF）近似来获得该分布。这种近似是经典有效的，并且能够提供在实际机器学习问题中观察到的吉布斯状态的良好近似。此算法利用这种先验知识从 MF 状态的副本中改进吉布斯状态。如果两个状态足够接近，将可以有效且准确地准备吉布斯分布。

MF 近似值的 $Q(v,h)$ 被定义为最小化 Kullback-Leibler 散度 $KL(Q\|P)$ 的联合分布。它是联合分布意味着它可以被有效地计算并且还可以用于找到分区函数 Z 的估计：$Z_Q:=\sum_{v,h}Q(v,h)\log(e^{-E(v,h)}/Q(v,h))$，式中 $Z_Q\leqslant Z$，当且仅当 $KL(Q\|P)=0$ 时，等式成立。这里 $Q(v,h)$ 不需要是 MF 近似。如果 $Q(v,h)$ 被另一种有效近似替代，如结构化平均场理论计算，则同样的公式也适用。

假设常数 κ 已知，则

$$P(v,h)\leqslant\frac{e^{-E(v,h)}}{Z_Q}\leqslant\kappa Q(v,h) \tag{12.5.5}$$

并将"标准化"概率定义为

$$P(v,h):=\frac{e^{-E(v,h)}}{\kappa Z_Q Q(v,h)} \tag{12.5.6}$$

其中

$$Q(v,h)P(v,h)\propto P(v,h) \tag{12.5.7}$$

这意味着如果状态

$$\sum_{v,h}\sqrt{Q(v,h)}|v|h \tag{12.5.8}$$

准备好并且每个幅度乘以 $\sqrt{P(v,h)}$，那么结果将与期望状态呈比例。

通过添加额外的量子寄存器来计算 $P(v,h)$ 并使用量子叠加来准备状态

$$\sum_{v,h}\sqrt{Q(v,h)}|v|h|P(v,h)\left(\sqrt{1-P(v,h)}|0+\sqrt{P(v,h)}|1\right) \quad (12.5.9)$$

可以实现上述过程。如果最右边的量子位被测量为 1，则获得目标吉布斯状态。式（12.5.9）的准备状态是有效的，因为可见和隐藏单元的多项式 $e^{-E(v,h)}$ 和 $Q(v,h)$ 可以随时计算。以这种方式准备状态的成功概率是

$$P_{success}=\frac{Z}{\kappa Z_Q}\geqslant\frac{1}{\kappa} \quad (12.5.10)$$

实际上，如果式（12.5.10）很小，此算法可使用量子幅度放大来成倍地提高成功概率。

算法的复杂性由梯度计算中所需的量子运算的数量决定。由于能量评估需要进行与模型中边缘的总数呈线性关系的多项操作，估算梯度的综合成本是

$$\tilde{O}\left(N_{train}E\left(\sqrt{\kappa}+\max_{x\in x_{train}}\sqrt{\kappa_x}\right)\right) \quad (12.5.11)$$

这里 κ_x 是对应于可见单元被约束为 x 的情况的 κ 值。估算 $Q(v,h)$ 和 Z_{MF} 的成本是 $\tilde{O}(E)$，因此不会渐近的增加成本。相比之下，使用贪婪的逐层优化经典地估计梯度所需的操作数量规模为

$$\tilde{O}(N_{train}\ell E) \quad (12.5.12)$$

式中，ℓ 是 dRBM 中的层数；E 是 BM 中的连接数；假设 κ 是常数，量子采样方法为训练深度网络提供渐近优势。

与现有的量子机器学习算法相比，此算法所需的量子比特数是最少的。这是因为训练数据不需要存储在量子数据库中，否则将需要额外 $\tilde{O}(N_{train})$ 逻辑量子比特。相反，如果 $P(v,h)$ 是用 $\log(1/\varepsilon)$ 位精度计算的，并且可以作为 oracle 访问，那么 GEQS 算法只需要

$$O(n_h+n_v+\log(1/\varepsilon))$$

个逻辑量子比特。如果使用可逆操作计算 $P(v,h)$，那么所需的量子位数将增加，但量子算法的最新发展可以大大降低这种成本。

此外，κ 的确切值并不需要知道。如果为所有配置选择不满足式（12.5.5）的 κ 值，此算法仍然能够逼近梯度，如果 $P(v,h)$ 被限制到区间[0,1]内。因此，通过在 BM 的大小增加时保持 κ 固定，以所得概率分布中的误差为代价，总是可以使算法有效的。出现这些错误是因为状态准备算法会低估违反配置式（12.5.5）的相对概率。但是，如果这些违规概率的总和很小，那么简单的连续性论证就会发现近似吉布斯状态和正确状态的保真度很高。特别是，如果将"bad"定义为违反式（12.5.5）的配置集，那么连续性论证表明如果

$$\sum_{(v,h)\in bad}P(v,h)\leqslant\varepsilon$$

那么，结果状态与吉布斯状态的准确性至少为 $1-\varepsilon$。

并不期望此算法对所有的 BM 都精确有效。如果它们可以，它们就可以用来学习非平面 Ising 模型的基态能量，暗示 $NP\subseteq BQP$，这被广泛认为是错误的。因此存在那些此算法无法适用的 BM。不知道实践中这些困难的例子有多常见。但是，它们不太可能是普遍的，因为观察到 MF 对训练的 BM 的近似效果很好，并且训练模型中使用的权重往往很小。

12.5.2　基于量子幅度估计的梯度估计

在通过量子神经网络提供训练数据的情况下，可以采用新形式的训练，如 GEQAE 算法，允许以叠加而非顺序方式访问训练数据。GEQAE 算法背后的想法是通过幅度估计来利用数据叠加，这引起 GEQS 算法上估计梯度的方差的二次减少。因此，GEQAE 可以为大型训练集带来显著的性能提升。此外，允许量子化地访问训练数据，允许使用量子聚类和数据处理算法对其进行预处理。

GEQAE 中使用的量子 oracle 抽象了训练数据的访问模型。oracle 可以被认为是量子数据库或生成训练数据的有效量子子程序（如预训练的量子 Boltzmann 机器或量子模拟器）的替身。由于训练数据必须存储在量子计算机中，因此 GEQAE 通常需要比 GEQS 更多的量子位。然而，这可以通过以下事实来减轻：量子叠加允许在一个步骤中训练整组训练向量，而不是顺序地学习每个训练例子。这允许在最多 $O(\sqrt{N_{\text{train}}})$ 次访问训练数据时精确估计梯度。

让 U_O 成为量子 Oracle，对任何 i 都有

$$U_O|i\rangle|y\rangle := |i\rangle|y \oplus x_i\rangle \tag{12.5.13}$$

式中，x_i 是训练向量。该 oracle 可用于在第 i 个训练向量的状态下准备可见单元。然后，对该 Oracle 的单个查询就足以在所有训练向量上准备统一的叠加，然后通过重复式（12.5.9）中给出的状态制备方法可以将其转换为

$$\frac{1}{\sqrt{N_{\text{train}}}}\sum_{i,h}\sqrt{Q(X_i,h)}|i\rangle|x_i\rangle|h\rangle(\sqrt{1-P(x_i,h)}|0\rangle+\sqrt{P(x_i,h)}|1\rangle) \tag{12.5.14}$$

GEQAE 通过测量式（12.5.14）中最右边的量子位为 1 的概率 $(a)P(1)$，测量 $v_i=h_j=1$ 并且式（12.5.14）中最右边的量子位为 1 的概率 $(b)P(11)$ 来计算 $\langle v_ih_j\rangle$ 对数据和模型的期望。其中

$$\langle v_ih_j\rangle=\frac{P(11)}{P(1)} \tag{12.5.15}$$

这两个概率可以通过采样来估计，但更有效的方法是使用幅度估计来学习它们，这是一种量子算法，使用 Grover 算法的相位估计直接在量子位串中输出这些概率。如果要求抽样误差规模为 $1/\sqrt{N_{\text{train}}}$（与前一种情况粗略类比），那么 GEQAE 的查询复杂度是

$$\tilde{O}(\sqrt{N_{\text{train}}}E(k+\max_x k_x)) \tag{12.5.16}$$

每个能量计算都需要 $\tilde{O}(E)$ 算术运算，因此式（12.5.16）给出了非查询运算数量的规模

$$\tilde{O}(\sqrt{N_{\text{train}}}E^2(k+\max_x k_x)) \tag{12.5.17}$$

如果已知成功概率在常数因子内，那么幅度放大可用于在估计成功概率之前提高成功概率，然后根据放大的概率计算原始成功概率。这降低了 GEQAE 的查询复杂度到

$$\tilde{O}(\sqrt{N_{\text{train}}}E(\sqrt{k}+\max_x k_x)) \tag{12.5.18}$$

因此，如果 $\sqrt{N_{\text{train}}}\gg E$，则 GEQAE 优于 GEQS。

12.5.3　并行算法

可以并行的训练贪婪的 $CD-k$，这意味着算法的几乎所有部分都可以分布在并行处理

节点上。然而，用于训练 $CD-k$ 中的每一层的 k 轮采样无法容易地并行化。这意味着在某些情况下，简单但易于并行化的模型（如 GMM）可能更为可取。相比之下，GEQS 和 GEQAE 可以利用容错量子计算机中预期的并行性来更有效地训练 dRBM。做到这一点，要注意能量是每层能量的总和，它可以在深度 $\log(M)=O(\max(n_v,n_h)\log(\max(n_v,n_h)))$ 中计算并在深度 $O(\log(\ell))$ 总结。$O(\sqrt{k+\max_x k_x})$ 的 MF 状态的准备可以同时执行，并且通过对数深度计算定位正确的样本。其中 GEQS 的深度

$$O(\log([k+\max_x k_x]M\ell N_{\text{train}})) \tag{12.5.19}$$

由于 GEQAE 输出的每个导数都可以独立计算，因此 GEQAE 的深度为

$$O(\sqrt{N_{\text{train}}[k+\max_x k_x]}\log(Ml)) \tag{12.5.20}$$

通过将训练集分成小批量并对所得导数求平均值，可以增加电路尺寸的代价降低深度。

使用 k 步对比散度（$CD-k$）进行训练需要深度

$$O(\kappa\ell^2\log(MN_{\text{train}})) \tag{12.5.21}$$

规模 $O(\ell^2)$ 变大是因为 $CD-k$ 是前馈算法，而 GEQS 和 GEQAE 不是。

12.5.4　数值结果

针对算法的表现提出以下问题。

（1）k 的标准值是什么？

（2）使用 CD-1 训练的模型与使用 GEQS 和 GEQAE 训练的模型有何不同？

（3）完整的 BMs 是否比 dRBM 产生更好的模型？

为了回答这些问题，$P(v,h)$ 和 O_{ML} 需要使用经典方法计算，需要时间以 $\max\{n_v,n_h\}$ 指数增长。因此，计算能力严重限制了可以通过数值实验研究的模型的大小。训练的 dRBM 有 ℓ 层，n_h 个隐藏单位和 n_v 个可见单位，其中 $\ell\in\{2,3\}$，$n_h\in\{2,\cdots,8\}$，$n_v\in\{4,\cdots,12\}$。

由于计算限制，作为机器学习基准的大规模传统数据集（如 MNIST）在这里是不切实际的。因此，专注于由 4 个不同功能组成的综合训练数据：

$$[x_1]_j=1 \text{ if } j\leqslant n_v/2 \text{ else } 0$$
$$[x_2]_j=j\bmod 2 \tag{12.5.22}$$

以及他们的按位取否。将伯努利噪声 $N\in[0,0.5]$ 添加到比特串中的每个比特以增加训练集的大小。特别地，采用式（12.5.22）中的 4 个模式中的每一个并以概率 N 翻转每个比特。在每个数值实验中使用 10000 个训练样例，每个向量包含 $4,\cdots,12$ 个二进制特征，从而推断这 4 个向量的生成模型。

图 12.5.2 给出了隐藏单元数量为 8，可见单元数量分别为 6 和 12 的情况下，$P(v,h)$ 和 k 的关系。其中虚线为平均值，实线为 95% 的置信区间。这显示出对于该数据集（$N=0$），可见单元数量的加倍并不会显着增加 k。这说明 k 主要取决于 MF 近似的质量，而不是 n_v 和 n_h。此外，$\kappa\approx 1000$ 通常导致与真正的吉布斯状态非常接近。

进一步研究了随机（未经训练）RBM 的 k 规模

$$k_{\text{est}}=\sum_{v,h}P^2(v,h)/Q(v,h) \tag{12.5.23}$$

图 12.5.3 显示了小型随机 RBM，对于 $\sigma^2(w_{i,j})E \ll 1$ 有 $k-1 \in O(\sigma^2(w_{i,j})E)$ 。这导致了第二个问题：如何确定实际玻尔兹曼机器的权重分布。

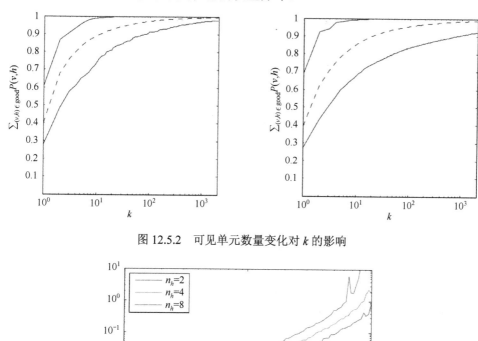

图 12.5.2　可见单元数量变化对 k 的影响

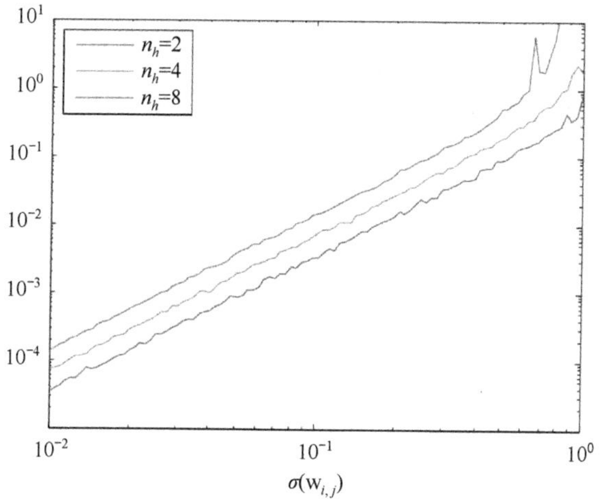

图 12.5.3　$k-1$ 随 $\sigma(w_{i,j})$ 的变化关系

图 12.5.4 显示，对于使用对比散度训练的大 RBM，当 n_h 增加时，其权重趋于快速收缩。对于 $N=0$，经验尺度为 $\sigma^2 \in O(E^{-1})$，这表明随着 n_h 的增长，$k-1$ 不会发散。虽然取 $N=0.2$ 会显着降低 σ^2，但规模也会减小。这可能是正则化对两个训练集具有不同影响的结果。在任何一种情况下，这些结果与图 12.5.3 的结果相结合表明 k 应该可以管理大型网络。

通过比较在对比散度下和在量子算法下发现的 O_{ML} 对于 dRBMs 的平均值来评估 GEQS 和 GEQAE 的优势。发现的最优值之间的差异对于小型 RBM 也很重要，深度网络的差异可以达到 10% 左右。表 12.5.2 中的数据表明，ML 训练可以显著改善所得模型的质量。还观察到，在高度约束的情况下，对比散度可以在 ML 目标上优于梯度下降。这是因为对比散度近似的随机性质使其对局部最小值不太敏感。

在目标函数的质量方面，完整 BM 的建模能力可以明显优于 dRBM。事实上，$n_v=6$ 和 $n_h=4$ 的完整 Boltzmann 机器可以达到 $O_{ML} \approx -1.84$。具有同一量级的边缘数量的 dRBMs 达到 $O_{ML} \approx -2.3$ （见表 12.5.2），其比完整 BM 小 25%。由于此量子算法除了

dRBMs 之外还可以有效地训练完整的 BMs，因此量子框架使机器学习的形式不仅比经典的易处理方法更丰富，还可能对数据模型进行改善。

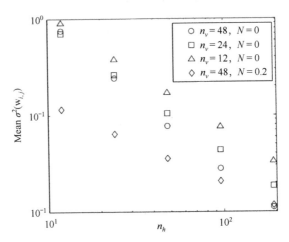

图 12.5.4   mean $\sigma^2(w_{i,j})$ 随 n_h 的变化关系

表 12.5.2   不同方法得到的 O_{ML} 的均值对比

n_v	n_{h1}	n_{h2}	CD	ML	%Improvement
6	2	2	−2.7623	−2.7125	1.80
6	4	4	−2.4585	−2.3541	4.25
6	6	6	−2.4180	−2.1968	9.15
8	2	2	−2.8503	−3.5125	−23.23
8	4	4	−2.8503	−2.6505	7.01
8	6	6	−2.7656	−2.4204	12.5
10	2	2	−3.8267	−4.0625	−6.16
10	4	4	−3.3329	−2.9537	11.38
10	6	6	−2.9997	−2.5978	13.40

12.5.5   总结

本节的一个基本结论是，玻尔兹曼机的训练问题可以变为量子态准备的问题。该状态准备过程不需要使用对比散度近似或关于图形模型的拓扑假设。可以看出，量子算法不仅可以显著改善数据模型，还可以提供更好的框架来解决 BM 的训练问题。该框架使在量子信息和凝聚态物理中开发的丰富知识能够在训练期间被用到 Gibbs 状态的准备和近似上。

此量子深度学习框架能够将 MF 近似成与所需 Gibbs 状态接近（或等效）的状态。该状态准备方法允许使用许多操作来训练 BM，这些操作并不需要依赖 dRBM 中的层数。它还允许减少对训练数据的必要的访问次数，并使完整的 Boltzmann 机器能够被训练。此算法也可以在多个量子处理器上更好地并行化，解决了深度学习的一个主要缺点。

虽然，在具有可扩展量子计算机之前对小例子的数值结果是令人鼓舞的，但还是需要未来使用量子硬件的实验研究来评估此算法的泛化性能。鉴于此算法能够提供比对比散度更好的梯度，通过使用目前用于训练深 Boltzmann 机器的相同方法，很自然地期望它在该设置中表现良好。无论如何，量子计算为深度学习提供的无数优势不仅表明了量子计算机的近期应用非常重要，而且强调了从量子角度思考机器学习的价值。

思 考 题

1. 请介绍量子机器学习的优点。
2. 请简要介绍量子机器学习的几种类型和特点。
3. 量子主成分分析有哪些应用？
4. 请简要介绍量子支持向量机的优点。
5. 量子深度学习算法解决了 CD 算法存在的哪些问题？

参 考 文 献

[1] SHOR P W. Algorithms for quantum computation: discrete logarithms and factoring[C]// Proceedings 35th annual symposium on foundations of computer science. Ieee, 1994: 124-134.

[2] LLOYD S. Universal quantum simulators[J]. Science, 1996: 1073-1078.

[3] LUIS A, PEŘINA J. Optimum phase-shift estimation and the quantum description of the phase difference[J]. Physical review A, 1996, 54(5): 4564.

[4] GROVER L K. A fast quantum mechanical algorithm for database search[C]//Proceedings of the twenty-eighth annual ACM symposium on Theory of computing, 1996: 212-219.

[5] LECUN Y, CORTES C, BURGES C J C. The MNIST database of handwritten digits, 1998[J]. URL http://yann. lecun. com/exdb/mnist, 1998, 10: 34.

[6] BRASSARD G, HOYER P, MOSCA M, et al. Quantum amplitude amplification and estimation[J]. Contemporary Mathematics, 2002, 305: 53-74.

[7] OPPER M, WINTHER O. Tractable approximations for probabilistic models: The adaptive Thouless-Anderson-Palmer mean field approach[J]. Physical Review Letters, 2001, 86(17): 3695.

[8] CARREIRA-PERPINAN M A, HINTON G E. On contrastive divergence learning[C]//Aistats. 2005, 10: 33-40.

[9] WAINWRIGHT M J, JAAKKOLA T S, WILLSKY A S. A new class of upper bounds on the log partition function[J]. IEEE Transactions on Information Theory, 2005, 51(7): 2313-2335.

[10] XING E P, JORDAN M I, RUSSELL S. A generalized mean field algorithm for variational inference in exponential families[J]. arXiv preprint arXiv:1212.2512, 2012.

[11] BISHOP C M. Pattern recognition and machine learning[M]. Springer, 2006.

[12] AÏMEUR E, BRASSARD G, GAMBS S. Machine learning in a quantum world[C]//Conference of the Canadian Society for Computational Studies of Intelligence. Springer, Berlin, Heidelberg, 2006: 431-442.

[13] BERRY D W, AHOKAS G, CLEVE R, et al. Efficient quantum algorithms for simulating sparse Hamiltonians[J]. Communications in Mathematical Physics, 2007, 270(2): 359-371.

[14] LIBERTY E, WOOLFE F, MARTINSSON P G, et al. Randomized algorithms for the low-rank approximation of matrices[J]. Proceedings of the National Academy of Sciences, 2007, 104(51): 20167-20172.

[15] AÏMEUR E, BRASSARD G, GAMBS S. Quantum clustering algorithms[C]//Proceedings of the 24th

international conference on machine learning, 2007: 1-8.

[16] CHILDS A M. On the relationship between continuous-and discrete-time quantum walk[J]. Communications in Mathematical Physics, 2010, 294(2): 581-603.

[17] GIOVANNETTI V, LLOYD S, MACCONE L. Quantum random access memory[J]. Physical review letters, 2008, 100(16): 160501.

[18] DONMEZ P, SVORE K M, BURGES C J C. On the local optimality of LambdaRank[C]//Proceedings of the 32nd international ACM SIGIR conference on Research and development in information retrieval, 2009: 460-467.

[19] NEVEN H, DENCHEV V S, ROSE G, et al. Training a large scale classifier with the quantum adiabatic algorithm[J]. arXiv preprint arXiv:0912.0779, 2009.

[20] HARROW A W, HASSIDIM A, LLOYD S. Quantum algorithm for linear systems of equations[J]. Physical review letters, 2009, 103(15): 150502.

[21] NIELSEN M A, CHUANG I. Quantum computation and quantum information[J]. 2002.

[22] SHABANI A, KOSUT R L, MOHSENI M, et al. Efficient measurement of quantum dynamics via compressive sensing[J]. Physical review letters, 2011, 106(10): 100401.

[23] SHABANI A, MOHSENI M, LLOYD S, et al. Estimation of many-body quantum Hamiltonians via compressive sensing[J]. Physical Review A, 2011, 84(1): 012107.

[24] PUDENZ K L, LIDAR D A. Quantum adiabatic machine learning[J]. Quantum information processing, 2013, 12(5): 2027-2070.

[25] MURPHY K P. Machine learning: A probabilistic perspective[M]. MIT press, 2012.

[26] DENCHEV V S, DING N, VISHWANATHAN S V N, et al. Robust classification with adiabatic quantum optimization[J]. arXiv preprint arXiv:1205.1148, 2012.

[27] HINTON G, DENG L, YU D, et al. Deep neural networks for acoustic modeling in speech recognition: The shared views of four research groups[J]. IEEE Signal processing magazine, 2012, 29(6): 82-97.

[28] CHILDS A M, WIEBE N. Hamiltonian simulation using linear combinations of unitary operations[J]. arXiv preprint arXiv:1202.5822, 2012.

[29] LLOYD S, MOHSENI M, REBENTROST P. Quantum algorithms for supervised and unsupervised machine learning[J]. arXiv preprint arXiv:1307.0411, 2013.

[30] REBENTROST P, MOHSENI M, LLOYD S. Quantum support vector machine for big data classification[J]. Physical review letters, 2014, 113(13): 130503.

[31] KLIUCHNIKOV V, MASLOV D, MOSCA M. Fast and efficient exact synthesis of single qubit unitaries generated by Clifford and T gates[J]. arXiv preprint arXiv:1206.5236, 2012.

[32] ROSS N J, SELINGER P. Optimal ancilla-free Clifford+ T approximation of z-rotations[J]. arXiv preprint arXiv:1403.2975, 2014.

[33] WIEBE N, ROETTELER M. Quantum arithmetic and numerical analysis using Repeat-Until-Success circuits[J]. arXiv preprint arXiv:1406.2040, 2014.

[34] BOCHAROV A, ROETTELER M, SVORE K M. Efficient synthesis of universal repeat-until-success quantum circuits[J]. Physical review letters, 2015, 114(8): 080502.

[35] WIEBE N, KAPOOR A, SVORE K M. Quantum nearest-neighbor algorithms for machine learning[J]. Quantum Information and Computation, 2018, 15.